城市绿地是城市用地的重要组成部分。城市绿地系统是城市生态系统中自然子系统的重要组成部分。在城市中，城市绿地系统具有生态、使用、美化、教育等综合功能。

绿色城市——广州

绿色城市——宜昌

绿色城市——青岛

按住房和城乡建设部最新颁布的《城市绿地分类标准》规定，所谓城市绿地包含两个层次的内容：一是城市建设用地范围内用于绿化的土地；二是城市建设用地之外，对城市生态、景观和居民休闲生活具有积极作用、绿化环境较好的区域。城市绿地分为五大类：$G_1$ 公园绿地、$G_2$ 生产绿地、$G_3$ 防护绿地、$G_4$ 附属绿地、$G_5$ 其他绿地。

$G_1$ 公园绿地——杭州太子湾公园

$G_2$ 生产绿地

$G_3$ 防护绿地

$G_4$ 附属绿地

$G_5$ 其他绿地

公园绿地是指向公众开放，以游憩为主要功能，兼具生态、美化、防灾等作用的绿地。公园绿地包括 $G_{11}$ 综合公园、$G_{12}$ 社区公园、$G_{13}$ 专类公园、$G_{14}$ 带状公园、$G_{15}$ 街旁绿地。其中综合公园包括 $G_{111}$ 全市性公园、$G_{112}$ 区域性公园。社区公园包括 $G_{121}$ 居住区公园、$G_{122}$ 小区游园。

$G_{11}$ 综合公园

$G_{12}$ 社区公园

$G_{13}$ 专类公园之植物园

$G_{14}$ 带状公园

$G_{15}$ 街旁绿地

专类公园中包括 G131 儿童公园、G132 动物园、G133 植物园、G134 历史名园、G135 风景名胜公园、G136 游乐园、G137 其他专类公园。

G131 儿童公园

G132 动物园

G136 游乐园

G134 历史名园

G135 风景名胜公园

其他绿地是指对城市生态环境质量、居民休闲生活、城市景观和生物多样性保护有直接影响的绿地。其包括风景名胜区、水源保护区、郊野公园、森林公园、自然保护区、风景林地、城市绿化隔离带、野生动植物园、湿地、垃圾填埋场恢复绿地等。

其他绿地之森林公园

其他绿地之湿地

其他绿地之城市绿化隔离带

其他绿地之风景名胜区

附属绿地是指城市建设用地中绿地之外各类用地中的附属绿化用地。附属绿地包括居住用地、公共设施用地、工业用地、仓储用地、对外交通用地、道路广场用地、市政设施用地和特殊用地中的绿地。

附属绿地之道路绿地

附属绿地之工业用地绿地

附属绿地之居住区绿地

附属绿地之居住绿地

城市绿地系统规划的主要任务，是在深入调查研究的基础上，根据城市总体规划中的城市性质、发展目标、用地布局等规定，科学制定各类城市绿地的发展指标，合理安排城市各类园林绿地建设和市域大环境绿化的空间布局，达到保护和改善城市生态环境、优化城市人居环境、促进城市可持续发展的目的。

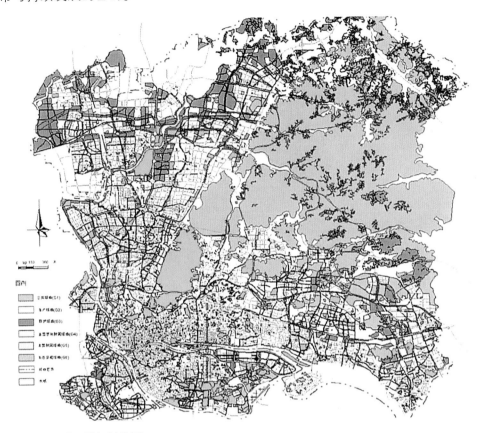

**广州市绿地系统规划总图**

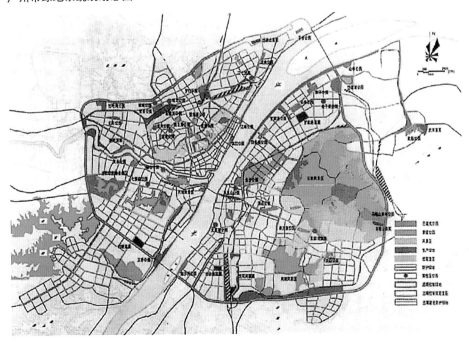

**武汉市绿地系统规划总图**

城市绿地系统规划的编制工作，包括图纸绘制及文件编写。图纸部分包括区位关系图、绿地现状分析图、规划总图、布局结构图、市域大环境绿化规划图、绿地分类规划图（公园绿地、生产绿地、附属绿地和其他绿地规划图）、近期绿地建设规划图等。

重庆市主城区绿地现状图

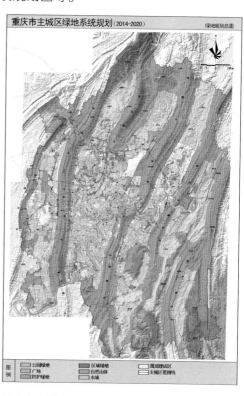

重庆市主城区绿地系统规划总图

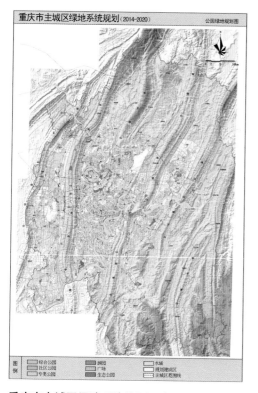

重庆市主城区绿地系统公园绿地规划图

重庆市主城区生物多样性保护规划图

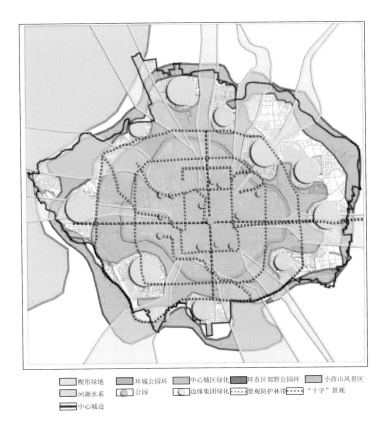

楔形绿地    环城公园环    中心城区绿化    环市区郊野公园环    小西山风景区
河湖水系    公园    边缘集团绿化    景观防护林带    "十字"景观
中心城边

**北京绿地系统布局图**

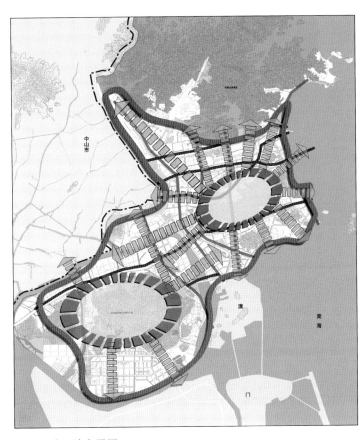

内心    五纵    郊野公园    建设用地
十八放射廊道    五横    各类绿地    城市边界
风景区    外环    水域    道路

**珠海绿地系统布局图**

在城市公园绿地规划设计中应抓住以下几个要点：按合理的服务半径均匀地分布公园绿地，方便人们使用；公园绿地应具有一定的规模，同时这些公园绿地应连成一体；公园绿地在设计中应充分研究人们的行为、心理的需求及特征，做到真正满足人们的使用要求；公园绿地的设计应以植物造景为主，加强种植设计。公园绿地的设计除满足使用及生态功能以外，还应该在立意和构景上下功夫，能使人们在公园绿地中得到更高的精神享受。

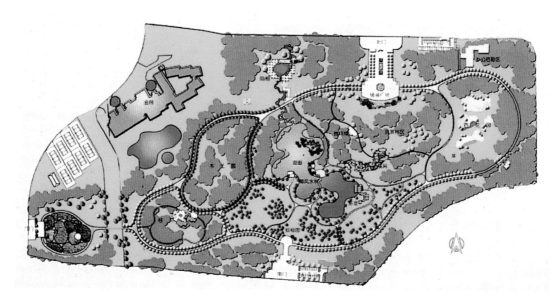

**广州珠江公园设计图**

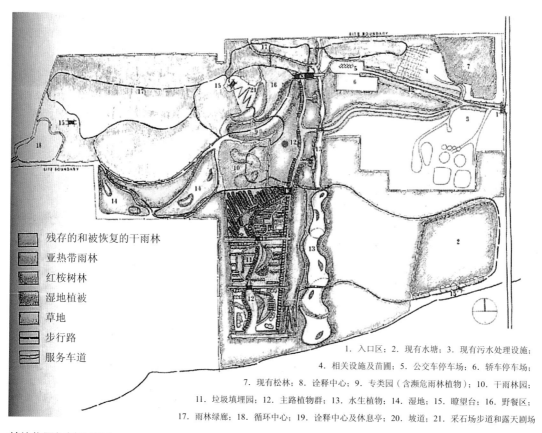

残存的和被恢复的干雨林
亚热带雨林
红桉树林
湿地植被
草地
步行路
服务车道

1. 入口区；2. 现有水塘；3. 现有污水处理设施；
4. 相关设施及苗圃；5. 公交车停车场；6. 轿车停车场；
7. 现有松林；8. 诠释中心；9. 专类园（含濒危雨林植物）；10. 干雨林园；
11. 垃圾填埋园；12. 主路植物群；13. 水生植物；14. 湿地；15. 瞭望台；16. 野餐区；
17. 雨林绿廊；18. 循环中心；19. 诠释中心及休息亭；20. 坡道；21. 采石场步道和露天剧场

**某植物园规划设计图**

**重庆市儿童公园总平面图**

**重庆铜梁金龙广场设计图**

# 重庆渝中区现代园林花圃详细规划

## 总平面图 N

1：500

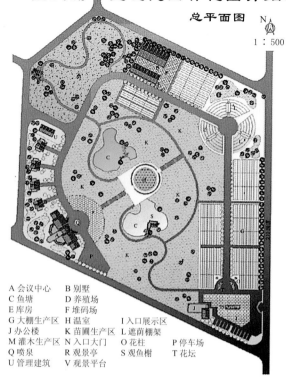

A 会议中心　　B 别墅
C 鱼塘　　　　D 养殖场
E 库房　　　　F 堆码场
G 大棚生产区　H 温室　　　 I 入口展示区
J 办公楼　　　K 苗圃生产区　L 遮荫棚架
M 灌木生产区　N 入口大门　 O 花柱　　　 P 停车场
Q 喷泉　　　　R 观景亭　　 S 观鱼榭　　 T 花坛
U 管理建筑　　V 观景平台

重庆渝中区现代园林花圃平面图

按不同功能划分，生产绿地一般可以划分为三大部分：即生产区、仓储区和办公管理区。生产区是生产绿地的主要组成部分，按不同苗木的培养栽种要求，可分为大棚生产区、遮阳棚生产区、灌木生产区、乔木生产区等。仓储区包括仓库、堆码场、养殖场等用地。对于对外开放的生产绿地，这一部分将会影响景观，因此常置于视线隐蔽处。办公管理区负责管理全园业务及对外接待，多位于入口附近。

重庆渝中区现代园林花圃鸟瞰图

附属绿地是指城市建设用地中绿地之外各类用地中的附属绿化用地。包括居住用地、公共设施用地、工业用地、仓储用地、对外交通用地、道路广场用地、市政设施用地和特殊用地中的绿地。由于各类用地均有不同的特点，因此，在附属绿地的规划和设计中，应针对不同的用地特色，具体安排，使各类绿地均能充分发挥其改善生态环境、提高景观、满足人们使用的功能要求。

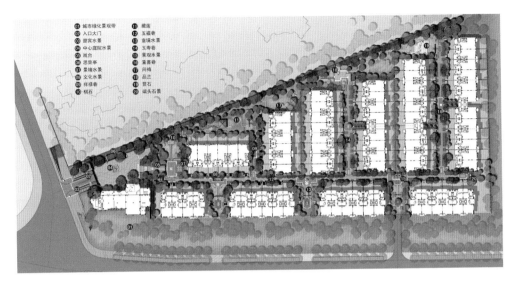

居住区绿地设计图

居住区绿地设计图

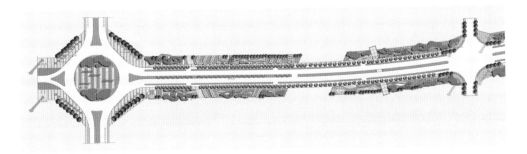

道路绿地设计图

风景名胜区现状图

风景名胜区区位关系图

风景名胜区的规划是指保护、培育、开发、利用和经营管理风景名胜区，并发挥其多种功能作用的统筹部署和具体安排。

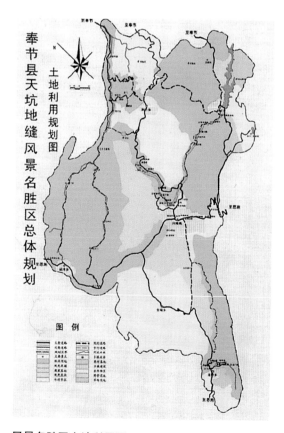

风景名胜区土地利用图

风景名胜区景观评价图

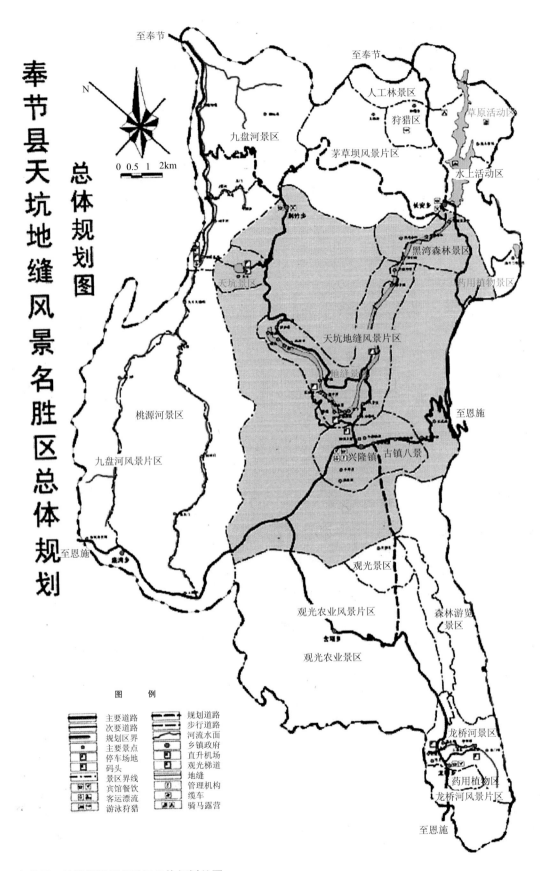

奉节县天坑地缝风景名胜区总体规划总图

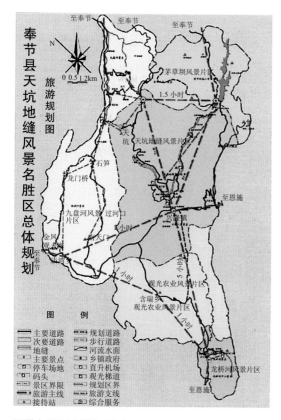

风景名胜区旅游规划图

风景名胜区保护规划图

风景名胜区绿化规划图

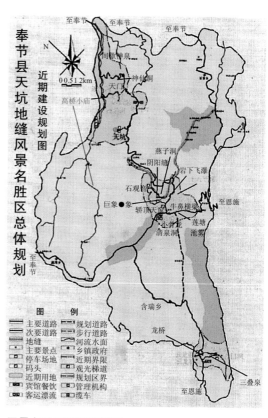

风景名胜区近期建设图

高等学校城市规划专业系列教材

# 城市绿地系统规划与设计

## （第二版）

重庆大学建筑城规学院　刘　骏
　　　　　　　　　　　　　　　　　　编著
重庆日清城市景观设计有限公司　蒲蔚然

中国建筑工业出版社

**图书在版编目（CIP）数据**

城市绿地系统规划与设计/刘骏，蒲蔚然编著. —2
版. —北京：中国建筑工业出版社，2017.4（2022.6重印）
高等学校城市规划专业系列教材
ISBN 978-7-112-20614-8

Ⅰ.①城…　Ⅱ.①刘…②蒲…　Ⅲ.①城市绿地–
绿化规划–高等学校–教材　Ⅳ.①TU985.12

中国版本图书馆 CIP 数据核字（2017）第 063979 号

《城市绿地系统规划与设计》一书是结合当前城市绿地规划的研究成果及
城市绿化建设发展的需要编著而成。全书包括绪论及八个章节，论述了城市绿
地系统规划的理论发展、我国城市绿地系统的基本状况、城市绿地系统规划编
制的相关内容、各类城市绿地规划的规划要点等。本书运用了当前最新的理论
研究成果，内容丰富，资料翔实 。其中增加的实例部分加强了对规划实践的
指导意义 。本书为高等学校城市规划、风景园林及相关专业教学用书，也可
供从事相关专业的规划设计人员参考。

责任编辑：王玉容
责任校对：焦　乐　张　颖

高等学校城市规划专业系列教材

# 城市绿地系统规划与设计

### （第二版）

重 庆 大 学 建 筑 城 规 学 院　刘　骏
重庆日清城市景观设计有限公司　蒲蔚然　编著

\*

中国建筑工业出版社出版、发行（北京海淀三里河路9号）
各地新华书店、建筑书店经销
北京佳捷真科技发展有限公司制版
北京建筑工业印刷厂印刷

\*

开本：787×1092毫米　1/16　印张：26¼　插页：8　字数：659千字
2017 年 6 月第二版　　2022 年 6 月第十九次印刷
定价：**60.00** 元
ISBN 978-7-112-20614-8
（30223）

# 前　言

高等学校城市规划专业系列教材《城市绿地系统规划与设计》（第一版），自2004年7月正式出版以来已历时十一年。在此期间共印刷13次，合计发行近30000册，对城市规划及风景园林专业学生的专业学习起到了一定的指导作用。

在此期间，我国的城市规划和建设管理情况发生了巨大的变化。随着《中华人民共和国城乡规划法》、《城市建设用地分类标准》以及《海绵城市建设技术指南》等一系列新的法律、法规标准的相继出台，以及绿道和绿色基础设施研究的深入，加上3S技术的广泛应用，城市绿地系统规划新的研究理论与方法不断涌现。尤其是党的十八大以来将生态文明建设提到了国家政策层面的高度，城市绿地系统规划因此受到前所未有的重视。在这样的背景下，我们对《城市绿地系统规划与设计》一书进行了修编。

本次教材修编的主要内容包括：

增加新的内容：增加了绿道、绿色基础设施理论、城市绿地系统与雨洪管理的关系、3S技术等的介绍；补充了城市绿地系统布局结构、儿童公园规划设计、居住小区绿地规划设计、道路绿地规划设计、工业用地绿地规划设计等新的案例。

更新数据和实例：对第一版教材中较为陈旧的数据进行了更新，列举的实际案例也更具现实指导意义，从而保证了教材内容的时效性。修改了城市绿地系统规划与新的城市建设用地分类之间的关系阐述。

查漏补缺纠错：对第一版教材中的数据、图表、错别字以及语句不通之处进行了校核和修改。

在本书的编著和修改的过程中，受到众多兄弟单位、同行师长及朋友的帮助，在这里表示深深的谢意。感谢重庆市园林事业管理局、重庆市规划设计研究院、重庆市风景园林规划研究院、重庆浩丰规划设计集团股份有限公司、重庆龙湖地产发展有限公司、重庆大学图书馆、重庆大学建筑与城市规划学院资料室等；感谢重庆市园林事业管理局副局长况平教授、华南农业大学李敏教授为本书提供的宝贵资料；感谢研究生梅筱、陈成楚伊、何颖和孙慧敏在修编过程中付出的努力。由于水平有限，书中难免有错漏或不当之处，希望广大读者和同行指正。

刘　骏　蒲蔚然
2016年12月

3

# 目　　录

# 绪　　论

城市绿地是城市用地的重要组成部分，城市绿地系统是城市生态系统中自然子系统，具有负反馈调节功能，城市绿地系统规划合理与否将直接影响到城市的生态环境、景观效果以及城市的可持续发展。因此，城市绿地系统规划是城市总体规划中不可缺少的一项重要内容，也是城市绿地规划设计及建设管理的重要依据。

## 一、城市绿地系统规划理论发展简介

城市绿地系统规划理论与城市规划理论相伴而生，通过不断的发展、充实最后形成了一个比较独立的理论体系。从世界范围来看，城市绿地系统规划理论经历了以下的几个阶段：

### （一）"城市公园"运动及"公园体系"（1843~1898年）

这一时期城市绿地系统规划理论的特征是：由以单个的城市公园绿地来缓解城市出现的种种环境问题，发展到以带状绿地联系数个公园形成公园体系，更有效地解决城市危机。

城市公园兴起于英国。1841年，由英国利物浦市政府提议动用税收，建设了可对公众开放的伯肯海德公园（Birkinhead Park，125英亩❶），1847年该公园正式对市民开放，这一事件标志着城市公园的正式诞生。公园运动在美国得到了进一步的发展。在设计师唐宁（A. J. Downing）和弗雷德里克·劳·奥姆斯特德（Frederick Law Ol msted）的竭力倡导下，1857年，美国的第一个城市公园——纽约中央公园在曼哈顿岛诞生。城市公园的产生和发展，为当时由于工业化大生产所导致的，如人口拥挤、卫生环境严重恶化、城市各种污染不断加剧等城市问题提供了一种有效的解决途径。在当时，各国普遍认同城市公园所具有的价值，即保障公众健康、滋养道德精神、体现浪漫主义（社会思潮）、提高劳动者的工作效率、促使城市地价增值等。城市公园运动为城市居民带来了清新安全的一片绿洲。然而，由于这些公园多由密集的建筑群所包围，形成了一个个"孤岛"，因此也就显得十分的脆弱。1867年美国设计师奥姆斯特德等人设计的波士顿公园体系，突破了这一格局。该公园体系以河流、泥滩、荒草地所限定的自然空间为定界依据，利用200~1500英尺❷宽的带状绿化，将数个公园连成一体，在波士顿中心地区形成了景观优美、环境宜人的公园体系（图0-1）。该体系一经形成即取得了很大的成功，其成功的重要表现之一是对城市绿地系统理论的发展产生了深远的影响。这种以城市中的河谷、台地、山脊为依托形成城市绿地的自然框架体系的思想，也是当今城市绿地系统规划的一大原则。应用该城市绿地系统理论进行规划的城市有华盛顿、西雅图、堪萨斯城（图0-2）、辛辛那提等。

### （二）"田园城市"运动（1898~1945年）

这一阶段城市绿地系统规划理论的特征是：从局部的城市调整转向对整个城市结构的重新规划。其中最具代表性的理论是"田园城市"理论。

---

❶　1英亩≈4048.58m²。

❷　1英尺=0.3048m。

公园系统规划
从波士顿公园到富兰克林公园包括：查尔斯河谷、查尔斯河岸景观、联邦大街、贝克湾沼泽地公园、河道整治、莱弗里特公园、杰梅卡公园、阿堡大街和阿诺德植物园

图 0-1　波士顿公园体系

田园城市理论是 1898 年由英国社会活动家霍华德（Ebnezer Howard）提出，其基本构思是立足于建设城乡结合、环境优美的新型城市。在他所设想的田园城市里，用宽阔的农业地带环抱城市，农田的面积比城市大 5 倍，每个城市的人口限制在 3.2 万人左右，城市的大小直径不超过 2km。这样便于人们步行到达外围绿化带。城市中心为大面积的公共绿地，面积多达 60hm²，中心公园外环绕着商店等公共建筑，其外围是宽阔的林荫大道（内设学校、食堂等），加上放射状的林间小径、住宅、庭院、菜园等，城市中每个居民的公共绿地面积超过 35m²。整个城市鲜花盛开，绿树成荫，形成一种城市与乡村田园相融的健康环境（图 0-3）。在霍华德的倡导下，在英国相继建设了两个田园城市，即 1904 年建成的离伦敦 35 英里的莱奇沃斯（Letchworth）和 1919 年建成的离伦敦很近的韦林（Wellwyn）。"田园城市"理论和实践给 20 世纪全球的城市规划与建设史写下了浓重的一笔，也为城市绿地系统融入城市规划的总体布局拓展了新的思路。

（三）二战后大发展（1945~1970 年）

第二次世界大战使欧亚各国的许多城市均受到了不同程度的破坏，有的城市几乎成为废墟。战争后的重建为这些城市提供了契机，使"田园城市"、"有机疏散"等规划理论在这些城市的重建中得以运用。许多城市采取措施疏散大城市人口，拓展城市中的绿化空间，并力求使绿化环境与城市环境相融合，以形成宜人的城市环境。

图 0-2　美国堪萨斯城绿地系统布局

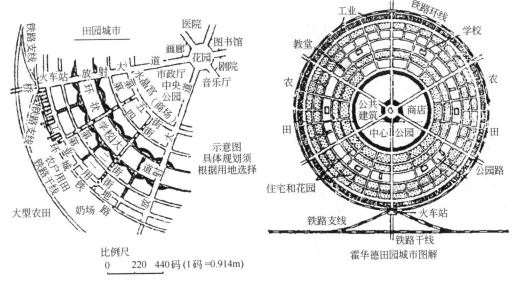

霍华德的田园城市图式——中心城规划结构图

图 0-3 霍华德的田园城市模式

    1945 年的"华沙重建计划"提出了限制城市工业，扩大绿地面积，并拓展绿化走廊的方案。经过一段时间的建设与改造，形成了完善的城市绿地系统，成为城市中保持优美环境的佳例（图 0-4）。1946 年规划的英国哈罗（Harlow）新城，保留和利用原有的地形和植被条件，采用与地形相结合的自然曲线，经过后期建设的补充完成，造就了一种绿地与城市交织的宜人环境（图 0-5）。另外，还有莫斯科（图 0-6）、平壤、伦敦等城市，均在城市的重建中大力拓展绿地，运用各种新的绿地系统规划理论，形成与城市相融的绿地系统，创造了优美的城市环境。

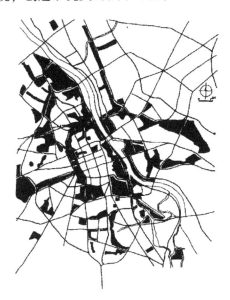

图 0-4　波兰华沙绿地系统规划　　　　　　图 0-5　英国哈罗新城绿地系统规划

3

图 0-6　莫斯科绿地系统布局

（四）生物圈意识（1970年以后）

在20世纪70年代初，全球兴起了保护生态环境运动。联合国在1971年11月召开了人类与生物圈计划（MAB）国际协调会，并于1972年6月在斯德哥尔摩召开了第一次世界环境会议，会议通过了《人类环境宣言》。同年，美国国会通过了城市森林法。而在欧洲，1970年被定为欧洲环境保护年。在这样的大环境下，与城市绿地系统规划密切相关的城市规划领域也出现了一些新的理论，倡导以生态的理论指导城市规划，使城市与其所处环境成为一个完整的生态系统。美国景观建筑师麦克哈格（I. L. Mcharg）所著的《设计结合自然》为其中的杰出代表之一。该书提出了在尊重自然规律的基础上，建造人与自然共享的人造生态系统的思想。在这些理论的影响下，这一阶段的城市绿地规划和建设体现了生态园林的理论探讨和实践摸索的特点，主要表现在城市绿地系统规划中更重视将城市中的绿地与城市的自然地形、河流、湿地等因素结合，并把各种类型的绿地连成网络，同时考虑城市绿地与城市范围以外广阔的自然地段的联系，使城市完全融入绿色环境，充分发挥城市绿地的生态功能。

这一阶段，城市绿地系统规划理论及实践都得到了前所未有的发展，其中具有代表性的包括绿道及绿色基础设施理论。

绿道是指为实现与可持续土地利用相协调的生态、休闲、美观及其他用途的多目标线性土地网络。绿道一词于1987年在美国总统委员会的报告中首次出现，查尔斯·里特（Charles Little）《美国的绿道》一书的出版标志着绿道理论的成熟。1990年以后，在世界范围内开始了大规模的理论研究和实践活动。目前，对绿道规划思想与方法的研究主要集中在绿道的生态保护、历史文化保护、视觉美学评价及综合价值发挥等方面；围绕绿道建设的相关研究包括使用格局与使用者体验研究，实施、管理及相关政策的关系研究以及各国绿道建设与发展情况等。虽然绿道这一概念在20世纪90年代才得到广泛的认同和传播，但绿道的实践案例却可追溯到1867年奥姆斯特德波士顿公园系统规划，20世纪20年代沃伦·曼宁的全美景观规划，1928年小查尔斯·艾洛特的马萨诸塞州开敞空间规划，1964年菲利普·刘易斯的威斯康星州遗产道提案等等，现代绿道理论实践的典型案例包括1993年纽约市的绿道规划，1999年由马萨诸塞州大学景观与区域规划系的三位教授领衔的美国新英格兰地区绿道远景规划（图0-7）等。已有研究成果表明，绿道具有生态、休闲娱乐、经济发展、社会文化和美学等功能，其真正的意义在于打破城乡界限，将城市融入乡村，让乡村渗透城市，既是自然要素的连接，更是生活方式的融合。

绿色基础设施的概念（GI Green Infrastructure）在1999年由美国保护基金会（Conservation Fund）和农业部森林管理局（USDA Forest Service）共同组织的"GI工作小组"

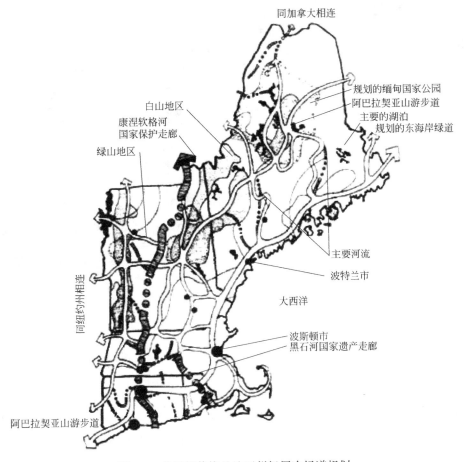

图 0-7 美国新英格兰地区州级层次绿道规划

（Green Infrastructure Work Group）提出，其含义是指国家层面的自然生命保障系统（nation's natural life support system）——一个由水道、湿地、森林、野生动物栖息地和其他自然区域，绿道、公园和其他保护区域，农场、牧场和森林、荒野和其他维持原生物种、自然生态过程和保护空气和水资源以及提高美国社区和人民生活质量的荒野和开敞空间所组成的相互连接的网络。在此之后，各国在绿色基础设施的概念、规划原则、规划方法以及管理、实践等方面展开了广泛的研究。典型的实践案例包括美国马里兰州的"绿图"计划（图 0-8）、新泽西州的"花园之州绿道"规划以及英国西北部的绿色基础设施规划等。绿色基础设施通过廊道（corridor）、网络中心（hub）、站点（site）等多尺度的空间模式来维系和恢复包括城市周围、城市地区之间，甚至所有空间尺度上的一切自然、半自然和人工的环境。其规划步骤包括目标设定、分析、合成和实施等四步。绿色基础设施规划的核心目标是保护生态功能与过程，保护自然生产性的土地，保护开放空间，服务大众。由于绿色基础设施具有主动性、功能复合性和弹性等特点，相比于绿带、绿道、生态网络，它更能适应城市发展的要求。多年的研究表明，着眼于城市发展的自然生命支持系统，强调通过相互的链接形成的网络化、整体性、多功能、城乡一体的绿色空间体系的绿色基础设施建设，可以优化绿地空间的布局与结构，使同样面积的绿地产生巨大而有效

5

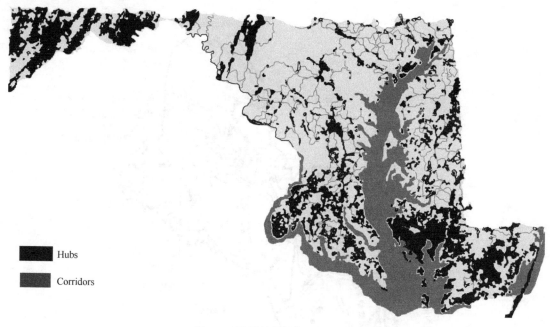

Hubs

Corridors

图 0-8　马里兰州绿色基础设施

的生态、社会、经济价值。基于绿色基础设施理念的绿地布局可以连接被城市化切断的自然系统和生态过程，恢复与重建生态体系，为城市土地保护与利用提供了战略性指导框架，并在一定程度上对城市化过程进行调控与引导。

城市绿地系统的发展走过了一个由集中到分散，由分散到联系，由联系到融合的过程，这种自然和城市相融合的城市绿地系统将更有效地发挥自身的生态效益，更有助于城市的可持续发展（图 0-9）。

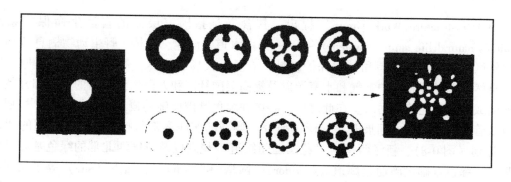

图 0-9　城市绿地系统的发展过程

### 二、城市绿地系统规划发展的新趋势

从 20 世纪末到 21 世纪初，随着全球性生态运动的不断发展以及由信息产业和知识经济的发展带来的城市格局的变化，城市绿地系统的发展将面临新的机遇和挑战，城市绿地系统规划也将出现一些新的趋势，其主要表现在以下几个方面：

（一）城市绿地系统规划广度上的拓展

随着对城市绿地系统生态功能认识的深入，城市绿地系统在城市中发挥的生态效益越来越受到重视。而经过长期的研究表明，单纯地进行城市建成区的绿地系统规划并不能充分发挥绿地的生态效益。因此，当今城市绿地系统规划的范围，已由城市建成区拓展至整个城市规划区，甚至进入区域规划的层面。一些专家学者甚或提出"大地景观规划"和"大地园林化"的规划尺度，随着城市规划从较小尺度的城镇物质环境的建设规划，走向宏观尺度的区域性"社会—经济—生态"综合发展规划。城市绿地系统规划尺度由微观到宏观的发展也将成为新的趋势。

（二）城市绿地系统规划研究深度上的拓展

21世纪城市绿地系统规划研究对象将从土地、植物两大要素拓展到水文、大气、动物、微生物、能源、城市废弃物等多要素，研究深度也将由单纯地对绿地系统本身进行分类、布局、定量等工作拓展到对绿地与城市生态环境、绿地与城市经济以及绿地与城市社会学等诸多方面的相互关系上的研究，力求发挥城市绿地系统的综合效益，保证城市健康持续地发展。

（三）新技术在城市绿地系统规划中的运用

城市绿地系统规划是一项技术性极强的工作，无论是绿地现状情况的调查分析，还是各类绿地的定位、定量以及功能的确立等均需要借助一定的技术手段才能完成。随着科学技术的进步，尤其是计算机学科的不断发展，许多新技术在城市绿地系统规划中得到运用。其中以遥感（RS）、全球定位系统（GPS）和地理信息系统（GIS）为技术支撑的"3S"技术集成，为城市绿地系统规划提供了新的观测手段、描述语言和思维方式。其基本工作思路是通过红外遥感技术（RS）、全球定位系统（GPS）等收集包括绿地分布、规模、三维绿量、植物生态质量等各种与绿地相关的信息资料，利用地理信息系统（GIS）对资料进行数据化处理，建立城市绿地信息系统数据库，利用数据库进行空间分析、景观格局评价及生态分析等，以此辅助城市绿地系统的规划及管理决策。

在具体的分析过程中，3S技术结合相应的分析模型和模拟技术实现绿地系统空间格局评价、绿地系统生态服务功能评价、绿地系统规划方案指导等功能。例如，运用Huff模型和GIS技术，可以从供需角度出发，依照绿地的位置、大小、形状等要素判定其供应能力，结合居民点的空间分布及城市内部的道路网络系统，计算绿地和居民点之间的吸引力数值，深入研究绿地系统的通达性、空间分布及其服务供应能力与居民需求的关系；利用流水地貌学的地表径流漫流模型，借助GIS空间分析技术，能够提取城市水系网络，并以此为基础探讨城市水系与绿地系统的构建与维育；CITYgreen可以定量计算出树木对城市保持水土、净化空气等方面的生态效益，对城市绿地系统效益做出预测评价；利用CBR技术（基于案例的推理技术）对城市的现实条件、规划设计的要求和规划设计思想等几个方面的信息进行编码分析，能够建立城市绿地规划案例的综合表达模型，指导绿地系统规划。

这些新技术的运用，大大地提高了城市绿地数据的准确性、完整性和实效性，使城市绿地系统的规划更趋科学合理，也有效提升了规划对城市绿地建设的指导效果。

**三、我国城市绿地系统发展状况、问题及前景**

我国城市绿地系统的规划和建设起步于新中国成立以后。从1949年到改革开放前，城市绿化建设的发展时快时慢，保持在一个不太高的发展水平。改革开放以后，城市绿化工作才真正有了较大的发展，绿化水平也有了较大的提高。从 1986 年到 1999 年，全国城市绿化覆盖率由 16.86% 提高到 27.44%，绿地率由 15% 提高到 23%，人均公共（园）绿地面积由 3.45m² 提高到 6.52m²。一些位于改革开放前沿的新兴城市，如深圳、珠海、上海的浦东新区等，在城市绿地系统规划上很下功夫，使城市绿地系统布局更加合理，绿化水平进一步提高，城市生态环境保持了良好的发展态势，成为中国新兴城市的代表。进入 21 世纪，随着人们对于城市生活环境质量要求的不断提高，城市绿地系统建设日益受到重视。自 2003 年以来，城市绿化建设得到快速发展。其中，上海市于 2003 年实施了"国家园林城市工程"，城市绿地率达 34.51%，绿化覆盖率 35.78%，人均公园绿地面积超过 9m²，被建设部批准为"国家园林城市"；同年，"绿色南京"工程，将森林引入城市，绿地面积达到 17115hm²，绿地率 39.0%，绿化覆盖率 43.0%，人均公园绿地面积 9.51m²，在全国省会城市中位列前茅；另外，珠海更是被联合国评为最适合居住的城市。到 2014 年，全国城市人均公园绿地面积达到 13.08m²，绿化覆盖率 40.22%，绿地率 36.29%，绿化的总体水平已经达到新高度，城市环境质量得到明显提高。

然而，由于种种历史及现实原因，我国城市绿化的总体水平与世界发达国家之间还有一定差距，在城市绿地系统规划和建设中还存在不少问题，主要表现在以下几个方面：

（一）城市绿化水平地区发展很不平衡

城市绿化水平与当地的社会经济发展紧密相关。由于地区间社会经济的发展不平衡带来了城市绿化水平的较大差距。总体而言，东部发达地区的城市绿化水平高于西部欠发达地区，沿海城市普遍高于内地城市。同时，受自然因素影响，南方城市的绿地系统建设情况一般也优于北方地区。

（二）城市绿地系统规划理论的本土化研究滞后

新中国成立后我国主要是沿用苏联的城市绿地系统规划模式，20 世纪 80 年代以后转为学习以美国为代表的西方发达国家的绿地系统规划模式。由于对绿地系统的理论研究投入不够，导致真正适合我国国情的"中国模式"的绿地系统规划理论研究滞后，从而造成很多城市的绿地系统规划流于形式，对城市建设缺乏指导性和前瞻性，影响了城市绿化建设工作水平的提高。

（三）针对特殊类型城市的绿地系统研究不足

我国幅员辽阔，自然环境复杂多样，拥有各具特色的地理区域，因此在城市化的进程中，出现了各种特殊类型的城市。目前，我国各地的城市绿地系统规划基本参照《城市绿地系统规划编制纲要（试行）》进行编制，在标准化和规范性得到保障的同时，往往忽视了城市的个性与特征在绿地系统中的体现。虽然也出现了一系列针对特大型城市、高密度城市、山地城市和干旱地区城市等等不同城市的绿地系统规划的研究成果，但还远未形成理论和编制体系，还不能对特殊类型的城市绿地系统进行指导。

（四）新技术的推广和应用有待提升

传统的城市绿地系统规划方法工作效率低，周期长，而且准确性和科学性难以保证。近年来，随着科学技术的发展，城市绿地系统规划的研究手段和技术有了较大的突破，3S 技术的运用极大地提高了城市绿地系统规划的科学性、合理性。但是由于资金短缺、专业技术人员不足等等原因，这些新技术并没有得到更广泛的应用，因此，在今后的城市绿地系统规划工作中，必须对现行技术做进一步提升。

# 第一章　城市绿地的功能

要搞好城市绿地系统的规划和建设，使绿地在城市中充分发挥其特殊功效，同时保证城市绿地系统本身能持续健康地发展，必须首先认识和了解城市绿地的功能和作用。随着科学技术及城市规划理论的发展，尤其是生态学理论在城市规划中的运用，人们对于城市绿地功能的认识，从简单的美化、休憩、游乐功能，逐步发展到对其生态、使用、美化、教育等综合功能的认识。

## 第一节　城市绿地的生态功能

城市绿地系统是城市生态系统的重要组成部分，城市中的绿色植物通过一系列的生态效应，净化城市空气，改善城市气候，增强城市抗灾能力等，对于维持城市生态系统的平衡至关重要。因此，城市绿地的生态功能越来越受到重视，主要表现在以下几个方面：

### 一、保护城市环境

随着工业的发展以及城市化进程的加速，城市中人口密集度增加，工矿企业集中，汽车数量不断增多，这些都造成了极大的城市环境污染，城市环境的恶化已日益威胁着人们的生产及生活。改善城市环境，创造一个适宜人类居住的城市空间已成为当前城市建设中一个迫切需要解决的问题，也是一个城市实行可持续发展战略目标的重要环节。改善城市环境一方面应致力于减少各种污染，另一方面则是要重视城市绿地的建设。通过科学研究及实践证实，绿色植物具有净化空气、水体和土壤，调节气候，降低噪声等功能。

（一）净化空气、水体和土壤

1. 净化空气

城市规划设计的目的是为人们提供一个良好的生活和工作环境。良好环境的首要条件是有新清、纯净的空气。然而城市中工厂集中，人口密集，汽车拥有量大，因此而产生的二氧化碳及各种有害气体、烟灰粉尘等也特别多，空气质量日益下降。城市绿地在净化空气方面有着非常显著的功效。

首先，绿色植物通过光合作用吸收二氧化碳释放氧气，同时，又通过呼吸作用吸收氧气和排出二氧化碳。实验证明植物通过光合作用所吸收的二氧化碳要比呼吸作用中排出的二氧化碳多 20 倍，因此，植物可以起到消耗空气中的二氧化碳，增加氧气含量的作用。通常情况下，大气中的二氧化碳含量为 0.03% 左右，氧气含量为 21%，但在城市空气中的二氧化碳含量有时可达 0.05%~0.07%，局部地区甚至高达 0.20%。随着空气中二氧化碳含量增加，氧气含量减少，人们会出现呼吸不适，头晕耳鸣，心悸，血压升高等一系列生理反应，严重的甚至导致死亡。另外，二氧化碳是产生温室效应的气体，它的增加导致城市局部地区的温度升高产生热岛效应，若地形不利，还会形成城市上空逆温层从而加剧城市空气中的污染。因此，为了平衡城市中不断增加的二氧化碳，应加大城市绿量。

据有关资料显示，每公顷公园绿地每天能吸收 900kg 二氧化碳，并生产 600kg 氧气；

每公顷处在生长季节的阔叶林每天可吸收 1000kg 二氧化碳，生产 750kg 氧气；生长良好的草坪，每公顷每小时可以吸收 15kg 二氧化碳。如果按成年人每天呼出二氧化碳 0.9kg，吸收氧气 0.75kg 计算，为达到空气中二氧化碳和氧气的平衡，理论上每人所需要面积为 10m² 树林或 25m² 草坪的绿地。另据有关研究表明，当绿化覆盖率达到 30% 以上的时候，空气中的二氧化碳的瞬时浓度量直线有规律下降，当绿化覆盖率达到 50% 时，空气中的二氧化碳则可保持正常浓度。

不同植物吸收二氧化碳的能力有所不同。据"八五"国家科技攻关专题"北京城市园林绿化生态效益的研究"测试表明，对二氧化碳具有较强吸收能力的植物（指单位叶面积年吸收二氧化碳高于 2000g 的植物），落叶乔木有：柿树、刺槐、合欢、泡桐、栾树、紫叶李、山桃、西府海棠等；落叶灌木有：紫薇、丰花月季、碧桃、紫荆等；藤本植物有：凌霄、山荞麦等；草本植物有：白三叶等。在城市中二氧化碳浓度较高的地区可根据具体情况，选择这些对二氧化碳有强吸收能力的植物以减少环境中二氧化碳浓度，补充氧气，达到净化空气的目的。

此外，绿色植物还有明显的吸收二氧化硫、氯气、氟化氢、氮氧化物、碳氢化物以及汞、铅蒸气等有害气体的功能。城市受污染的空气中有害气体的浓度较高，将对人体健康及生命安全造成极大的危害。这些有害气体中的二氧化硫是在煤和石油的燃烧过程中产生的。因此，工厂集中、汽车密集的城市上空，二氧化硫的含量通常较高。二氧化硫是危害人类健康的最大"杀手"，为此，人们进行各种研究，希望减少这一致命的污染。通过许多试验研究发现，植物叶片的表面有较强的吸收二氧化硫的能力。当植物处于二氧化硫污染的大气中，其含硫量可为正常含量的 5~10 倍。研究还表明，绿地上空空气中二氧化硫的浓度低于未绿化区，污染区树木叶片的含硫量高出清洁区许多倍，当煤烟经过绿地后有 60% 的二氧化硫被阻留。

不同生态习性的植物对二氧化硫的吸收能力不同，据日本在大阪市内对 40 多种树木的含硫量进行的分析表明：落叶树吸收二氧化硫的能力最强，其次是常绿的阔叶树，较弱的是针叶树。另外不同种类的植物对二氧化硫的吸收能力也有所不同，一般对二氧化硫抗性越强的植物，对二氧化硫的吸收能力也较强，表 1-1 是不同植物不同季节每平方米叶片的硫积累量。从中我们可以看出，对二氧化硫有较强吸收能力的有海棠、构树、金银木、丁香、馒头柳、白蜡等，在二氧化硫污染较严重的区域，可以考虑选择种植这些植物，以减少空气中二氧化硫含量，净化空气、改善环境。

**植物叶片硫积累量**　　　　　　　　　　　　　　　　　　　　表 1-1

| 植物名称 | 含硫量（g/m²） | | 植物名称 | 含硫量（g/m²） | |
| --- | --- | --- | --- | --- | --- |
| | 7 月 | 10 月 | | 7 月 | 10 月 |
| 馒头柳 | 5.24 | 6.25 | 构树 | 0.47 | 4.65 |
| 丁香 | 0.90 | 2.21 | 泡桐 | 0.42 | 0.45 |
| 海棠 | 0.90 | 7.20 | 黄刺玫 | 0.40 | 0.42 |
| 连翘 | 0.80 | 1.38 | 桃树 | 0.36 | 0.40 |
| 白蜡 | 0.76 | 1.76 | 元宝枫 | 0.38 | 0.45 |
| 桧柏 | 0.68 | 1.39 | 月季 | 0.28 | 1.01 |
| 金银木 | 0.61 | 4.20 | 合欢 | 0.13 | 0.68 |

摘自陈自新等《北京城市园林绿化生态效益的研究》。

城市的空气污染还在于空气中含有大量的烟尘及病菌。

据有关资料显示，城市空气中烟尘的含量惊人。由于我国大部分城市仍以煤为主要燃料，在燃烧的过程中，每烧一吨煤，即可产生 11kg 的煤粉尘，许多工业城市每年每平方公里降尘量平均为 500t 左右，有的城市甚至高达 1000t 以上。这些烟灰粉尘的存在，降低了太阳的照明度和辐射强度，削弱了紫外线，造成细菌的滋生繁衍，不利于人体健康。另外人们吸入这种含大量烟尘的空气容易患上气管炎、支气管炎、矽肺等呼吸系统疾病，使健康受到极大的威胁。除此之外，空气中大量烟尘的存在，对许多现代的工业生产及城市形象也极为不利。

绿色植物，尤其是树木对烟尘具有明显的阻挡、过滤和吸附作用。一方面由于植物能阻挡降低风速，使烟尘不至于随风飘扬；另一方面是因为植物叶子表面凹凸不平，有茸毛，有的还能分泌黏性的油脂或汁浆，能使空气中的尘埃附着其上，以此减少烟尘的污染。而随着雨水的冲洗，叶片又能恢复吸尘的能力。

据报道，一般工业区空气中的飘尘（直径小于 $10\mu m$ 的粉尘）浓度，绿化区比未绿化的对照区少 $10\% \sim 50\%$，绿地中的含尘量比街道少 $1/3 \sim 2/3$，在植物的生长季节中，树林下的含尘量比露天广场上空含尘量的平均浓度低 42.2%。又如德国汉堡市测定几乎无树木的城区，烟尘年平均值高于 $850mg/m^2$，而在树木茂盛的城市公园里平均值低于 $100mg/m^2$。从以上数据可以看出，植物对净化空气中的烟尘确实有良好的效果。因此，在城市工业区与居住生活区之间应发展隔离绿地，减少烟尘对城市空气的污染。

植物滞尘能力的高低与树冠的高度，总的叶片面积、叶片大小、着生角度、表面粗糙程度等条件有关。表 1-2 是部分主要园林植物滞尘能力的比较，从中可以看出滞尘能力较强的植物有：丁香、紫薇、桧柏、毛白杨、元宝枫、银杏、国槐等。

主要园林植物滞尘能力比较　　　　　　　　　　　　　　　表 1-2

| 植物名称 | 滞留能力（$g/m^2$） | | | |
| --- | --- | --- | --- | --- |
| | 一周后 | 二周后 | 三周后 | 四周后 |
| 丁香 | 1.068 | 4.078 | 4.951 | 5.757 |
| 紫薇 | 1.125 | 2.875 | 3.750 | 4.250 |
| 月季 | 0.571 | 0.857 | 2.214 | 2.400 |
| 小叶黄杨 | 0.389 | 0.735 | 1.100 | 1.200 |
| 桧柏 | 0.294 | 0.708 | 2.579 | 4.113 |
| 毛白杨 | 0.671 | 1.924 | 2.472 | 3.822 |
| 元宝枫 | 1.500 | 1.667 | 2.917 | 3.458 |
| 银杏 | 1.619 | 3.093 | 3.299 | 3.433 |
| 国槐 | 1.132 | 1.887 | 2.830 | 3.396 |
| 臭椿 | 0.138 | 0.448 | 1.276 | 2.448 |
| 栾树 | 0.492 | 1.254 | 1.619 | 2.413 |
| 白蜡 | 0.325 | 0.584 | 1.039 | 1.494 |
| 垂柳 | 1.191 | 0.381 | 0.905 | 1.048 |

摘自陈自新等《北京城市园林绿化生态效益的研究》。

城市空气中的细菌含量也远远高于周围的乡村，这也使城市中的居民更容易患上由于这些细菌所引发的各种疾病，严重影响了人们日常的生活及工作。绿色植物对其生存环境中的细菌等病原微生物具有不同程度的减少、杀灭和抑制作用。这是由于植物可通过减少空气中的灰尘从而减少附着于其上的细菌，另外，许多植物本身能分泌某些杀菌素，可以杀灭和抑制细菌，从而减少空气中的细菌的含量，改善环境。

据有关资料显示，在北京王府井地区空气中含菌数每立方米超过 3 万个，其细菌含量是中山公园的 7 倍，是郊外香山公园的 9.5 倍。另据北京市园林科研所测定的居住区不同地段空气中细菌的含量表明，各种绿地空气中的细菌含量明显少于非绿地，三种类型绿地空气中的细菌含量平均为 2025 个/m³，而非绿地的空气中细菌含量平均高达 7009 个/m³（图 1-1）。以上的数据均证实植物能有效减少空气中细菌的含量。然而有关资料还表明，在绿地中植物种植结构不合理，使空气流通不畅，形成相对阴湿的小气候环境时，不仅不能减少空气中细菌的含量，相反还为细菌的滋生繁殖提供了有利条件。因此，在绿化的过程中，还应注意改善绿地的结构，保持绿地一定的通风条件和较良好的卫生状况，这样方可达到利用植物减少空气中含菌量，净化空气的目的。

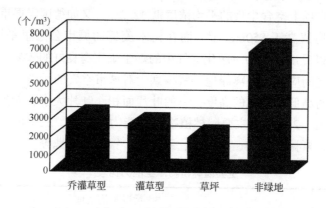

图 1-1　居住区不同地段空气中细菌的含量

各种植物的杀菌能力各有不同，根据园林绿化工作的实际需要，可将这些植物杀菌作用分为"强"、"较强"、"中等"、"弱"共四级，可根据实际情况的要求进行选择。第一类，杀菌力强的植物有：油松、核桃、桑树等；第二类，杀菌力较强的植物有：白皮松、桧柏、侧柏、紫叶李、栾树、泡桐、杜仲、槐树、臭椿、黄栌、棣棠、金银木、紫丁香、中国地锦、美国地锦以及球根花卉美人蕉等；第三类，杀菌力中等的植物有：华山松、构树、绒毛白蜡、银杏、榆树、石榴、紫薇、紫荆、木槿、小叶黄场、鸢尾等。第四类：杀菌能力较弱的植物有：洋白蜡、毛白杨、玉兰、玫瑰、报春刺玫、太平花、樱花、榆叶梅、野蔷薇、山楂、迎春等。

2. 净化水体和土壤

除净化空气的功效以外，植物还可净化水体和土壤。

植物可以吸收水中的溶解质，减少水中的细菌数量。有关研究显示，在通过了 30~40m 宽的林带后，一升水中所含的细菌量比不经过林带的减少 1/2。另外，许多水生植物和沼生植物对净化城市的污水有明显作用。如芦苇能吸收酚及其他 20 多种化合物，每平方米土地上生长的芦苇一年内可积聚 6kg 的污染物质，还可消除水中的大肠杆菌等。有芦苇的水池中，其水的悬浮物要减少30%，氯化物减少90%，有机氮减少60%，磷酸盐减少20%，氨减少66%，总硬度减少33%。又如水葫芦能从污水里吸取银、金、汞、铅等金属物质及具有降低镉、酚、铬等有机化合物的能力。成都府南河环城绿地中的活水园，便是利用植物的这一特点来演示湿地植物净化污水，对市民进行科普教育的一个特殊的街头绿地（图1-2）。

图1-2　成都府南河环城绿地中的活水园

植物的地下根系能吸收大量有害物质而具有净化土壤的能力。如有的植物根系分泌物能使进入土壤的大肠杆菌死亡。另外有植物根系分布的土壤，其中的好气性细菌比没有根系分布的土壤多几百倍至几千倍，因此能促使土壤有机物迅速分解。这样不仅净化了土壤，还增加了土壤的肥力。此外，有好气性细菌的土壤，还有吸收空气中一氧化碳的作用。

（二）改善城市气候

由于城市中人口及建筑密度大，工业产业发达，因此城市的气候也受到相应的影响。与郊区的气候特征相比，城市气候有如下的特征：气温较高，空气相对湿度较小；日照时间短；辐射散热量少；平均风速较小；风向经常改变等。这些特点对人们的生活均有不利的影响。据相关研究表明，绿色植物具有改善城市气候的不良特征、形成较好小气候的功能。这是因为植物叶面的蒸腾作用能降低气温，调节湿度，吸收太阳辐射热。另外，经过规划设计的城市绿地还可以控制风向、风速。因此，城市绿地具有明显改善城市小气候，提高人们生活环境质量的作用。

1. 降低气温

气温对人体的影响最为突出，当气温高于人体的正常体温时，人会感到不舒适。随着全球"温室效应"的不断加剧，气温偏高的现象将会困扰越来越多的城市，空调成为城市人降温的必需品。然而，空调的广泛使用不仅消耗大量能源，制造新的污染，而且长期处于空调环境中的人也极易患上头痛、头昏、四肢无力等症状的"空调综合征"。由于空调的种种弊病，促使人们另寻良方，而大力发展城市绿化便是其中一种最为有效的办法。据有关资料显示，植物茂密的枝叶可以挡住并吸收 50%~90% 的太阳辐射热，经辐射温度计测定，夏季树荫下与阳光直射的辐射温度可相差 30~40℃ 之多。另外植物的蒸腾作用可蒸发水分，吸收大量的热量，从而降低周围的气温。相关研究表明，一株胸径为 20cm、总叶面积为 209.33m² 的国槐，在炎热的夏季每天的蒸腾放水量为 439.46kg，蒸腾吸热为 83.9kWh，约相当于 3 台功率为 1100W 的空调工作 24 小时所产生的降温效应。另有大量研究资料证实，绿地对于降低气温有显著的作用：在酷热的夏季，树林里的气温与未植树的空场地的最大温差可达 8℃，草坪表面的温度则比裸露地面低 6~7℃，比柏油路表面气温低 8~20.5℃；有垂直绿化植物覆盖的墙面表面温度比无绿化覆盖的墙面温度约低 10℃，绿化覆盖墙面室内温度比无覆盖墙面室内温度约低 7℃。由大面积水面和植物组成城市绿地，对于改善城市气温有更明显的作用。以杭州西湖、南京玄武湖、武汉东湖等为例，其夏季气温比市区低 2~4℃。以上这些数据表明，在城市地区及其周围，尤其是在炎热地区，应大量种树，同时大力发展屋顶绿化及垂直绿化，提高整个城市的绿化覆盖率，是调节城市过高气温的有效手段（图1-3）。

图 1-3　大力发展屋顶绿化及垂直绿化是调节城市过高气温的有效手段

2. 调节湿度

城市的硬质地面多，雨水经过后迅速流入地下管道，因此城市中因缺少水分的蒸发空气湿度相对较低。空气湿度低使人感到干燥烦闷，同时易患咽喉及耳鼻疾病。

绿色植物因其蒸腾作用可以将大量水分蒸发至空气中，从而增加空气的湿度。有关试验证明，一般从根部进入植物的水分有 99.8% 被蒸发到空气中。夏天一棵树每天可以蒸发 200~400L 水分；每公顷油松树每日蒸腾量为 43.6~50.2t，加拿大白杨林每日蒸腾量为 57.2t；一公顷阔叶林的蒸发量比同等面积的裸露土地蒸发量高 20 倍，相当于同等面积的水库蒸发量。由于绿化植物强大的蒸腾水分的能力，因此可向空气中不断输送水蒸气，提高空气湿度。此外有关资料显示：不同生态习性的植物、不同类型的绿地以及不同种植结构的绿地其蒸腾水量及蒸腾吸热量等均有所不同。表1-3是北京城郊八大建成区所种不同类型绿地蒸腾吸热量的比较。该表显示公共绿地对提高城市空气湿度效果最明显。表1-4是北京对不同生态习性的植物蒸腾水量及蒸腾吸热量的比较，显示落叶乔木对改善城市湿度效果最明显。另据相关研究证实乔、灌、草结构的绿地空气湿度可以增加 10% ~ 20%；一般森林的湿度比城市高 36%；公园的湿度比城市其他地区高 27%。以上这些数据均说明，绿色植物对于改善城市空气中湿度较小的问题有明显的作用。通过调节城市空气湿度，城市绿地可以为人们提供一个舒适的生活环境。

**五种类型绿地平均每公顷日蒸腾吸热、蒸腾水量**　　　　　　表 1-3

| 绿地类型 | 绿量（km²） | 蒸腾水量（t/d） | 蒸腾吸热（kkJ/d） |
|---|---|---|---|
| 公共绿地 | 120.707 | 214.420 | 526 |
| 专用绿地 | 90.387 | 159.252 | 391 |
| 居住区 | 89.7746 | 120.402 | 295 |
| 道路 | 84.669 | 151.060 | 371 |
| 片林 | 23.797 | 43.912 | 108 |

注：1. 摘自陈自新等《北京城市园林绿化生态效益的研究》；
　　2. 该统计数据为 2002 年 9 月 1 日以前的研究成果，因此，绿地类型未用新的分类标准。

**单株植物日蒸腾吸热、蒸腾水量**　　　　　　表 1-4

| 植物类型 | 株数（株） | 数量 | 蒸腾水量（kg/d） | 蒸腾吸热（kkJ/d） |
|---|---|---|---|---|
| 落叶乔木 | 1 | 165.7 | 287.97 | 706.644 |
| 常绿乔木 | 1 | 112.6 | 239.29 | 586.8 |
| 灌木类 | 1 | 8.8 | 13.021 | 31.95 |
| 草坪（m²） | 1 | 7.0 | 8.933 | 21.9204 |
| 花竹类 | 1 | 1.9 | 3.2136 | 7.8786 |

摘自陈自新等《北京城市园林绿化生态效益的研究》。

3. 调控气流

由于城市中建筑密度大，硬质地面多，因此在夏季接收太阳辐射热很大，一般情况下在建筑密集的地段气温比较高。但是如果这些地段的周围有大面积绿地存在，情况将会大不一样。由于绿地地段气温相对较低，与建筑密集地段形成气温差，气温差的存在则可形成区域性的微风和气体环流，这种气流将绿地中相对凉爽的空气不断传向城市建筑密集区，可达到调节城市建筑密集区小气候的目的，为人们提供一个舒适的生活环境。另外，城市绿地相对于气流的调控作用还表现在形成城市通风道及防风屏障两个方面。当城市道路及河道与城市夏季主导风向一致时，可沿道路及河道布置带状绿地，形成绿色的通风走廊。这时，如果与城市周围的大片楔形绿地贯通，则可以形成更好的通风效果，在炎热的夏季，将城市周边凉爽清洁的空气引入城市，改善城市夏季炎热的气候状况。另一方面，在寒冷的冬季，大片垂直于冬季风向的防风林带，可以降低风速，减少风沙，改善城市冬季寒风凛冽的气候条件（图1-4）。

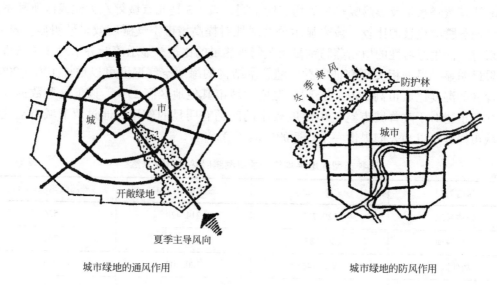

城市绿地的通风作用　　　　　　　　　城市绿地的防风作用

图1-4　城市绿地可很好地调控气流

（三）降低城市噪声

噪声污染是城市中的主要环境污染之一。城市中产生噪声污染的因素很多，如工厂机器，各种交通工具的尖叫和轰鸣，建筑工地及日常生活的嘈杂声等。城市中的噪声一旦超过卫生标准的30~40dB，就会影响人们的日常生活及身心健康，轻则使人疲劳、烦燥，重则可以使人引起心血管及中枢神经系统方面的疾病。

要减轻城市的噪声污染，一方面应注意控制噪声源，另一方面应大力发展城市绿化。有关研究表明，植物特别是林带对降低城市噪声有一定的作用。由于植物是软质材料，茂密的枝叶有如多孔材料因而具有一定的吸声作用。此外，噪声投射到树叶上被生长方向各异的叶片反射到各个方向，造成树叶微振，消耗声能，因此也可减弱噪声。据有关测定表明，40m宽的林带可以降低噪声10~15dB，30m宽林的带可减低噪声4~8dB。在公路两旁设有乔、灌木搭配的15m宽林带，可降低噪声一半，快车道的汽车噪声穿过12m宽的悬铃木树冠到达树冠后面的三层楼窗户时，与同距离空地相比降低噪声3~5dB（图1-5）。

另外，从植物降低噪声的原理可以推断不同树林和不同绿化结构树林对降低噪声的作用也有所不同，国内外的相关测定也证明了这一观点。一般情况下，树木枝叶茂密，层层错落重叠的树冠降噪隔声效应明显；阔叶树吸声能力比针叶树好，由乔木、灌木、草木和地被构成的多层稀疏林带比单层宽林带的吸声作用显著。据杭州及北京的现场测量表明，以绿篱、乔灌木与草坪相结合的复层配置形式构成的紧密的绿带降低噪声的能力较强。

二、减灾防灾

城市是一个不完整的生态系统，其不完整性之一表现在对自然及人为灾害抗御能力及恢复能力的下降。多年的实践证明，合理布置城市绿地可以增强城市防灾减灾的能力，维

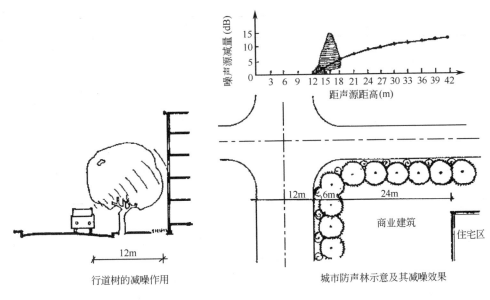

图 1-5　城市绿地可减少噪声

持城市生态系统的平衡。

（一）防火抗震

绿地防火抗震的作用，是在 1923 年 1 月日本关东发生大地震，同时引发大火灾，城市公园意外成为避难所时，才引起人们的重视。在以后的研究中，有关专家不断从各地震现场获得关于绿地对防火抗震作用的第一手资料（表 1-5）。据《日本阪神大地震后城市园林绿地的调查报告》及唐山地震后城市绿地的有关报告资料显示，地震以后大量不同类型的公园、绿地为居民提供了避难场所。据唐山地震后粗略的统计，仅凤凰山公园、人民公园、大城山公园部分地区（总面积约为 50 余公顷），就疏散灾民一万人以上。居民可在各种绿地内搭建简易房，利用各绿地内水体解决震后居民的用水问题，利用各种树木提供部分材料，搭建抗震篷解决居民震后的生活问题等。2012 年，城市公园的防灾减灾功能在 5·12 汶川地震中也发挥了积极作用：成都市人民公园迅速接纳了转移至此的市妇产医院的产妇和婴儿；富乐山公园在绵阳市面临唐家山堰塞湖严重威胁时成为临时安置市民的理想场所；都江堰市文化广场、什邡市洛水镇永兴公园等一系列公园绿地也成为居民安身立命、应急避难的"生命绿洲"。

日本各类绿地在抗震救灾中的作用　　　　　　　　　　　　　　　　　　表 1-5

|  | 种类 | 公园类型 | 规模 | 布局原则 | 功能 |
|---|---|---|---|---|---|
| 1 | 广域防灾据点 | 广域公园、城市基干公园 | 50hm² 以上 | 50~150 万人一个 | 发生了大地震和次生火灾后，主要用于广域的恢复、重建活动 |
| 2 | 广域避难场所 | 城市基干公园 | 10hm² 以上 | 服务半径 2km | 发生了大地震和次生火灾后，用于广域避难场地，而且依据震害的状况、防灾设施的配置，有时起到广域防灾据点的作用 |

| | 种类 | 公园类型 | 规模 | 布局原则 | 功能 |
|---|---|---|---|---|---|
| 3 | 紧急避难场所 | 地区公园 近邻公园 | 1hm² 以上 | 服务半径 0.5km | 大地震和火灾发生时,主要作为暂时的紧急避难场所或中转站 |
| 4 | 临近避难点 | 街区公园 | 0.05hm² 以上 | | 作为居民附近的防灾活动地点 |
| 5 | 避难通道 | 绿道 | 10m 以上 | | 用作去广域避难场地或其他安全场所避难的通道 |
| 6 | 缓冲绿地 | | | | 阻隔石油联合企业所在地带等与一般城区的缓冲绿地,以防止灾害为主要目标 |

摘自雷芸《阪神·淡路大地震后日本城市防灾公园的规划与建设》。

绿地对防止火灾的蔓延也非常有效。植物的枝干树叶中含有大量水分,许多植物即使叶片全部烤焦,也不会发生火焰。因此城市中一旦发生火灾,火势蔓延至大片绿地时,可以因绿色植物的不易燃性受到控制和阻隔,避免对城市和居民的生命财产造成更大的损失。由于树种不同,其耐火程度也有差别,常绿阔叶树的树叶自燃临界温度为 455℃,落叶阔叶树的树叶自燃临界温度为 407℃。银杏、厚皮香、山茶、槐树、白杨等均是较好的防火树种。

由于绿地有较强的防火抗震作用,因此在城市规划中应充分利用这一功能,合理布置各类大型绿地及带状绿地,使城市绿地同时成为避灾场所及防火阻隔,构成一个城市避灾的绿地空间系统。

(二)防风固沙

随着土地沙漠化问题日益严重,城市沙尘暴已成为影响城市环境,制约城市发展的一个重要因素。据有关资料显示,20 世纪我国土地沙漠化的年均扩展速度由五六十年代的 1560km² 迅速上升到 90 年代的 2460km²,沙尘暴发生的次数也由 50 年代 5 次上升到 80 年代 14 次、90 年代 23 次,而 2000 年仅一年就发生 12 次。与此同时,受沙尘暴影响的城市数量也在不断增加,到 2000 年为止,中国已有 20 个省、自治区、直辖市受到了源起西北地区的沙尘污染,影响远及重庆、南京和杭州等地(摘自"南方周末")。由此看来,防止沙尘对城市的污染已迫在眉睫。

植树造林、保护草场是防止风沙对城市污染的一项有效措施。一方面,植物的根系及匍匐于土地上的草及植物的茎叶具有固定沙土、防止沙尘随风飞扬的作用;另一方面,由多排树林形成的城市防风林带可以降低风速,从而滞留沙尘。据有关资料报道,一民营企业在乌兰布和沙漠磴口县境内开展 100 万亩沙漠种树、种草、封沙、育林的生态保护工程,几年间,原来的沙丘地已变成树木成行、牧草丛生的田园,对阻挡乌兰布和沙漠南移起到了很好的作用。另外,随着三北防护林建造的不断完善,许多城市沙尘暴污染问题也将得到不同程度的缓解。

(三)涵养水源,保持水土

由于人类对森林进行了掠夺式的砍伐,近年来山洪、泥石流、山体坍塌、土壤流失等自然灾害频繁发生。由此也反过来促使人们对植物的含水保土作用有了进一步的认识。植物树叶可以防止暴雨直接冲击土壤;草皮及树木枝叶覆盖地表可以阻挡流水冲刷;植物的根系可以固定土壤，因此植物能起到防止水土流失、减少山洪暴发的作用。另一方面，当有自然降雨时，有15%~40%的水量被树林树冠截留或蒸发，有5%~10%的水量被地表蒸发，地表的径流量仅在0%~1%，大多数的水，即占50%~80%的水量被林地上一层厚而松的枯枝落叶所吸收，然后渗入土壤中，变成地下径流。这样，经过植物、土壤、岩层的层层过滤，流向下坡或泉池溪涧的水质清洁纯净，源源不断。近年来实施的长江天然防护林工程，就是利用植物涵养水源、保持水土的功能，对长江的水质进行很好的保护。

（四）增强城市雨洪调蓄功能

城市建设改变了自然界原有的水循环方式，由此导致的地下水位下降、城市内涝、水资源匮乏、水污染等问题引起越来越多的关注。如何利用城市绿地系统性地解决城市水问题已经成为国内外城市研究的热点。其中代表性的如低影响开发（LID）理念、水敏性城市设计（WSUD）理论与方法以及海绵城市建设的技术指导等成果表明，城市绿地系统的规划和建设是解决城市水问题的重要途径。城市绿地系统缓解城市水问题，主要集中在对城市雨洪的调蓄方面：一是对雨水径流的缓滞功能。绿地可减少雨洪径流系数和消减暴雨径流峰值，有利于城市的防洪排涝。二是促进雨水天然渗入功能。城市中大面积的硬质铺装，破坏了土壤的渗透作用，而绿地则有利于雨水渗入地下，及时补充地下水，缓解地面沉降。三是对地表径流污染的净化功能。城市绿地可有效地控制雨水地表径流污染，同时减少因此带来的河流水体环境污染。此外，城市绿地拦蓄雨水可增加城市水资源供给途径，缓解城市水资源紧缺，提高水资源利用率。

（五）防御放射性污染和有利备战防空

战争是对人类生命及财富造成极大损害的人为灾害。由于战争的不可避免性及突发性，因此在城市规划中应考虑一定备战防空的措施，其中的绿地系统是这一措施中的重要组成部分。绿色植物可以过滤、吸收和阻隔放射性物质，减低光辐射的传播以及冲击波的杀伤力，还可阻挡弹片的飞散，同时也可对重要建筑、军事设备、保密设施等起隐蔽作用。另外，绿色植物对于防止核工业地区对其他区域的核辐射也有一定的效果。因此，在这些区域均应划出一定的隔离区。在隔离区内进行大面积的绿化，形成防护林，以保护其他城市区域免受核污染。

**三、提供城市野生动物生境，维持城市生物多样性**

随着人们环境意识的不断提高，在城市中与自然和谐共处，共同发展已成为现代生活的新追求。绿色植物是城市中重要的自然要素，它的存在一方面为人们提供了接触自然、了解自然的机会。另一方面也为一些野生动物提供了必要的生活空间，使人们在城市中就能体会到与动物和谐共处的乐趣。

城市中不同群落类型配植的绿地可以为不同的野生动物提供相应的生活空间，另外与城市道路、河流、城墙等人工元素相结合的带状绿地形成一条条绿色的走廊，保证了动物迁徙通道的畅通，提供了基因交换、营养交换所必要的空间条件，使鸟类、昆虫、鱼类和一些小型的哺乳类动物得以在城市中生存。据有关报道，在英国，由于在位于伦敦中心城区的摄政公园、海德公园内建立了苍鹭栖息区，因此伦敦中心城区内已有多达40~50种鸟类自然地栖息繁衍。另外，在生态环境良好的加拿大某些城市，浣熊等一些小动物甚至可以自由地进入居民家中，与人类友好地相处。

城市生物多样性是指在城市范围内除人以外的生物分异程度。城市生物多样性水平是一个城市生态环境建设的重要标志。城市生物多样性水平主要通过城市绿地系统所容纳的生物资源丰富程度得以体现。因此城市绿地系统的建设对于保护和维持城市生物多样性具有决定的作用。一方面，可以利用城市绿地中的植物园、动物园、苗圃等技术优势，对涉危、珍稀动植物进行异地保护及优势物种的驯化。另一方面，可以通过丰富城市绿地的植物群落的物种数量，达到丰富生活于其中的动物物种数量，并以此来保护本地区物种的多样目的。城市绿地正是通过对城市生物多样性的保护与建设来改善人与自然、植物与动物、生物与无机环境等之间的相互关系，从而最终达到维持城市绿地系统以及整个城市生态系统的稳定及平衡效果。

城市绿地作为城市结构中的自然生产力主体，通过植物的一系列生态效应完成了净化城市空气、水体、土壤；改善城市小气候；降低噪声；防火抗震；防风固沙；蓄水保土；为野生动物提供庇护等一系列生态功能，实现了城市自然物流、能流的良性循环和流动，从而改善了城市环境，提高了人们的生活空间质量及生活水平。

## 第二节　城市绿地的使用功能

随着人类社会的发展及科学技术水平的提高，人们的生活水平也不断提高。其表现之一在于工作时间缩短，闲暇时间增加，人们在闲暇时间所进行的休闲、游憩及娱乐活动成为现代生活不可或缺的重要组成部分。城市绿地具有满足人们多种休闲活动需要的功能，我们将这种功能称为城市绿地的使用功能。

据1995年北京的一项关于"实行双休日后市民休闲要求的调查"报告显示：其被调查的2490人中，有73.3%的人希望增加城市公共绿地，以满足日常的休闲活动需要。另据不完全统计，北京晨练的人中仅在天坛公园就有3万人；此外，地坛公园和景山公园各有1万人。这些数据表明，城市绿地的使用功能越来越受到人们的重视。城市绿地能有效改善人们的生活质量，提高人们的物质及精神生活水平。它的使用功能主要包括以下四个方面：

### 一、日常休息娱乐活动

丹麦著名的城市设计专家杨·盖尔（Jan Gehl）在他的《交往与空间》一书中将人们的日常户外活动分为三种类型，即必要性活动、自发性活动和社会性活动。必要性活动是指上学、上班、购物等日常工作和生活事务活动。这类活动必然发生，与户外环境质量好坏关系不大。而自发性活动和社会性活动则是指人们在时间、地点、环境合适的情况下，人们有意愿参加或有赖于他人参与的各种活动。这两类活动的发生有赖于环境质量的好坏（图1-6）。人们日常的休息娱乐活动属于后两种活动类型，需要适宜的环境载体，这些环境包括：城市中的公园、街头小游园、城市林荫道、广场、居住区公园、小区公园、组团院落绿地等城市绿地。人们在这些绿地空间中进行各种日常的休息娱乐活动，这些活动包括动、静两类，如晒太阳、小坐、散步、观赏、游戏、锻

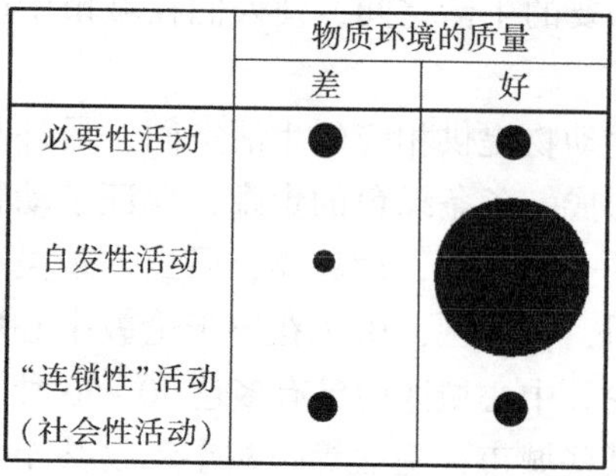

| | 物质环境的质量 | |
|---|---|---|
| | 差 | 好 |
| 必要性活动 | ● | ● |
| 自发性活动 | ● | ⬤ |
| "连锁性"活动（社会性活动） | ● | ● |

图1-6　户外活动与物质环境
质量之间的关系

炼、交谈以及各种儿童活动等。这些活动可以消除疲劳、恢复体力、调剂生活、促进身体及精神的健康，是人们身心得以放松的最好方式。

## 二、观光及旅游

随着城市中各种环境问题的加剧以及人们生活压力的增加，现代人对于自然的渴望越来越强烈。另外，随着科技的进步、工作时间的缩短以及闲暇时间的增加，人们走进自然、观光旅游的愿望越发增强，旅游已成为人们现代生活必不可少的休闲活动之一。我国幅员辽阔，历史悠久，自然风景资源及人文景观资源较为丰富。1982 年，我国正式建立风景名胜区制度，30 年来，风景名胜区事业不断发展壮大。我国风景名胜区分为国家级和省级两个层级，至 2013 年，国务院共批准设立国家级风景名胜区 225 处，面积约 10.36 万 $km^2$；各省级人民政府批准共设立省级风景名胜区 737 处，面积约 9.01 万 $km^2$，两者总面积约 19.37 万 $km^2$。这些风景名胜区基本覆盖了我国各类地理区域，占我国陆地总面积的比例由 1982 年的 0.2% 提高到 2013 年的 2.02%。其中的泰山、黄山、九寨沟等风景名胜区还先后被联合国教科文组织列入世界自然遗产名录，成为中外旅游者向往的旅游胜地。除此之外，还有各具特色的城市公园、历史名胜、都市景观等都是人们观光旅游的对象。据世界旅游组织最新的预测表明，到 2020 年全球旅游人数将达 16 亿人次，中国将列为世界旅游接待国首位，国际旅游人数将达到 1.3 亿人次，占世界总数的 8.6%，旅游接待人次年均增长率将达到 8%。城市的公共绿地、风景区绿地以及具有合理结构的城市绿地系统形成的优美城市环境等，都是人们观光旅游的重要组成部分。

## 三、休养基地

城市绿地除可以满足人们观光旅游的要求外，有些绿地如郊区的森林、水域附近，风景优美的园林及风景区等还可以供人们休假和疗养。这些区域往往景色优美、气候宜人、空气清新、水质纯净，对于饱受城市环境污染和快节奏工作压力的现代人来说，这些地方无疑是缓解压力、恢复身心健康的最好去处。因此，在城市规划中，往往会将这些区域规划为人们休假活动的用地。另外，在有些风景区及自然地段有着特殊的地理及气候等自然条件，如高山气候、矿泉、富含负氧离子的空气等。这些特殊条件对于治愈某些疾病有着非常重要的作用。因此，在这些区域也往往会规划一些疗养场所。如河北的北戴河、江西的庐山、青岛的崂山、四川的青城后山等。

## 四、文化宣传及科普教育

城市绿地还是进行绿化宣传及科普教育的场所，在城市的综合公园、居住公园及小区的绿地等设置展览馆、陈列馆、宣传廊等，以文字、图片等形式对人们进行相关文化知识的宣传，利用这些绿地空间举行各种演出、演讲等活动，能以生动形象的活动形式，寓教于乐地进行文化宣传，提高人们的文化水平。

另外，一些主题公园还可以针对性地围绕某一主题介绍相关知识，让人们直观系统地了解与该主题相关的知识。这样，不仅可以提高人们的见识，还可使人有亲身体验，丰富人们的生活经历。

城市中的动物园、植物园以及一些特意保留的绿地，如湿地生态系统绿地等，是对青少年进行科普教育的最佳场所。青少年在这里有机会接触自然，可培养他们从小热爱自然、尊重自然的习惯，并从中学到一些生态学的基本知识和观念。

## 第三节　城市绿地的美化功能

绿色植物是城市人工环境中重要的自然元素，它的存在不仅给城市带来了生机与活力，还给城市增添了富于变化的美丽景色。植物形态各异，种类繁多，不同的植物具有不同的姿态、质感及色彩，同样的植物在不同的季节也有不同的外形特征，即使在同一季节，对于阴、晴、风、雨等，不同的气候条件，同一种植物也会给人以不同的视觉、听觉及嗅觉的感受。另外，植物之间的搭配也是丰富多变的，不同组成结构的植物群落也会给人以不同的视觉及其他生理和心理体验。因此，植物这种变幻莫测的美与城市中人工构筑物有机结合，相互映衬，可以构成丰富的城市景观，使人们充分领悟自然与人工和谐的美。

绿色植物的美化功能主要体现在以下几个方面：

### 一、形成不同的城市特色

由于城市中绿地系统布局结构的不同以及各地不同植物所显示的不同地域性特性，城市绿地有助于形成不同的城市特色。随着城市中的主要构筑物——建筑地方风格的削弱，各城市面貌越来越趋于同一，显得千篇一律，缺乏特色。为了改变这种状况，一方面应在城市建设中挖掘其地方文脉、地域精神对建筑的影响，搞好建筑设计，另一方面则应结合绿地建设，以不同地域的乡土植物为骨干树种，根据不同的环境因子组成多种结构的植物群落，结合城市总体布局结构形成不同结构形式的城市绿地系统，并以此形成不同地域的城市特色（图1-7）。

图1-7　不同的植物群落，不同结构形式的城市绿地系统可形成不同的城市特色

### 二、美化市容

人们认识城市，主要通过"路"、"沿"、"区"、"节"、"标"这五个环节来实现。其中的"路"和"节"即是指城市道路和城市广场，因此，城市中的道路和广场是人们感受城市面貌的重要场所，广场和道路景观的好坏，将极大地影响到人们对整个城市的认

22

识。绿化良好的广场及道路可以改善广场及道路环境，提高景观效果，从而达到美化市容市貌的目的。近年来，植物的这一美化功能受到了相当高的重视，各城市都十分重视道路的绿化及广场的建设，出现了许多成功的范例。如桂林的滨江路（图1-8）、哈尔滨的滨江路以及大连的广场等。

图 1-8　桂林滨江路绿化

### 三、丰富城市建筑群体的轮廓线

城市中的重要地段如滨海、滨江地带以及城市入口地区和中心地带的建筑群，对于城市形象的形成起着决定性的作用。运用绿色植物对这些建筑进行美化也十分必要。因此，在城市绿地的规划设计中，应特别注意绿化与建筑群体的关系，通过合理的设计及植物配置，使绿色植物与建筑群体成为有机的整体。以植物多变的色彩及优美起伏的林冠线为建筑群进行衬托，丰富建筑群的轮廓线及景观，使建筑群更具魅力，从而使整个城市给人们留下更加深刻和美好的印象。这种成功的例子很多，如青岛海滨红瓦黄墙的建筑群，高低错落地散布在山丘上，掩映于绿树丛中，再衬之以蓝天白云，形成了丰富变化的轮廓线，构成让人过目不忘的优美城市景观。再如上海的外滩，近年来，由于加大了滨江绿化的建设力度，外滩的都市景观进一步丰富，并焕发出更加蓬勃的生机（图1-9）。

图 1-9　在绿化衬托下的上海
外滩显出蓬勃的生机

### 四、衬托建筑，增加建筑的艺术效果

城市中重要的公共建筑，是城市的标志和象征。这些建筑除了在建筑本身的造型、色彩、肌

理等方面应精心设计以外，还应该充分重视绿化对建筑的衬托作用，配植合理的植物将对建筑的形象、气氛以及特征的形成起到非常好的陪衬作用（图1-10）。如我们常用松、柏等常绿植物来烘托纪念性建筑庄严、肃穆的氛围和特点；以草坪、疏林、水池等配合办公、展览等建筑，形成宁静、优雅的氛围；另外还有一些建筑则通过中庭绿化的设计来突出其特点（图1-11）。

随着人们生活水平及审美意识的提高，对城市绿地美化功能的认识和运用也在不断地发展，我们相信，城市绿地在城市风貌和景观的塑造中将发挥越来越重要的作用。

图1-10　配植合理的植物将对建筑的形象、气氛等起到非常好的陪衬作用

图1-11　一些建筑通过中庭绿化的设计来突出其特点

# 第二章 城市绿地系统的组成

城市绿地系统是指充分利用自然条件、地貌特征、基础种植（自然植被）和地带性园林植物，根据国家统一规定和城市自身的情况确定的标准，将规划设计的和现有的各级各类园林绿地用植物群落的形式绿化起来，并以一定的科学规律给予沟通和连接，构成的完整有机系统。这一系统同时与自然、河川等城市依托的自然环境、林地、农牧区相沟通，形成城郊一体的生态系统。由于构成城市绿地系统的各级各类绿地的功能、位置、所属管理机构等的不同，各类绿地均有其不同的特点。这些不同特点对绿地的建设提出了不同的要求，因此，要做好城市绿地系统规划，就必须首先充分了解各级各类绿地的特征。

## 第一节 城市绿地的分类

### 一、国内外不同分类情况简介

城市绿地的分类在国际上尚无一个统一的标准，因此各个国家的分类情况不尽相同。另外，在不同的时期，由于对城市绿地认识的不同，也会形成不同的分类标准，因此即使是同一个国家，在不同时期也会形成不同的分类结果。以下将对不同国家以及我国不同时期的绿地分类情况做一个简单的介绍。

（一）苏联城市绿地分类情况

苏联在20世纪50年代按城市绿地的不同用途，将城市绿地分为三大类，即：

（1）公共使用绿地。它包括：文化休息公园、体育公园、植物公园、动物园、散步休息公园、儿童公园、小游园、林荫大道、住宅街坊绿地等。

（2）局部使用绿地。它包括：学校、幼托、俱乐部、文化宫、医院、科研机关、工厂企业、休疗养院等单位所属的绿地。

（3）特殊用途绿地。它包括：工厂企业的防护林带（防风、沙、雪等）、防火林带、水土保护绿地、公路、铁路防护绿地、苗圃、花场等。

在1990年以后，苏联实行了新的《建筑法规》，将城市用地分为生活居住用地，生产用地和景观—游憩用地。其中园林绿地则属于景观—游憩用地。综合这些绿地的位置、规模及功能等特征，景观—游憩用地分类为：城市森林、森林公园、森林防护带、蓄水池、农业用地及其他耕地、公园、花园、街心花园和林荫道。

（二）日本城市绿地的分类情况

日本自20世纪60年代以来，工业迅速发展，人口剧增，城市环境严重恶化，为改善城市环境，城市绿地的建设受到重视。自此以后，日本形成了一套非常严密的绿地分类系统。该系统对各类城市绿地的功能、性质、规模及服务半径等都作了明确的规定，并同时用法律的形式将这些规定加以明确，保证了城市绿地的发展。

日本的城市绿地系统由居住区公园、城市骨干公园、特殊公园、广域公园、缓冲绿地、城市绿地、绿道、国营公园等九大类绿地组成（表2-1）。

**日本的城市绿地系统组成**　　　　　　　　　　　　表2-1

| 类　　型 | | 功能及标准 |
|---|---|---|
| 居住区公园 | 街区公园 | 主要为本居住区的老人及儿童利用，服务半径250m，每处面积0.25hm²，每居住小区4处 |
| | 近邻公园 | 本居住区居民休息活动场所，服务半径500m，每处面积2hm²，每居住小区1处 |
| | 地区公园 | 居住区内居民步行可达，休息活动设施、景致均较好，服务半径1000m，每处面积4hm²，每4个居住小区1处 |
| 城市骨干公园 | 综合公园 | 供全市居民休息、观赏、散步、游戏运动用，有较好的景观和完善的设施，每处10~50hm² |
| | 运动公园 | 供市民运动用，设有各种运动设施或体育馆，每处15~75hm² |
| 特殊公园 | | 包括风致公园、动物公园、植物园、墓园和为保持特别的自然文化遗产而设立的历史公园 |
| 广域公园 | | 为一个以上城市服务的大公园，由所在县（府）政府建造和管理，每处50hm²以上 |
| 缓冲绿地 | | 城市里的居住、商业区或其他可能的污染源之间的绿化隔离带，用以防止和减少空气、噪声等污染，防止工业区内发生的灾难向城市其他地区扩大 |
| 城市绿地 | | 用以维持和改善城市自然环境和景观的绿化小区，每处0.05~0.1hm²以上 |
| 绿道 | | 为确保灾难发生时通向避难地的道路畅通和保障城市生活安全和舒适而建立的绿化道路，标准宽度10~20m |
| 国营公园 | | 为一个以上的县（府）服务的大公园或为纪念日本某一重大事件而建立的公园，由中央政府建立和管理，标准面积300hm² |

（三）英国城市绿地的分类情况

英国城市绿地分为正规设计的开敞空间与其他现存的开敞空间两大类：

（1）正规设计的开敞空间包括公园、花园与运动场地、覆盖植被的城市铺装空间、树林；

（2）其他现存的开敞空间包括墓地场所、私有开敞空间、自由花园、租用原地、废弃的土地与堆场、农田与园艺场、运输走廊边沿、滨水沿岸、水（表2-2）。

**英国A. R. Beer研究的城市绿地组成**　　　　　　表2-2

| 城市绿地 | | |
|---|---|---|
| 正式设计的开敞空间 | 公园、花园与运动场地 | 公共的公园与花园、公共的运动场地、公共的娱乐场地、公共操场 |
| | 覆盖植被的城市铺装空间 | 庭院和平台、屋顶花园和阳台、树木成行的小路、海滨大道、城市广场、学校校园 |
| | 树林 | 装饰性的林地、用材与薪炭林、野生林地、半自然林地 |
| | 墓地场所 | 火葬场、墓地、教堂院落 |
| 其他现存的绿地 | 私有开敞空间 | 教育机构专用绿地、居住区专用绿地、医疗专用绿地、私人运动场地、私人产业专用绿地、地方政府机构专用绿地及工业、仓库、商业专用绿地 |
| | 自由花园 | 私家花园、公有半公共花园、公有私家花园 |
| | 租用园地 | 租用园地、附有小的棚屋的租用园地、没有被利用的租用园地 |
| | 废弃的土地与堆场 | 被污染的土地、没有污染的土地、废物回收场地、废弃的工业用地、矿石提炼采场场地、森林中的空旷地 |
| | 农田与园艺场 | 耕地、牧场、果园、葡萄园、不毛地 |
| | 运输走廊边沿 | 运河沿岸、铁路沿岸、道路沿岸、步道边沿 |
| | 滨水沿岸 | 河流沿岸、湖泊沿岸 |
| | 水 | 静水、动水、用于蓄水的湖泊；湿地 |

资料来源：A. R. Beer and COSTC11 research group（UK），2000。

（四）德国城市绿地的分类情况

在德国，与城市绿地类似的概念是城市开放空间。德国的城市开放空间划分为八类，见表2-3。

德国城市开放空间分类　　　　　　　　　　　　　　表2-3

| 私有性开放空间 | 私有地产、庭院、宅旁绿地、阳台、敞廊、房顶花园、租赁园地、桑拿园地、旅馆绿地和企业绿地等 |
|---|---|
| 公共性开放空间 | 广场、城市公园、历史性公园、植物园、动物园、体育运动场、疗养院绿地、医院绿地、墓地、住区绿地、学校绿地、养老院绿地、城墙、沙滩游泳池、滑雪场、露天剧院、林荫道等 |
| 儿童活动场地 | 幼儿园的、公园里的、街道上的儿童游戏场所和活动设施等 |
| 非正式的开放空间 | 无主的土地、废弃地、荒地、矸石山、农业休耕地等 |
| 水面和滨水地带 | 城市水体、河流、湖泊、池塘、开放型游泳池、沙滩浴场等 |
| 自然景观中的开放空间 | 包括自然公园、自然遗产、户外休憩性森林等 |
| 道路网络 | 林荫道、散步道和自行车道等 |
| 企业用地 | 企业内外的噪声和有害物质屏蔽用地 |

（五）我国各时期的城市绿地分类情况

我国城市绿地的分类情况随着绿地建设及规划思想的发展在各个时期有所不同。其中几个有代表性的时期及分类情况如下：

（1）1961年出版的高等学校教科书《城乡规划》中，将城市绿地分为城市公共绿地、小区及街坊绿地、专用绿地和风景游览、休疗养区的绿地四大类。

（2）1963年建筑工程部发布的《关于城市园林绿化工作的若干规定》中，将城市绿地分为公共绿地、专用绿地、园林绿化生产用地、特殊用途绿地和风景区绿地五大类。这是我国第一个法规性的城市绿地分类。

（3）1975年国家建委城建局的《城市建设统计指标计算方法（试行本）》中，将城市绿地分为公园、公用绿地、专用绿地、郊区绿地四大类。

（4）1979年国家城建总局的《关于加强城市园林绿化工作的意见》中，将城市绿地分为公共绿地、专用绿地、园林绿化生产用地、风景区和森林公园四类。

（5）1982年城乡建设环境保护部颁发的《城市园林绿化管理暂行条例》中，将城市绿地分为公共绿地、专用绿地、生产绿地、防护绿地、城市郊区风景名胜区五大类。

（6）1982年中国建筑工业出版社出版的高等学校试用教材《城市园林绿地规划》（同济大学等三校合编）中，将城市绿地分为公共绿地、居住绿地、附属绿地、交通绿地、风景区绿地和生产防护绿地六大类。

（7）1991年施行的国家标准《城市用地分类与规划建设用地指标》（GBJ137—90）中将城市绿地分为公共绿地和生产防护绿地两类。而将居住区绿地、单位附属绿地、交通绿地、风景区绿地等各归入生活居住用地、工业仓库用地、对外交通用地、郊区用地等用地项目之中。

（8）1993年建设部编写的《城市绿化条例释义》及1993年建设部文件《城市绿化规划建设指标的规定》中，将城市绿地分为公共绿地、居住区绿地、单位附属绿地、防护绿地、生产绿地和风景林地六类。

以上是 2002 年全国统一的城市绿地分类标准出台之前，各时期城市绿地的分类情况。在 20 世纪 90 年代到 2000 年之间，全国范围内广泛地展开了对城市绿地分类的讨论，提出了分类原则，并最终出台了全国统一的《城市绿地分类标准》 CJJ/T 85—2002。

**二、分类原则**

城市绿地的分类，应遵循以下原则：

（一）以主要功能为分类的根本依据

城市绿地的分类应以其主要功能作为根本的依据，同时也应兼顾其管理的特点。城市绿地通常具有生态、景观、游憩、防护、减灾等多种功能，以其主要功能为分类依据，使其名副其实，有利于城市绿地系统规划、建设和管理工作，可以正确把握工作重点，引导绿地建设。另外，随着市场经济的发展，绿地的投资主体及管理的权属关系发生了很大变化，绿地分类兼顾其管理特点，有助于在新的形势下理顺绿地建设与使用的责、权、利关系。

（二）应包含城市范围内所有绿化用地

城市绿地的分类应包含城市范围内的所有绿化用地。现行的城市用地分类标准中，只有公共绿地（G1）和生产防护绿地（G2）参与总体层次上的城市用地平衡，这种统计方法很不全面，因为在其他几类城市用地中，尚有总量两倍于公共绿地和生产防护绿地的绿地未单独计入城市的绿化用地中，这些用地同样承载着绿色植物，同样起着改善环境，塑造城市景观等功能。由此可见，城市绿地分类中的绿地应包含城市中所有的绿化用地，这样将有助于各类绿地充分发挥其功能，保证城市绿地系统的持续发展。

（三）新的分类标准应具有延续性

现在许多城市的绿地系统规划及建设都是在原有绿地的基础上进行的，因此新的分类应体现对原有分类标准的延续性，这样才能达到平稳过渡的效果。否则，会因为新旧标准的脱节造成混乱的局面，对城市绿地的建设产生不利的影响。

（四）新的分类标准应具有可比性

新的分类标准应有利于进行纵向及横向的比较。纵向比较是指新的城市绿地分类应有利于与原有的城市建设、管理及统计资料进行比较；横向比较是指新的城市绿地分类有利于各城市之间以及与同时期国外的城市绿地建设进行比较。

（五）城市绿地分类应具有前瞻性

随着时代的发展，人们对城市绿地的认识已从原来狭义的城市建设用地中的绿地拓展到广义的城市周边地区"大绿化"的广度。另外，对于城市绿地系统规划的认识，也由原来在城市总体规划阶段后进行"见缝插绿"发展到与城市总体规划同步进行的绿地系统规划。绿地系统规划与总体规划的同步进行，使城市绿地系统的空间布局与城市的布局结构相融合，使整个城市的绿地形成一个完整的网络系统，更有利于城市生态的建设。因此，新的城市绿地分类标准应体现人们对绿地及对绿地系统规划意识上的进步，使新的分类具有前瞻性。

（六）新的分类应具有可操作性

新的城市绿地分类应注意从宏观至微观的系统性，在具体的类、项等划分中作科学的处理，即可用分级代码的形式进行各个层次如类、中类、小类的划分，使分类概念及编码方法统一，并同新颁法律法规接轨。这样，将有助于把所有城市绿地纳入有关法律法规的适用范围，使城市绿地得到更好的发展，保证绿地分类的可操作性。

### 三、城市绿地分类标准

根据新形势下绿地建设的需要，建设部颁布了《城市绿地分类标准》CJJ/T 85—2002，批准为行业标准，于 2002 年 9 月 1 日起正式实施。该标准首先对城市绿地作了明确的定义，即"所谓城市绿地是指以自然植被和人工植被为主要存在形态的城市用地。它包含两个层次的内容：一是城市建设用地范围内用于绿化的土地；二是城市建设用地之外，对城市生态、景观和居民休闲生活具有积极作用、绿化环境较好的区域。"在这样的定义之下，该标准采用英文字母和阿拉伯数字混合编码的形式，将城市绿地分为五个大类、十三个中类、十一个小类。它们分别是：

五大类：G1 公园绿地、G2 生产绿地、G3 防护绿地、G4 附属绿地、G5 其他绿地。

十三中类：公园绿地中的 G11 综合公园、G12 社区公园、G13 专类公园、G14 带状公园、G15 街旁绿地；附属绿地中的 G41 居住绿地、G42 公共设施绿地、G43 工业绿地、G44 仓储绿地、G45 对外交通绿地、G46 道路绿地、G47 市政设施绿地、G48 特殊绿地。

十一小类：综合公园中的 G111 全市性公园、G112 区域性公园；社区公园中的 G121 居住区公园、G122 小区游园；专类公园中的 G131 儿童公园、G132 动物园、G133 植物园、G134 历史名园、G135 风景名胜公园、G136 游乐园、G137 其他专类公园，具体分类及内容见表 2-4。

城市绿地分类　　　　　　　　　　　　　　　　　表 2-4

| 类别代码 | | | 类别名称 | 内容与范围 | 备注 |
|---|---|---|---|---|---|
| 大类 | 中类 | 小类 | | | |
| $G_1$ | | | 公园绿地 | 向公众开放，以游憩为主要功能，兼具生态、美化、防灾等作用的绿地 | |
| | $G_{11}$ | | 综合公园 | 内容丰富，有相应设施，适合于公众开展各类户外活动的规模较大的绿地 | |
| | | $G_{111}$ | 全市性公园 | 为全市居民服务，活动内容丰富、设施完善的绿地 | |
| | | $G_{112}$ | 区域性公园 | 为市区一定区域的居民服务，具有较丰富的活动内容和设施完善的绿地 | |
| | $G_{12}$ | | 社区公园 | 为一定居住用地范围内的居民服务，具有一定活动内容和设施的集中绿地 | 不包括居住组团绿地 |
| | | $G_{121}$ | 居住公园 | 服务于一个居住区的居民，具有一定活动内容和设施，为居住区配套建设的集中绿地 | 服务半径：0.5~1.0km |
| | | $G_{122}$ | 小区游园 | 为一个居住小区的居民服务、配套建设的集中绿地 | 服务半径：0.3~0.5km |

| 类别代码 | | | 类别名称 | 内容与范围 | 备注 |
|---|---|---|---|---|---|
| 大类 | 中类 | 小类 | | | |
| G₁ | G₁₃ | | 专类公园 | 具有特定内容或形式,有一定游憩设施的绿地 | |
| | | G₁₃₁ | 儿童公园 | 单独设置,为少年儿童提供游戏及开展科普、文体活动,有安全、完善设施的绿地 | |
| | | G₁₃₂ | 动物园 | 在人工饲养条件下,移地保护野生动物,供观赏、普及科学知识,进行科学研究和动物繁育,并具有良好设施的绿地 | |
| | | G₁₃₃ | 植物园 | 进行植物科学研究和引种驯化,并供观赏、游憩及开展科普活动的绿地 | |
| | | G₁₃₄ | 历史名园 | 历史悠久,知名度高,体现传统造园艺术,并被审定为文物保护单位的园林 | |
| | | G₁₃₅ | 风景名胜公园 | 位于城市建设用地范围内,以文物古迹、风景名胜点(区)为主形成的具有城市公园功能的绿地 | |
| | | G₁₃₆ | 游乐园 | 具有大型游乐设施,单独设置,生态环境较好的绿地 | 绿化占地比例应大于等于65% |
| | | G₁₃₇ | 其他专类公园 | 除以上各种专类公园外具有特定主题内容的绿地,包括雕塑园、盆景园、体育公园、纪念性公园等 | 绿化占地比例应大于等于65% |
| | G₁₄ | | 带状公园 | 沿城市道路、城墙、水滨等,有一定游憩设施的狭长形绿地 | |
| | G₁₅ | | 街旁绿地 | 位于城市道路用地之处,相对独立的绿地,包括街道广场绿地、小型沿街绿化用地等 | 绿化占地比例应大于等于65% |
| G₂ | | | 生产绿地 | 为城市绿化提供苗木、花草、种子的苗圃、花圃、草圃等圃地 | |
| G₃ | | | 防护绿地 | 城市中具有卫生、隔离和安全防护功能的绿地,包括卫生隔离带、道路防护绿地、城市高压走廊绿带、防风林、城市组团隔离带等。 | |
| G₄ | | | 附属绿地 | 城市建设用地中绿地之外各类用地中的附属绿化用地,包括居住用地、公共设施用地、工业用地、仓储用地、对外交通用地、道路广场用地、市政设施用地和特殊用地中的绿地 | |
| | G₄₁ | | 居住绿地 | 城市居住用地内社区公园以外的绿地,包括组团绿地、宅旁绿地、配套公建绿地、小区道路绿地等 | |
| | G₄₂ | | 公共设施绿地 | 公共设施用地内的绿地 | |
| | G₄₃ | | 工业绿地 | 工业用地内的绿地 | |
| | G₄₄ | | 仓储绿地 | 仓储用地内的绿地 | |

| 类别代码 | | | 类别名称 | 内容与范围 | 备注 |
|---|---|---|---|---|---|
| 大类 | 中类 | 小类 | | | |
| $G_4$ | $G_{45}$ | | 对外交通绿地 | 对外交通用地的绿地 | |
| | $G_{46}$ | | 道路绿地 | 道路广场用地的绿地,包括行道树绿带、分车绿带、交通岛绿地、交通广场和停车场绿地等 | |
| | $G_{47}$ | | 市政设施绿地 | 市政公用设施用地内的绿地 | |
| | $G_{48}$ | | 特殊绿地 | 特殊用地内的绿地 | |
| $G_5$ | | | 其他绿地 | 对城市生态环境质量、居民休闲生活、城市景观和生物多样性保护有直接影响的绿地,包括风景名胜区、水源保护区、郊野公园、森林公园、自然保护区、风景林地、城市绿化隔离带、野生动植物园、湿地、垃圾填埋场恢复绿地等 | |

摘自《城市绿地分类标准》CJJ/T 85—2002。

该标准为中华人民共和国行业标准,在此之后城市绿地系统的规划、设计、建设、管理和统计都按这一标准对城市绿地进行分类。

值得注意的是,2010 年 12 月 24 日住房和城乡建设部颁布了《城市用地分类与规划建设用地标准 GB50137—2011》,并于 2012 年 1 月 1 日起正式施行。在此标准中与城市绿地相关的变化包括:在城市建设用地范围的绿地大类里取消了生产绿地,增加了广场用地;除绿地以外其他类用地名称、属性等有所调整,因此《城市绿地分类标准》CJJ/T 85—2002 中附属绿地种类的名称,与《城市用地分类与规划建设用地标准 GB50137—2011》中的其他各类用地中的配套绿地名称并不能一一对应(表 2-5)。

城市各种绿地与城市用地关系 表 2-5

| 类别代码 | | | 类别名称 | 内容 |
|---|---|---|---|---|
| 大类 | 中类 | 小类 | | |
| R | | | 居住用地 | 住宅和相应服务设施的用地 |
| | R1 | | 一类居住用地 | 设施齐全、环境良好,以低层住宅为主的用地 |
| | | R11 | 住宅用地 | 住宅建筑用地及其附属绿地、停车场、小游园等用地 |
| | | R12 | 服务设施用地 | 居住小区及小区级以下的幼托、文化、体育、商业、卫生服务、养老助残设施等用地,不包括中小学用地 |
| | R2 | | 二类居住用地 | 设施较齐全、环境良好,以多、中、高层住宅为主的用地 |
| | | R21 | 住宅用地 | 住宅建筑用地(含保障性住宅用地)及其附属道路、停车场、小游园等用地 |
| | | R22 | 服务设施用地 | 居住小区及小区级以下的幼托、文化、体育、商业、卫生服务、养老助残设施等用地,不包括中小学用地 |
| | R3 | | 三类居住用地 | 设施较欠缺、环境较差,以需要加以改造的简陋住宅为主的用地,包括危房、棚户区、临时住宅用地 |
| | | R31 | 住宅用地 | 住宅建筑用地及其附属道路、停车场、小游园等用地 |
| | | R32 | 服务设施用地 | 居住小区及小区级以下的幼托、文化、体育、商业、卫生服务、养老助残设施等用地,不包括中小学用地 |

| 类别代码 | | | 类别名称 | 内　容 |
|---|---|---|---|---|
| 大类 | 中类 | 小类 | | |
| A | | | 公共管理与公共服务用地 | 行政、文化、教育、体育、卫生等机构和设施的用地，不包括居住用地中的服务设施用地 |
| | A1 | | 行政办公用地 | 党政机关、社会团体、事业单位等办公机构及其相关设施用地 |
| | A2 | | 文化设施用地 | 图书、展览等公共文化活动设施用地 |
| | | A21 | 图书展览设施用地 | 公共图书馆、博物馆、档案馆、科技馆、纪念馆、美术馆和展览馆、会展中心等设施用地 |
| | | A22 | 文化活动设施用地 | 综合文化活动中心、文化馆、青少年宫、儿童活动中心、老年活动中心等设施用地 |
| | A3 | | 教育科研用地 | 高等院校、中等专业学校、中学、小学、科研事业单位及其附属设施用地，包括为学校配建的独立地段的学生生活用地 |
| | | A31 | 高等院校用地 | 大学、学院、专科学校、研究生院、电视大学、党校、干部学校及其附属设施用地，包括军事院校用地 |
| | | A32 | 中等专业学校用地 | 中等专业学校用地、技工学校、职业学校等用地，不包括附属于普通中学内的职业高中用地 |
| | | A33 | 中小学用地 | 中学、小学用地 |
| | | A34 | 特殊教育用地 | 聋、哑、盲人学校及工读学校用地 |
| | | A35 | 科研用地 | 科研事业单位用地 |
| | A4 | | 体育用地 | 体育场馆和体育训练基地等用地，不包括学校等机构专用的体育设施用地 |
| | | A41 | 体育场馆用地 | 室内外体育运动用地，包括体育场馆、游泳场馆、各类球场及其附属的业余体校等用地 |
| | | A42 | 体育训练用地 | 为体育运动专设的训练基地用地 |
| | A5 | | 医疗卫生用地 | 医疗、保健、卫生、防疫、康复和急救设施等用地 |
| | | A51 | 医院用地 | 综合医院、专科医院、社区卫生服务中心等用地 |
| | | A52 | 卫生防疫用地 | 卫生防疫站、专科防治所、检验中心和动物检疫站等用地 |
| | | A53 | 特殊医疗用地 | 对环境有特殊要求的传染病、精神病等专科医院用地 |
| | | A54 | 其他医疗卫生用地 | 急救中心、血库等用地 |
| | A6 | | 社会福利设施用地 | 为社会提供福利和慈善服务的设施及其附属设施用地，包括福利院、养老院、孤儿院等用地 |
| | A7 | | 文物古迹用地 | 具有保护价值的古遗迹、古葬墓、古建筑、古窟寺、近代代表性建筑、革命纪念建筑等用地，不包括已作其他用途的文物古迹用地 |
| | A8 | | 外事用地 | 外国驻华使馆、领事馆、国际机构及其生活设施等用地 |
| | A9 | | 宗教设施用地 | 宗教活动场所用地 |

| 类别代码 | | | 类别名称 | 内　　容 |
|---|---|---|---|---|
| 大类 | 中类 | 小类 | | |
| B | | | 商业服务设施用地 | 商业、商务、娱乐康体等设施用地,不包括居住用地中的服务设施 |
| | B1 | | 商业设施用地 | 商业及餐饮、旅馆等服务用地 |
| | | B11 | 零售商业用地 | 以零售功能为主的商铺、商场、超市、市场等用地 |
| | | B12 | 批发市场用地 | 以批发功能为主的市场用地 |
| | | B13 | 餐饮用地 | 饭店、餐厅、酒吧等用地 |
| | | B14 | 旅馆用地 | 宾馆、旅馆、招待所、服务型公寓、度假村等用地 |
| | B2 | | 商务设施用地 | 金融保险、艺术传媒、技术服务等综合性办公用地 |
| | | B21 | 金融保险用地 | 银行、证券期货交易所、保险公司等用地 |
| | | B22 | 艺术传媒用地 | 文艺团体、影视制作、广告传媒等用地 |
| | | B23 | 其他商务设施用地 | 贸易、设计、咨询等技术服务办公用地 |
| | B3 | | 娱乐康体设施用地 | 娱乐、康体设施等用地 |
| | | B31 | 娱乐用地 | 剧院、音乐厅、电影院、歌舞厅、网吧以及绿地率小于65%的大型游乐等设施用地 |
| | | B32 | 康体用地 | 赛马场、高尔夫、溜冰场、跳伞场、摩托车场、射击场,以及通用航空、水上运动的陆域部分等用地 |
| | B4 | | 公共设施营业网点用地 | 零售加油、加气以及液化石油换气瓶站等用地 |
| | | B41 | 加油加气站用地 | 零售加油、加气以及液化石油气换瓶站用地 |
| | | B42 | 其他公用设施营业网点用地 | 独立地段的电信、邮政、供水、燃气、供电、供热等其他共用设施营业网点用地 |
| | B5 | | 其他服务设施用地 | 业余学校、民营培训机构、私人诊所、殡葬、宠物医院、汽车维修站等其他服务设施用地 |
| M | | | 工业用地 | 工矿企业的生产车间、库房及其附属设施用地,包括专用铁路、码头和附属道路、停车场等用地,不包括露天矿用地 |
| | M1 | | 一类工业用地 | 对居住和公共环境基本无干扰、污染和安全隐患的工业用地 |
| | M2 | | 二类工业用地 | 对居住和公共环境有一定干扰、污染和安全隐患的工业用地 |
| | M3 | | 三类工业用地 | 对居住和公共环境有严重干扰、污染和安全隐患的工业用地 |
| W | | | 物流仓储用地 | 物资储备、中转、配送等用地,包括附属道路、停车场以及货运公司车队的站场等用地 |

| 类别代码 | | | 类别名称 | 内　容 |
|---|---|---|---|---|
| 大类 | 中类 | 小类 | | |
| | | W1 | 一类物流仓储用地 | 对居住和公共环境基本无干扰、污染和安全隐患的物流仓储用地 |
| | | W2 | 二类物流仓储用地 | 对居住和公共环境有一定干扰、污染和安全隐患的物流仓储用地 |
| | | W3 | 三类物流仓储用地 | 存放易燃、易爆和剧毒等危险品的专用仓库用地 |
| | S | | 道路与交通设施用地 | 城市道路、交通设施等用地,不包括居住用地、工业用地等内部的道路、停车场等用地 |
| | | S1 | 城市道路用地 | 快速路、主干路、次干路和支路等用地,包括其交叉口用地 |
| | | S2 | 城市轨道交通用地 | 独立地段的城市轨道交通地面以上部分的线路、站点用地 |
| | | S3 | 交通枢纽用地 | 铁路客运站、公路长途客货运站、港口客运码头、公交枢纽及其附属设施用地 |
| | | S4 | 交通场站用地 | 交通服务设施用地,不包括交通指挥中心、交通队用地 |
| | | S41 | 公共交通场站用地 | 城市轨道交通车辆基地及附属设施,公共汽(电)车首末站、停车场(库)、保养场,出租汽车场站设施等用地,以及轮渡、缆车、索道等的地面部分及其附属用地 |
| | | S42 | 社会停车场用地 | 独立地段的公共停车场和停车库用地,不包括其他各类用地配建的停车场和停车库用地 |
| | | S5 | 其他交通设施用地 | 除以上之外的交通设施用地,包括教练场地等用地 |
| | U | | 公用设施用地 | 供应、环境、安全等设施用地 |
| | | U1 | 供应设施用地 | 供水、供电、供燃气和供热等设施用地 |
| | | U11 | 供水用地 | 城市取水、自来水厂、再生水厂、加压泵站、高位水池等设施用地 |
| | | U12 | 供电用地 | 变电站、开闭所、变配电所等设施用地,不包括电厂用地。高压走廊下规定的控制范围内的用地应按其地面实际用途归类 |
| | | U13 | 供燃气用地 | 分输站、门站、储气站、加气母站、液化石油气储配站、灌瓶站和地面输气管廊等设施用地,不包括制气厂用地 |
| | | U14 | 供热用地 | 集中供热锅炉房、热电站、换热站和地面输热管廊等设施用地 |
| | | U15 | 通信设施用地 | 邮政中心局、邮政支局、邮件处理中心、电信局、移动基站、微波站等设施用地 |
| | | U16 | 广播电视设施用地 | 广播电视的发射、传输和检测设施用地,包括无线电收信区、发信区以及广播电视发射台、转播台、差转台、监测站等设施用地 |

| 类别代码 | | | 类别名称 | 内 容 |
|---|---|---|---|---|
| 大类 | 中类 | 小类 | | |
| | U2 | | 环境设施用地 | 雨水、污水、固体废物处理和环境保护等的公用设施及其附属设施用地 |
| | | U21 | 排水设施用地 | 雨水泵站、污水泵站、污水处理、污泥处理厂等设施及其附属的构筑物用地,不包括排水河渠用地 |
| | | U22 | 环卫设施用地 | 垃圾转运站、公厕、车辆清洗站、环卫车辆停放修理厂等设施用地 |
| | | U23 | 环保设施用地 | 垃圾处理、危险品处理、医疗垃圾处理等设施用地 |
| | U3 | | 安全设施用地 | 消防、防洪等保卫城市安全的公用设施及其附属设施用地 |
| | | U31 | 消防设施用地 | 消防站、消防通信及指挥训练中心等设施用地 |
| | | U32 | 防洪设施用地 | 防洪堤、防洪枢纽、排洪沟渠等设施用地 |
| | U4 | | 其他公用设施用地 | 除以上之外的公用设施用地,包括施工、养护、维修等设施用地 |
| G | | | 绿地与广场用地 | 公园绿地、防护绿地、广场等公共开发空间用地 |
| | G1 | | 公园绿地 | 向公众开放,以游憩为主要功能,兼具生态、美化、防灾等作用的绿地 |
| | G2 | | 防护绿地 | 具有卫生、隔离和安全防护功能的绿地 |
| | G3 | | 广场用地 | 以游憩、纪念、集会和避险功能为主的城市公共活动场地 |

摘自《城市用地分类与规划建设用地标准 GB50137—2011》。

# 第二节 各类绿地的特征

为了在实际工作中能准确合理地划分各类绿地,以下对各类绿地的含义、内容、用地选择及用地属性等做详细介绍。

**一、公园绿地**

公园绿地是城市绿地中最重要的组成部分,也是人们接触最多,对城市形象影响最大的绿地。公园绿地以向全体市民开放,具游憩功能为主要特征,兼具景观、生态、教育、减灾等功能。公园绿地可分为以下几项:综合公园(全市性公园、区域性公园)、社区公园(居住区公园、小区游园)、专类公园(儿童公园、动物园、植物园、历史名园、风景名胜公园、游乐园、其他专类公园)、带状公园、街旁绿地。

(一)综合公园

综合公园要求自然条件良好、风景优美、植物种类丰富,内容设施较完备,规模较大,质量较好,能满足人们游览休息、文化娱乐等多种功能需求,一般可供市民半天到一天的活动(图2-1)。

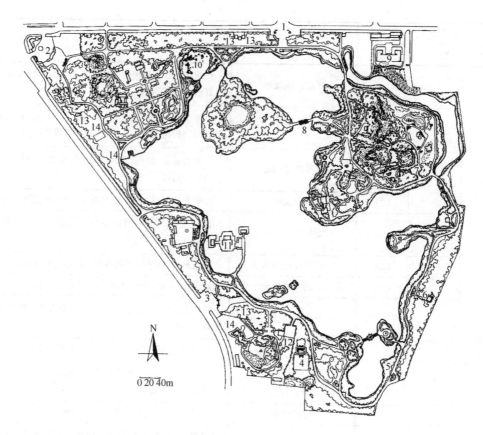

图2-1　综合公园平面图

1—北门；2—西北门；3—西门；4—庙会主会场；5—莲塘花屿；6—烈士墓；7—龙字石林；8—双星桥；
9—公园管理处；10—瀑布山；11—龙吟阁；12—儿童乐园；13—厕所；14—娱乐设施

由于服务范围的不同，综合公园可分为全市性公园和区域性公园。

该分类标准虽未对综合公园的最小规模和服务半径作出具体规定，但就一般情况而言，全市性综合公园面积为10～100hm²，服务半径为2000～3000m，居民乘车30分钟左右可以到达。一般大城市可设置数个，中、小城市可设一个，位置要求适中，以方便全体市民使用。区域性综合公园面积5～10hm²，服务半径1000～1500m，步行15分钟可以到达。

（二）社区公园

社区公园为一定居住用地范围内的居民服务，要求具有适于居民日常休闲活动的内容和相应的设施（图2-2）。"社区"与"居住用地"有着紧密的联系，因此社区公园下分为居住区公园和小区游园。

居住区公园为一个居住区的居民服务，是居住区配套建设的集中绿地，面积2～5hm²，服务半径500～1000m，步行5～10分钟可以到达。小区游园是为一个居住小区的居民服务、配套建设的集中绿地，服务半径300～500m。

（三）专类公园

专类公园是指具有特定的内容或形式，有一定的游憩设施的绿地。专类公园可分为儿童公园、动物园、植物园、历史名园、风景名胜公园、游乐园、体育公园等。

36

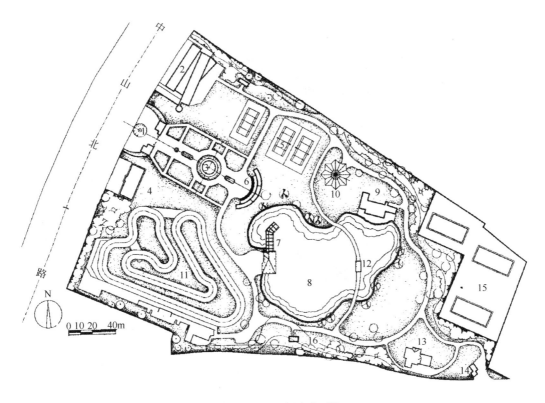

图 2-2　社区公园平面图

1—主入口广场；2—健身活动中心；3—模纹花坛及喷泉；4—公园快餐厅；5—双人标准网球场；
6—西式柱廊及雕塑；7—游船码头；8—水上活动中心；9—茶艺馆、棋牌楼；10—青少年活动中心；
11—卡丁车赛车场；12—廊桥；13—公园管理区；14—次入口广场；15—高层住宅区；16—厕所

1. 儿童公园

是指为少年儿童及携带儿童的成年人单独设置的公园。儿童公园面积一般 5hm² 左右，园内的各种活动设施、建筑物、构筑物以及植物布置等都应符合儿童的生理、心理及行为特征，并具有安全性、趣味性和知识性（图 2-3）。其选址应接近居住区，同时应避免使用者穿越交通频繁的干道到达。

2. 动物园

是指根据动物学和游憩学规律所建成的大型专类公园。动物园的任务之一是集中饲养和展览各种野生动物及品种优良的家禽家畜等，进行各种动物的分类、繁殖、驯化等方面的研究，保护和研究濒危动物，成为动物基因保存基地。任务之二是供市民参观游览、休憩娱乐兼对市民进行文化教育及科普宣传（图 2-4）。动物园的用地规模与展出动物的种类相关，面积小至 15hm² 以下，大至 60hm² 以上，选址宜与居民密集地区有一定距离，并与屠宰场、动物毛皮加工厂、垃圾处理场、污水处理厂等保持必要的安全距离。同时，为了防止动物的粪便、气味等对城市其他区域和水体的污染，在动物园周围应设必要的卫生防护林带。

3. 植物园

是指广泛搜集和栽培植物种类，并按植物学要求种植布置，同时满足人们参观游览等

踩板
游艺室
休息廊
幼儿戏水池
风车
更衣室
滑梯
厕所
浪船
图书室
转椅
电动游具
秋千
陈列室
廊
转椅
滑毯
D
花架亭廊
童车场
转椅
游船码头
光电玩具
降落伞
浪椅
露天舞台
E
小卖
边门
浪船
照壁
B
万水千山
喷水池
活动区
塑像
A
小卖部
N
大门
0 10 20 30 40 50m

图 2-3　专类公园之儿童公园平面图

要求的专类公园。它的主要任务之一是广泛搜集各种植物材料，并对植物进行引种驯化、定向培养、品种分类，研究植物在环境保护、综合利用等方面的价值，保护濒危植物种类，成为植物基因保存基地。任务之二是供市民参观游览，休憩娱乐，并进行科普知识的教育（图 2-5）。由于各类植物对自然条件的要求不同，因此植物园选择时应充分考虑植物不同生态习性对环境的不同需求。植物园用地规模一般较大，因此常选址于交通方便的近郊区；另外植物对土壤及水文条件要求较高，应避免选址在土壤贫瘠、地下水位高、缺乏

图 2-4　专类公园之动物园平面图

水源及靠近各种污染源的地方。

　　4.历史名园

　　是指历史悠久、知名度高、体现传统造园艺术并被审定为文物保护单位的园林。这类

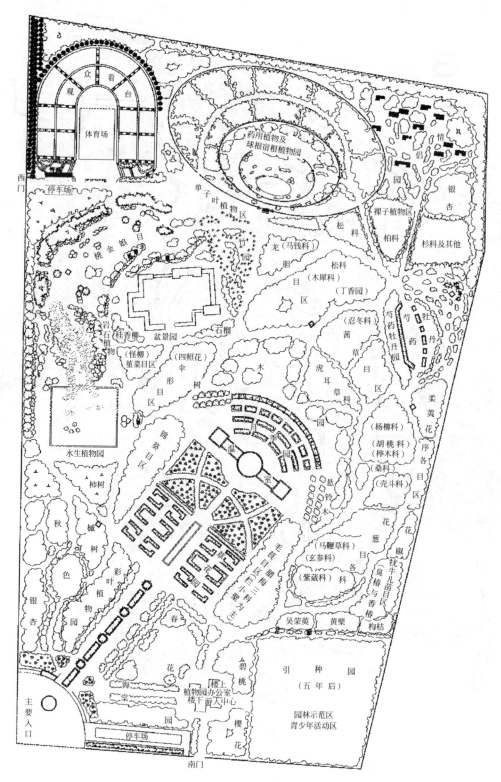

图 2-5 专类公园之植物园平面

公园在我国公园中占有一定的数量,是历史、文化内涵最为丰富的绿地类型,它可以很好地反映一个城市的历史文脉,体现城市的历史文化风貌(图2-6)。

图2-6 专类公园之历史名园

5. 游乐园

是单独设置的、具有大型游乐设施、生态环境较好的公园绿地,其中的主题公园近几年在我国发展较快。主题公园是在机械游乐园的基础上发展而来的,是根据特定的主题而创造出的舞台化游憩空间,即以虚拟环境塑造与园林环境载体为特点的休闲娱乐活动空间(图2-7)。划归城市公园绿地的主题公园除具有以上的特点外还应该有良好的绿化,其绿地率应不小于65%。由于主题公园是在市场经济条件下发展起来的,具有明显的商业性及大众性,因此其位置选择、主题创意、项目设置等方面要充分考虑其商业价值、大众品味以及环境的效益。

6. 体育公园

是指有完备及一定技术标准的体育运动及健身设施,

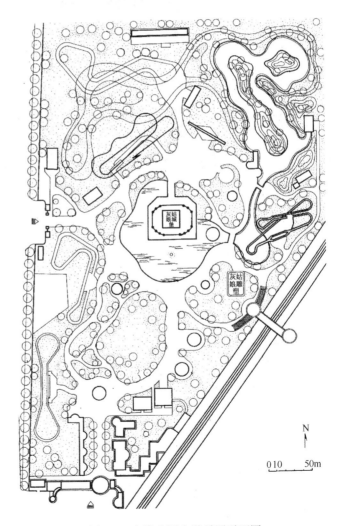

图2-7 专类公园之游乐园平面图

有良好的自然环境及充分绿化，可以进行各类体育比赛、训练以及日常的体育锻炼及健身等游憩活动的特殊公园绿地（图2-8）。体育公园面积一般较大（以不小于10hm²为宜），位置应选在与居住区有方便交通联系的地段，这样可方便居民使用及大量人流的疏散。随着人们生活水平的提高，休闲健身意识的增强以及体育事业的发展，体育公园的建设将越来越受到重视。

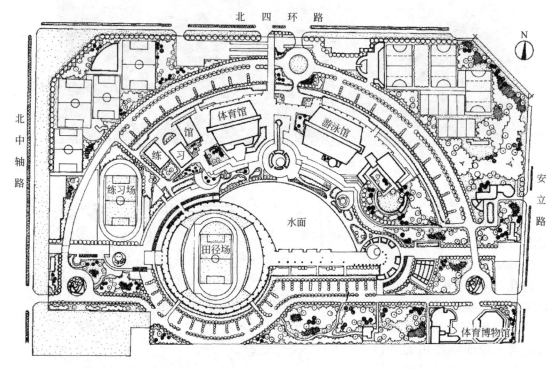

图 2-8　专类公园之体育公园平面图

（四）带状公园

带状公园是指以绿化为主，其中有一定的休息服务设施，供市民游憩的狭长形绿地（图2-9）。这类绿地一般常与道路、河滨、海岸、老城墙等结合设置，对于改善城市环境及景观质量，体现城市的文化风貌等都具有显著的作用。带状公园宽度一般在10m以上，最窄处应能满足游人的通行、绿化种植带的延续以及小型休息设施布置要求。以哈尔滨市北缘松花江滨江绿带为例，长7km，平均宽度60m。其中设有餐厅码头、小卖部等设施。又如成都府南河环城绿化带，其总长约16km。它将原有的公园、绿地串在一起形成一个环城的带状绿地系统，不仅改善了原有的环境和景观效果，还有效地体现了"天府之国"的历史文化特征。

（五）街旁绿地

街旁绿地是指位于城市道路用地之外，相对独立成片的绿地，它又可包括小型沿街绿化用地、街道广场绿地等。

1. 小型沿街绿化用地

沿街绿化用地即原来所谓的街头小游园，一般是指分布于街头、旧城改建区或历史保护区内，供市民游戏、休憩的公园绿地（图2-10）。

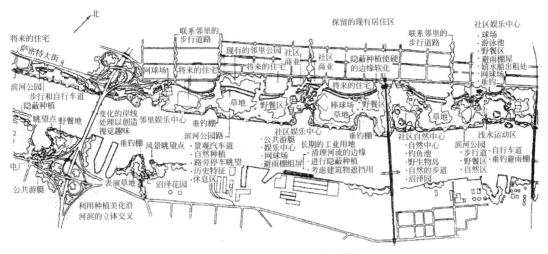

图 2-9 带状公园绿地平面图

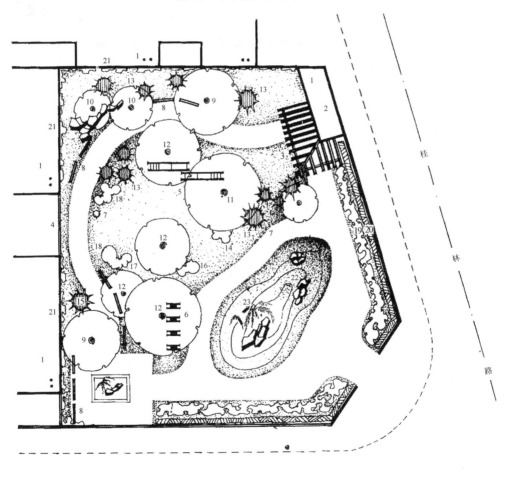

图 2-10 小游园平面图

1—住宅楼；2—管理室；3—葡萄棚架；4—宣传栏；5—滑梯；6—马头跷跷板；7—灯杆；8—坐凳；
9—加杨；10—毛白杨；11—椿树；12—洋槐；13—松柏；14—丁香；15—榆叶梅；16—海棠；
17—珍珠梅；18—石榴花；19—月季；20—侧柏绿篱；21—爬墙虎；22—山石小品；23—盆栽铁树

43

这类公园绿地面积一般不大，但也应以不小于 1000m² 为宜，其绿地率应不小于 65%。单个的街头小游园面积虽然不大，但其总体分布广，利用率高，而且多在一些建筑密度较高的地段或绿化状况较差的旧城区，因此这类绿地对于提高城市的绿化水平以及居民的生活质量起着重要的作用，因而深受市民的喜爱。图 2-11 是美国著名的街头小游园——佩里公园。

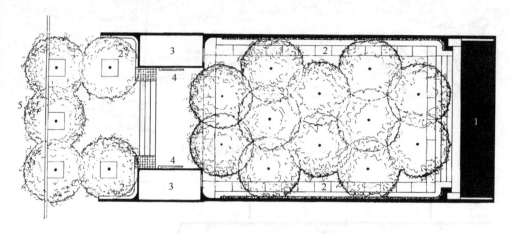

图 2-11　美国著名的街头小游园——佩里公园平面图
1—水池；2—树阵；3—门房；4—大门；5—街道

2. 街道广场绿地

街道广场绿地是近几年来发展最为迅速的一类绿地。街道广场绿地是指位于城市规划的道路广场用地（即道路红线范围）以外，以绿化为主（绿地率不小于 65%）的城市广场。广场绿地可以降低城市建筑密度，美化城市景观，改善城市环境，同时可供市民进行休憩、游戏、集会等活动，在发生灾害时还可起紧急疏散和庇护等作用（图 2-12）。因此，

图 2-12　广场绿地对降低城市建筑密度，美化城市景观，改善城市环境起到积极的作用

广场绿地是公园绿地中的重要组成部分。

值得注意的是，在《城市用地分类与规划建设用地标准》GB50137—2011 中，广场用地为 G3，是以游憩、纪念、集会和避险功能为主的城市公共活动场地；而在《城市绿地分类标准》CJJ/T 85—2002 里，广场绿地属于 G1 公园绿地中的街旁绿地。

## 二、生产绿地

生产绿地是指为城市绿化提供苗木、花草、种子的苗圃、花圃、草圃等圃地。其主要功能是为城市绿化服务。

新的分类标准中不强调生产绿地的所属关系，即打破了生产绿地原来定义的属园林部门的界限，只要是能为城市提供苗木、花卉、草坪、种子的各类圃地均可计入生产绿地。但其他季节性或临时苗圃、从事苗木生产的农田、单位内附属的苗圃等不计入生产绿地。此外，住于城市建设用地范围外的生产绿地不参与城市建设用地平衡，但在用地规模上应达到相关标准的规定。

属于城市生产绿地的各类圃地是城市绿化的生产基地，主要任务是为城市绿化提供所需的树木、花卉。其中有的苗圃、花圃也可对外开放，供市民游览观赏，具有公园的特征。苗圃、花圃的选址一般可位于城市近郊，应有良好土壤、水源条件，并应远离各种污染源。

## 三、防护绿地

防护绿地是指为了满足城市对卫生、隔离、安全的要求而设置的绿地。它的主要功能是对自然灾害和城市危害起到一定的防护和减弱作用。它可细分为：卫生隔离带、道路防护绿地、城市高压走廊绿带、防风林、安全防护林、城市组团隔离带等。防风林主要是为了防止强风及其所夹带的粉尘、砂土对城市的袭击，一般与主导风向垂直布置；在夏季炎热的城市中，则可与夏季盛行风平行设置，形成透风走廊，改善城市气候条件。卫生隔离带是为了防止产生有害气体、气味、噪声等的污染源对城市其他区域的污染；它通常设置于工厂、污水处理厂、垃圾处理站、殡葬场等用地与居住用地之间。安全防护林是为了防止和减少地震、火灾、水土流失、滑坡等灾害而设置的林带；它通常布置于易发生自然灾害和具有危险隐患的区域。城市高压走廊绿带是指城市高压输电线路下方一定范围内的绿化用地，是为安全考虑而设置的绿带。城市组团隔离带是近年来出现的一类较新的防护绿地类型；它是在城市建成区内以自然地理条件为基础，在生态敏感区域规划建设的绿化带。城市组团隔离带可有效地缓解城市建成区过度拥挤的局面，同时在保护和提高城市环境质量等方面也有重要的作用。

## 四、附属绿地

附属绿地是指城市建设用地中绿地之外各类用地中的附属绿化用地。其包括居住用地、公共设施用地、工业用地、仓储用地、对外交通用地、道路广场用地、市政设施用地和特殊用地中的绿地。主要附属绿地的具体内容如下：

（一）居住区绿地

居住区绿地是指居住区用地范围内的绿地。它的主要功能是改善居住环境，供居民日常户外活动（这些活动包括休憩、游戏、健身、社交、儿童活动等）。它可细分为：组团绿地、宅旁院落绿地、居住区公共建筑附属绿地以及居住区道路绿地等（图 2-13）。

居住区绿地是市民日常接触最多的绿地。它与市民生活息息相关，其质量的高低将直

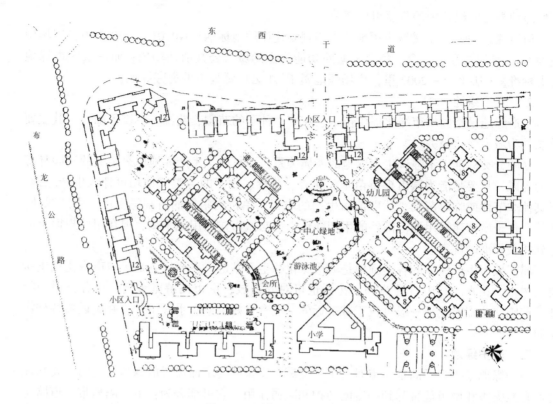

图 2-13　居住区绿地规划设计图

接影响到居民的日常生活及环境质量。我国居住区绿地的发展近几年取得了长足的进步，各小区对绿化和环境的重视也是前所未有的。这对于提高我国整体的绿化水平、提高人民的生活水平及城市的环境质量都起着非常重要的作用。

（二）道路绿地

道路绿地是指居住区级以上的城市道路广场用地范围内的绿化用地。它的主要功能是改善城市道路环境，防止汽车尾气、噪声对城市环境的破坏，美化城市景观。它可细分为：道路绿带（行道树绿带、分车隔离绿带、路侧绿带等）、交通岛绿地（中心岛、导向岛等绿地）、交通广场和停车场绿地等。

道路绿地不仅能改善城市景观，防止汽车尾气及噪声的污染，同时还可缓解热辐射，提高交通的快捷及安全性。此外，城市道路绿地随道路网延伸至城市的每一个角落，在整个城市绿地系统的空间布局中扮演着重要的联系者的角色。城市中的各种点状及面状的绿地，通过线状的城市道路绿地的联系形成网络，构成一个完整的绿地系统。因此，道路绿地是城市绿地系统重要的组成部分（图 2-14）。

（三）公共设施绿地

公共设施绿地是指居住区级以上的公共设施的附属绿地，如医院、电影院、体育馆、商业中心等的附属绿地。

（四）工业、仓储绿地

工业绿地、仓储绿地是工业、仓储用地范围内的绿化用地，其主要功能是减轻有害物质对工人及附近居民的危害。

图 2-14　道路绿地在整个城市绿地系统的空间布局中扮演着重要的联系者的角色

（五）对外交通、市政公用设施及特殊绿地

对外交通绿地是对外公路、铁路用地范围内的绿地；市政公用设施绿地包括水厂、污水处理厂、垃圾处理站等用地范围内的绿地；特殊绿地是指特殊用地的附属绿地，包括军事、外事、保安等用地范围内的绿地。

各类附属绿地在整个城市的绿地系统中所占比例大，分布广，因此提高附属绿地的数量和质量是提高整个城市普遍绿化的重要手段。

**五、其他绿地**

其他绿地是指对城市生态环境质量、居民休闲生活、城市景观和生物多样性保护有直接影响的绿地，包括风景名胜区、水源保护区、郊野公园、森林公园、自然保护区、风景林地、城市绿化隔离带、野生动植物园、湿地、垃圾填埋场恢复绿地等。

其他绿地通常位于城市建设用地以外，一般是植被覆盖较好、山水地貌较好或应改造好的区域。这类绿地的主要功能是保护生态环境、培育景观、控制建筑、减灾防灾、观光旅游、郊游探险、保护自然和文化遗产等。其中风景名胜区是指位于城市周边，有丰富的动植物种类，有良好的自然或人文景观，环境类型丰富多样的区域。风景名胜区具有各种功能特征，这些功能包括供人们观赏、游览、休闲及科研活动，保护动、植物及历史人文资源，保持水土、保护水源等。风景名胜区多位于城市周边，其规模较大，绿化及景观价值均较高。因此，风景名胜区绿地对改善城市的生态环境，满足市民游憩及旅游功能，防止城市不合理的蔓延和扩张，改善城郊的环境及景观状况等方面，都起着非常重要的作用。

城市绿化隔离带是指为防止城镇无序蔓延连片，在城镇之间设置的绿色空间。城市绿化隔离带是城区附近的绿色生态背景，它既可在用地上对城市的无序蔓延加以控制，又可以其大规模的绿化形成由城区人工化建设向郊区自然式保护的过渡，有利于形成完整的城市绿地系统。

其他绿地中所谓的湿地是指在城市建设用地范围以外的沼泽、湿原、泥炭地或水域（其中水域包括天然的和人工的，永久的和暂时的；水体可以是静止的或流动的，是淡水、半咸水或咸水，包括潮落时水深不超过 6m 的海域，另外还包括毗邻的梯岸和海域）。湿地是地球上具有重要环境能力的生态系统，是多种生物的栖息地，同时也是原材料和能源的地矿资源。城市周边湿地的存在可有效地维持城市生物物种及景观的多样性，改善城市的环境质量，另外还可为居民的休闲生活服务，同时也可成为对青少年进行生态知识科普教育的基地（图 2-15）。

图 2-15　城市周边湿地的存在可有效地维持城市生物物种及景观的多样性，改善城市的环境质量

# 第三章　城市绿地系统规划

城市绿地系统规划是指在充分认识城市自然条件、地貌特点、自然植被及地方性园林植物特点等的基础上，根据国家统一的规定和城市自身的情况确定的标准，将各级各类绿地按合理的规模、位置及空间结构形式进行布置，形成完整的系统，以促进城市健康持续地发展。城市绿地系统规划的主要任务，是在深入调查研究的基础上，根据城市总体规划中的城市性质、发展目标、用地布局等规定，科学制定各类城市绿地的发展指标，合理安排城市各类园林绿地建设和市域大环境绿化的空间布局，达到保护和改善城市生态环境、优化城市人居环境、促进城市可持续发展的目的。城市绿地系统规划是城市总体规划的重要组成部分，也是指导城市园林绿地详细规划和城市绿地建设管理的重要依据。

## 第一节　城市绿地系统规划的内容、目标及原则

### 一、城市绿地系统规划的内容

城市绿地系统规划包括以下几个方面的内容：

（1）确定城市绿地系统规划的目标及原则。

（2）根据国家统一的规定及城市自身的生态要求，国民经济计划，生产、生活水平以及城市发展规模等，研究城市绿地建设的发展速度及水平，拟定城市绿地的各项指标。

（3）选择和合理布局各项绿地，确定其性质、位置、范围和面积等，使其与整个城市总体规划的空间结构相结合形成一个合理的系统。

（4）提出各类绿地调整、充实、改造、提高的意见，拟定各类绿地规划。

（5）完成树种规划、古树名木保护规划、生物（重点是植物）多样性保护与建设规划、分期建设规划等，提出实施措施。

（6）完成城市绿地系统规划的图纸及文件编制工作。

### 二、城市绿地系统规划的目标

在进行城市绿地系统具体规划以前，首先应确定城市绿地系统的规划目标。目标包括近期目标及远期目标。由于各城市的性质、规模与现状条件等各不相同，其目标的确定也有较大的差别。但就绿地系统对于城市的作用来看，绿地系统规划总的目标应为：使各级各类绿地以最适宜的位置和规模，均衡地分布于城市之中，最大限度地发挥其环境、经济及社会的综合效益，同时使各类绿地本身能正常持续地发展。

### 三、城市绿地系统规划的原则

为确保城市绿地系统规划目标的实现，在进行绿地系统规划时需提出相关原则，基本原则可包含以下几个方面的内容：

（一）以生态学的观念，从城市整体空间体系的角度出发，充分发挥城市绿地系统改善城市环境的生态功能

随着对城市及城市绿地系统的深入研究，可以发现，一个城市的绿地只有在依照一定

的科学规律加以沟通、连接，构成一个完整有机的系统，同时保证这一系统与自然山系、河流等城市依托的自然环境以及林地、农牧区等相沟通，形成一个由宏观到微观，由总体至局部，由外向内渗透的完整绿地体系时，才能充分发挥其改善城市环境、维护城市生态系统平衡的生态功能。因此，我们在进行城市绿地系统规划时，首先要以生态的观念为指导，从城市整体空间体系的角度出发，对整个城市及城市周边地区的绿地进行规划和控制，使其生态效益得到最大程度的发挥。

（二）城市绿地系统规划应结合城市其他组成部分的规划，综合考虑，全面安排

城市绿地是城市用地的重要组成部分之一，它与城市中其他用地，如居住、道路、工业等用地密切相连，形成一个有机整体。因此，城市绿地系统的规划既不能孤立地进行，也不能充当配角，用其他用地的边角余料进行"补丁式"的绿化。城市绿地系统规划应与城市中的其他规划综合考虑、统一安排、同步规划，使其在城市中形成完整的绿化空间体系。

城市绿地系统规划与城市其他用地的协调具体体现在绿化要与工业区布局、居住区详细规划、公建布局、道路系统规划等密切配合，统一考虑和安排。例如在工业区及居住区布局的同时应考虑卫生防护林带的设置，在居住区详细规划中则应考虑居住区各级绿地的均衡分布；在公共建筑及广场的布局时则应考虑如何与绿地结合，突出公建的性格以及广场的景观和城市重点景观的轮廓线等；在道路系统规划时则应根据道路的性质、功能、宽度、朝向、地下地上管线位置等，合理布置行道树及卫生防护的隔离林带、通风防风林带等；在河湖水系规划时则应考虑水源涵养林和城市通风廊道的形成，以及开辟滨水的公共绿化带供市民休憩游览。

（三）城市绿地系统规划，必须结合当地的特点，实事求是、因地制宜地进行

我国幅员辽阔，各地的气候、地形地貌、土壤等自然条件差异很大，各城市的性质、规模、绿化现状、历史因素等条件也各不相同，因此各城市的绿地系统规划应从实际出发，无论是绿地布局方式、规模大小、指标的高低，还是树种的选择等都应与城市自身的特点相结合，切忌生搬硬套。

因地制宜地进行城市绿地系统规划表现在以下几个方面：第一，在城市绿地分类的规划上，根据城市不同特征，各类绿地占有不同的比例。例如，一些自然山水条件好的城市（如杭州、桂林等）和名胜古迹较多的城市（如北京、苏州等），其公园绿地的面积大一些（图3-1）；而一些工业城市（如马鞍山、沈阳等）卫生防护林的面积则会加大。第二，城市绿地系统的布局方式应结合城市的总体布局方式进行。例如合肥、西安等城市环形绿带的形成，和城市本身保留的环城的河道和城墙等条件密切相关（图3-2）。天津、上海等城市中心区块状绿地的形成，则与这些城市旧城区建筑密度大，绿化只能见缝插针成片状、块状分布于其间的原因有关。第三，在城市绿地定额指标的制定上，各城市也应根据具体情况进行，切忌盲目攀比，定出一些无法实施的高指标。以新兴城市和历史老城做比较，其现状的绿地指标相差相当大，如深圳、珠海等，2014年公共（园）绿地人均指标分别为 $16.84m^2$ 和 $18.75m^2$，绿地率分别为 39.19% 和 52.61%，绿化覆盖率分别为 45.08% 和 57.19%。而 2014 年西安市的人均公共（园）绿地指标为 $11.60m^2$，绿地率 33.90%，绿化覆盖率 42.50%。由此可见，在城市绿地系统规划中，各城市指标的确定很难形成一个统一的标准。另外，在城市绿地系统规划中的树种选择及植物的培配植上，应遵

图例

■ 公共绿地　• 休闲广场
▨ 防护绿地　⊡ 交通广场
▨ 生产绿地　┈ 风景旅游区
▨ 山林绿地　‐‐‐ 西湖风景名
胜区界线

图 3-1　自然山水条件好的城市——杭州，公共绿地的面积大一些

N

1:20000

图 3-2　合肥城市环形绿带的形成，和城市本身保留的环城河道和城墙等条件密切相关

循适地适树以及基本的植物群落分布的生态原则，多选择乡土树种作为城市绿化的骨干树种。这样，不仅可以以植物形成各城市不同景观特色，同时也可提高植物的存活率，确保城市绿化质量。

（四）城市绿地应均衡分布，有合理的服务半径，满足全体市民的休闲需要

家庭核心化、生活休闲化、人口老龄化是现代城市的三大特点。随着生活水平的逐步提高，人们拥有了越来越多的空闲时间，需要更多休闲活动场所。另外，随着老龄化时代的到来，越来越多的老年人对锻炼身体、社会交往等日常活动提出了要求，而城市中1~2个市级公园远不能满足人们的要求。因此，在城市绿地规划中必须考虑将其他的公园绿地（如区级公园、居住区、居住小区公园、街头小游园、绿化广场、带状绿地等）按合理的服务半径，进行均衡的布局，形成一个可供全体市民方便使用的绿色休闲空间网络，满足全体市民休憩、游览、娱乐、健身等休闲活动的需求（图3-3）。

（五）城市绿地系统应在统一规划的前提下，分期实施，保证各阶段绿化的效果及

图3-3 公园绿地应按合理的服务半径，进行均衡的布局

质量

城市绿地系统规划可分为远期规划和近期规划。远期规划年限一般为 20 年，近期规划年限一般为 5 年。远期规划是对远期规划年限内城市绿地系统的空间布局、发展目标、发展规模以及各类绿地进行综合部署并提出实施措施。近期规划是在城市绿地系统规划中，对短期内各类绿地的建设目标、发展布局和主要绿化建设项目的实施所作的安排。城市绿地系统的近期规划和建设必须与远期规划相协调，也就是说，既要保证近期规划的可操作性和近期城市绿化的发展水平，又要保证远期规划的可延续性和可实施性。例如，城市的旧城区一般建筑密度较高、卫生及生活设施条件较差。随着城市的发展，在改造这些地区时，应结合新区的规划保留足够的绿化用地，待条件成熟时，则可迁出居民，拆除旧建筑，形成城市中心区公园绿地。又如，在城市不断向外扩展的情况下，一些远期规划的公园地段正处在现在城市的边沿地带，为了防止远期的公园用地被其他用地侵占，可在近期规划中将该地段规划为生产绿地。这样既可以保证公园用地完整性，又可为远期公园建设提供一定的绿化基础，同时还可保证近期绿化水平的提高，可谓一举多得。总之，城市绿地系统的规划应考虑近期及远期目标的可实施性以及由近到远过渡时期的绿化措施。

（六）在城市绿地系统规划建设的经营管理中，除要充分发挥其环境、社会效益外，还可结合生产，创造经济价值

城市绿地系统的规划除应充分考虑其环境及社会效益外，对其经济效益的发挥也应予以重视。城市绿地系统经济效益的发挥主要体现在以下几个方面：其一，通过良好的绿化增加土地的经济价值。美国的有关研究表明，理想的绿化环境其地产价值可提高 6%，有的甚至可提高 15%。其二，通过绿色植物的一系列生态效益，可节约能源，以创造经济价值。日本的有关研究表明，当气温超过 35℃，每升高 1℃，东京变电站管辖范围内的用空调的耗电量达 120 万 kW，通过绿化降低温度，则可以节约电力，创造经济价值。另外通过湿地生态系统来净化水质，同样可以达到节省投资的目的。其三，可因地制宜地在某些地段种植果树、芳香、药用、油料等经济作物，以取得一定的经济效益。

## 第二节　城市绿地系统指标

城市绿地系统各项指标制定的合理与否，与整个城市绿地系统规划及建设工程的成败密切相关，因此指标制定的问题在城市绿地系统规划中应受到高度的重视。

城市绿地指标是指能体现城市绿色环境数量及质量的量化标准，它包括城市绿地各种计量单元的选择以及指标高低的确定。选择合理的城市绿地计量单元，制定合理的绿地指标有利于城市绿地系统健康地发展，有利于城市环境水平及人民生活水平的提高，有利于整个城市可持续的发展及人与自然的和谐共处。

**一、城市绿地指标的作用**

（一）通过城市绿地指标可以衡量一个城市绿化水平的高低，城市环境的好坏以及居民生活质量的优劣

城市绿地系统具有净化空气、降低噪声、改善小气候等生态功能，供人们日常休憩娱乐、参观游览等使用功能以及丰富城市建筑轮廓线，装点市容市貌等美化功能。绿地指标较高的城市，说明其绿地的数量多，因此绿地各项功能所发挥的效益也就越大。由此可

见，城市绿地指标不仅可以体现一个城市绿化水平的高低，同时也能反映城市环境的好坏以及居民生活质量的优劣。

（二）依靠城市绿地指标，可以将城市绿地量化获得的数据作为城市总体规划各阶段调整用地的依据，也可用于评价规划方案的经济性与合理性

城市规划是一项科学性很强的工作，很多内容不仅要定性、定位，还需要定量。城市绿地是城市用地中的重要组成部分，在城市总体规划各阶段的用地调整中，必须将各类用地量化，用以比较和组织各类用地规模、所占比例以及位置布局等。通过这样的量化比较及调整，使整个规划更趋于合理。在这样的定量规划的基础上，各种规划之间的优劣才有了可比较的依据。因此，城市绿地指标也是评价一个方案经济性、合理性的一项重要标准。

（三）通过城市绿地指标可计算出各类绿地的规模，估算城建投资计划，保证绿地能按规划实施

资金筹措是保证城市绿地系统规划能有效实施的一个较为重要的环节。如果在规划中能确定各类绿地的规模、估算所需资金并考虑资金来源，那么这将为城市绿地系统规划的顺利实施奠定良好的基础。

（四）城市绿地指标的制定，有利于在统计及研究工作中统一计算口径，为科学研究积累可靠数据

当今的时代是一个数字化的时代，各学科的工作及研究大都需要借助计算机的帮助，城市规划也不例外。为了便于城市规划学科的定量分析、数理统计，以及制定相关的技术标准或规范，许多资料都必须加以量化，因此城市绿地指标为用科技的手段进行城市规划工作提供了方便。

**二、影响城市绿地指标的因素**

由于各个国家、各个地区及城市具体条件不同，绿地指标也应有所不同，影响城市绿地指标的因素主要有以下几点：

（一）国民经济水平

城市绿地指标的高低与国民经济水平密切相关。当国民经济水平较低，处于只能解决人民温饱问题的状态时，没有更多的财力投入城市绿化环境的建设，这时期的绿地指标也相应较低。随着国民经济不断发展，人民的生活水平不断提高，对环境也有了更高要求的时候，城市绿地指标也随之提高（表3-1）。

我国不同时期采用的公共（公园）绿地指标　　　　　　　　　　表3-1

| | 近期（$m^2$／人） | 远期（$m^2$／人） |
|---|---|---|
| "一五"时期规划指标 | | 15（20年） |
| 1956年全国基本建设会议文件 | | 6～10<br>（50万人以下城市）<br>8～12<br>（50万人以上城市） |
| 1964年经委规划局讨论稿 | 4～7（不分近远期） | |
| 1975年建委拟订参考指标 | 2～4 | 4～6 |
| 1978年全国园林会议 | 4～6（至1985年） | 6～10（至2000年） |

| | 近期(m²/人) | 远期(m²/人) |
|---|---|---|
| 1982年《城市园林绿化管理暂行条例》 | 3~5 | 7~11 |
| 1993年《城市绿地规划建设指标的规定》 | 5(2000年)<br>人均建设用地指标不到75m²的城市<br>6(2000年)<br>人均建设用地指标75~105m²的城市<br>7(2000年)<br>人均建设用地指标超过105m²的城市 | 6(2010年)<br>7(2010年)<br>8(2010年) |
| 2001年《国务院关于加强城市绿化工作的通知》 | 8(2005) | 10(2010年) |
| 2007年《国家生态园林城市标准》 | ≥11<br>人均建设用地指标大于100m²的城市 | |

（二）规划的时代潮流

城市绿地指标还与当时城市规划的时代潮流相关。在城市化初期，城市规划的重点在城市道路、建筑的布局以及城市的生长扩张。这时对城市绿色环境的重视不够，城市绿地指标也随之定得较低。而随着城市化进程的不断加快，由此带来的城市问题越来越严重。这时规划的重点则转向控制城市的无序生长及野蛮扩张，提倡城市中文化、历史和绿色环境的融合，注重城市生态平衡及人与自然的和谐共处。这种情况下，城市绿地指标自然会有所提高。

（三）城市性质

不同性质的城市对于不同类型的绿地及指标有不同要求。如一些以风景游览、休疗养性质为主的城市，由于旅游、休闲等功能的要求，公园绿地指标定额较高；一些工业及交通枢纽城市，由于环境保护的需求，防护绿地的指标相应较高。

（四）城市规模

城市规模较大的城市一般人口密集，建筑密度较高。为了缓解这些因素带来的城市问题，应该有更多的绿地，尤其是公园绿地。但由于种种原因，现实中大城市的绿地指标往往较低，带来了城市拥挤、环境恶化等问题。因此在大城市新区的规划中，应更加充分重视绿化，提高绿地指标。

（五）城市自然条件

不同地区的城市自然条件往往不同，而绿化水平的高低与树木、花草的生长状况密切相关。植物的生长离不开空气、土壤、水、阳光等自然条件。自然条件好的地区，绿化水平一般来说相应较高。如南方的城市，气候温暖，土壤肥沃，水源充足，日照时间长，有利于植物生长，植物种类丰富，这些城市的绿地指标则较高，绿化景观也丰富。而北方多数城市由于气候寒冷，干旱多风，自然条件不利于植物生长，植物种类也较单一，因此绿地指标往往相对较低。因此，绿地指标的制定还应从城市的自然条件出发，因地制宜，切合实际。

（六）城市现状

城市现状条件的不同也会影响绿地指标的制定。如北京、杭州、苏州等历史文化名城，城内名胜古迹众多，自然山水条件也好，同时还有发展绿地的潜力和余地，那么这些城市的绿地指标则较高。而像另一些老的工业城市，如上海、天津、重庆等，旧城中建筑密度大，用地紧张，本身的绿化基础差，旧城中另外开辟绿地难度也较大，这些城市的绿地指标也就相应较低。

### 三、城市绿地系统指标的制定

城市绿地系统指标的制订是一项复杂的工作，要根据不同城市的特殊情况，制定出合理的指标定额，并需要考虑多种因素。这些因素相互联系、相互制约、错综复杂。一个合理的城市绿地系统指标的确定需要不断实践，不断深入研究和总结才能获得。另一方面城市绿地系统指标是城市绿地系统规划中的一个重要环节。它不仅能指导城市绿地系统的规划建设，对于整个城市的生态平衡及可持续发展也起着非常重要的作用。正是由于绿地系统指标制定的复杂性及重要性，现在国内外的有关专家投入大量人力及财力进行研究，并提出了一些新的观点和内容，以下将对国内外绿地系统指标的制定情况做一个介绍。

（一）国外城市绿地系统指标的规定

1. 苏联

苏联国家建设委员会于1990年起实施的新《建设法规》中，对有关绿化用地指标做了以下的规定：

（1）生活居住用地：在城市中必须以干道或宽度不小于100m的绿化带将生活居住用地划分为若干面积不超过250hm$^2$的区。居住小区（街坊）绿地面积，按规定每人不得少于3~5m$^2$。居住小区绿地的某些地段面积包括休息场所、儿童游乐场、步行小道。这些地段占绿地总面积不超过30%。

（2）在生产用地中应有由1000m以上宽度的卫生防护带与生活居住用地隔开。

（3）景观游憩用地：在城市和农村居民点必须考虑一个连续不断的绿化用地和其他开阔空间系统。在城市建筑区范围内，各类绿地的比重不应少于40%，在居住区范围内不应少于25%（包括居住小区绿地总面积）。

布置在城市和农村居民点生活居住用地内的公共绿地——公园、花园、街心花园、林荫道的绿地面积应按表3-2确定。

**苏联公共绿地指标**　　　　　　　　　　　　　　　　　　　　表3-2

| 公共绿地 | 人均绿地面积（m$^2$/人） | | | |
| --- | --- | --- | --- | --- |
| | 特大城市、大城市及较大城市 | 中等城市 | 小城市 | 农村居民点 |
| 全市性<br>居住区 | 10<br>6 | 7<br>6 | 8（10）<br>— | 12<br>— |

注：括号内列举的是2万人以下小城市的公共绿地面积。

在地震区必须保证居民自由进入公园、花园及其他公共绿地，不允许在居民区一侧建筑围栏。

进入公园、森林公园、林地、绿带的游人数不应超过下列指标（人/hm$^2$）：市内公园100，休息区公园70，疗养区公园50、森林公园（草地公园、水上公园）10，林地公园1~3。公园、花园和街心公园的占地面积不应少于以下规模：市内公园15hm$^2$，居

住区花园 $3hm^2$，街心花园 $0.5hm^2$。在公园和花园用地总平衡表中，绿化用地面积不应少于 70%。

苗圃面积应根据公共绿地水平、卫生防护带规模、自然气候特点和其他条件，按每人 $3\sim5m^2$ 计算。苗圃面积不应少于 $80hm^2$。该法规还规定休息疗养区绿地按床位计算，每个床位应有 $100m^2$ 绿地。另外，从最新的"2020 年莫斯科城市发展总体规划"资料来看，莫斯科人均拥有自然综合设施面积将由 $34m^2$ 增加到 $40m^2$，其中人均绿化面积由 $17.3m^2$ 增加到 $24m^2$。

2. 日本

日本是一个地形狭长的岛国，用地十分紧张。随着工业的迅速发展，城市人口急剧增加，城市环境也因此恶化。为了改善城市环境，提高绿化水平，日本从 1972 年开始制定并实施了城市公园建设计划。该计划实施 5 年以后，城市公园的建设取得了很大的成绩，仅 1972 年到 1982 年的 10 年内，全国建设了面积大约 $21500hm^2$ 的公园，城市公园人均面积从 1971 年的 $2.8m^2$ 提高到 1983 年的 $4.1m^2$。日本的城市公园现已形成了明确的系统，各类公园的规模和配置标准均有具体的规定（表 3-3）。

日本绿地标准                                                             表 3-3

| 公园类别 | | 使用对象 | 利用人口（人） | 标准 | | 配置水平 |
| --- | --- | --- | --- | --- | --- | --- |
| | | | | 面积（ $hm^2$ ) | 服务距离（m） | |
| 居住公园 | 街区公园 | 本居住区老人及儿童 | 1500~2500 | 0.25 | 250 | 每居住小区 4 处 |
| | 近邻公园 | 本居住区居民 | 6000~10000 | 2 | 500 | 每居住小区 1 处 |
| | 地区公园 | 本居住区居民 | 30000~50000 | 4 | 1000 | 每 4 居住小区 1 处 |
| 城市骨干公园 | 综合公园 | 全市居民 | 全市 | 10~50 | — | |
| | 运动公园 | 全市居民 | 全市 | 17~75 | — | |
| 特殊公园 | | 全市居民 | 全市 | 10 | | |
| 广域公园 | | 全市居民 | 全市 | 50 以上 | | |
| 缓冲绿地 | | 全市居民 | 全市 | | | |
| 城市绿地 | | 全市居民 | 全市 | 0.05~0.1 | | |
| 绿道 | | 全市居民 | 全市 | 标准宽度 10~20m | | |
| 国营公园 | | 全市居民 | 全市 | 300 | | |

3. 其他国家

除以上两个国家外，许多国家都制定有相应的绿地指标，尤其是一些经济发达国家，其指标一般都较高。如美国，城市人均绿地面积大致为 $40m^2$，而且随着社会的发展，这一标准还在不断增长；英国公共绿地历来按城市市民平均每人 $20m^2$ 左右为标准，近年来很多新建城市已达到每人 $40m^2$ 以上的标准；澳大利亚的堪培拉和波兰的华沙人均绿地面积均超过 $70m^2$；以花园城市著称的新加坡，现有绿地为 $7500hm^2$，人均公园绿地拥有率为 $25m^2$／人。这些绿地指标较高的国家和城市，其城市的生态环境也较好（表 3-4）。

世界各主要城市绿地指标比较                                       表3-4

| 城市 | 所属国家 | 市区面积<br>（km²） | 人口（万） | 公园面积<br>（km²） | 面积比<br>（%） | 人均公园面积<br>（m²/人） | 森林覆盖率<br>（%） |
|---|---|---|---|---|---|---|---|
| 渥太华 | 加拿大 | 102.9 | 29.2 | 740 | 7.2 | 25.4 | 35 |
| 华盛顿 | 美国 | 173.46 | 75.7 | 3458 | 19.9 | 45.7 | 33 |
| 巴西利亚 | 巴西 | 1013.0 | 25.0 | 1816 | 1.2 | 72.6 | 28 |
| 奥斯陆 | 挪威 | 453.44 | 47.7 | 689 | 1.5 | 14.5 | 27 |
| 斯德哥尔摩 | 瑞典 | 186.0 | 66.0 | 5300 | 28.5 | 80.3 | 57 |
| 赫尔辛基 | 芬兰 | 176.9 | 49.6 | 1360 | 7.7 | 27.4 | 61 |
| 哥本哈根 | 丹麦 | 120.32 | 80.2 | 1535 | 12.8 | 19.1 | |
| 莫斯科 | 俄罗斯 | 994.0 | 880.0 | | 约15 | 18.0 | 35 |
| 伦敦 | 英国 | 1579.5 | 717.4 | 21828 | 13.8 | 30.4 | 9 |
| 巴黎 | 法国 | 105.2 | 260.8 | 2183 | 20.8 | 8.4 | 25 |
| 柏林 | 德国 | 480.1 | 210.0 | 5483 | 11.4 | 26.1 | 29 |
| 波恩 | 德国 | 141.27 | 27.9 | 752 | 5.3 | 26.9 | 29 |
| 阿姆斯特丹 | 荷兰 | 1700.9 | 80.7 | 2377 | 14.0 | 29.4 | 6 |
| 日内瓦 | 瑞士 | 16.1 | 17.3 | 261 | 16.3 | 15.1 | 25 |
| 维也纳 | 奥地利 | 414.1 | 161.5 | 1188 | 2.9 | 7.4 | 44 |
| 罗马 | 意大利 | 1507.6 | 280.0 | 3186 | 2.1 | 11.4 | 20 |
| 华沙 | 波兰 | 445.9 | 143.2 | 3257 | 7.3 | 22.7 | 27 |
| 布拉格 | 捷克 | 289.0 | 108.7 | 4022 | 13.9 | 37.0 | 3.5 |
| 堪培拉 | 澳大利亚 | 243.2 | 16.5 | 1165 | 4.8 | 70.5 | 50 |
| 东京 | 日本 | 595.53 | 858.4 | 1356 | 2.3 | 1.6 | 68 |

资料来源：根据李铮生，城市园林绿地规划与设计.北京：中国建筑工业出版社，2006相关资料整理。

**（二）我国城市绿地指标制定情况**

我国城市绿地的量化指标出现在新中国成立以后，随着经济建设的发展及科学技术的进步，该体系越来越完善、科学和合理，指标对于绿地的量化水平也逐步提高。20世纪50年代，城市绿地指标主要有树木株数、公园个数与面积、公园每年的游人量等。到1979年，在国家城建总局转发的《关于加强城市园林绿化工作的意见》中首次出现了"绿化覆盖率"这一指标。此后指导我国城市绿地规划建设的三大指标即确定，它们是：城市人均公共（园）绿地面积、城市绿化覆盖率和城市绿地率。

不同时期，这三大指标各有不同，总的来说指标水平逐步在提高。1982年城乡建设环境保护部颁布的《城市园林绿化管理暂行条例》中提出：近期内凡有条件的城市，要把绿化覆盖率提高到30%；公共（园）绿地面积达到每人3~5m²；城市新建区的绿化用地，应不低于总用地面积的30%，旧城改建区的绿化用地，应不低于总用地面积的25%。1993年建设部颁布的《城市绿化规划建设指标的规定》，则将人均公共（园）绿地指标细划，把指标按人均建设用地指标的高低分为三个级别，使这一指标更加合理，并可用于衡量不同规模城市的公共绿地水平。这三个级别分别如下：人均建设用地指标不足75m²的城市，人均公共（园）绿地面积 2000 年应不少于 5m²，到 2010 年应不少于 6m²。人均建设用地指标 75~105m² 的城市，人均公共（园）绿地面积 2000 年不少于 6m²，到 2010 年应不少于 7m²。人均建设用地指标超过 105m² 的城市，人均公共（园）绿地面积到 2000 年应不少于 7m²，到 2010 年应不少于 8m²。对绿化覆盖率的要求是到 2000 年应不少于 30%，到 2010 年应不少于 35%。城市绿地率到 2000 年应不少于 25%，到 2010 年应不少于 30%。该规定除对三项主要指标作了规定外，还对各类绿地的单项指标进行了详细规定，它们分别是：居住区绿化——新建居住区绿地占居住区总用地比率不低于 30%。道路绿地——主干道绿带面积占道路总用地比率不低于 20%，次干道绿带面积所占比率不低于 15%。防护绿带——城市内河、海、湖等水体及铁路旁的防护绿带宽度应不少于 30m。附属绿地——单位附属绿地面积占单位总用地面积比率不低于 30%。其中工业企业、交通枢纽、仓储、商业中心等绿地率不低于 20%；产生有害气体及污染的工厂绿地率不低于 30%，并设立不少于 50m 的防护林带；学校、医院、休疗养院所、机关团体、公共文化设施、部队等单位的绿地率不低于 35%；生产绿地——生产绿地面积占城市建成区总面积比率不低于 2%。

2001 年 2 月召开的"全国城市绿化工作会议"上提出的"国务院关于加强城市绿化建设的通知"讨论稿中，对城市绿地指标作了以下的规定：到 2005 年，全国城市规划建成区绿地率达到 30% 以上，绿化覆盖率达到 35% 以上，人均公共（园）绿地面积达到 8m²以上，城市中心区人均公共（园）绿地达到 4m² 以上。到 2010 年，城市规划建成区绿地率达到 35% 以上，绿化覆盖率达到 40% 以上，人均公共（园）绿地面积达到 10m² 以上，城市中心区人均公共（园）绿地达到 6m² 以上。这里的城市中心区人均公共（园）绿地指标是根据城市发展的具体情况提出的，这一指标的确定对于改善城市中心区人口密度大、建筑密度大、绿地少、生态环境较差的状况有一定的作用。

2010 年，住房和城乡建设部颁布了《城市园林绿化评价标准》，将园林绿化各项指标分为四个评价等级，以此作为园林城市、生态园林城市等评价体系的统一参考标准，除了城市绿化三项基本指标，还囊括了公园绿地服务半径覆盖率、万人拥有综合公园指数、城市道路绿化普及率、河道绿化普及率、受损弃置地生态与景观恢复率等多项指标，更加全面综合地对城市绿地的质量进行评价，并且明确了各项指标的计算方式和标准。

《城市用地分类与规划建设用地标准》GB 50137—2011 中规定绿地与广场用地占城市建设用地的 10.0%~15.0%，规划人均绿地与广场用地面积不应小于 10.0m²/人。其中人均公园绿地面积不应小于 8.0m²/人，这是作为一般城市规划中对绿地指标的最低控制，且是强制要求。《城市园林绿化评价标准》将城市园林绿化的评价标准分为 1~4 级，对涉及城市绿地的数量和质量的各项绿地指标都做了详细的要求，《国家园林城市标准》、《生态园林城市分级考核标准》等都以此为基础进行要求与规定。

就全国范围来看，到 2014 年底，全国城市规划建成区绿地率达到了 36.29%，绿化覆盖率达到 40.22%，人均公共（园）绿地面积达到 13.08m²。而在 1999 年底，这三项指标分别为规划建成区绿地率 23%，绿化覆盖率 27.44%，人均公共（园）绿地面积 6.52m²。由此可以看出，近十几年来，我国城市绿化的整体水平有了较大的提高（图 3-4）。但就各地区各城市来看，尚存在着较大差异，一些东南沿海城市、风景旅游城市绿化水平相对较高，其他城市绿化水平普遍偏低，以下是 2014 年部分城市绿地指标统计（表 3-5）。

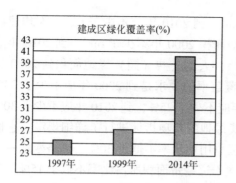
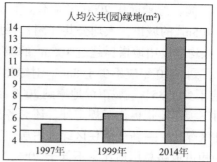

图 3-4 近十几年来，我国城市绿化的整体水平有了较大的提高

**2014 年部分城市绿地指标统计**                                                          表 3-5

| 城市 | 人均公共(园)绿地面积(m²/人) | 绿地率(%) | 绿化覆盖率(%) |
|------|------|------|------|
| 北京 | 15.94 | 45.34 | 47.40 |
| 天津 | 9.73 | 31.75 | 34.93 |
| 承德 | 24.76 | 37.51 | 41.75 |
| 鞍山 | 15.39 | 41.09 | 43.78 |
| 上海 | 7.33 | 33.92 | 38.43 |
| 苏州 | 15.20 | 38.03 | 42.18 |
| 杭州 | 15.50 | 37.32 | 40.57 |
| 厦门 | 11.44 | 37.12 | 41.87 |
| 深圳 | 16.84 | 39.19 | 45.08 |
| 珠海 | 18.75 | 52.61 | 57.19 |
| 桂林 | 11.53 | 35.89 | 40.03 |
| 重庆 | 16.97 | 37.38 | 40.60 |

摘自《2014 年中国城市建设统计年鉴》。

2002 年 9 月 1 日，建设部颁布《城市绿地分类标准》，其中也提出了有关的绿地指标。标准中绿地指标为人均公园绿地面积、人均绿地面积、绿地率。这三大指标将成为以后城市绿化建设及管理工作中的三大主要指标。

我国城市绿地系统所选取的三大指标的最低标准是一个基本指标标准，是根据我国的实际情况及发展速度制定的。它是一个经过努力可以达到的最低水平标准。这些标准与满足城市的生态卫生需求及理想的城市发展需求等所需要的标准相差还较远。因此，城市绿化达到三项基本指标的城市应进一步提高绿地的数量和质量，并可研究引入一些更为系统、更科学合理和具有指导意义的相关绿地指标。这些指标包括城市绿化三维量、城市绿化结构指标、游憩指标、城市绿地计划管理指标、城市绿地人均指标等。

城市绿化三维量即城市绿色植物所占的空间体积。该项指标可以反映城市绿地质量以及绿地生态效益的高低。城市绿化结构指标包括各类绿地的乔木量、灌木量、地被草坪面积、常绿乔木量、落叶乔木量、古树名木量、园林植物量以及水体面积和水体面积率等。该项指标可以反映城市绿地绿化结构和特征，以及构成绿地的植物材料的数量及特点。游憩指标包括各级各类公园绿地面积、面积率、服务半径、出游率等。该指标可以反映和衡量各类公共绿地为市民提供活动的条件和使用情况。城市绿地计划管理指标包括新增绿地面积、新减绿地面积、植树量、植树成活率等。该项指标可反映和衡量城市绿地建设及管理水平。城市绿地人均指标，包括人均绿地面积、人均公园面积等。该项指标可以反映和体现每个市民能够享有绿地数量和生存环境质量。

绿化水平较高的城市，可根据具体情况适当引入以上相关指标，形成适合自己城市绿地系统的完善的指标体系。这一指标体系的存在将有助于进行合理的城市绿地系统规划，保证城市绿地建设向较高的水平发展。

### 四、城市绿地指标的计算

2002 年 9 月 1 日《城市绿地分类标准》CJJ/T 85—2002 出台以后，我国现行通用的三大基本城市绿地指标，其含义及计算公式如下：

1. 人均公园绿地面积

人均公园绿地面积是指城市中每个居民平均占有公共（园）绿地的面积。计算公式为：

$$A_{g1m} = A_{g1}/N_p$$

式中　$A_{g1m}$——人均公园绿地面积（$m^2$/人）；

　　　$A_{g1}$——公园绿地面积（$m^2$）；

　　　$N_p$——城市人口数量（人）。

（注：其中的城市人口数量应与城市总体规划中的人口规模一致。）

2. 人均绿地面积

人均绿地面积是指城市中每个居民平均占有城市建设用地范围内所有绿地的面积。城市建设用地范围内所有绿地包括公园绿地、生产绿地、防护绿地和附属绿地。计算公式为：

$$A_{gm} = (A_{g1} + A_{g2} + A_{g3} + A_{g4})/N_p$$

式中　$A_{gm}$——人均绿地面积（$m^2$/人）；

　　　$A_{g1}$——公园绿地面积（$m^2$）；

　　　$A_{g2}$——生产绿地面积（$m^2$）；

　　　$A_{g3}$——防护绿地面积（$m^2$）；

　　　$A_{g4}$——附属绿地面积（$m^2$）；

　　　$N_p$——城市人口数量（人）。

（注：其中的城市人口数量应与城市总体规划中的人口规模一致。）

3. 城市绿地率

城市绿地率是指城市各类绿地总面积占城市面积的比率。城市中各类绿地包括公园绿地、生产绿地、防护绿地和附属绿地。计算公式为：

$$\lambda_g = \left[(A_{g1} + A_{g2} + A_{g3} + A_{g4})/A_c\right] \times 100\%$$

式中　$\lambda_g$——绿地率（%）；

　　　$A_{g1}$——公园绿地面积（$m^2$）；

　　　$A_{g2}$——生产绿地面积（$m^2$）；

　　　$A_{g3}$——防护绿地面积（$m^2$）；

$A_{g4}$——附属绿地面积（$m^2$）；

$A_c$——城市用地面积（$m^2$）。

（注：其中的城市用地面积应与城市总体规划中的城市用地面积一致。）

城市绿地指标按以上的公式计算完成后，所得的数据应按表3-6的统一格式汇总。

城市绿地统计表

表3-6

| 序号 | 类别代码 | 类别名称 | 绿地面积（$hm^2$） | | 绿地率(%)(绿地占城市建设用地比例) | | 人均绿地面积（$m^2$/人） | | 绿地占城市总体规划用地比例(%) | |
|---|---|---|---|---|---|---|---|---|---|---|
| | | | 现状 | 规划 | 现状 | 规划 | 现状 | 规划 | 现状 | 规划 |
| 1 | $G_1$ | 公园绿地 | | | | | | | | |
| 2 | $G_2$ | 生产绿地 | | | | | | | | |
| 3 | $G_3$ | 防护绿地 | | | | | | | | |
| | | 小计 | | | | | | | | |
| 4 | $G_4$ | 附属绿地 | | | | | | | | |
| | | 中计 | | | | | | | | |
| 5 | $G_5$ | 其他绿地 | | | | | | | | |
| | | 合计 | | | | | | | | |

备注：_____年现状城市建设用地_____ $hm^2$，现状人口_____万人；

_____年规划城市建设用地_____ $hm^2$，规划人口_____万人；

_____年城市总体规划用地_____ $hm^2$。

该表中设有"小计、"中计"、"合计"项。其与《城市用地分类与规划建设用地标准GB50137—2011》的对应关系是：其中"小计"项扣除"小区游园"与"生产绿地"后，加上广场用地后与城市建设用地标准中的"绿地与广场用地"一项相对应；"中计"项绿地包含建设用地中的城市绿地和其他各项用地的配套绿地；"合计"项是城市总体规划范围内的所有绿地。另外，城市绿化覆盖率虽不再作为城市绿地系统规划的三大指标之一，但在城市绿地的建设中仍应作为重要的考核指标。

第三节　城市绿地系统的布局

城市绿地系统的布局在城市绿地系统规划中占有相当重要的地位，这是因为即使一个城市的绿地指标达到要求，但如果其布局不合理，那么它也很难满足城市生态的要求以及市民休闲娱乐的要求。反之，如果一个城市的绿地不仅总量适宜，而且布局合理，能与城市的总体规划紧密结合，真正形成一个完善的绿地系统，那么绿地系统将在促进城市的可续持发展方面起到城市的其他系统无可替代的重要作用。

**一、城市绿地布局的目的及要求**

（一）满足改善城市生态环境的要求

改善城市生态环境是城市绿地最主要的功能。这项功能的发挥与绿地的布局形式密切相关，有关资料研究显示，小块分散的绿地对于城市生态环境的改善效果并不明显，只有形成一个完善的绿地系统，才能充分发挥城市绿地的生态功能。因此，在城市绿地的布局上应尽可能做到"网络化"，即用"绿廊"、"绿带"等形式将城市中各种形状的绿地斑块结合起来，形成一个分布均匀的绿色网络，才能更有效地改善城市的生态环境。此外，城市生态环境的建设除了建成区范围的人工生态系统外，还应包括整个市域范围的自然生态系统。因此，城市绿地系统的布局还应考虑城市周边大面积的风景区、生态保护林地等城郊绿地的布局，以及这些绿地与城市绿地的关系。这样，不仅可以改善城市所在区域及城市边缘的整体生态环境，同时为城市发展留出足够空间，为城市环境的改善提供充分的绿化支持，保证城市可持续地发展。

（二）满足全市居民日常生活及休闲游憩的要求

随着人民生活水平的提高，人们日常休闲娱乐、旅游观赏的要求也越来越多，因此作为人们日常休闲活动载体的城市绿地，在布局上应能满足人们的这一使用要求。在人们日常使用最多的公园绿地及居住绿地的布局上，应该按照合理的服务半径分不同的级别均匀地分布，避免绿化服务盲区的存在，使人们在日常生活及休闲时可以方便地使用。

（三）满足工业生产防护、生产生活安全卫生的要求

为了减轻城市中一些污染区域（如工矿企业、仓储用地、污水污物处理场、医院等）对其他区域的影响，应在这些区域内及边缘布置适当规模及宽度的卫生防护林，以减少污染对本区域的影响，以及防止污染向周边区域的蔓延。在高压走廊等处也应布置安全防护林带，满足安全要求。另外，城市大、中、小型开敞绿地的布局也应均匀合理，以满足避灾时的救援、疏散等安全要求。

（四）满足改善城市艺术面貌的要求

城市绿地的布局还应考虑与城市的山体、水系、道路、广场、建筑等结合，这样可形成自然与人工结合的城市环境特色，体现城市特有的自然景观及文化历史，丰富城市整体轮廓线、美化街景市容，衬托建筑，以达到改善城市整体艺术面貌的要求。

**二、城市绿地的布局形式**

绿地在城市中有不同的分布形式，总的来说可以概括为八种基本模式，即点状、环状、放射状、放射环状、网状、楔状、带状、指状（图3-5）。就我国各城市的绿地现状来

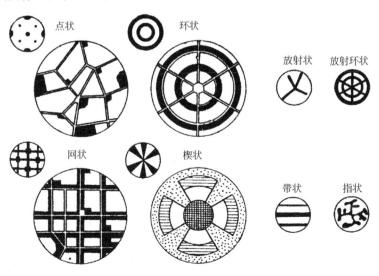

图3-5 绿地布局的几种基本模式

看，城市绿地系统形式概括起来可以分为四种：

（一）以块状绿地为主的布局

块状绿地是指绿地以大小不等的地块的形式，分布于城市之中。这种以块状绿地为主的布局形式在较早的城市绿地建设中出现较多，因此在一些城市老城区及一些小城市中常见，如上海、天津、武汉、青岛等老城区及四川射洪县等小城市中（图3-6）。块状绿地的优点在于可以做到均匀分布，接近居民，便于居民日常休闲使用。但由于块状绿地规模不可能太大，加之位置分散，难以充分发挥绿地调节城市小气候、改善城市环境的生态效益和改善城市艺术面貌的功能。因此在旧城改造中，应将单纯的块状绿地与其他形式的绿地相结合，形成一个完善的绿地系统。

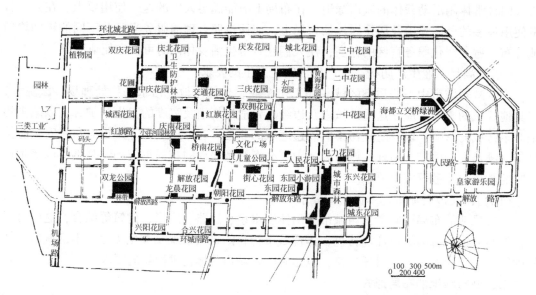

图3-6 以块状绿地为主的布局实例——射洪县绿地系统规划

（二）以带状绿地为主的布局

带状绿地是指绿地与城市中的河湖水系、山脊、谷地、道路、旧城墙等组合，形成的纵向、横向、放射状、环状等绿带。另外在城市周围及城市功能分区的交界处也需要布置一定规模的带状绿地，起防护隔离的作用。带状绿地的布局对一个城市来讲非常重要，因为它不仅可以联系城市中其他绿地，使之形成网络，还可以创建生态廊道，为野生动物提供安全的迁移路线，从而保护了城市中生物的多样性。另外，带状绿地对于引入外界新鲜空气、缓解热岛效应、改善城市气候以及提升整个城市的景观效果也有重要的作用（图3-7）。

（三）以楔形绿地为主的布局

楔形绿地是指由郊区伸入市中心的由宽到狭的绿地。这种绿地对于改善城市小气候效果尤其显著，它可以将城市环境与郊区的自然环境有机地组合在一起，可以将郊区新鲜的空气送入市区，促进城镇空气库与外界的交流，缓解城市中的热岛效应，维持城市的生态平衡。另外，楔形绿地对于改善城市的艺术面貌，形成一个人工和自然有机结合的现代化都市也有不可忽视的作用（图3-8）。

图 3-7　以带状绿地为主的布局实例之一——重庆北碚绿地系统规划

（四）混合式绿地布局

混合式绿地布局是指将各种绿地布局形式有机地结合在一起，在绿地布局中做到点、线、面的结合，形成一个较为完整的绿化体系。混合式绿地布局结合了前三种绿地布局的优点，是现代城市绿地规划及建设常用一种布局形式。它既可以均匀分布，方便居民休闲游憩，又有利于城市小气候的改善及良好人居环境的形成。另外，还能丰富城市的艺术面貌（图 3-9）。

在城市绿地的规划布局中，没有一个固定的模式可以套用或推广，任何一个城市的绿地布局都要从自身的现状及自然条件出发，结合城市的总体规划，遵循城市绿地的布局原则，最终达到合理布局，形成完整的城市绿色网络的目的。

**三、国内外部分城市绿地布局状况**

（一）我国部分城市绿地布局状况

1. 上海市

《上海市绿化系统规划 2002—2020》覆盖了整个市域范围 6340km²。其布局研究分为市域和中心城区两个层次。

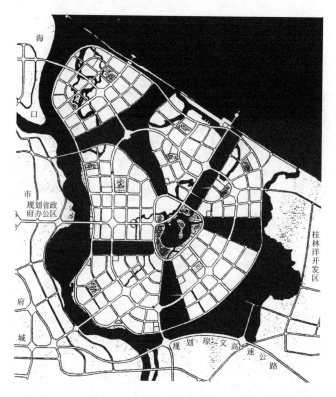

图 3-8　以楔形绿地为主的布局实例——海南琼山区新市区绿地系统规划

　　市域绿地系统布局根据绿化生态效应最优以及与城市主导风向频率的关系，结合农业产业结构调整，规划以城市化地区各级公共（园）绿地为核心，以郊区大型生态林地为主体，以沿"江、河、湖、海、路、岛、城"地区的绿地为网络和连接，形成"主体"通过"网络"与"核心"相互作用的市域绿化大循环，提出了由"环、楔、廊、园、林"构成的总体布局方式。"环"指环形绿化，包括中心城外环、郊区环和郊区城镇环绿化。"楔"指中心城外围向市中心楔形布置的绿地。"廊"指沿城市主干道、骨干河道、高压线、铁路、轨道线及重要市政管线布置的防护绿廊。"园"指公园绿化，包括中心城公园、近郊公园和郊区城镇公园。"林"指非城市化地区对生态环境、城市景观、生物多样性保持有直接影响的大片森林绿地（图3-10）。

　　上海市中心城区公共（园）绿地规划的结构以"一纵两横三环"为骨架、"多片多园"为基础、"绿色廊道"为网络、开敞通透为特色，环、楔、廊、园、林相结合。"一纵两横三环"：一纵——黄浦江；两横——延安路、苏州河；三环——外环、中环、水环。"多片多园"：中心区城市绿岛——杨浦区江湾体育场、五角场一带；闸北区共和新路、闸北体育场一带；西藏北路—东宝兴路一带；普陀区真北路桥周围；新黄浦区中部；徐汇区内环线一带。大型生态"源"林——8处楔形绿地、建设敏感区，中心城范围内三大片非规划城市建设区、浦西祁连地区、浦东孙桥地区、浦东外高桥地区。新增公共（园）绿地——重点为苏州河以北和肇家浜路以南地区的集中公共（园）绿地。路网、水网绿化：道路绿网络——环状放射为特征，沿路保持连续和一定幅度。加强共和新路—南北高架—济阳路沿线绿地。

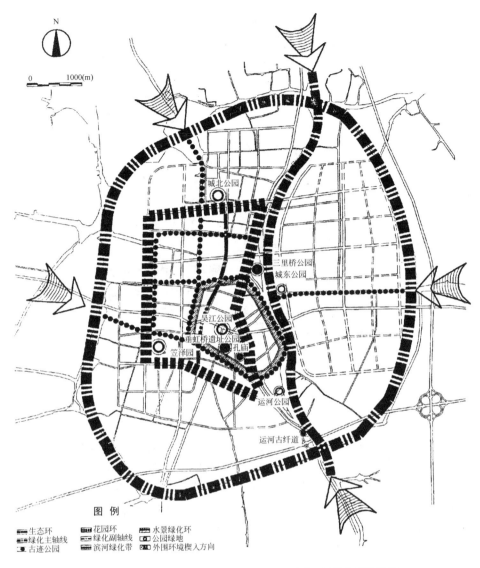

图例

生态环　　　花园环　　　水景绿化环
绿化主轴线　绿化副轴线　公园绿地
古迹公园　　滨河绿化带　外围环境楔入方向

图 3-9　混合式绿地布局实例之二——吴江市松陵绿地系统规划

**2. 成都**

根据《成都市绿地系统规划 2013—2020》，成都市域绿地系统结构为"两环两山两网六片"。（两环：环城生态区和第二绕城高速路两侧生态绿带；两山：龙门山和龙泉山；两网：市域水网和绿道网；六片：六个防止城镇粘连发展的功能明确的生态功能区）。而中心城区规划形成"一区两环、九廊七河、多园棋布"的绿地系统结构。一区：环城生态区，包括绕城高速路两侧各 500m 范围及周边七大楔形地块内的生态用地，总面积约133.11hm²。两环：锦江环城公园和三环路两侧 50m 宽绿带。九廊：依托中心城区向外放射的主要交通干道形成的九条绿化交通廊道。七河：绕城高速路以内依托锦江（府河、南河）等七条支流水系形成的绿化生态廊道。多园：综合公园、专类公园、郊野公园和社区公园等多种形式的公园绿地（图 3-11）。

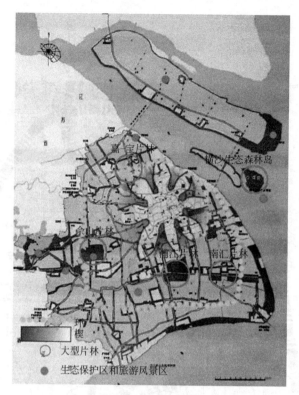

图 3-10  上海市域绿地系统规划结构图

资料来源：上海绿化系统规划 2002—2020

成都中心城区的绿地整体呈现"点、线、面、环"相结合的空间布局形态。点状绿地，大多密集分布在旧城区中，主要为各类小型公园、小游园、道路节点绿地和单位附属绿地等。线状绿地及环状绿地，是依托现状水系和优良的自然环境资源，沿河流水系和城市道路形成的绿地，利用线状或环状绿地的穿插联系，将城市各类绿化空间有条理地组织起来。面状绿地，主要指三环路与绕城高速之间的七片楔形绿地（图 3-12）。

3. 深圳市

《深圳市绿地系统规划 2004—2020》覆盖了整个市域范围 2020km²。市域绿地系统结构包括"区域绿地—生态廊道体系—城市绿地"三个部分（图 3-13）。城市绿地是指城市建成区内各项绿化用地；区域绿地和生态廊道体系是城市建成区外对生态环境改善起积极作用的林地、园地、耕地、牧草地、水域等各类生态绿地。以下着重介绍区域绿地和生态廊道体系的布局结构组成。

1）区域绿地

（1）区域绿地

指城市大型集中连片的绿色开敞空间，是区域和城市大型氧源绿地和生态支柱，在城市生态系统中承担着大型生物栖息地的功能，是保护和提高生物多样性的基地，对区域和城市生态安全具有重大影响。

（2）全市规划建设 8 处区域绿地

这 8 处区域绿地分别是：公明—光明—观澜区域绿地；凤凰山—羊台山—长岭皮区域

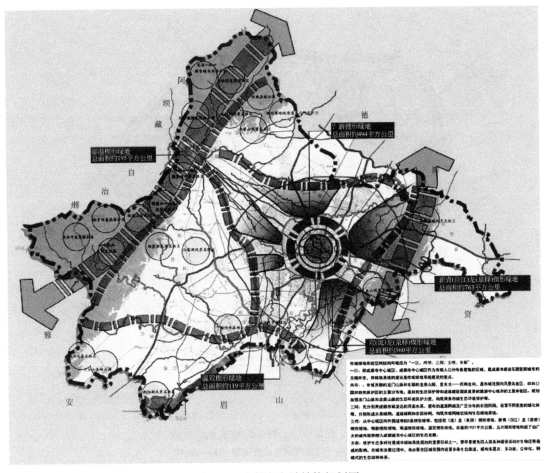

图 3-11 成都市市域结构规划图

资料来源：《成都市绿地系统规划2013—2020》

绿地；塘朗山—梅林—银湖区域绿地；平湖东区域绿地；清林径水库—坪地东区域绿地；梧桐山区域绿地；三洲田—坝光区域绿地；西冲—大亚湾区域绿地。

2）生态廊道体系

由城市大型绿廊、道路廊道、河流水系廊道组成。

（1）城市大型绿廊

全市建设18条城市大型绿廊，分别是：光明—松岗城市大型绿廊；公明—松岗城市大型绿廊；松岗—沙井城市大型绿廊；福永城市大型绿廊；西乡—新安城市大型绿廊；新安—南山城市大型绿廊；大沙河城市大型绿廊；竹子林城市大型绿廊；福田中心区城市大型绿廊；石岩—坂田北城市大型绿廊；观澜—公明城市大型绿廊；平湖—布吉城市大型绿廊；罗湖—布吉城市大型绿廊；平湖—横岗—龙岗城市大型绿廊；坪地—龙岗城市大型绿廊；坪山—龙岗城市大型绿廊；坪山—坑梓城市大型绿廊；大鹏—南澳城市大型绿廊。

城市大型绿廊承担市域大型生物通道的功能，为野生动物迁徙、筑巢、觅食、繁殖提供空间。同时作为大型通风走廊，进一步改善城市空气污染状况。

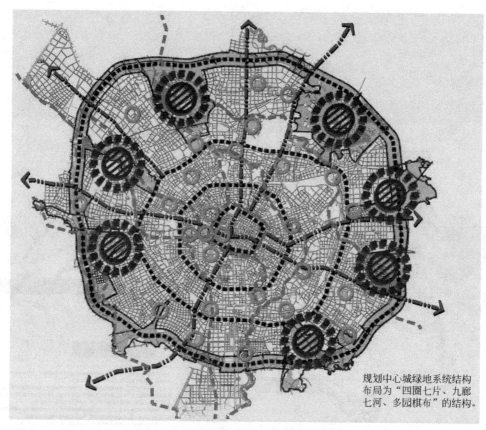

规划中心城绿地系统结构
布局为"四圈七片、九廊
七河、多园棋布"的结构。

图 3-12 成都市中心城区绿地系统结构图

资料来源：《成都市绿地系统规划 2013—2020》

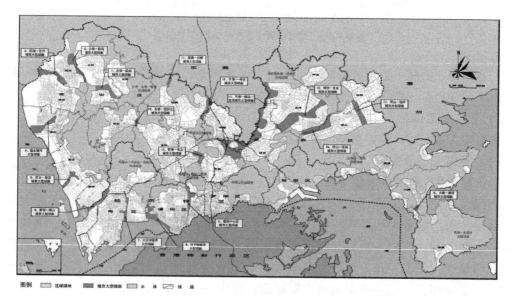

图 3-13 深圳绿地系统布局形式

资料来源：《深圳市城市绿地系统规划 2004—2020》

（2）道路廊道

全市干道网络绿色通道：

① 铁路、高速公路以及一二级城市干线道路两侧各建设宽度不少于30m的绿化带，植树造林，形成绿色通道，满足道路防护、生物迁徙和城市景观建设要求。其中在有条件地段，高速公路两侧绿化带宽度应不小于50m。

② 在保证边坡稳定、改善行车条件的前提下，尽量采取植物护坡技术，综合考虑草、灌、花、乔等多种植物，快速恢复由于人类工程建设所破坏的生态环境，减轻坡面不稳定性和侵蚀，进一步建设优美、协调、稳定的绿色通道景观。

③ 高速公路、一级公路和大型桥梁穿越区域绿地及大型生态走廊时，应强化以上道路、桥梁的生物通道（包括植被天桥、栈道、渠道、路下通道、防护栏等）设置，建立生物迁徙、觅食和物种交换的通道。

特区内道路廊道：

特区内通过加宽路侧绿化带和采取适宜的绿化方式，重点建设34条大型林荫道，成为城市密集区的空气通道和生物通道。

（3）河流水系廊道

① 结合河道保护控制线的划定，深圳河、茅洲河、观澜河、龙岗河、坪山河等五条城市主要河流两侧各控制50m、支流两侧各控制30m，绿化建设城市的河流水系廊道。

② 位于以上河流水系廊道内的土地，将作永久性保护和限制开发，不再建设新的建筑物，原有的建筑应逐步迁出。

③ 坚持生态治河的理念。在保证防洪防涝要求的前提下，河岸改造和治理采用生态护坡改造方式，并应维持自然河道形态。河流经过城市建成区，应建设为沿河带状公园。

4. 广州市

根据《广州市城市绿地系统规划2001—2020》，规划市域生态绿地结构是以山、城、田、海的自然特征为基础，构筑"区域生态环廊"、建立"三纵四横"的"生态廊道"，建构多层次、多功能、立体化、网络式的生态结构体系，形成市域景观生态安全格局（图3-14）。

中心城区绿地系统的规划布局模式可概括为："一带两轴，三块四环；绿心南踞，绿廊导风；公园棋布，森林围城；组团隔离，绿环相扣"。

"一带"：即沿珠江两岸开辟30~80m宽的绿化带，使之成为市民休闲、旅游、观光的胜地，体现滨水城市的景观风貌。"两轴"：即沿着新、老城市发展轴集中规划建设公共绿地，以期形成两条城市绿轴。其中，老城区的绿轴宽度为50~100m，新城区的绿轴宽度为100~200m。"三块"，即分布在中心城区边缘的三大块楔形绿地，即白云山风景区、海珠区万亩果园和芳村生态农业花卉生产区。"四环"，即在城市主要快速路沿线建设一定宽度的防护绿带，作为城市组团隔离带和绿环风廊。其基本规划要求为：内环路10~30m，外环路30~50m，华南快速干道及广园东路50~100m，北二环高速公路300~500m。

绿心南踞，绿廊导风：在中心城区东南部的季风通道地区，规划预留控制和建设巨型绿心，包括海珠果树保护区、小谷围生态公园、新造—南村—化龙生态农业保护区等，总面积达180km²。同时，沿城市主要道路两侧建设一定宽度的绿地，使之成为降低热岛效应、改善生态条件的导风廊道。

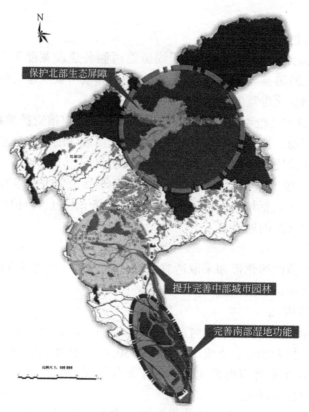

图 3-14　广州城市绿地规划结构布局图
资料来源：《广州市城市绿地系统规划2001—2020》

公园棋布，森林围城：以公园为主要形式大量拓展城市公共绿地，使城市居民出户500~800m 之内就能进入公园游憩，让"花城"美誉名副其实，造福于民。在市区的西北和东北部，规划以现有林业资源为依托，建设好水源保护区与森林游憩区。同时，在南部平原水网地区，大力推动海岸防护林、农田防护林网与生态果林区的建设，使之成为城市的南片绿洲。

组团隔离，绿环相扣：规划在整个城市的各组团之间预留和建设较宽阔的绿化隔离带。同时，要将市区周边的山林、河湖景观引进城市，充分体现山水城市的特色。在河湖水体、公路铁路两旁，要按标准设立防护林带。在城市东北部、西部、北部、南部，要结合郊区大环境绿化，把丘陵、平原、河涌、道路绿化和公共绿地连接成网，组成系统，实现绿树成荫，鲜花满城的生态绿地系统。

**5. 武汉市**

在《武汉市绿地系统规划2003—2020》的编制中，规划布局研究分为市域（8494km$^2$）、城市规划区（3086km$^2$）和主城区（427.5km$^2$）三个层次。其主要目标是通过绿地系统的合理布局，以市域森林和城区片林相结合的形式，建立良好的城市生态环境和优美的城市绿化景观。

市域和城市规划区绿地系统规划以武汉市自然人文资源和现有绿化条件为基础，结合农田林网建设和退耕还林工程的实施，以建立风景区、森林公园和湿地农业生态区等市域大型生态绿地为重点，通过滨湖绿化、山林绿化、交通干线（公路、铁路、河流）绿化、农田林网绿化，与深入城区的楔形绿地相联系，形成"两轴一环、六片六楔、网络化"的绿地空间布局框架，构筑武汉市绿地系统"环状放射式的网络结构"体系（图3-15）。

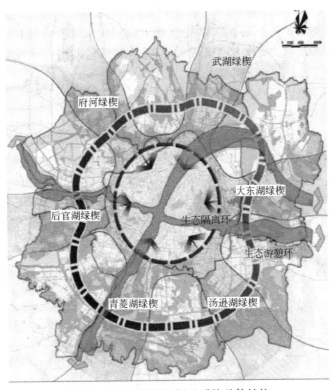

图 3-15　武汉规划区绿地系统总体结构
资料来源：《武汉市绿地系统规虹 2003—2020》

　　两轴（山水绿化景观轴）：在主城区内，并延伸至市域的以"龟蛇锁大江"为中心的东西连绵山系和南北纵贯的长江构成武汉市天然的山水轴线，作为城市主要的景观轴线和绿化骨架。一环（水体绿化环）：即绕城公路和主城中环线两侧绿化带及其间的广阔地带，利用环城众多的湖泊和山体，建设六处绿化功能集中区，构成武汉市城镇地区范围内分隔重点镇（新城）、联系主城区和以水环境为特色的环状绿地，形成主城区外围的一道绿色屏障。六处绿化功能集中区主要包括南湖生态旅游度假区、金银湖休闲度假区、金银潭—盘龙城—后湖绿化区、武湖生态农业观光区、严西湖—九峰森林公园绿化区和汤逊湖—黄家湖环湖绿化区。六片（大型生态绿地）：在市域范围内，依托自然山水和历史人文资源，结合市域森林公园、风景区和大型分蓄洪区的分布特点，规划控制六处对城市生态影响和生态敏感性较大的大型绿化生态空间。它是一种广义、复合型的生态控制区，除绿地、林地外还包括城镇、居民点、度假区、文化遗址保护区以及生态农业区域（主要包括黄陂木兰生态旅游区片、涨渡湖—道观河风景旅游区片、东西湖生态旅游区片、九真山索河风景旅游区片、汉南—鲁湖湿地生态农业区片和梁子湖—龙泉山文化旅游区片等六个区片）。六楔（放射型绿地）：即以市域大型绿化生态空间为基础，通过联系水体绿化环上的绿化功能区，并延伸至主城区内部而形成放射型楔形生态廊道，包括木兰山—后湖—盘龙城—

金银潭—塔子湖、道观河—涨渡湖—武湖—长江、东西湖巨龙湖—径河—金银湖—汉西、九真山—索河—南湖—后官湖—龙阳湖—墨水湖、汉南—鲁湖—斧头湖—青菱湖—通顺河—长江、梁子湖—龙泉山—汤逊湖—南湖等六条廊道，成为主城区与外围绿化空间的联系通道。网络化（普遍绿化）：在全市域范围内，利用长江、汉江、滠水、举水等滨江滨河带状绿化和对外公路、铁路等交通干线绿化，以及市域林地、农田林网、湖泊水体、道路绿化和其他绿化空间构成绿色通道和绿色网络，形成绿地分布的网络化形态。

（二）国外城市绿地布局状况

1. 澳大利亚　墨尔本

墨尔本市的城市绿地系统布局，采取的是结合本身的自然地理条件，以城市中五条河流为基本骨架，组成楔状的绿地，将城市外围的大规模公园（楔状绿地的头部）与城市内部的林荫道路及公园相连，再加上楔状绿地外侧规划的永久性农业地带，使整个城市包围在绿色环境之中。而与河道相连的楔状绿地将自然的要素收入城市中，使城市与自然完全融为一体，取得了很好的生态效益。据有关资料显示，五条河流中雅拉河谷公园内至少有植物 841 种，哺乳类动物 36 种，鸟类 226 种，爬行动物 21 种，两栖动物 12 种，鱼 8 种，生物多样性十分丰富（图 3-16）。

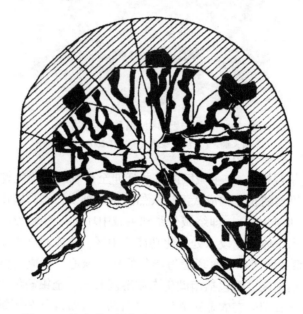

图 3-16　澳大利亚墨尔本市城市绿地系统布局结构

2. 俄罗斯　莫斯科

莫斯科城市绿地系统规划较全面地吸取了世界城市的先进经验，总体上采取了环状加楔状相结合的布局形式。绿环是指城市用地外围建立的"森林公园带"。"森林公园带"的宽度从 1935 年的 10km 扩至 1960 年的 10~15km，其中北部最宽处宽 28km。在 1998 年进行的最新一轮莫斯科城市总体规划中，进一步扩大了绿化用地，并在保留原有基本的绿地布局形式基础上，提出通过原有的河床、林荫大道和其他开敞的自然景观用地，将城市绿地连接起来，形成一个均匀分布、相互联系的绿色网络（图 3-17、图 3-18）。

图 3-17　莫斯科城市绿地系统总体上采取了环状加楔状相结合的布局形式

图 3-18　莫斯科城市用地外围的"森林公园带"

3. 波兰　华沙

华沙在第二次世界大战中遭到很大的破坏，二战后重修城市时，提出限制城市工业、扩大绿地面积的总方针。因此在居住区之间、居住区与工业区之间都有大片的分隔绿地，另外道路也不断拓宽，形成绿化走廊，将大片的分隔绿地连成一体，构成完善的城市绿地系统。因此，到现在为止，华沙仍然保持着优美的环境（图 3-19）。

4. 朝鲜　平壤

平壤自然条件优越，在城市的周围群山环抱，树木葱茏，城市中心又有三山两水（牡

图 3-19　波兰华沙绿地系统布局形式

丹峰、解放山、苍光山、大同江及普通江），这样良好的自然条件为绿地系统形成提供了很好的基础。平壤城市绿地系统的规划受田园城市理论的影响，总体上采取了同心圆加放射式的绿化模式。在城市中心结合山体河流等自然构架，以大同江、普通江及牡丹峰为第一个绿化圈；以城市东北边缘的大城山游园地、中央植物园、动物园、万景台游园地及农田、菜地、防护林、山林等为第二个绿化圈；与城市干道网有机结合的绿化带从中心向四周辐射，将两个绿化圈连接起来。在两个绿化圈之间的建成区和中心区内建立居住区级、小区级公园绿化系统及街道绿化系统。居住区和街道的空间布局全部力求开敞，并最大限度地将开敞的空间以绿地形式与自然绿地相连，使城市和大自然融为一体（图 3-20）。

5. 美国　圣查理新城

20 世纪 70 年代在美国马里兰州建设的圣查理（ST. Charles）新城，北距华盛顿30km，规划人口 7.5 万人。受当时城市规划理论的影响，圣查理城规划为 5 个村。这 5 个村由 15 个邻里组成，每个村有自然的绿地，各村之间的绿地又相互联系。因此整个城市绿地系统形成网状的基本模式（图 3-21）。

6. 德国　柏林

柏林城市绿地系统的中心是动物园。柏林的内城绿环由一些小块绿地、墓地、体育用地和停车场等组成，第二个松散的绿环由“大型绿地空间”和由乡村景观围合而成的城市边缘居住区组合而成，部分绿环与开敞的乡村景观相联系。在城市的开敞绿地系统中镶嵌有绿岛般的大型绿地设施，与城市绿地系统构成网络（图 3-22）。

7. 日本　东京

根据规划，未来东京圈及其郊区的发展模式是被称为“环状圈域构造”的多功能、集约型的都市构造。其中，该规划针对环境建设又进一步明确东京圈的山地、丘陵、河川、

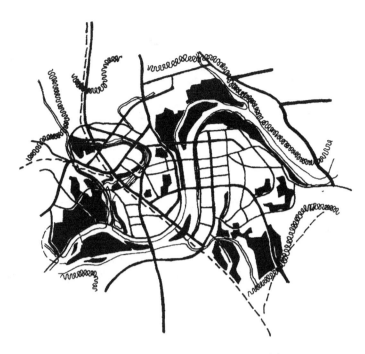

图 3-20　朝鲜平壤绿地系统布局形式

图 3-21　美国圣查理新城绿地系统布局形式

海岸等自然资源与道路两旁的绿化、公园等都市环境资源连成一体，形成水与绿的骨骼，塑造与环境共生的都市构造（图 3-23）。

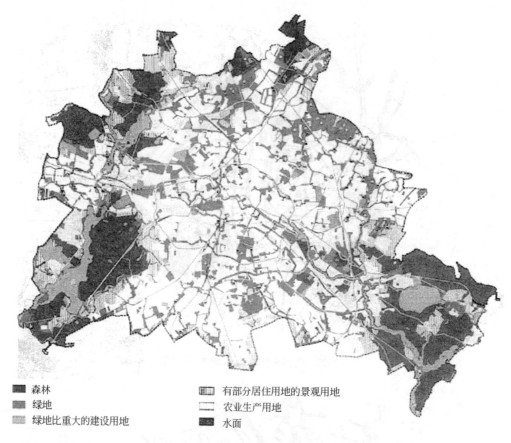

森林

绿地

绿地比重大的建设用地

有部分居住用地的景观用地

农业生产用地

水面

图 3-22　德国柏林绿地系统布局形式

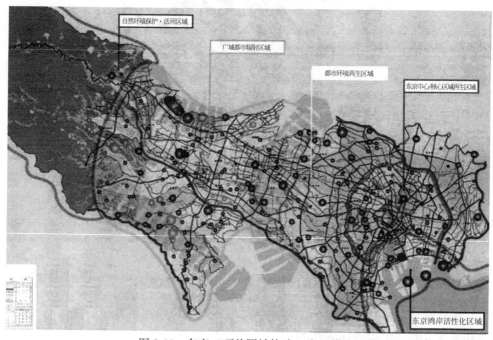

自然环境保护·活用区域

广域都市辐射区域

都市环境再生区域

东京中心/核心区域再生区域

东京湾岸活性化区域

图 3-23　东京"环状圈域构造"发展模式

# 第四节　城市绿地系统规划其他主要内容

城市绿地系统规划其他主要内容还包括：市域绿地系统规划、城市绿地分类规划、树种规划、生物多样性保护与建设规划、古树名木保护规划、分期建设规划等。其中城市绿地分类规划将在后面的章节分别详细介绍，本节主要介绍市域绿地系统规划、树种规划、生物多样性保护与建设规划、古树名木保护规划和分期建设规划。

## 一、市域绿地系统规划

城市绿地系统规划一般要包括市域和市区两个空间层面。市域就是建制市的行政辖区范围。市域生态环境是城市社会经济发展的外部条件，市域的土地利用状况对市域绿地的保护、建设、管理具有决定性的影响。市域绿地系统规划的基本要求，是阐明市域绿地系统的结构与布局，提出市域绿地分类发展规划，构筑以中心城区为核心、覆盖整个市域、城乡一体化的生态绿地系统（按照我国现行的城市规划法规，建制镇属于最小一级的城市行政单元。因此，在建制镇的绿地系统规划工作中，市域绿地系统规划即为镇域绿地系统规划。）

（一）市域绿地系统的特点与功能

1. 市域绿地的特点

是为保障城市生态安全、改善城乡环境景观、突出地方自然与人文特色、在一定区域内划定并实行长久保护和限制开发的绿色开敞空间。它具有以下特点：

（1）覆盖面大，一般分布于城市建成区外围地带，大多不纳入城市建设用地范围。

（2）以自然绿地为主体，也包含一些人文景观（如历史文化遗迹）及水域、沙滩、海岸等。

（3）具有生物多样性和文化综合性。市域绿地往往由多种类型地域组成，如森林、水域、风景名胜区、生态保护区和古村落等。

（4）生态效益特别突出。大面积的森林是城市之"肺"，大面积的湿地是自然之"肾"，市域绿地状况对城市气候有直接影响，是整个城市和区域的生态支撑体系。

（5）具有较高的经济效益和社会效益。市域绿地内可以开展农业、林业、旅游等各类生产活动，也可以为城乡居民提供休闲游憩场所。因此，它同时具备明显的经济性和社会性特征。

2. 市域绿地系统的功能

（1）生态环保功能：市域绿地的主体是各类天然和人工植被，以及各类水体和湿地，它们发挥着涵养水源、保持水土、固碳释氧、缓解温室效应、吸纳噪声、降尘、降解有毒物质、提供野生生物栖息地和迁徙廊道、保护生物多样性等各种生态保育功能，从而改善区域生态环境和气候条件。

（2）农林生产功能：市域绿地包括部分农田、果园、鱼塘、商品林等生产用地，担负着向社会提供农副产品的农林业生产任务。

（3）防护缓冲功能：市域绿地可以为城乡发展建设提供缓冲和隔离空间，对城市的拓展形态进行调控，同时能够有效地抵御洪、涝、旱、风灾及其他灾害对城市的破坏，起到防灾、减灾作用。

（4）休闲游憩功能：市域绿地可为城乡居民回归大自然，开展各种旅游、娱乐、康体和休闲活动提供理想的空间场所。

（5）景观美化功能：市域绿地能保持并充分展现自然与人文景观的多样性，对市域人居环境具有较强的景观美化功能。

（6）科学教育功能：市域绿地可保护自然、历史序列和生态系统的完整性与特殊性，可作为人们学习、研究大自然的场所。同时，也可作为环保教育的基地。

3.市域绿地的规划建设意义

市域绿地的规划建设意义重大，影响深远，主要体现在：

（1）维护区域自然格局，构建合理的生态网络，搞好市域绿地的规划建设，有利于维护历史岁月中演绎而成的青山、碧水的自然格局，构建安全稳定的生态网络，促进城乡自然生态系统和人工生态系统的协调。

（2）优化城乡空间结构，塑造良好的发展形态，搞好市域绿地的规划建设，可以防止快速城市化过程中出现的环境衰退和城市无序蔓延等问题，促进城市集约发展，形成合理、有序的城乡空间结构和建设形态。

（3）改善区域发展环境，促进城乡可持续发展的市域绿地和其他环境保护设施，是区域性基础设施不可或缺的组成部分，是推动区域协调发展的重要保障。搞好市域绿地的规划建设，有利于建成一个分布合理、相互联系、永久保持的绿色开敞空间系统，实现资源的永续利用和城乡可持续发展。

（4）加强城乡规划管理，落实规划强制性内容对市域绿地的控制和保护，是将规划管理重点从项目引导转向空间管制的具体落实。开展市域绿地的规划建设，把城市规划管理的视角从城市建成区延伸到了整个城乡区域，突出体现了规划的综合调控作用。

（二）市域绿地系统规划内容

市域绿地系统规划具体的工作内容主要体现在以下方面：

1.市域绿地的自然资源评估

（1）对市域范围的地理环境、地质构造、地形地貌、水文气候等自然地理条件，以及土地、林业、水资源和野生动植物资源的种类、数量与分布状况作尽可能详尽的调查研究和评估，充分把握区域生态特征和资源特点；

（2）对市域范围的灾害敏感区、重大污染源及其分布状况进行调查和评估，综合分析区域环境承载力及现存的生态环境问题。

2.社会环境分析

（1）分析市域内社会、经济发展与资源、环境的关系，人口增长趋势及其对资源、环境的需求，把握市域绿地建设对城镇化发展的作用和影响；

（2）对市域内各类绿地的发展脉络、历史文化遗存和传统风貌进行调查评估，为下一步在规划层面实现市域绿地自然价值和人文价值的有机结合打基础。

3.市域绿地的规划建设目标

时序目标：提出近、远期市域绿地系统规划建设应达到的阶段目标和实施效果。阐述市域绿地系统对解决本地区域资源与环境问题所起的作用和意义，预测规划期内通过合理规划建设所能达到的自然生态格局、城乡绿色空间形态和环境质量水平。

规模目标：提出一定时期内市域各类绿地规划建设的规模要求。市域绿地在规划层面控制的总体规模，应根据本地区的资源条件和发展要求一次性确定并长期保持。在市域各类绿地的总体规模和空间格局基本确定之后，还可根据本地区的资源条件和经济水平进一步提出分阶段的建设规模。

4. 市域绿地划定和总体布局

（1）结合本地区的资源、环境条件和市域绿地规划建设目标及上一层次规划明确的规划准则，合理确定市域各类绿地的空间分布和用地范围，并将其边界以"绿线"的形式标注在图上。

（2）合理安排市域各类绿地布局，建成分布合理、相互关联、永续利用的绿色空间体系。

（3）在划定市域各类绿地的"绿线"时，可将相连或相邻的多类绿地合并为一个绿色空间单元，使之串接成互联网络，形成覆盖面大、空间连续的大片绿地，充分发挥其生态环保功能，并满足野生动物栖息和乡土植物保育的需求。

5. 市域绿地系统的管制要求

（1）确定市域各空间单元内绿地的功能类别和管制级别，提出各类绿地的具体管制内容和量化指标，汇编市域各类绿地的名录。

（2）提出市域内各类绿地的规划控制要求，主要包括：绿色廊道、绿地中人流或物流通道和其他开敞空间，以及对市域绿地环境景观产生较大影响的城镇建设用地。规划上应保持市域绿地功能、界线的完整性和空间的开敞度，尽可能防止和避免市域绿地的割裂与退化。

（3）在已规划的市域绿地内部及周边确定交通、市政等城乡建设项目时，要进行严格的环境影响评估。若建设项目可能对市域绿地带来较大负面影响，而目前尚找不到相应的补救办法时，应停止该项目的实施。

6. 市域绿地系统的实施措施

（1）提出市域绿地的管理架构和分工，明确各类绿地经营、建设的组织实施和监督方式。

（2）拟订市域绿地系统近、远期实施的行动计划，提出市域各类绿地的建设、经营、维护和恢复、重建策略，制定有关的配套政策措施。在确定市域绿地系统的结构与布局规划时，应当遵循以下原则：

有利于维护生态安全。市域绿地应发挥生态环保功能，构筑良好的区域自然生态网络，保护、改善区域生态环境，降低各类灾害的破坏力和危害性。

有利于保持地方特色。要充分考虑本地山脉、河流、海岸的走向和湖泊、丘岗、农田的分布特点，维持和保护自然格局；系统完整地保护市域内的历史文化遗存，延续和发扬地方文化传统。

有利于改善城乡景观。有效发挥市域绿地在城乡之间、城镇之间以及城市不同组团之间的生态隔离功能，引导城乡形成合理的空间发展形态，促进经济持续快速发展。

兼顾行政区划与管理单位的完整性。在划定市域（或镇域）规划绿地时，一般应安排在本级政府的行政辖区内，确保现有绿地管理单位（如自然保护区、基本农田保护区、风景名胜区等）行政管理范围与绿地边界的统一、完整性。

## 二、树种规划

树种规划是城市绿地系统规划重要的组成部分之一。城市绿地的主要材料就是树木。树木这一自然材料与构成城市的其他人工材料不同，它所形成的效果需要几年甚至几十年的栽种培养。因此，树种的选择直接关系到城市绿地质量的高低，如果树种选择恰当，树木能健康生长，符合绿化功能的要求，可以尽快形成郁郁葱葱的绿色环境。而树种选择不当，树木生长不良，则需不断地投入人力财力对树木进行养护及替换。这样，不仅造成经济上的浪费，还使城市的环境质量及景观效果大受损失。因此，我们在树种的选择上应该遵循一定的原则及方法，使城市绿地规划能真正起到指导城市绿地建设，提高城市绿化效益的作用。

### （一）树种选择原则

**1. 以乡土树种为主，适当引入外来树种**

乡土树种是指适于本地的土壤及气候特征，有很长的栽培历史及数量上占绝对优势的树种。这种树种对土壤及气候的适应性强，苗源多，易存活，有广泛的群众基础，而且最能体现城市的地方特色。因此，乡土树种应作为城市绿化的主要树种。另外，还可以选择一些有多年栽培历史，已适应当地土壤及气候条件的外来树种。对于一些自然生长条件差异较大，观赏价值、经济价值较高的外来树种，如有特殊需要可以引用。但外来树种需经过引种驯化试验，成功以后才能推广，如果直接引用，效果往往事与愿违。如上海在20世纪60年代及70年代大量引种非地带性树种——桉树，结果全军覆没，均未能存活。

**2. 选择抗性强的树种**

比起自然环境来说，以人工环境为主的城市是极不利于树木生长的。城市中空气污染严重，土壤板结贫瘠，日照时间短，水分散失快，这些条件或多或少都会影响到植物的正常生长。因此，在城市绿化的树种选择上，一定要选择抗性较强的树种。所谓抗性强是指树种对酸、碱、旱、涝、砂性、坚硬土壤有较强适应性，对烟尘、有毒气体以及病虫害有较强抗御性。只有这类树种能在城市这种恶劣的环境中健康地生长。

**3. 根据具体立地条件选择适宜该环境的树种**

在遵循优先选择乡土树种及抗性较强树种原则的前提下，应结合具体地段不同的立地条件，如各种小气候、小地形（岗地、洼地、阴阳坡）、土壤性质等，遵循适地、适树的原则，选择适合该立地条件下生长的树种。如上海的乡土树种香樟、山茶、杜鹃等适于酸性土壤，所以不能直接种植于沿海的盐碱土中。环境中的污染情况不同，也应选择不同树种，如在 $SO_2$ 污染严重的环境就应选择龙柏、杜仲、铺地柏、金钟花等，对 $SO_2$ 有较强抗性的植物；而在氯气为主要污染气体的环境，则应选择白皮松、矮紫杉、大叶黄杨、蜡梅等对氯气有较强抗性的植物。

**4. 在保证树木能存活的前提下，选择有观赏价值的树种**

城市绿地不仅要起到改善城市的生态环境的作用，还担负着提高城市景观、改善城市整体艺术面貌的功能。因此，在树种规划中就应该注意选择一些有一定观赏价值、能够形成亮丽的城市景观和能够改善城市形象的树种。

**5. 速生树与慢生树相结合**

速生树（如杨、桦、刺桐等）成形时间快，能迅速成荫，早期绿化效果较好。但这类树寿命往往较短，易受到外界因素损害，二三十年后即出现衰败的现象。因此，为了保证持续的绿化效果，需及时补充更新。慢生树（如樟、柏、银杏等）生长速度缓慢，一般要三四十年时间才能形成气候。这类树虽成形较慢，但寿命长（多在百年以上），材质较好，姿态美。因此，为了保证城市绿化远期的效果，应选择一些慢生树。从以上速生树和慢生树的特性来看，在树种规划中应遵循速生树与慢生树相结合的原则，近期以速生树为主，搭配一部分慢生树，尽快进行普遍绿化，同时有计划分期分批地用慢生树替换衰老的速生树。

6. 以植物群落为基本单元进行树种的选择及搭配

据有关研究表明，绿色植物生态效益的高低与绿化三维量密切相关。所谓绿化三维量是指绿色植物所占据的空间体积。以乔木、灌木、草本建构的复层结构的植物群落，其三维绿量远远高于单层的乔木、灌木、草坪的三维绿量。因此，选择适当的乔、灌、草植物进行合理的配植将极大地提高绿地的生态效益。以植物群落为单元的绿地可形成稳定的生态系统，不易遭受病虫害等外来因素的破坏，因此不必耗费太多人力、财力进行养护，这又使绿地经济性大大提高。在塑造景观效果方面，以群落为单元的绿地将形成层次更为丰富的景观效果。综上所述，我们在树种选择上，应遵循以植物群落为基本单元的原则，选择适当的乔木、灌木、草坪、地被，进行合理的搭配。

（二）树种规划的步骤

城市绿地系统规划中的树种规划，可按以下步骤进行：

1. 调查研究

在进行树种规划之前，应进行调查研究工作。通过实地的踏勘及相关资料的查阅，掌握当地固有的和外地引进已驯化的树种，并了解它们的生态习性及对环境的适应性、对有害污染物的抗性等基本特性。另外，在调查中还应特别注意各种树种在不同立地条件下的生长情况，同时还可通过调查污染源附近不同距离范围内生长的树种及其生长情况，具体地掌握不同树种对不同污染的抗性强弱。除此之外，还应了解自然环境条件下经自然演替所形成的植物群落的结构组成，并以此来指导规划中树种的搭配和组合。

2. 选择骨干树种

选择骨干树种时，应首先将适合作行道树的树种选出来。这是因为行道树所处的生态环境最为恶劣，这里日照时间短、人为破坏大、建筑垃圾多、土壤坚硬、空气中灰尘量大、汽车排放的有害气体多，天上地下管线复杂。因此选择行道树的条件最苛刻，应选择满足以下要求的树种为行道树：

（1）对土壤的适应性强，抗污染、抗病虫害能力强；

（2）耐修剪，又不易萌发根蘖；

（3）不会落下有臭味或影响街道卫生的种毛、浆果等；

（4）易大量繁殖。

行道树种选定以后，还应选择一些适应性强、抗性强、有一定观赏价值、适合推广的阔叶、针叶乔木和灌木作为城市的骨干树种，形成城市的绿化基调。

3. 制定主要的树种比例

骨干树种选定以后则应根据各类绿地的不同需要，制定主要的树种比例，并以此来计划苗木的生产，使苗木的种类、数量与绿化的使用协调，保证城市绿地规划的有效实施，加快城市绿地建设的速度。

所谓主要的树种比例，包括两方面的内容：

（1）乔木与灌木的比例

应以乔木为主，因为乔木是行道树和庭荫树的主要树种。一般的乔木、灌木的比例在7∶3左右。

（2）落叶树和常绿树的比例

落叶树和常绿树各有特征，落叶树一般生长较快，每年更换新叶，对有毒气体，尘埃的抵抗力较强。常绿树冬夏常青，可使城市一年四季都有良好的绿化效果和防护作用，但它的生长一般较慢，栽植时较落叶树费工费时。由于各城市自然条件及经济条件等现实情况不同，因此应根据各城市的具体情况制定不同的落叶树和常绿树的比例。

4. 为城市重点地段推荐具有合理配植结构的种植参考模式

由于植物配植的结构不同可导致绿化三维量的不同，在相同的种植面积中，具有合理配植结构的绿地其三维量较大，则绿地所发挥的生态效益也越大。另外，配植结构合理的绿地其景观的丰富度也大大高于单一结构形式的绿地。因此，在城市的重点地段应对绿地配植结构做一定的控制，在树种规划中应提供一些合理的种植参考模式。这项工作在以往的规划中还没有被提及，但其重要性已引起了有关专家的重视。在1997年通过的"八五"北京市科技攻关项目"北京城市园林绿化生态效益的研究"中，有关专家提出以乔、灌、草为基本形式的复层结构种植形式，并结合这种种植形式进行了耐阴植物分类和筛选的研究，以及对乔、灌、草的合理配植比例等方面的研究，提出了可供选择的耐阴植物种类和乔、灌、草配植的适宜比例。该比例建议乔∶灌∶草∶绿地为1∶6∶20∶29（即在29m² 的绿地上应设计1株乔木，6株灌木，不含绿篱，20m² 的草坪）。另外，该项目还具体提出了相应的种植参考模式。这些参考模式包括了居住区用地、专用绿地以及隔离带林地的各类复层结构种植模式。以居住区绿化为例，结合居住区三种不同形式的绿地（多层楼楼区绿地、高层楼楼区绿地、居住组团绿地）提出了三大类共17种不同植物配植模式。例如居住区组团绿化种植参考模式有"小气候展示型"种植模式：

上层+中层+下层。上层：银杏（7）+杂交马褂木（5）+白玉兰（3）+樱花（3）+高棵大叶黄杨（3）+雪松（1）；中层：红王子锦带（20）+海仙花（10）+倭海棠（10）+矮杉（5）；下层：崂峪苦草（120m²）+宽叶麦冬（160m²）。

以上的研究成果在城市绿地系统的树种规划中十分有用，特别在城市的重点地段，为了保证其绿化的生态效益和景观效果，应该在树种规划中提出相应的种植参考模式。

在城市重点地段绿地布置中，还应注意避免过多使用草坪。20世纪90年代，许多城市都掀起过"草坪热"，单纯使用草坪带来的弊端后来逐一显现：首先，草坪的三维绿量远小于乔木、灌木，因此它对于净化空气、调节城市小气候等生态作用远不如乔木、灌木；研究表明，由乔、灌、草组成的植物群落的生态效益是草坪绿地的4~5倍。其次，草坪的养护费用大大高于由植物群落组成的绿地，往往是后者的2~3倍，因而给地方政府造成了较大的经济负担。第三，草坪往往只供观赏，游人一般不能进入，减小了公园绿地的容量，形成了绿化与游憩空间的矛盾。另外，草坪植物种类单一，不利于城市生物多样性的维护，也不利于保持生态系统平衡。因此，在城市中不宜盲目地大量发展草坪，而应通过以乔木、灌木和草坪的合理搭配来营造城市绿地。

### 三、生物多样性保护与建设规划

生物多样性（Biodiversity 或 Biological Diversity）一词出现于 20 世纪 80 年代初期，是指在一定时间和一定地区所有生物（动物、植物、微生物）物种及其遗传变异和生态系统的丰富度和相互间差异性。它主要包括遗传（基因）多样性、物种多样性、生态系统多样性和景观多样性四个层次。

生物多样性是人类赖以生存的基础。然而，由于人口的不断增长，城市化进程的加快，人类对自然资源的滥用和过度消耗、污染，导致了生物物种消失，生态环境恶化，地球维持生命的能力急剧下降，人类的前途和命运受到了大自然严峻的挑战。保护生物多样性和实现可持续发展是当今人类唯一的选择，成为全世界紧迫而又艰巨的任务。

根据《城市绿地系统规划编制纲要（试行）》的要求，生物多样性（重点是植物）保护与建设规划应包括以下内容：

（一）总体现状分析

对规划区范围内的物种、生态环境、生态系统等资源做全面深入的调研。收集地理区位与自然条件、植物与植被、野生动物、典型生态系统类型等相关资料；重点包括地质地貌、气候、土壤条件、植物种类及重点保护植物、植被类型、野生动物种类、珍稀动物种类；对生物多样性保护起着积极作用的山体、水系、动植物园等典型生态系统的建设现状等。通过物种丰富度指数、物种多样性指数、均匀度指数、生态优势度等的计算，对物种多样性现状做出量化分析。

（二）确定生物多样性的保护与建设的目标

在具体的规划中，应以生物多样性现状特点及问题的分析为基础，结合城市绿地系统规划的总体目标，有针对性地提出生物多样性保护和建设的目标。但总体来说，生物多样性保护与建设的目标制定应以生态学理论为指导，坚持以人为本，人与自然、城市与自然和谐共存的原则，建设具有地带性特征的、体现园林植物美学特色的和遗传多样、物种丰富、生态系统和景观异质性的生态健康的城市绿地系统，通过绿地群落植物物种多样性的培育，促进生物多样性的保护，改善生物与环境的相互关系，提高人居环境质量，为城市和区域的可持续发展创造条件。

（三）生物多样性保护的层次与规划

生物多样性保护包括四个层次的内容，即遗传（基因）多样性、物种多样性、生态系统多样性和景观多样性。其中物种多样性是生物多样性最基础和最关键的层次，景观多样性和生态系统多样性则是物种多样性和遗传（基因）多样性的基础与生存保证。因此，在城市绿地系统规划中，应通过景观多样性和生态系统多样性两个层面的规划实现物种多样性和遗传（基因）多样性的保护目标。

1. 遗传（基因）多样性保护

遗传多样性是指种内基因的变化，包括种内显著不同的种群间和同一种群内的遗传变异，也称为基因多样性——地球上生物个体中包含的遗传信息之总和。遗传多样性主要包括 3 个方面，即染色体多态性、蛋白质多态性和 DNA 多态性。

2. 物种多样性保护

物种多样性是指地球上动物、植物、微生物等生物种类的丰富程度，是衡量一定地区生物资源丰富程度的一个客观指标。它包括两个方面：一方面是指一定区域内物种的丰富程度，称为区域物种多样性；另一方面是指生态学方面的物种分布的均匀程度，称为群落多样性。物种多样性保护主要有就地保护和迁地保护两种途径。

3. 生态系统多样性保护

生态系统的多样性主要是指地球上生态系统组成、功能的多样性以及各种生态过程的多样性，包括生境的多样性、生物群落和生态过程的多样化等多个方面。生境主要是指无机环境，如地貌、气候、土壤、水文等。生境的多样性是生物群落多样性，甚至是整个生物多样性形成的基本条件。生物群落的多样化可以反映生态系统类型的多样性，主要指群落的组成、结构和动态（包括演替和波动）方面的多样化。生态过程主要是指生态系统的组成、结构与功能随时间的变化以及生态系统的生物组分之间及其与环境之间的相互作用或相互关系。因此，在城市绿地系统规划中，应将生物多样性保护规划落实到空间环境上。即通过多样化生境的保护恢复和营造，实现生物群落和生态过程的多样化，以达到保护生态系统多样性的目的。

4. 景观多样性保护

景观多样性是指由不同类型的景观要素或生态系统构成的景观，在空间结构、功能机制和时间动态方面的多样性或变异性，或反映景观的复杂程度的景观单元结构和功能方面的多样性。景观多样性研究内容包含着斑块多样性、类型多样性和格局多样性三个方面。景观多样性保护规划主要研究组成景观的斑块在数量、大小、形状和景观的类型分布及其斑块之间的连接度、连通性等结构和功能上的多样性的保护问题。

（四）生物多样性保护的措施与生态管理对策

城市绿地系统规划中加强生物多样性保护，应提高城市环境素质，改善城市生态，促进本地区生物多样性趋向丰富。生物多样性保护是一个系统工程，详细的保护措施可以从以下几个方面入手：

（1）规划建设群落稳定、结构科学、类型多样的城市绿地。

绿地类型的多样化正是保护与发展生物多样性的基础。保护生物多样性，首先要保护生态环境和各种各样的生态系统，多样化的绿地则提供了有利于生物生存与发展的生境条件。在规划、创建各类型绿地时，要考虑生态学上的科学性，充分利用当地丰富的生物资源，保护与发展当地的生物多样性。

（2）创建异质化的绿地空间，丰富生物多样性。

绿地空间异质性与生物多样性密切相关。绿地空间异质性包括环境多样性和自然度两个方面。环境越多样化，所能提供的生境就越多样，能定植和栖息的物种越丰富。自然度对于野生动物的存在具有重要意义，保证了它们的觅食、繁殖、隐蔽及安全条件。绿地系统的规划建设，提倡因地制宜，根据生态学原则，实行乔木、灌木和草本植物相互配置在一个群落中，充分利用空间资源，构成一个稳定的、长期共存的复层混交植物群落，以此提高环境多样性和自然度，从而为昆虫、鸟类、小型兽类等野生动物的引入创造良好条件，使整个园林空间更加异质化，极大地丰富物种多样性。

（3）积极推行城乡一体化的绿地网络建设。

推行城乡一体化的绿地网络建设，就是把城区内的各种生境岛（公园、绿地等）看作绿地网络的有机组成部分，利用岛屿生物地理学原理，在城市各生境岛之间以及它们与城外自然环境之间修建"廊道"（绿化带），把这些散在分布的公园、绿地连接起来，把自然引入城市之中。这样，不但给生物提供了更多的栖息地和更大的生境面积，而且有利于城外自然环境中的野生动、植物通过"廊道"向城区迁移。在城市城郊之间大片过渡地带，利用优越的自然条件，规划建设防护林带、风景林带，形成绿色走廊和绿色网路，并使之与城区绿地系统贯通。在城郊还应规划发展森林公园、自然保护区、野生动植物保护点，在城市外围形成多层次、规模性的绿色系统，极大地丰富城郊接合部的生物多样性。

（4）借助城市的植物园、动物园、水族馆、专类园、风景名胜区、自然保护区等特殊类型的绿地以及技术优势，进行濒危、珍稀动、植物移地保护、优势种驯化为重点的物种层次的多样性保护。

（5）做好城市绿地系统生物多样性的调查、分类和编目工作，建立生物多样性信息系统，包括数据库、图形库、模型库及智力库等。建立生物多样性监测方法和长期动态监测网络，分析和预测城市建设对生物多样性的影响及其后果。

（五）珍稀濒危植物的保护与对策

开展珍稀濒危植物资源调查。对城市周边地区相似环境条件下的自然植被及珍稀濒危植物资源进行调查，并列出名录。对于珍稀濒危植物，以就地保护为主、迁地保护为辅，扩大其生物种群，建立或恢复其适生生境，保护和发展珍稀濒危生物资源。

**四、古树名木保护规划**

古树名木，一般指在人类历史过程中保存下来的年代久远或具有重要科研、历史、文化价值的树木。古树指树龄在 100 年以上的树木。名木指在历史上或社会上有重大影响的中外历代名人、领袖人物所植或者具有极其重要的历史、文化价值和纪念意义的树木。

古树名木既可以构成美丽的景观，同时也是活的文物，是当地悠久文化历史的见证，具有不可估量的人文价值，为研究城市的历史文化、气候变化、环境变迁、植物分布和树木生命周期提供重要的资料，对城镇的树种规划具有重要的参考价值。

古树名木的保护内容：

城市绿地系统规划中古树名木的保护内容包括：资源调查、确定保护等级及保护措施。

（一）资源调查

调查的内容包括树种名称、生长地点、树龄、树高、胸径地径、冠幅、立地条件、生长势、树木特殊状况描述、权属、管护单位或责任人、传说记载、保护现状及建议、应用现状、栽植方式、树种鉴定、档案编号、数码照片等。

调查方法：对原有古树名木档案资料在市区和市域部分乡镇进行收集、整理、分析，在此基础上确定普查的重点。依据原有档案记载，对每株已建档古树名木开展现场复查，核实树种、树高、胸径、冠幅、生长势、树龄、生长地点及管护责任单位等各项原有登记指标；并利用定位仪进行生长地点的定位和拍摄数码照片，进一步完善已建档古树的档案内容，对漏登古树重新进行调查登记。利用普查第一手资料，建立电脑数据库和图片库，在此基础上完成古树名木档案建立等其他基础性建档工作。

（二）保护等级的确定

在资源调查的基础上，对古树名木的种类、数量、生长势进行分析，从而确定其保护等级。

（三）提出保护措施

古树名木的保护工作，必须从宣传、立法、研究、管理等方面入手，通过加强对市民有关古树保护的教育、宣传，提高市民保护古树的意识。完善古树名木的保护条例，加强立法工作及加大执法的强度，逐渐形成古树保护有法可依，有法必依的局面。开展有关古树保护及养护管理技术等方面的研究，制定古树名木养护管理的技术规程，建立古树名木合法的、合理的、科学的、系统的保护管理体系。

1. 广泛宣传，提高市民对古树名木的保护意识

充分利用电视、广播、报纸、书籍等媒体，介绍城市古树名木的现状，宣传古树知识和保护古树的意义，对破坏古树的行为给予及时曝光，引起全社会对这一工作的关注，促进古树名木保护工作的开展。利用古树的围栏、铭牌等进行保护宣传，对一些有纪念意义、历史意义的古树名木可增加铭牌的内容，提高群众的科普知识。有历史纪念意义的古树名木还可以增加历史文化等方面的内容，以强化宣传效果，唤醒群众保护古树名木的意识。

2. 健全保护法规和管理体系

制定本地区的保护法规。以国务院颁布的《城市绿化条例》和《城市古树名木保护管理办法》为依据，结合城市绿化管理的有关管理办法，制定针对古树名木保护方面的有关保护法规，使对古树名木的保护有法可依。结合城市建设规划，在古树生长较集中的街区，尽量规划为绿地，既保护古树，同时也使古树发挥其独特的自然景观和良好的绿荫效果。城市建设项目选址时，必须考虑古树名木，原则上不得在古树名木生长的地段规划市政建设项目。设置专门机构，明确职权，落实保护经费。古树名木的保护应作为园林部门日常工作的一部分，配备专门队伍，专职负责对古树名木的保护。古树所在单位必须积极加强对辖区内的古树名木保护工作。

3. 进一步加强对古树名木的保护与管理

加强城市古树名木保护管理工作，严格按《城市古树名木保护管理办法》和相应规范实施。古树名木的保护以就地保护为主，结合迁地保护。保护其生境，以形成一定的数量群体；对于分散的孤立树，应保护树木的局部生境，以利古树名木的生存、繁衍；储藏其种子、根、茎、花粉组织于种子库或基因库内，长期保存，以适应植物保护发展的长期需要。

4. 加大对保护古树名木的科学研究力度

要安排古树名木保护专用经费，通过各相关研究机构，加强对本地区古树名木的种群生态、生理与生态环境适应性、树龄鉴定、综合复壮技术、病虫害防治技术等方面的研究。组织有关部门对本地区的古树名木进行调查、树龄鉴定、定级编号、建立档案等工作，并设立标记铭牌，落实养护责任单位和责任人等。

**五、分期建设规划**

城市绿地系统规划分期建设可分为近、中、远三期。应根据城市绿地自身发展规律与特点来安排各期规划目标与重点项目。近期规划应提出规划目标与重点，具体建设项目、规模和投资估算；中、远期建设规划的主要内容应包括建设项目、规划和投资估算等。

（一）绿地分期规划建设的原则

（1）与城市总体规划和土地利用规划相协调，合理确定规划的实施期限。

（2）与城市总体规划提出的各阶段建设目标相配套，使绿地建设在城市发展的各阶段都具有相对的合理性，符合市民游憩生活的需要。

（3）结合城市现状、经济水平、开发顺序和发展目标，切合实际地确定近期绿地建设项目。

（4）根据城市远景发展要求，合理安排绿地的建设时序，注重近、中、远期项目的有机结合，促进城市环境的可持续发展。

（二）分期建设绿地确定的依据

在实际工作中，绿地的分期建设规划一般宜遵循以下建设顺序来统筹安排各个时期绿地建设项目。

（1）对城市近期面貌影响较大的项目优先建设，如市区主要道路的绿化，河道水系、高压走廊、过境高速公路的防护绿带等。这些项目的建设征地费用较少，易于实现。

（2）在完善城市建成区绿地的同时，要先行控制城市发展区内的生态绿地空间不被随意侵蚀。

（3）优先发展与城市居民生活、城市景观风貌关系密切的项目，如市、区级公园，居住区小游园等。这些项目的建设，能使市民感到环境的变化和政府的关怀，对美化城市面貌也起到很大作用。

（4）在项目选择时宜先易后难，近期建设能为后续发展打好基础的项目（如苗圃）应先上。

（5）对提高城市环境质量和城市绿地率影响较大的项目（如生态保护区、城市中心区的大型绿地等），对缓解城区的热岛效应能起到很大作用，规划上应予优先安排，尽早着手建设。

此外，绿地分期建设规划还要及时适应国家政策的变化，把握时机引导发展，并注意留有余地。

## 第五节　城市绿地系统的基础资料及文件编制

### 一、基础资料工作

为了科学合理地进行城市绿地系统的规划，必须首先搜集相关的基础资料，这些基础资料包括：

（一）城市概况

城市的自然条件：如地理位置、地质地貌、气候、土壤、水文、植被与主要动、植物状况等。

城市的经济及社会条件：如经济、社会发展水平、城市发展目标、人口状况、各类用地状况等。

城市的环境保护资料：如城市主要污染源、重污染分布区、污染治理情况与其他环保资料等。

城市历史与文化资料：如城市的历史沿革、民风民俗等。

（二）城市绿化现状

城市绿地及相关用地资料：如现有各类绿地的位置、面积及其景观结构，各类人文景观的位置、面积及可利用程度，主要水系的位置、面积、流量、深度、水质及利用程度等。

技术经济指标：如绿化指标，即人均公园绿地面积、建成区绿化覆盖率、建成区绿地率、人均绿地面积、公园绿地的服务半径等，公园绿地、风景林地的日常和节假日的客流量等，生产绿地的面积、苗木总量、种类、规格、苗木自给率等，古树名木的数量、位置、名称、树龄、生长情况等。

园林植物、动物资料：如现有园林植物名录、动物名录，以及植物常见病虫害情况等。

（三）管理资料

管理机构：如机构名称、性质、归口，编制设置、章制度建设等。

人员状况：如职工总人数（万人职工比），专业人员配备、工人技术等级情况等。园林科研、资金与设备、城市绿地养护与管理情况等。

二、编制工作

城市绿地系统规划的编制工作，包括图纸绘制及文件的编写。编制工作完成以后，经审批通过，即可做为城市绿地建设管理的依据，实际工作应依照规划进行，切实保证规划的实施。

（一）图纸部分

图纸部分包括以下内容：

（1）区位关系图。

（2）现状图：包括城市综合现状图、建成区现状图、各类绿地现状图以及古树名木和文物古迹分布图等。

（3）绿地现状分析图：该图可根据实际需要综合组成一张或数张分析图。分析图应包括用地现状，高程、坡度分析，现有绿地种类，位置及规模等。

（4）规划总图：该图应反映城市绿地的布局结构，各类绿地的分布状况、面积、主要技术指标等，是城市绿地系统规划的主要成果图。

（5）市域大环境绿化规划图。

（6）绿地分类规划图：包括公园绿地、生产绿地、防护绿地、附属绿地和其他绿地规划图等。

（7）近期绿地建设规划图：该图应反映近期将要实施的城市绿地种类、名称、位置、面积，布局结构等。

（注：图纸比例与城市总体规划图基本一致，一般采用1：5000～1：25000；城市区位关系图宜缩小（1：10000～1：50000）；绿地分类规划图可放大（1：2000～1：10000）；并标明风玫瑰）

绿地分类现状和规划图，如生产绿地、防护绿地和其他绿地等可适当合并表达。

（二）文件部分

规划文件包括以下内容：

1. 规划文本

规划文本是对规划的各项目标和内容提出规定性要求的文件。其主要内容及格式如下：

（1）总则：包括规划范围、规划依据、规划指导思想与原则、规划期限与规模等；

（2）规划目标与指标；

（3）市域绿地系统规划；

（4）城市绿地系统规划结构、布局与分区；

（5）城市绿地分类规划：简述各类绿地的规划原则、规划要点和规划指标；

（6）树种规划：规划绿化植物数量与技术经济指标；

（7）生物多样性保护与建设规划：包括规划目标与指标、保护措施与对策；

（8）古树名木保护：古树名木数量、树种和生长状况；

（9）分期建设规划：分近、中、远三期规划，重点阐明近期建设项目、投资与效益估算；

（10）规划实施措施：包括法规性、行政性、技术性、经济性和政策性等措施；

（11）附录。

2. 附件

附件是规划文本的附属文件，包括规划说明和基础资料。规划说明是对规划文本的具体解释。基础资料内容详见本节第一部分"基础资料工作"。

# 第六节　城市绿地系统规划程序方法及实例介绍

## 一、城市绿地系统规划程序

（1）现状调查及分析：进行现场踏勘及基础资料的收集，并对现状及基础资料进行各种分析。

（2）确定规划依据，制定规划指导思想及原则。

（3）对市域范围内的绿地系统进行规划。

（4）构思布局结构形式：根据现状的特征及城市已有的布局特点，形成适合该城市的富有特色的布局结构，使各类绿地合理分布，形成完整的城市绿地系统，促进城市健康持续地发展。

（5）定指标体系，制定合理的指标。

（6）对各类绿地进行分类规划：按最新的"城市绿地分类标准"进行分类，分述各类绿地的规划原则、规划内容（要点）和规划指标，并确定相应的基调树种、骨干树种和一般树种的种类。

（7）树种规划及古树名木保护规划：根据基础资料，确定树种规划的基本原则，选定骨干树种，推荐一般树种，制定各种树种之间（如裸子植物与被子植物、常绿树种与落叶树种、乔木与灌木、木本植物与草本植物等）的比例，进行重点地段的树种配置，对古树名木的保护提出建议。

（8）制定生物（重点是植物）多样性保护与建设规划：确定生物多样性的保护与建设的目标与指标，划分生物多样性保护的层次，完成物种、基因、生态系统、景观多样性规划，提出生物多样性保护的措施与生态管理对策，以及珍稀濒危植物的保护与对策。

（9）制定分期建设规划：依据各城市绿地自身发展规律与特点确定近期、中期、远期的分期年限；近期规划应提出规划目标与重点，具体建设项目、规模和投资估算；中、远期建设规划的主要内容应包括建设项目、规划和投资匡算等。

（10）提出实施的措施：为确保规划能顺利实施，应分别按法规性、行政性、技术性、经济性和政策性等几方面进行论述提出相应的措施。

（11）城市绿地系统规划文本，绘制城市绿地系统规划图（规划文件中应附说明书及基础资料汇编）。

（12）报有关部门审批，审批通过后，规划文本及图纸同样具有法律效力。

## 二、城市绿地系统规划方法及实例

为了更清楚、直观地阐述城市绿地系统规划的步骤及方法，首先将较详细地介绍"重庆市主城区绿地系统规划"的工作过程、重点问题及解决思路和规划方法。其后介绍两个不同类型城市的绿地布局结构建构的思路和方法。

### 重庆市主城区绿地系统规划

（一）城市绿地现状分析

重庆是我国重要的中心城市之一，国家历史文化名城，长江上游地区的经济中心和金融中心，是全国统筹城乡综合配套改革试验区、内陆开放高地和科学发展的示范窗口，是国家重要的先进制造业基地、战略性新兴产业基地和国家高新技术产业基地，是国家重要的综合交通枢纽和国际贸易大通道，是全国重要的旅游集散地、西部旅游高地和著名的旅游目的地。

根据对重庆市主城区 2013 年统计资料及现状绿地的调查结果显示，全市常住人口 808.53 万人。现有城市绿地 21264hm²，公园绿地 4511hm²，建成区绿地率为 29.14%，绿化覆盖率 35.44%，人均公园绿地面积为 6.74m²（图 3-24）。

从现状情况来看重庆市主城区绿地现状存在以下问题：

1. 现状指标不足

目前，重庆主城区城市绿地系统建设速度滞后于城市发展速度，各项主要绿地指标大多滞后于规划。总的来说，绿地的建设发展还需要加快。

2. 城市绿地结构不完整，绿地分布不均

目前，重庆主城区城市绿地系统基本框架中两江四岸、四山地区已基本形成，但作为连接城市郊区和城市中心区的绿色廊道和楔形绿地在实施过程中遭到破坏或未能得到很好实施，花溪河等支流防护绿地未能建设完全，部分组团隔离带因没有山地、水系依托、受到城市建设拓展活动的侵蚀，绿地与道路、城市大型聚居区、城市大型绿地之间缺乏联系，未能形成规模性的、有机的城市绿地网络，使山体生态廊道与中心地区绿地的联系度降低，绿地网状结构不完整。

3. 城市绿地的生态效应不足

重庆主城区绿地生态效应不足，突出表现在城市热岛效应明显，城市生态敏感，生物多样性保护迫在眉睫等。

4. 绿化管控相关尚待完善

绿化的相关法律、法规不够健全，缺乏可操作性；科技支撑不够，专业技术人才缺乏；重建轻管，保护绿化的意识不够强。

（二）确定规划指导思想与目标

全面落实科学发展观和城乡统筹、生态文明、两型社会的建设要求；加快推进重庆市"美丽山水城市"建设；突出战略性和超前性，构筑适应山地城市未来发展要求的绿地网

图 3-24　重庆市主城区绿地现状图

络；科学制定绿地发展指标，优化城市人居环境，追求城市与自然生态环境的共存共荣；依法建绿治绿护绿，确保绿化成果。

衔接和深化落实最新的重庆市城乡总体规划，统筹考虑市域和主城的绿地系统规划，全面优化城市绿地结构布局与指标体系，充分发挥城市绿地的生态景观功能和社会使用功能，满足市民游憩活动需求和城市生态环境需求，实现国家生态园林城市的发展目标。牢固树立尊重自然、顺应自然、保护自然的生态文明理念，结合重庆市建设生态文明城市的契机，保护好绿水青山。并突出"山城、江城、绿城"的地域特色，把重庆市建设成为山水交融、错落有致、富有立体感的美丽山水城市（图3-25）。

（三）城市绿地系统布局结构

重庆主城区城市绿地系统规划结构根据主城区山水格局特征和城市规划布局特色，采用"两带四楔，绿廊交织，点斑镶嵌，绿满山城"的规划结构，构建出重庆市山、水、林、城、园的城市绿地景观意向（图3-26）。

1. 两带四楔

两带——沿长江、嘉陵江两岸，结合地形和周围用地功能按需布置不同类型和主题的公园绿地、防护绿地及湿地等。加强滨水绿化与环境配套设施建设，提高滨水地区的可达性，以线型的水空间为纽带，结合绿化，组成城市滨水开敞空间系统，构筑主城区的两条大型滨江绿带。

四楔——保护由南北向平行排列的缙云山、中梁山、铜锣山、明月山等森林屏障，形成贯穿主城区的四条楔形绿地。同时加强对龙王洞山，桃子荡山，东温泉山等山系及槽谷地区基本农田的绿化保护。

通过两江滨水绿带、四山森林生态屏障和槽谷地区基本农田的绿化景观，形成主城区的生态安全保障空间和城市绿色空间的基本骨架，凸显重庆主城区山水相依的城市特色。

2. 绿廊交织

通过主城区的重要支流水系滨水绿带、城中山体绿化、重要快速干道防护绿化、现状及规划的大型公园绿地，并结合城市组团隔离带规划、城市级慢行系统规划等，形成多条绿色廊道，相互交织形成主城区的绿色网络。绿色廊道主要发挥着以下四个方面的重要作用：

（1）建立起主城区的结构性绿色通道（结构通道）。增加两江、四山、城市建设用地范围、外围小城镇和外围大型绿斑（风景名胜区、自然保护区、森林公园、郊野公园等）的联系。

（2）起到组团绿化隔离带的作用（隔离绿带）。防止城市建设用地的连绵发展，维护主城区"多中心、组团式"的特色城市格局。

（3）起到生态廊道的作用（生态绿廊）。建立生态源之间的结构性联系通道及动物迁徙廊道，维护主城区生态景观安全格局。

（4）构成了城市健康休闲绿道的基础骨架体系（健康绿道）。绿廊内设置可供游人和骑车者进入的景观线路，联系居住区、公园等游憩场地、历史文化保护区等城市公共空间，充分发挥休闲绿道的社会服务功能。

通过主城区多条绿色廊道的相互交织，沟通了城市与山体、水系和外围大型绿斑等典型要素的联系，使城市空间与园林绿化相互融合，形成林城相融的绿化景观效果。

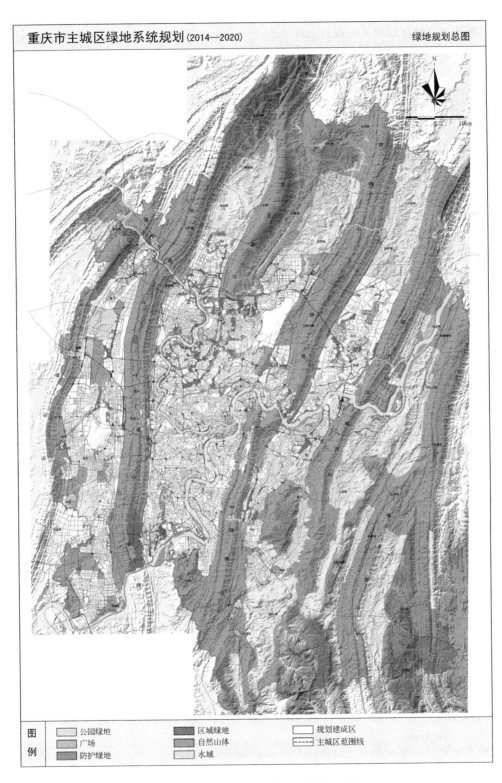

图 3-25　重庆市主城区绿地系统规划总图

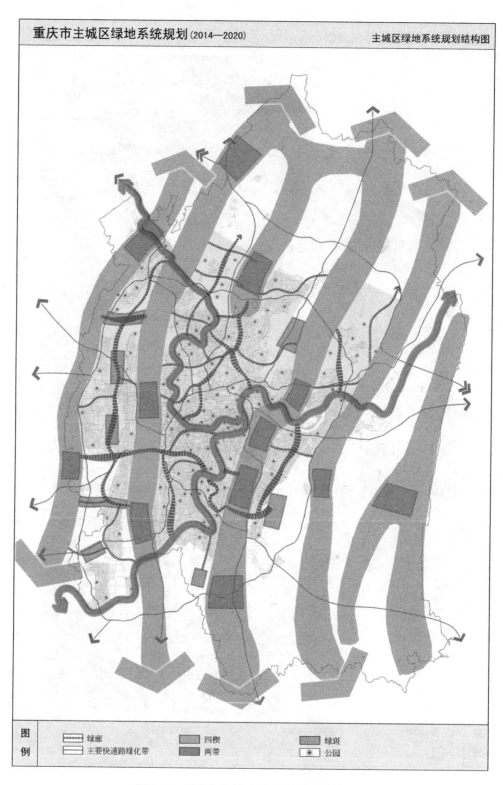

图 3-26　重庆市主城区绿地系统规划结构图

3. 点斑镶嵌

按照"综合公园—社区公园"的两级公园服务体系，适度增加、均衡布局各类城市公园，形成点斑镶嵌的布局形态。并通过"绿廊"的联系，保障公园绿地的可达性和服务的全覆盖。

4. 绿满山城

通过城市中各类公园的均衡布置，使城市与公园绿化相互融合，达到抬头望绿、出门赏绿、移步入园的园林绿化效果。并结合重庆山地公园景观特色，最终达到"绿满山城"的美好愿景。

（四）城市绿地系统各项指标

重庆市主城区各类绿地面积指标如下：规划至 2020 年重庆市主城区绿地面积达到 37671.95hm$^2$，绿地率为 38.78%，绿化覆盖率为 42.50%，人均公园绿地面积 13.73m$^2$（含城市生态公园）。其中，公园绿地面积 11197.67hm$^2$，防护绿地面积 7538.97hm$^2$，广场面积 251.74hm$^2$，附属绿地面积 23142.4hm$^2$，区域绿地面积 5541.21hm$^2$（其中城市生态公园❶的面积为 4616.57hm$^2$）。

（五）各类绿地规划

因篇幅有限，这里就不再赘述（图 3-27）。

（六）绿地规划的其他主要内容

1. 树种规划

（1）规划目标

充分利用重庆市丰富的植物资源，保护和利用好乡土树种、古树名木和优良的外来树种，营造具有浓郁地方特色的园林植物景观，丰富城市树种种类，使城市规划区范围内的植物物种多样性不断提高，各功能区城市绿化树种总数逐步达到 400~600 种。其中乡土树种达到 200~300 种，将各功能区建成集树种特色化、结构合理化、功能高效化于一体的国家生态园林城市。

（2）市树市花规划

市树市花是一个城市树木和花卉的代表，是城市形象的重要标志，也是现代城市的一张名片，它反映城市市民的文化传统、审美和价值观，不仅能代表一个城市独具特色的人文景观、文化底蕴、精神风貌，体现人与自然的和谐统一，而且对带动城市相关绿色产业的发展，优化城市生态环境，提高城市品位和知名度，增强城市综合竞争力具有重要意义。重庆市的市树为黄葛树，市花为山茶花。

（3）基调树种规划

基调树种是指能充分体现地方特色，并是城市绿化中的普遍树种。以普遍种植且历史较长的乡土乔木作为基调树种，此类树种突出特点是种类少，种植数量大，一般选 2~5 种为宜。规划黄葛树、香樟、小叶榕、银杏、复羽叶栾树作为重庆市的基调树种。

（4）骨干树种规划

骨干树种是指根据不同类型的绿地，选用不同用途的主要树种，并在不同的园林用途

---

❶ 注：城市生态公园是指用地性质为区域绿地，紧邻城市建设用地，或被建设用地包围，并具备山体、水系、林地、草地、湿地等自然景观资源，有一定的城市公园的服务设施，能够满足市民游览观光、休闲运动需求的园林。

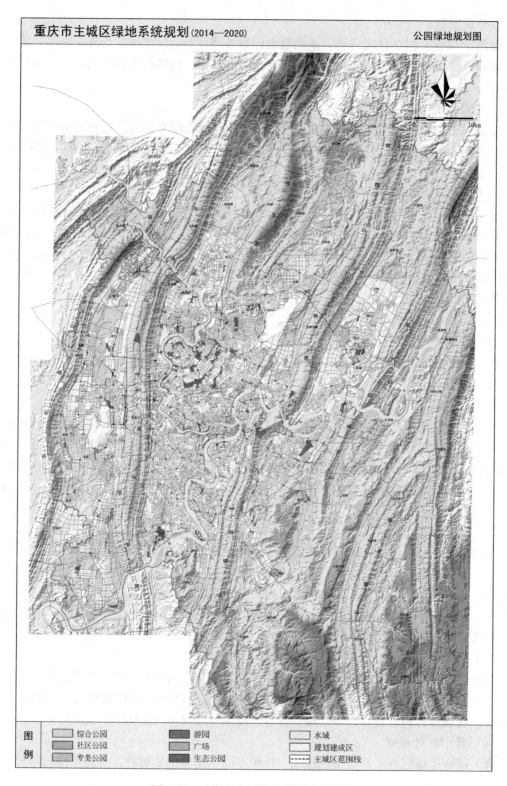

图例

| | | | |
|---|---|---|---|
| 综合公园 | 游园 | 水域 |
| 社区公园 | 广场 | 规划建成区 |
| 专类公园 | 生态公园 | 主城区范围线 |

图 3-27　重庆市主城区公园绿地规划图

中起骨干作用。根据绿地类型及绿地规模的不同，骨干树种一般由 5~12 种乔木为主的树种组成。规划桂花、白兰、广玉兰、秋枫、蓝花楹、羊蹄甲、合欢、水杉、悬铃木、三角槭、垂柳、杜英等为重庆市的骨干树种。

（5）一般树种规划

除基调树种与骨干树种外的其他树种，称为一般树种。一般树种的选定首先要满足特定场地的特殊要求；只要条件许可，尽量多采用一般树种，要尽可能产生丰富多彩的景观效果，尽可能构成相对稳定的植物生态群落。在注重乡土树种，充分利用当地树种资源的前提下，可引种部分边缘树种，进一步丰富重庆市的植物资源，创造丰富多彩的景观，提高生态环境效益。

（6）规划绿化植物数量与技术经济指标

制定合理的比例，其目的是有计划的生产苗木，使苗木的种类和质量都能符合各类绿地的要求。否则，将会影响城市绿化进度和造成不必要的经济损失。经过对重庆市各功能区绿地植物的深入调查研究，根据其自然条件、原生植物资源及植被现状，结合园林绿化树种的实际情况，建议各功能区树种比例按照常绿/落叶 1∶3、乔木/灌木 1∶5、速生/慢生 2∶3、针叶/阔叶 1∶6、乡土/外来 5∶1 执行。在实际应用过程中，可根据本区域的情况作适当调整。

（7）树种选择

树种选择包括都市功能核心区、都市功能拓展区、城市发展新区、渝东北生态涵养发展区、渝东南生态保护发展区，以下为都市核心区的树种选择。

**基调树种**：黄葛树、小叶榕、银杏、香樟。

**骨干树种**：

① 乔木类：雪松、荷花玉兰、深山含笑、乐昌含笑、天竺桂、秋枫、悬铃木、落羽杉、水杉、二乔玉兰、白兰。

② 灌木类：山茶、含笑、皋月杜鹃、白花杜鹃、红花檵木、紫薇、木槿、蜡梅、红叶石楠、南天竹、安坪十大功劳、栀子、火棘、皱皮木瓜、紫荆、紫叶李、海桐、小蜡、蚊母树。

③ 藤蔓类：常绿油麻藤、地锦、紫藤、使君子、香花鸡血藤。

**行道树**：黄葛树、小叶榕、银杏、荷花玉兰、重阳木、悬铃木。

**特色树种**：黄葛树、山茶。

**一般树种**：200~300 种。

（见《重庆市园林树种规划名录》）

2. 生物多样性保护与建设规划

（1）主城区生物多样性现状

重庆主城区内特有的山地、河流及湿地，孕育了丰富而独特的生物多样性。其中，南北向平行排列并贯穿主城区的缙云山、中梁山、铜锣山、明月山，是重庆市主城区的四大"肺叶"；大型河流及水体众多，誉为主城区的"肾"；公园绿地、道路绿地以及防护绿地等构成主城区城市绿地生态系统框架。

（2）生物多样性保护规划原则

① 生态系统整体性保护原则

物种多样性的保护规划重点在于保护和恢复多样的生态系统，保护和恢复丰富多样的生境条件或生物栖息地。

② 保护优先原则

规划建设的内容都应有利于自然资，源特别是珍稀、濒危野生动、植物资源的保护。

③ 全面规划、分期实施原则

全面规划，以使建设内容互相协调与衔接；分期实施，亦即循序渐进，稳步推进，使各项保护措施能落到实处。

④ 因地制宜原则

根据生物多样性重点保护区域的实际情况、保护对象的分布状况和重要程度，分别区域实行不同措施的保护。

⑤ 合理布局原则

规划建设内容的合理布局不但有利于保护措施的实施，能更好地保护重要的生物栖息地，有利于自然生态景观资源合理、适度的开发与利用。

⑥ 适度利用原则

在切实做好保护的前提下，进行合理的开发与利用。协调处理好当前利益与长远利益、局部利益和整体利益、城市发展与生物多样性保护及生态安全的关系。

（3）生物多样性保护分区保护规划内容

**"四山"森林保护区规划**

① 规划范围

南北向平行排列并贯穿主城区的缙云山、中梁山、铜锣山、明月山地区，管制区面积共约 2376.15km²，森林面积约 1178km²，涉及北碚、沙坪坝区、九龙坡区等主城区。

② 保护目标与重点

在重庆城区发展的同时，构筑重庆市外围生态环境功能区结构。在保护"四山"原有地带性植被的基础上，建设和完善"四山"山区生态绿色屏障区，按地带特征规划各类生态区域，形成相对稳定的自然植物群落，使生态系统的多样性得到保护。包括缙云山、歌乐山、南山等风景名胜区以及部分浅山、山前区的绿化。规划期末，建成主城区"四山"生物多样性保育中心。

③ 保护策略与规划措施

加强"四山"区域生态环境的建设，按照自然保护区的划定和保护工作目标，对森林、野生动物、自然与地质遗迹等划定专门保护区，全面保护珍稀物种及自然生境。禁止在自然保护区内进行砍伐、放牧、狩猎、采药、开垦、烧荒、开矿、采石、挖沙等活动。保护山体环境，划定"四山"绿线，在山体下缘 500m 范围内建设生态保护缓冲带，禁止房地产开发。

**河流水系生态修复区**

① 规划范围

指重庆市主城区建成区范围内长江、嘉陵江，及其一级、二级支流，如流域面积达 100km² 以上的御临河、梁滩河、黑水滩河、后河、一品河、五布河、桃花溪、花溪河等；以及迎龙湖、龙景湖、双龙湖等大型水体。

② 规划目标与重点

构建长江、嘉陵江等水体结构，形成江河湖水系生态网络系统，为鸟类和其他生物，特别是水生生物、湿生生物提供生存繁衍的栖息地。重点建设长江、嘉陵江两江消落带湿地生态修复示范区和河岸生态防护林带，改善两江消落带生态环境，提升城市滨水景观。

③ 保护策略与规划措施

加强保护长江、嘉陵江两岸原有生境，严禁开发占用天然林湿地，为鸟类和其他生物，特别是水生生物、湿生生物提供生存繁衍的栖息地。在满足行洪的基础上，河道两侧控制 50m 以上的绿化带；在河流水系建设绿化带，形成生态廊道。两江四岸消落带 175m 以下区域，可选择南川柳、枫杨、水杉、中华蚊母等耐水淹乡土植物进行生态修复；175m 以上高程，选择湿生植物构建河岸林带。

**城市绿地保护区**

① 规划范围

重庆市主城区建成区绿地，包括道路绿地、公园绿地、防护绿地等（图 3-28）。

② 规划目标与重点

以完善城市绿地系统规划、形成良好的生物多样性保护空间为重点，着重加强城市绿化景观建设，提高城市园林绿化档次和水平，塑造城市风貌和景观特征，创造人与自然和谐共存的城市环境。加强城市与道路网络绿化和美化的科学性及乡土植物的利用，通过合理的设计和严格的管理，提高主城区现有绿地的生态服务功能。结合城市用地布局和城市生态的要求，在完善综合公园和专类公园的基础上，重点发展带状公园和街旁游园。

③ 保护策略与规划措施

遵循植物应用的地带性、乡土植物多样性、植物应用的科学性，依托城市建成区外围分散组团式空间，坚持城乡一体化的绿化思路。高速公路、铁路两侧控制宽 30m 绿化带；二环路两侧控制宽 100m 绿化带；国道两侧控制宽 50m 绿化带；其他联系道路两侧控制宽 30m 绿化带。将各级生态绿化系统连接起来，形成城市的绿色廊道。

**野生动植物物种保护**

① 就地保护

就地保护是城市生物多样性保护的重要手段。各级森林公园也是珍稀动植物保护的重点之一。本规划的森林公园包括主城区范围内各级森林公园：歌乐山国家森林公园、玉峰山国家森林公园、铁山坪国家森林公园、白塔坪市级森林公园等。各级风景名胜区和生态保护区是珍稀动植物保护的关注区域。本规划的风景名胜区包括主城区范围内各级风景名胜区公园。

② 迁地保护

重庆珍稀濒危野生植物迁地保护：

以重庆南山植物园、花卉园、鹅岭公园等公园的土地、设施和科技力量等基础条件为依托，加大植物种植资源保存与迁地保护的研究。开展种植资源的引种栽培、保存、监测、驯化与筛选工作，实现珍稀、濒危植物迁地保护的目标，建立重庆市植物多样性迁地保护基地。

制定植物多样性保护规划，以乡土植物为主，对重庆市特有种以及植物区系的关键种进行必要的迁地保护。突出重点进行迁地保护，建立植物专类园。通过引种驯化，丰富植

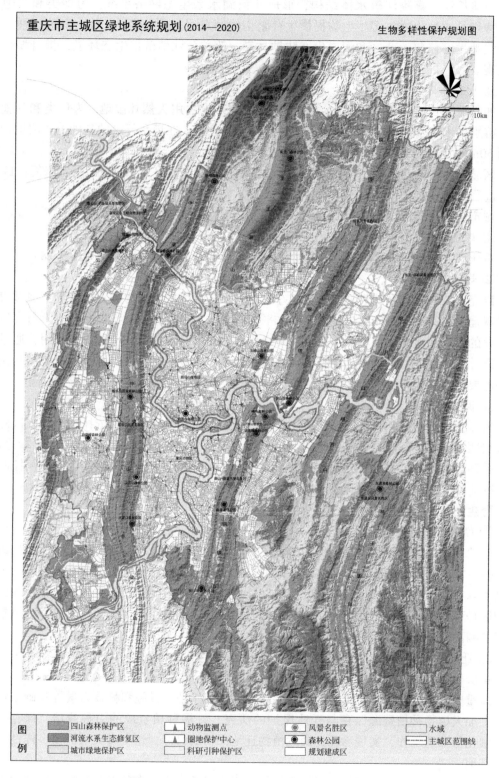

图 3-28　重庆市主城区生物多样性保护规划图

物物种。加强野生植物种类的开发、利用和保护。加强人才队伍建设，强化植物引种驯化保护的理论与技术研究。

重庆珍稀濒危野生动物迁地保护：

充分利用重庆动物园的土地、设施和科技力量，加强珍稀濒危野生动物资源保存与迁地保护的研究。开展种质资源的引种栽培、保存、监测、驯化与筛选工作，实现珍稀、濒危动物迁地保护的目标，建立重庆珍稀濒危野生动物迁地保护基地。

扩大和改善动物生存空间及环境质量，完善动物繁育研究基地，制定野生动物种群发展计划。严格执行《动物园动物管理技术规程》标准，建立健全饲养动物谱系，完善卫生防疫、医疗救护等设施。加强与国内外兄弟动物园之间的技术合作交流和动物交换，有计划地开展动物科普宣传活动，规划建设科普馆，完善各种动物说明牌和科普知识牌及科普长廊。

**生物多样性保护措施与生态管理措施**

① 完善保护政策和法规、加大执法力度。

② 处理好环境保护和资源利用的关系，避免对生物多样性破坏。

③ 发展自然保护区，建立生物多样性管护网。

④ 进行退化生态系统的恢复与重建。

⑤ 加大生物多样性保护方面的科研投入及宣传教育。

3. 古树名木保护规划

（1）保护范围

重庆现有的古树名木分属 36 科，48 属，50 种，有 1019 株。其中，一级保护树 13 科，14 属，14 种，102 株，生长良好的 80 株，一般的 19 株，差的 3 株；二级保护树 26 科，33 属，37 种，917 株，生长良好的 660 株，一般的 196 株，差的 61 株。

各区养护管理技术措施到位，古树名木保护率达 98.8%。

本规划将树龄在五十年以上一百年以下的树木划定为第三级保护树种，作为古树后续资源进行保护。

（2）保护策略

① 严格执行建设部颁发的《城市古树名木管理办法》（建城〔2000〕192 号），制定科学、可行、易操作的养护措施，做到古树名木动态监测，适时进行复壮保护。

② 建立科学合理的古树名木管理体系，完善古树名木保护管理责任制，使保护管理工作落到实处。

③ 加强规划管理，在城市建设项目审批中，明确古树名木保护措施许可、工程避让及古树后续资源迁移等内容，从规划上予以保护控制。

④ 抓好全市古树名木和古树后续资源的补查工作，进一步摸清资源家底，完善档案信息管理系统，并实现古树名木的计算机信息化管理。

⑤ 加强古树名木保护的宣传力度，使各级政府和部门都积极主动地参与到古树名木保护工作中来，提高社会各界保护古树名木的意识。

4. 重点（分期）建设规划

（1）重点公园绿地建设规划

① 建设目标

重点建设 15 个城市生态公园，5 个湿地公园，7 条重要慢行廊道及 9 个综合公园，7

个特色专类公园、120 个社区公园和 200 个街头绿地（详见附录"重庆市主城区绿地系统规划"说明书）。

② 建设重点

建成长石尾滨江公园、奥山公园、宏帆坡顶郊野公园及滨江景观林郊野公园绿地；

建设新增御临河湿地公园、沐仙湖湿地公园；

改造提升九曲河湿地公园、龙滩子湿地公园和花溪河湿地公园；

建设形成山林休闲型廊道、文化体验型廊道、城市娱乐慢行廊道、滨江游憩慢行廊道；

改造提升现状登山步道、滨江步道以及重要商业步行街慢行廊道；

加快公园应急避险场所设施建设，增御临河湿地公园、沐仙湖湿地公园；

（2）重点生产绿地建设规划

① 建设目标

城区生产绿地面积不低于城市建成区面积的 2%；城市各项绿化美化工程所用苗木自给率达到 80%以上。

② 建设重点

将生产绿地基本转移至渝西、静观、铁山坪、南山、二圣等片区；

将生产绿地结合林地、农地建设，同时结合农村土地流转政策、乡村旅游进行开发经营，增加农村就业机会和农民收入。

（3）重点防护绿地建设规划

① 建设目标

控制预留建设区各类防护绿地，逐步形成城市外围的生态保护圈和城市内部的生态隔离带。城市防护绿地实施率不低于 80%。

② 建设重点

完善防护绿地建设，改善防护绿地结构；

补充修复旧城区缺失的部分滨水防护绿地、高压走廊防护绿地、污水处理厂防护绿地；

建成绕城高速防护绿地、新建工业区卫生防护绿地、高压走廊防护绿地；

在工业用地与居住用地之间设置宽度不低于 30m 的卫生防护林。

（4）重点附属绿地建设规划

① 建设目标

城市街道绿化按道路长度普及率、达标率分别在 100%和 80%以上；市区干道绿化带面积不少于道路用地面积的 25%。

新建居住区绿地率大于 30%，旧城居住区绿地率不低于 25%，全市园林式居住区达到 60%以上。

② 建设重点

加强城市道路绿化，提高林荫路比例，改善城市主要出入口的环境绿化，树立城市形象；

加强附属绿地普查核实，对不达标的单位进行督促改进，使其附属绿地建设达到规划要求。

（5）重点区域绿地规划

① 建设目标

通过加强四山生态带与两江七河消落带绿化，提升城市景观，维护生态环境。

② 建设重点

a. 城市山体生态带保护建设

重点完善主城区山体保护建设，修复缙云山、中梁山、铜锣山、明月山、桃子荡山采石场遗留弃置地；控制重点、一般控建区内现状建设用地，减少重点控建区内人口数量，清理一般控建区范围内部分污染严重的厂矿企业，降低四山范围内山林的生态压力。

b. 消落带绿地保护建设

对两江七河沿线滩涂及未纳入湿地公园建设的消落带进行绿化，所用植物应选择耐水湿的乡土树种和禾本科植物；结合湿地公园建设消落带绿化，保护两江七河水域生态廊道。

（七）提出实施措施

最后，根据重庆市主城区城市绿地系统建设管理现状及发展目标，在法规性、行政性、技术性、经济性和政策性等方面对市政府及相关的主管部门提出相应的要求，形成一定的法律条文，确保该规划能顺利地实施，保证重庆市主城区绿地系统建设和管理能达到规划所提出的最终目标。

（资料来源：《重庆市绿地系统规划 2014—2020》重庆市风景园林规划研究院）

## 北京市绿地系统布局结构规划思路与方法

《北京市绿地系统规划 2004—2020》是落实《北京城市总体规划 2004 年—2020 年》而完成的专业规划，并且与新城规划、中心城"街区控规"紧密衔接。其目的在于通过科学规划来确定全市绿地系统结构，从空间上对全市域范围的绿色空间进行统筹安排，为建设"人文北京、科技北京、绿色北京"提供支撑。北京市绿地系统规划布局结构的研究包括市域绿地系统规划和中心城绿地系统规划两个层面的内容（图 3-29）。

市域绿地系统规划范围与《北京城市总体规划 2004 年—2020 年》市域范围一致，总面积为 16410km²。在市域绿地系统的布局中，坚持以城乡一体、内外连通的规划理念指导绿地系统的建立。从生态功能考虑建立了屏障系统、廊道系统、风沙治理区系统以及北京周边绿色空间系统；从生物多样性、人居生态环境、水资源保护考虑，建立了自然保护区、湿地系统；从以人为本，为居民提供环境优美的游览休闲空间考虑，建立了风景名胜区、森林公园、郊野公园系统；为保护土地资源，保持城市的可持续发展，建立了农田系统；为弘扬民族文化、保持古都风貌、传承历史文化信息，将绿地系统与历史名园及文物保护系统有机结合；为创建"宜居城市"，构筑了生态良好、功能齐全、服务半径合理、达到"生态园林城市"指标要求的城市绿地系统。

（一）市域绿地系统布局

市域绿地系统从整体空间上分为山区、平原区和城市建设区三个层次。

（1）山区：是指北京西部地区的太行山脉和北部、东北部的燕山山脉。

（2）平原区：主要是北京东南部的平原地区和西北部的延庆盆地。

（3）城市建设区：城市绿地是改善城市生态环境、维持城市合理空间布局、美化城市景观

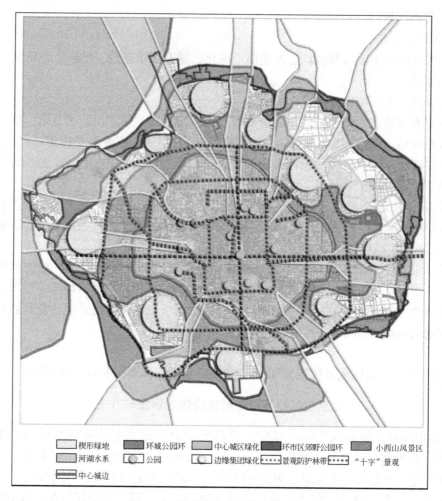

图 3-29  北京市绿地系统布局结构

的最主要因子，是居民开展游憩、休闲、文化、体育、交流、防灾避灾等活动的主要场所。

通过以上山区、平原区、城市建设区三个层次重点绿化区域的布局，形成城郊一体、山区与平原均衡搭配的生态化城市绿地空间格局。

（二）中心城区绿地系统布局

中心城绿地系统规划范围与《北京中心城控制性详细规划 2004 年—2020 年》范围一致，总面积 1088km²。在分析了绿地布局现状存在的总量不足、发展失衡、布局和结构不尽合理、系统不完善等总体问题，以及隔离地区绿地和以往规划的几处插入城市中心的楔形绿地没有得到很好的实施，城市中心区已逐渐失去与自然空间的联系和沟通，中心城区各类公园绿地尚未达到分级均布，各级公园绿地的分布和服务半径普遍达不到规范要求，与居民生活密切相关的服务半径约 500m 的中小型公园绿地尤其缺乏等具体问题的基础上，本着坚持以人为本、生态优先、绿地优先的城市规划理念，在中心城区的绿地系统布局规划中重点关注生态、景观和使用功能的平衡，构筑城乡一体化的绿地系统，使城市融入大自然的怀抱之中，体现北京"绿色奥运"意识，强化景观绿地，建设具有生命韵律的城市景观，塑造世界著名古都与现代化国际大都市相统一的城市特色风貌，注重园林绿地的文化内涵，提高园林绿地的文化品位，综合考虑居民游憩、康乐等活动需要，健全游憩绿地系统，创造环境优美、生态健全的人居环境，寻求人与自然的和谐，追求城市与自然共荣，坚持走可持续发展之路。

中心城的绿地系统结构为："两轴、三环、十楔、多园"的基本结构。

即青山相拥，三环环绕，十字绿轴，十条楔形绿地穿叉，公园绿地星罗棋布，由绿色通道串联成点、线、面相结合的绿地系统。

（1）西山风景区：由西北方向的隔离绿地、香山、八大处、妙峰山等十多处名胜古迹和山地绿化组成。

（2）中心城外缘郊野公园环：由沿中心城边缘的郊野公园、滨河绿带、隔离绿地、森林公园、风景名胜公园等组成。

（3）楔形绿地：楔形绿地是城市中心区与郊区气流交换的重要载体，是第二道绿化隔离地区与第一道绿化隔离地区公园环之间的纽带。

（4）边缘集团公园绿地：结合十个边缘集团的规划完善其绿地系统，规划按服务半径、城市景观及功能要求，配置各类公园绿地。

（5）五环路防护林带：两侧各划定100m宽绿化带，强调其纽带作用和空气交流作用。

（6）隔离地区公园环：该公园环由各类公园、生产绿地、防护绿地、生态景观绿地等组成。

（7）四环路景观防护林带：四环路两侧各划定100m宽绿化带，注重植物造景，丰富道路沿线城市景观，强调绿色通道的整体环带效果。

（8）中心地区公园绿地子系统：中心地区绿地布局是以滨水绿地为纽带，结合文物古迹保护、危旧房改造、工厂搬迁、中小学合并、道路拓宽、大型公建的开发建设等开辟公园绿地、完善二环绿色城墙和城市的"十字"景观轴线。

（9）二环绿色城墙：强调绿化与水系的结合，将景观节点、绿化与水系有机结合，延续历史文脉，体现时代特征，旧城新绿、展现古都新韵。规划在东、北、西二环路内侧和南二环路护城河外侧拓宽30~50m绿化带（局部已建设地段除外），建成二环绿色城墙。

（10）"十字"景观轴：东西长安街、南北中轴及其延长线是中心城主要景观轴线。规划结合长安街和南北中轴线沿线改造，拓宽道路两侧绿化带宽度，尽可能扩大绿地面积，充分利用有限的绿地空间，最大限度地扩大绿量，提高质量，增植花木，改善城市中心区生态环境，美化街景、体现北京园林文化特点。

（11）旧城区公园绿地：在现有公园绿地的基础上，充分利用体现古都园林风貌的水系及文物古迹、私家园林和宅院，满足城市景观、改善旧城区生态环境等需要，辟建小型公共绿地，突出古典园林特色；历史文化保护区绿化建设，应以街道、胡同庭院绿化为主，种植大树，体现以人为本的古都园林风貌。

（12）旧城区以外公园绿地：在现状公园绿地的基础上，逐步实现各级规划公园绿地、居住绿地、附属绿地和防护绿地，形成系统完整、结构合理、功能健全的中心城绿地布局。

（13）城市绿网：由中心城范围内的道路、铁路、滨河绿带和防护绿带组成。这种带状、环状和放射状绿带，将中心城内的各种绿地与外围的绿地联系起来。

（资料来源：《北京市绿地系统规划2004—2020》北京市城市规划设计研究院）

## 珠海市城市绿地系统布局结构规划思路与方法

《珠海市城市绿地系统规划2004—2020》由珠海市政府于2006年批复实施，在绿地系统规划的引导下，经过10余年的建设，城市绿地系统规划的成果得到了落实和验证。合理的布局对保护城市环境、改善市民的休闲生活、维护城市生物多样性以及提升城市景观形象等都起到了积极的作用。

这一轮绿地系统规划对布局结构的研究，包括市域和主城区两个空间层面。

（一）市域绿地系统的布局结构规划

在市域绿地系统的布局结构规划中，明确了市域绿地系改善城市生态环境质量，促进城市可持续发展的核心目标，在分析了珠海城市景观风貌的基本要素：山、海、岛、城和田园的基础上，通过对城市基本空间结构的梳理（即珠海的海、江口、山丘、岛屿和城形成的城市风貌架构）形成了依托西北、东北部珠江三角洲的起伏山林，以古兜山、黄杨山、凤凰山、五桂山等区域自然风景绿地作为珠海市城市建设的区域背景屏障，与山林、河网、海岸、海岛连绵不断的交汇融合、相互穿插的市域绿地系统的整体构架。其具体布局结构为"三廊、两带、多绿核"的模式（图3-30）。

1. 三廊

三廊为景观生态游憩廊道，其具体是指沿珠海大道并延伸至金湾、斗门、香洲、横琴、唐家湾的道路，在其两侧的规划绿地中建设一条集交通、游览、休闲娱乐活动的景观游憩廊道，形成串联珠海市各分区绿地和景点的主动脉。绿地宽度在城市区段内单侧宽度不小于50m，在其他地段宽度为500m。景观生态游憩廊道中的绿地划为非建设用地，以城市绿地、自然风景区、农田、生态旅游景区为其基本用途。

2. 两带

两带分别是滨海生态保全带和滨河生态保护带。滨海生态保全带是由海岛、海滨湿地与滨海山林、游憩绿地共同构成，宽度在城市濒海区域、生活岸线不小于50m，在农业生产岸线不小于200m，在自然岸线、旅游岸线不小于500m的一条自然生态保全带。沿前山河、磨刀门水道、鸡啼门水道、虎跳门水道、崖门水道沿河两岸建设滨河生态保护带。宽度在城市区段不小于50m，在其他地段不小于1000m。用以保护河、海水域和与其紧密联系的滨水地区生态环境。滨海生态保全带和滨河生态保护带内为禁建区，以城市绿地、自然风景、农田、生态旅游为其基本用途。

3. 多绿核

多绿核是构成珠海市市域绿地系统的绿色核心，是城市的"绿肺"、"绿肾"。分别为：斗门黄杨山系、香洲凤凰山系、南屏黑白将军山系、大小横琴山系、三灶山系、南水山系以及磨刀门水道和白藤湖下游之间的滨海湿地，是珠海市域范围内重要的生态保护区（包括水源保护区、自然风景区、生物多样性保护区等），为珠海市城市持续发展提供绿色动力和源泉。

（二）主城区的绿地系统布局结构规划

主城区的绿地系统布局结构规划是在市域绿地系统结构的基础上进行的，是以城市外围山体为背景，以城市内部山体为核心，以沿海、沿河、沿路的带状绿地为联系纽带，以各级公园绿地为主要活动地点的点、线、面结合的复合式网络结构。珠海市主城区绿地系

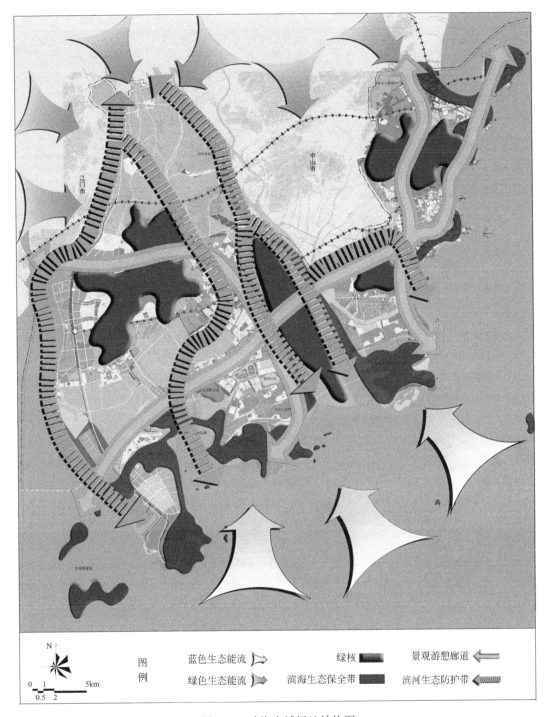

图 3-30 珠海市域绿地结构图

统结构是："环心结合、绿廊穿插、绿道纵横"的星形放射网络结构，将主城区各组团融合在这个绿色网络之中（图3-31）。

1. 环心结合

系统结构中的"环"包括"内环"和"外环"，"心"是指主城区内的"绿心"。

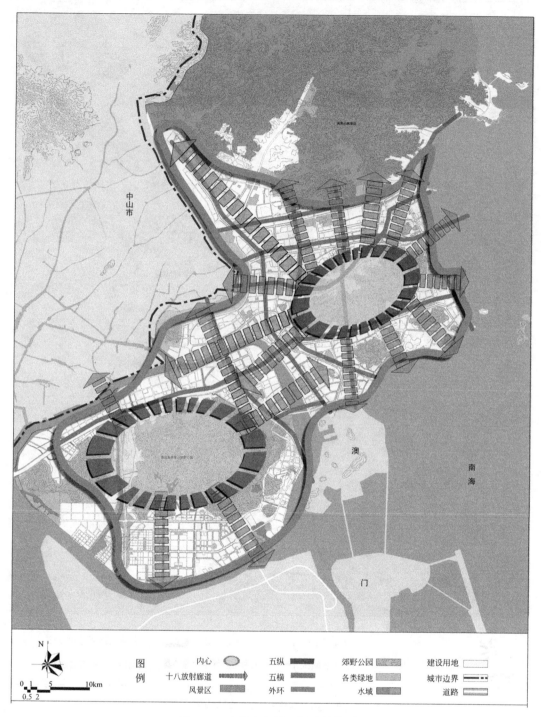

图 3-31 珠海市主城区绿地结构图

（1）外环

在城市外圈，利用城郊山林、环城绿带、滨河绿带、滨海生态保全带等构建一条完整的环形绿道，将城市包围起来。环形绿道因地段的不同，宽度也不尽相同。其中在主城区北部从疗养院开始沿情侣北路经梅华路、三台石路向北到农科中心、东坑、沥溪，以凤凰山的南部临城市建设区范围500m内控制为城市绿环的组成部分；在主城区西部沿珠海市与中山市的行政边界线到磨刀门水道的东岸，并向南延伸到马骝洲水道，沿线内侧200m范围作为环城绿带；在主城区南部沿马骝洲水道向东延伸到前山水道折向北至石角咀水闸，在沿河道内侧200m及从昌盛路到口岸广场的南侧至澳门特区边界河地段建设环城绿带。在主城区东部沿情侣路以滨海绿带的形式一直延伸到疗养院，构成一个完整的环状绿地，将主城区围合起来。

（2）内环

在城市内部按照组团区域，利用城市道路外侧带状绿地和带状公园建设多个绿地环，构成居民户外康体绿道系统。这些环形绿地（绿道）成为城市居民生活圈中的微循环系统，环环相套，自成体系。

（3）绿心

在中心城区，以板障山公园为中心，在它周围建设一个环山的公园群，形成中心城区的绿色核心。利用板障山、将军山的低山近城相对平缓的地段开辟为独立的城市公园，方便居民的使用。板障山、将军山以及石花山等较高较陡的山坡地则开辟成为登山健身场所。在南湾城区，以黑白面将军山为中心，构成南湾城区的绿色核心。

2. 绿廊穿插

"绿廊"：在"绿心"与"外环"之间，开辟十八条绿色廊道，形成一种放射状结构，将城市化解成小型组团斑块镶嵌于绿色之中，通过绿地将海、山、城、河有机地联系起来。

3. 绿带纵横

（1）横

利用五条东西向城市主要道路两侧的带状绿地形成横向的绿带。这些绿廊包括：梅华西路—梅华东路，人民西路—人民中路—人民东路—海滨北路，新涌路—柠溪西路—柠溪路—翠香路，珠海大道—九州大道—海州路，昌盛路—昌盛大桥—竹仙洞。

（2）纵

利用五条南北向城市主要道路两侧的带状绿地形成纵向的绿带。这些绿廊包括：南湾北路—南湾南路，明珠北路—明珠路—港昌路，健民路—三台石路，迎宾北路—迎宾南路，情侣北路—情侣中路—海滨北路—景山路—水湾路—情侣南路。

纵横交错的城市主要带状绿地与绿色康体绿道相互穿插，构成城市生活的绿色网络，实现城市绿地与居民之间的亲密无间，安全便利通达，是人流、车流与生态流的有机结合。

（资料来源：《珠海市城市绿地系统规划2004—2020》深圳市北林苑景观及建筑规划设计院有限公司）

# 第四章 城市公园绿地规划设计

## 第一节 概 述

城市公园绿地是指向公众开放的、经过专业规划设计，具有一定的活动设施和园林艺术布局，以供市民休憩游览娱乐为主要功能特色的城市绿地。

### 一、城市公园绿地发展概况

城市公园绿地最初是以城市公园的形式出现。最早的城市公园出现在英国。在18世纪末英国首先开始了工业革命，随着生产力的发展以及社会结构的调整，城市人口不断增加，城市规模也不断扩大，由此带来了城市拥挤、卫生条件恶化、城市周围的环境遭到破坏等一系列城市问题，为了减轻各种对城市不利的影响，提高城市的生活质量，1811年在伦敦建设了第一个对公众开放的园林绿地——伦敦摄政公园（图4-1），之后，1847年，在利物浦又建立了另一座公园——伯肯海德公园（图4-2）。这两大公园的设立为以后城市公园思想的形成和城市公园的建设起到了很大的推动作用。

图4-1 1811年在伦敦建设的第一个对公众开放的园林绿地——伦敦摄政公园（Regent's Park）

城市公园的大发展是在19世纪中叶的美国。美国的第一座城市公园1854年建立于纽约的中央公园，是由有风景园林设计师之父称谓的著名造园师费雷德·劳·奥姆斯特德（Frederick Law Olmsted）与合作者共同设计的（图4-3）。中央公园位于纽约市中心，占地

图 4-2　1847 年在利物浦建立的伯金海德公园（Birkenhead Park）

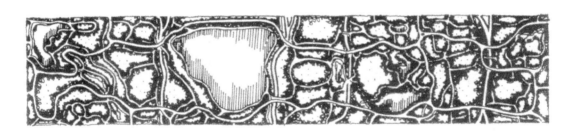

图 4-3　美国纽约中央公园平面图

344hm²，用地为一个规则的长方形，整个公园按当时盛行的绘画式筑造，并用围墙与周围隔开，内部景色十分优美。这种自然优美的景色与周围恶劣的城市环境形成鲜明的对比，游憩于其中，使市民从令他们疲惫不堪的城市生活中解脱出来，满足了他们寻求欢乐和慰藉的愿望，使人们身心均得以再生（图 4-4）。中央公园以及之后由奥姆斯特德设计的波士顿公园系统的大获成功，推动了城市公园的发展和城市公园绿地的形成，并对以后城市绿地系统理论及实践产生了意义深远的影响。

由此以后，城市公园绿地的种类、布局、形式、功能等越来越丰富，公园绿地成为城市绿地系统中最为重要的组成部分。

**二、城市公园绿地的种类**

随着人们需求的变化以及城市绿地的发展，城市公园绿地出现了许多种类，除最初的城市公园以外，还有各种特色公园（包括动物园、植物园、儿童公园、主题公园、历史纪念公园等）、带状休憩绿地、街头小游园、绿化广场、居住公园等。下表是我国公园绿地系统组成和日本公园绿地系统组成的比较。

图4-4 美国纽约中央公园使人们身心均得以再生

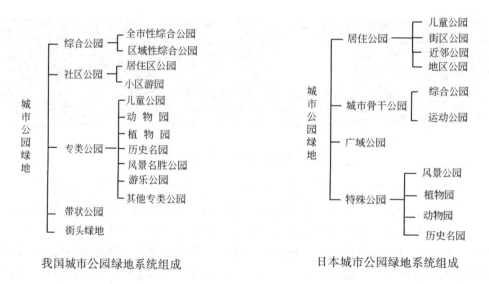

我国城市公园绿地系统组成　　　　　　日本城市公园绿地系统组成

### 三、城市公园绿地的功能

城市公园绿地的主要特征是为全体市民服务，主要功能是供市民休憩、娱乐、观赏、游览等；除此之外，城市公园绿地还有改善城市生态环境、美化城市景观、减灾防灾、教育等一系列的功能和作用。

## 第二节　城市公园绿地规划设计基本知识

城市公园绿地因其位置、规模、使用性质等的不同，分为不同的类型。各种不同类型的公园绿地在规划设计中有不同的侧重点，但它们也有一些共同的内容，如组成要素、一般的设计原则及程序步骤等。因此在分别介绍各类公园绿地的规划设计要点之前，我们需了解它们的一些共同特征。

**一、城市公园绿地的组成要素**

城市公园绿地概括起来有四大基本的组成要素，即地形、植物、水体、建筑小品等园林构筑物。这些组成要素也是公园绿地的规划设计要素，只有充分了解各要素的特性，并能灵活地利用各要素功能，对各要素进行合理的组合，才能做好各类型公园绿地的规划设计。

（一）地形

所谓地形是指地球表面三度空间的起伏变化，也就是指地表的外观。在规划设计之初，我们首先必须要了解不同类型地形的特性，并合理地使用于规划设计之中。

按不同的形态来分，地形可分为平地、凸地、脊地、凹地及谷地等基本类型（图4-5），不同类型的地形因其不同的特征在设计中有不同的作用。

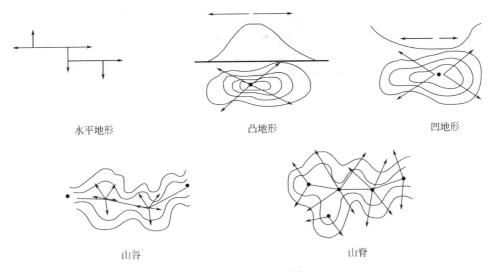

水平地形　　　　　　凸地形　　　　　　凹地形

山谷　　　　　　　　　　山脊

图4-5　五种地形形式

1. 平地

平地是所有地形中最简明最稳定的地形，因此在设计中可以成为人们站立、聚会、休息的理想场所以及建造楼房的理想之地。平地有开阔空旷的感觉，任何一种垂直线形的元素，都可能在平地上形成一个突出的元素而成为视线的焦点，因此平地可以做为其他构景元素的背景。另外，平地具有多方向延伸的特性，这样在平地上可布置具有多向性和延伸性的设计构筑物和设计元素。总之，平地极为灵活、实用，它具有许多潜在的观赏特性和功能作用（图4-6）。

2. 凸地

凸地是一种具有动力感和进行感的地形，它具有开敞性，可提供观察周围环境更广泛的视线。因此，凸地景观可作为焦点物或具有支配地位的要素，也可作为地标在景观中为人定位或导向。同时，凸地也是建造景观建筑和具有纪念意义的建筑的理想场所（图4-7）。

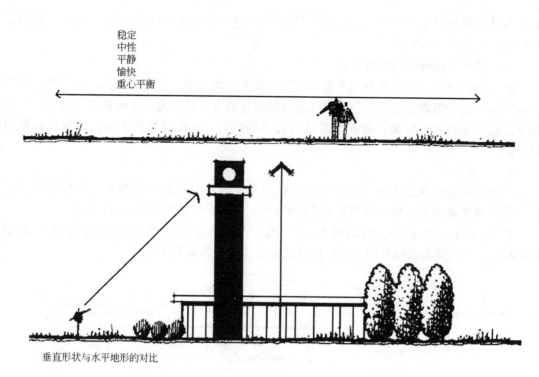

稳定
中性
平静
愉快
重心平衡

垂直形状与水平地形的对比

图 4-6　平地极为灵活、实用，并具有许多潜在的观赏特性和功能作用

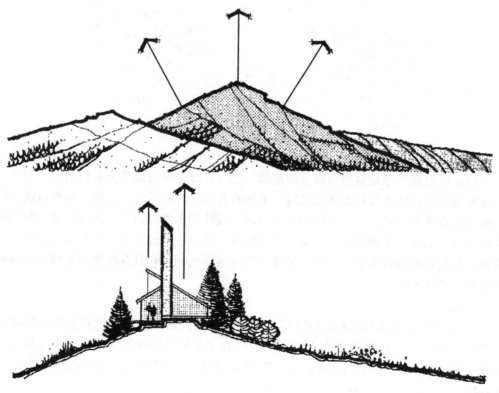

图 4-7　凸地是一种具有动力感和进行感的地形，同时也是建造景观建筑和具有纪念意义的建筑理想场所

## 3. 脊地

脊地总体上呈线状，与凸地形相比较，其形状更紧凑、更集中。脊地具有导向性和动势感，同时还可分隔空间。因此，在景观中，脊地可被用来转换视线在一系列空间中的位置，或将视线引向某一特殊焦点。从功能角度而言，脊地是布置各种道路及其他涉及流动要素的理想场所。另外，脊地还是围合和分隔各种空间的重要自然要素（图4-8）。

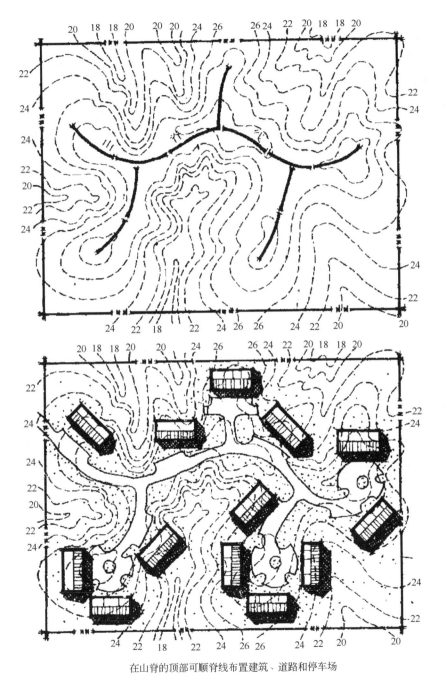

在山脊的顶部可顺脊线布置建筑、道路和停车场

图4-8　脊地是布置各种道路及其他涉及流动要素的理想场所

#### 4. 凹地

凹地又被称为碗状洼地，它与凸地形相连接时可完善地形布局。凹地形是一个具有内向性和不受外界干扰的空间，通常给人分割、封闭和私密感。由于这种地形的内倾性，因而适合成为理想的表演舞台。人们可从该空间四周的斜坡上观看地面上的表演，因此常可用来布置露天剧场及其他涉及到观众观看的类似功能空间。此外，凹地形空间内易形成宜人的小气候，也可形成湖泊、水池，或临时的蓄水池（图4-9）。

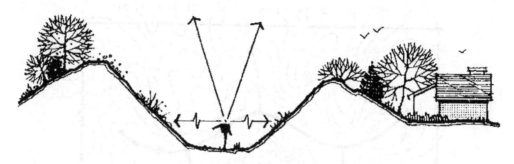

图4-9　凹地形是一个具有内向性和不受外界干扰的空间，通常给人分割、封闭和私密感

#### 5. 谷地

谷地是线形的洼地，与脊地相似，也具有方向性。由于谷地的这些特征，在谷地中也适合布置各种涉及流动的要素，如溪流、道路等。值得一提的是，与脊地相比，谷地往往更具生态敏感性，因此在谷地的开发中应倍加小心，以避开那些生态敏感的区域，保护谷地生态环境（图4-10）。

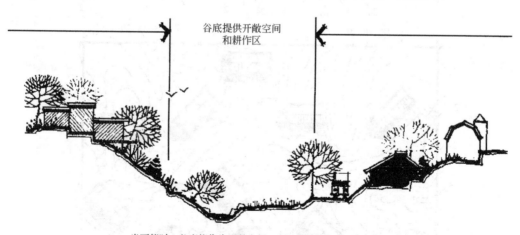

谷底提供开敞空间
和耕作区

当可能时，谷底能作为开敞空间，而谷边作为开发地

图4-10　在谷地的开发中应倍加小心，以避开那些生态敏感的区域，保护谷地生态环境

地形在户外空间设计中具有众多的美学功能及使用功能，其中主要的有分隔空间，控制视线，影响游览路线及速度，改善小气候，组织排水等。在我们的规划设计中应充分利用这些功能，并结合植物、水体、构筑物等其他设计要素，设计出富有特色、受人们欢迎的户外活动空间。

地形是室外活动空间最基本的自然特征，也是城市公园绿地规划设计最基本的要素和出发点。我们应该充分认识和利用地形因素进行空间划分、视线组织以及景观序列构成，规划设计出独特而有趣的城市公园绿地。然而，在现实的城市公园绿地的规划中，对地形因素的重视往往不够。有的城市为了片面地追求所谓大尺度、大气派的现代化城市的景观效果，将原本丰富的地形，简单的推为平地，结果不仅失去原本的特色，而且往往因为形式单调，尺度过大而乏人使用，使城市公园绿地丧失了其基本的使用功能而成为仅供人观赏的摆设。

（二）植物

植物是城市公园绿地中最重要的组成要素。由于不同植物的尺度大小、形态、色彩和质地不同，同一种植物在不同季节和生长期的色彩、质地、大小、叶丛疏密程度等也发生着变化。植物也是城市公园绿地中最有变化、最具有魅力的设计元素。因此，要搞好公园绿地的规划设计必须对植物的特性、功能以及植物的种植环境等有深入的了解。

与其他绿地构成要素相比较，植物最大的特征是具有生命力。它随着季节和生长的变化而在不停地变化其色彩、质地、叶丛疏密及其他特征。因此在运用植物要素进行设计时，应注意单株或群体植物一年四季的演替过程，以及随年代推移所发生的变化。植物的第二个显著特点是需要一系列特定的环境条件保证其生长。因此规划设计者必须了解植物的生长习性，正常生长的环境条件（土壤、光照、风力及温度等）以及便于管理、投资经济的植物群落的结构组成。只有这样，才能保证植物正常生长，保持其良好的生长及景观状态。

此外，植物还具有许多外形特征，按其大小可分为大中型乔木、小乔木、高灌木、中灌木、矮小灌木、地被、草坪等；按外形来分可分为柱形、纺锤形、展开形、圆球形、尖塔形、垂枝形等（图4-11）；按其质地来分可分为粗质树、中质树及细质树；按其色彩来分可分为鲜艳的色系、中度色系及深暗色系等。植物的这些不同外形特征，在规划设计中都有不同的作用。我们必须全面了解这些外形特征，在设计中正确地运用，充分地发挥它们的多种功能。

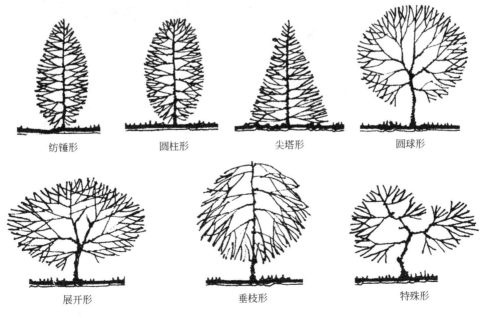

| 纺锤形 | 圆柱形 | 尖塔形 | 圆球形 |

| 展开形 | 垂枝形 | 特殊形 |

图4-11 植物的不同形态

植物在公园绿地中能发挥的主要功能有：建造功能、环境功能及观赏功能。

植物的建造功能是指植物能在景观中充当像建筑物的地面、顶棚、墙面等限制和组织空间的要素。通过植物的配置可形成开敞、半开敞、覆盖、封闭、垂直等不同特征的空间（图4-12）。另外，通过对植物高度的控制，还可控制视线，形成障景，控制空间的私密度等（图4-13）。植物的环境功能是指植物能影响空气质量，防治水土流失，涵养水源，调节气候等。植物的观赏功能是指利用植物不同的大小、形态、色彩、质地等外形特征，以及植物的完善作用、统一作用、强调作用、识别作用、软化作用、框景作用等构成丰富多彩的景观效果（图4-14）。

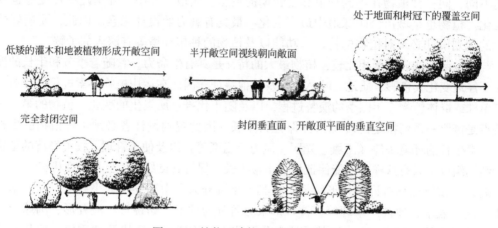

图 4-12　植物可建构不同性质的空间

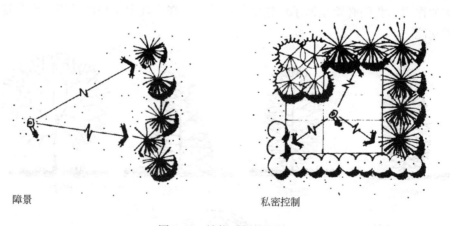

图 4-13　植物可调控视线

（三）水体

水体是城市公园绿地中最活跃的组成要素。首先水的形式和状态丰富多变，水形是由容器的大小、色彩、质地和形状所决定，因此具有很高的可塑性。水的状态也可分为静态和动态两种，而动态的水又有溪流、瀑布、喷泉等多种具体形式（图4-15）。另外，水的色彩还会随着天光云影及灯光的变化而呈现出令人着迷的变幻，水的声音能给人以关于自然的联想。基于这样的特征，在水体景观的设计中应首先研究容器的大小、高度、坡度

图 4-14　植物的景观功能

图 4-15　水的各种形态

等；其次还应注意一些不能控制的因素，如风、阳光、温度等，它们也能影响到水的观赏
效果。除此之外，水还有许多实用的功能，如能改善小气候、降低噪声、防火等；水还可

以起到构景及界定空间的作用。因此在城市公园绿地的设计中，应准确掌握水的特性，合理利用水的不同功能，使其成为为城市公园绿地增色添彩的因素。

（四）建筑、小品等园林构筑物

城市公园绿地除了有以上的地形、植物、水体等自然要素以外，为了满足城市公园绿地的使用功能，一般都还有园林建筑及园林小品等人工构筑物。这些人工构筑物除了要满足人们使用的功能外，它们还是绿地的有机组成部分，因此在设计中应着重考虑它们与周围环境的协调关系。

要使这些人工构筑物与周围环境协调，首先应该控制它们的数量及用地规模。在公园绿地的设计中，建筑用地一般应控制在5%以下，园路及铺装场地控制在5%~10%左右；其次这些构筑物位置的确定应符合绿地总体空间的布局、功能空间的划分、景观序列的设置等构思；另外作为这些构筑物中尺度较大的供游人休憩、游览和具有一定服务性功能的建筑，应对其朝向、尺度、空间组合、造型、色彩以及材料等方面进行控制，使其与地形、植物、水体等自然要素统一协调。而其他小品设施如道路、铺地、坐凳、花台、栏杆、垃圾箱、灯具、指示牌等，可以增加和完善环境设计中的细节处理，使室外空间更人性化，使景观更具吸引力，使所设计的环境更能满足人们的使用要求（图4-16）。

图4-16　有特色的小品可使景观更具吸引力

**二、公园绿地规划设计的基本原则及要点**

在公园绿地的规划设计中应遵循以下的基本原则：

（一）公园绿地的规划设计应首先满足使用功能要求

公园绿地的规划设计应首先满足人们的使用要求。在城市公园绿地的规划布局中，应根据合理的服务半径，将不同种类的公园绿地均匀地分布于城市中适当的位置，尽可能避免公园绿地服务盲区的存在。在具体某个公园的规划设计中，应先深入调查研究该公园绿地使用者的情况。这些情况包括使用者的年龄构成、生活习惯、休闲时间的安排、户外活动的行为规律等，将以人为本的思想贯穿设计的整个过程。在功能空间划分、活动项目设置及景观序列安排、建筑小品布置等方面都应结合心理学、行为学和人体工程学的原理，设计出使用频率高，真正供人们休憩娱乐的公园绿地。

（二）公园绿地的规划设计应能保证绿地的生态效益得到充分发挥

为了满足城市公园绿地的生态功能，在规划中应将大小不同的公园绿地分布于城市中，同时以绿带或绿廊的形式将其连成一体，这样的布局可使公园绿地的生态效益得到充分发挥。在具体的公园绿地的设计中应以植物造景为主，尽可能提高公园绿地的三维绿量。具体的做法是在植物的配置和选择上，以乡土树种为主，同时根据生态位、群落生境等特征，遵循生物多样性和景观多样性的原则，形成合理的乔、灌、草复层种植结构和生态型的植物造景系统。使公园绿地改善环境、维护城市生态多样性的生态效益得到充分发挥。另外，公园绿地还应具有减灾防灾的生态功能。因此，在城市绿地系统的规划中应考虑将各种规模的公园绿地均匀分布，在某一特定的公园绿地的规划设计中应注意根据其规模的不同设一定的开阔地段，以备发生紧急情况时疏散人流用；在有较大规模的水面公园绿地的设计中，除考虑以水来形成景观、界定空间以外，还应考虑特殊情况下水体可供消防救灾用。

（三）公园绿地的规划设计应满足其美化环境的景观要求

为了满足公园绿地美化环境的功能要求，在规划设计中应考虑公园绿地和周围环境及建筑之间的关系、绿地本身的景观构成、景观序列及艺术特色等内容。对于一些有特殊意义的公园绿地还应对其地方文脉、场所精神、文化内涵等进行探索。

从以上城市公园绿地的规划设计原则的阐述中，我们可以发现，在城市公园绿地规划设计中应抓住以下几个要点：

（1）按合理的服务半径均匀地分布公园绿地，方便人们使用。

（2）公园绿地应具有一定的规模，同时这些公园绿地应联成一体。

（3）公园绿地的设计应充分研究人们的行为、心理的需求及特征，做到真正满足人们的使用要求。

（4）公园绿地的设计应以植物造景为主，加强种植设计。

（5）公园绿地的设计除满足使用及生态功能以外，还应该在立意和构景中下功夫，能使人们在公园绿地中得到更高的精神享受。

### 三、公园绿地规划设计的一般步骤

公园绿地规划设计可以大致分为以下几个基本步骤：

（1）现场踏勘和调查研究；

（2）现状分析；

（3）初步方案；

（4）方案比选论证；

（5）成果制作。

一般情况下公园绿地的规划设计应完成以下的图纸，并应附规划设计说明书。

分析阶段——现状分析图

构思阶段——功能关系图、构思图、总平面草图

成果阶段——总平面图、道路及竖向图、综合管网图、种植设计图、工程施工图等。

## 第三节　各类公园绿地规划设计要点

### 综 合 性 公 园

#### 一、概念、位置及面积指标

综合性公园是城市公园绿地重要的组成部分。综合性公园一般是指规模较大，自然环境条件良好，休憩、活动及服务设施完备，为全市或区域范围内的居民服务的大型绿地。

综合性公园按其服务范围不同，可分为全市性公园（图4-17）及区域性公园（图4-18）。由于其服务半径不同，各类综合性公园位置的选择十分重要。综合性公园位置的选择一般应与城市中的河湖系统、道路系统及生活居住用地的规划进行综合考虑，在选址时应注意以下几个问题：

图4-17　全市综合公园——广州天河公园

图4-18　区域性综合公园——广州东山湖公园

（1）根据不同的服务范围，形成合理的服务半径，方便居民使用，同时与城市主要道路有密切联系（图4-19、图4-20）。

图4-19　公园在城市中的位置——广州

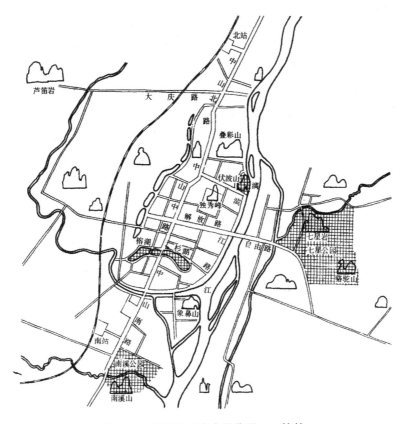

图 4-20  公园在城市中的位置——桂林

一般全市性综合公园服务半径为 2~3km，步行约 25~50 分钟可达，乘坐公共交通工具约 10~20 分钟可达。

区域性综合公园服务半径为 1~2km，步行约 15~25 分钟可达，乘坐公共交通工具约 5~10 分钟可达。

（2）位置的选择应有利于整个城市生态环境的改善和城市景观效果的提高。城市综合性公园可以构成城市绿地系统中"面"的因素，在位置的选择上要考虑如何与其他"点"、"线"的因素结合，共同构成完整的绿地系统，以有利于城市生态环境和城市景观的改善。

（3）可选择不宜于建筑工程建设、地形复杂、坡度变化大的地带。这样可以充分利用原有地形，避免大动土方，既可节约投资又可形成丰富的园景。

（4）可选择原有自然环境条件较好的地段。这些地段可以是水面和河湖沿岸，这里景色优美，还可利于水面构成景观，开展各项水上的活动，也有利于城市小气候的改善。除此以外，还包括一些现有树木较多或有古树名木的地方。这些地方有一定的植物基础，可以在较少的投资和较短的时间里形成绿树葱茏的景观效果。其次还可选原有园林的地方，将原有的园林建筑、名胜古迹、革命遗址、名人故居等加以扩充改建，补充活动内容和设施形成新的公园。

（5）综合性公园在选址上应留有发展余地。随着人民生活水平和休闲意识的提高，对综合性公园的要求会增加，因此在位置的选择上应考虑此类公园有扩大和发展的余地，为发展留有适当的备用地。

由于综合性公园活动内容和设施较多，而且要考虑为全市或某一个区域的居民服务，因此一般面积要求较大。全市性及区域性的综合公园面积指标一般要求不小于 $10hm^2$。这样的面积指标是为了在节假日中其容纳量可达服务范围居民人数的 $15\%\sim20\%$，同时还能保证游人在公园中的活动面积为 $10\sim250m^2$/人。

**二、综合性公园设置的项目及影响因素**

根据综合性公园的使用功能要求，一般在综合性公园中应设置以下的项目（图4-21、图4-22）：

图4-21　综合公园项目设置示意——广州草暖公园

1—音乐喷泉歌舞厅；2—会议厅、摄影楼；3—商业街；4—正门口及小卖部；5—花架廊；6—音乐厅；7—厕所

（一）观赏游览

观赏游览的主要内容为园内的花草树木、山石水体、名胜古迹、建筑小品等景观。

（二）安静活动

安静活动的内容包括：散步、晨练、小坐、垂钓、品茗、棋艺等。

（三）儿童活动

儿童活动的内容有儿童的器械活动、游戏活动、体育运动、集会以及一些科普知识的普及及教育活动。

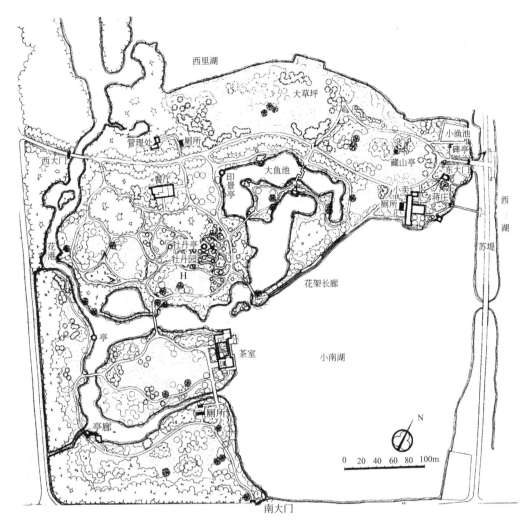

图 4-22　综合公园项目设置示意——杭州花港观鱼公园

（四）文娱活动

文娱活动的内容包括：露天剧场、电影场、游艺室、俱乐部、游戏、戏水、浴场及群众表演的场所等。

（五）文化和科普宣传

文化和科普宣传方面的内容包括：展览、陈列、演说、座谈、植物园、动物园、盆景园等。

（六）服务设施

服务设施有餐厅、茶室、小卖部、公用电话、问讯、指示、厕所、垃圾箱等。

（七）园务管理

园务管理的内容有办公、职工宿舍、食堂、仓库、变电站、苗圃、温室等。

综合性公园的项目设置可视具体条件有所增减，具体项目的设置主要受以下几个因素的影响：

（1）当地居民的生活习惯及使用者的使用需求

布置受当地居民欢迎的项目，以满足他们的风俗、生活习惯及他们的娱乐休闲爱好，体现地方特点。

（2）公园规模的大小

规模大的公园，游人较多，游人在公园中停留的时间一般较长，这就需要多设一些供人们进行各种活动的项目及增加项目设施的服务内容。

（3）公园在城市中的地位

项目的设置还应考虑到该公园在城市绿地系统中所处的地位。如果公园位于市中心，在城市绿地系统中主要担负解决居民休憩娱乐活动的要求，那么在公园中应多设置一些文化娱乐活动设施；如果公园靠近城市边缘，起着改善城市生态环境的作用，则公园有条件更多考虑布置安静的观赏游览、放松身心的项目。

（4）公园附近各种活动项目的设置情况

在公园的附近如果有一些供娱乐的设施，如电影院、体育中心、儿童公园、盆景园等，那么在公园内则可以减少或不设置这些项目，以免重复。

（5）公园的自然条件情况

公园项目的设置还应与公园内的地形、水体、山石岩洞、植物等条件相结合，因地制宜地进行。

### 三、综合性公园规划设计的原则

综合性公园的规划设计除遵循城市公园绿地的一般规划设计原则外，还应遵循以下的原则：

（1）要表现地方特点及风格，每个公园都应有自己的特色、避免照搬照抄，千篇一律。

（2）充分认识和了解原有的自然条件，尽可能利用原有地形、水体、山体、植物等条件，减少对原有自然条件的破坏。

（3）规划设计应有较强的可操作性，便于分期建设及日常的经营管理。

### 四、综合性公园的功能分区及景区划分

公园中不同的活动需要不同性质的空间加以承载。由于活动性质的不同，这些功能空间应相对独立，同时又相互联系。这些不同功能空间之间的界定就是功能分区。为了避免各种活动相互交叉干扰，在综合性公园的规划设计中应有较明确的功能划分。根据各项活动和内容的不同，概括起来综合性公园一般分为以下几个功能区：入口区、安静游览区、文化娱乐区、儿童活动区、园务管理区及服务区等（图4-23、图4-24）。

（一）出入口区

公园出入口位置的选择，是公园规划设计中的一项重要的工作。公园出入口选择是否恰当，直接关系到游人是否能方便安全地进入公园，还影响到城市的交通秩序及景观，同时对整个公园的结构、分区的形成以及活动设施的设置等都有一定的影响。

一个综合性公园一般可设置一个主入口，一个或多个次入口以及专用入口。主入口应与城市主要道路及公园交通有便捷的联系，同时还应考虑有足够的用地解决大量人流疏散及车辆的回转停靠等问题；另外，还应考虑主出入口位置的选定是否利于园内组织游线和景观序列等。次要出入口一般为局部区域居民使用，位置可设于人流来往的次要方向，还

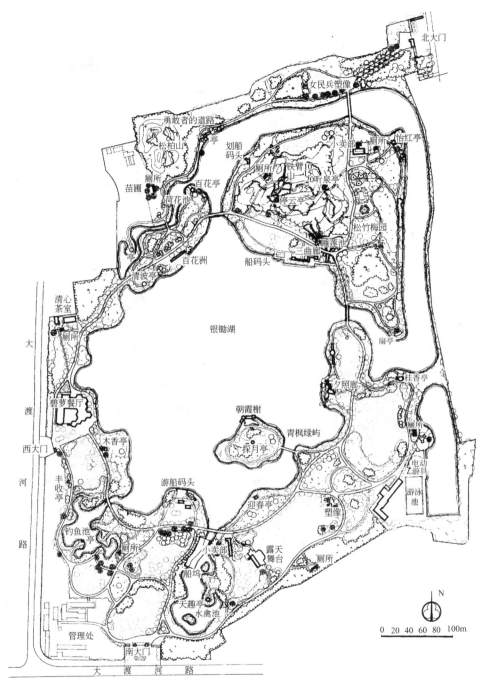

图 4-23（a） 综合公园功能分区示意图（上海长风公园）

可设在公园有大量人流集散的设施附近，例如园内的表演厅，露天剧场等项目附近。专用出入口是为公园园务管理的需要设置，它的位置可根据园务管理区的设置而定，一般由园务管理区直接通向街道。专用出入口位置宜隐蔽，不供游人使用。

出入口区除公园大门以外还应有以下的项目及内容：大门内外都要设置游人的集散

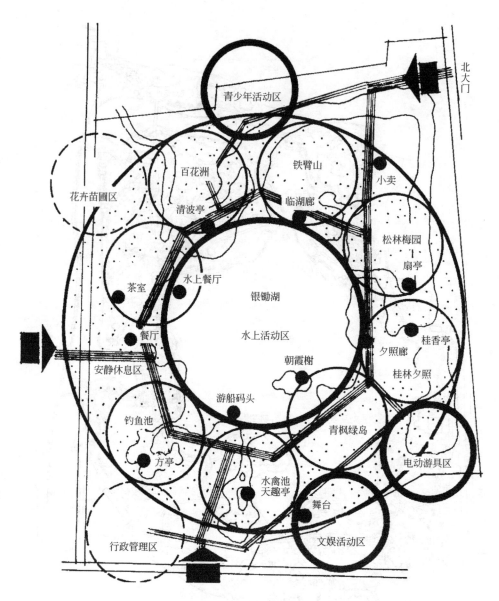

图 4-23（b） 综合公园功能分区示意图（上海长风公园）

广场，园门外广场还应考虑设置汽车停车场及自行车停车棚；此外，还应设有园门建筑、售票处、收票处、小卖部、休息廊、公用电话、物品寄存、值班、办公、导游图、宣传廊等。入口区是游人对公园的第一印象，也是整个公园景观序列的序曲部分，因此在空间感受、视线控制、植物配植、小品设计等方面都应突出特色，让游人有耳目一新的感觉。

（二）安静游览区

安静游览区主要供游人参观、观赏休息用，也是公园中最重要的组成部分。这一区域在园内占的面积比例最大，自然风景条件和绿化条件最好，而且能为人们提供一个安静的环境。因此，该区一般远离出入口和人流集中的地方，并与喧闹的文化娱乐区和儿童活动

130

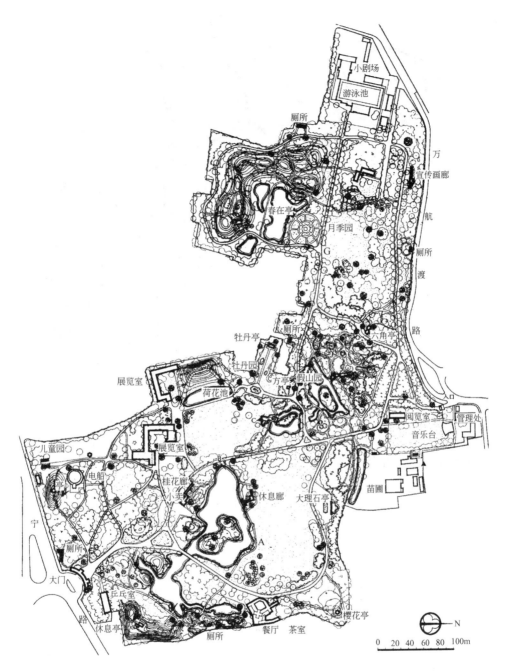

图 4-24（a）　综合公园功能分区示意图（上海中山公园）

区之间有一定的隔离，同时还应选择一些地形复杂、自然景观元素丰富、原有植被条件较好的地段，这样才有利于组织游览路线和景观序列。

（三）文化娱乐区

文化娱乐区是进行表演、游戏活动、游艺活动等的区域。这一功能区的特点是人流集中，人流量大，气氛热闹，人声喧哗。针对这些特点，在该区应设置足够的道路及场地来

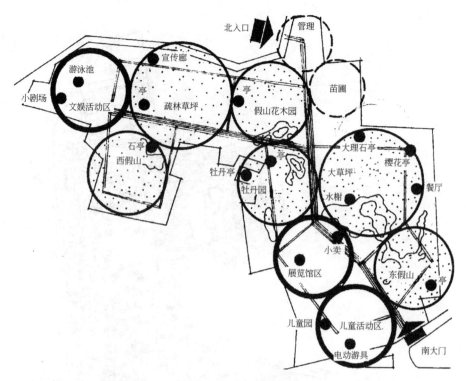

图 4-24 (b)　综合公园功能分区示意图（上海中山公园）

组织交通，解决人流疏散的问题。同时，为了避免各项活动之间相互干扰，应利用树木、建筑、地形等因素进行适当的隔离，使各项活动顺利进行。另外，由于大量人流集中于该区，则还应有足够的生活服务设施，如餐厅、小卖、冷饮、茶室、厕所等。因此，这一区域也是园内建筑最为集中的区域，在用地选择上应考虑有一定的平地和可利用的自然地形（地段）用于建筑的修建。由于该区是主要人流和建筑集中的地方，因此往往是整个公园的重点布局地区。

（四）儿童活动区

儿童活动区在综合性公园中是一个相对独立的区域，与其他功能分区之间需要一定的隔离。儿童活动区的位置宜选在公园出入口的附近，并与园内的主要游线有简捷明确的联系，便于儿童辨别方向。区内的各项活动应按不同年龄段进行划分，分别设置适合各年龄段的活动区域，如供学龄前儿童使用的沙坑、转椅、跷跷板，适合学龄儿童的少年之家、滑板、自行车、冒险游戏等。区内的植物配植、建筑、小品等其他设施的造型、色彩、质地的设计都应符合儿童的心理及行为特征。此外，在该区的设计中还应考虑家长的需要，设置座椅、小卖等服务设施。

（五）园务管理区

园务管理区是为公园经营管理的需要而设置的内部专用区。区内可分为：管理办公部分、仓库工场部分、花圃苗木部分、职工生活服务部分等。这些内容可根据用地情况及使用情况，集中布置于一处，也可分散成几处。布置时应尽量注意隐蔽，不暴露在风景游览的主要视线上，以避免误导游人进入。该区的设置一方面要考虑便于执行公园的管理工作，另一方面要与城市交通有方便的联系，对园内园外均应有专用的出入口，为解决消防和运输问题，区内应能通车。

（六）服务设施

服务设施类的项目和布置形式与公园规模大小、游人数量及游人的分布情况相关。在较大的公园里，可设1~2个服务中心区，另外再按服务半径的要求在园内设几处服务点；并将休息座椅、休息亭、廊等小品建筑、指路牌、垃圾箱、厕所等分散布置于园内适当的位置供游人使用；服务中心区考虑为全园游人服务，位置宜定在活动项目多、游人集中、停留时间长的地方；服务中心区可设置餐饮、休息、电话、问询、寄存、购物等项目。服务点为园内局部地区游人服务，可根据服务半径的需要及各区具体活动项目的需要，选择合适的位置加以设置；一般内容有饮食、小卖、休息、电话等。

景区的划分与功能区的划分既相互关联又不完全一致，功能分区突出不同性质的活动空间，景区的划分则根据各区的不同景观主题而形成。不同的景区应有不同的景观特色，而通过不同的植物搭配、不同风格的建筑小品以及不同的水体可以创造出不同的景观特色。各景区应在公园整体风格统一的条件下，突出自己的景区特点，同时还应注意景观序列的安排，通过合理的游览线路组织景观序列空间。

**五、综合性公园的游线及景观序列的组织**

公园的道路不仅要解决一般的交通问题，更主要的应考虑如何组织游人达到各个景区、景点，并在游览的过程中体验不同的空间感觉和景观效果。因此游线的组织应该与景观序列的构成相配合，使游人在规划设计者所营造的景观序列中游览，让他们的感受和情绪随公园景观序列的安排起伏跌宕，最终达到精神放松和愉悦的目的。

早在19世纪，美国著名的景观园林大师奥姆斯特德就发表了关于公园游线组织的论述。他认为，穿越较大区域的园路及其他道路要设计成曲线形的洄游路，主要园路要基本上能穿过整个公园。这些观点对我们现代公园的游线组织仍具指导意义。为了使游人能游览到公园的每个景区和景点，并尽可能少走回头路，公园的游线一般可采取主环线+枝状尽端线、主环线+次环线、主环线+次环线+枝状尽端线等几种形式（图4-25）。这样，游线与景点间形成串联、并联或串联—并联混合式等几种关系。大型公园可布置几条较主要的环线供游人选择，中、小型的公园一般可有一条主环线（图4-26）。公园内的道路游线通常可分为三个等级，即主路、支路和小路。主路是公园内主要环路，在大型公园中宽度一般为5~7m，中、小型公园2~5m，考虑经常有机动车通行的主路宽度一般在4m以上；支路是各景区内部道路，在大型公园中宽度一般为3.5~5m，中、

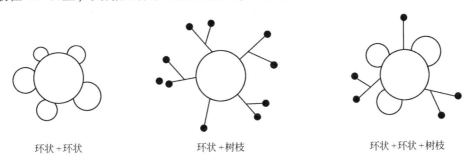

环状+环状　　　　环状+树枝　　　　环状+环状+树枝

图4-25　公园游线的几种基本模式

小型公园 1.2~3.5m；小路是通向各景点的道路，大型公园中宽度一般 1.2~3m，中、小型公园 0.9~2.0m。

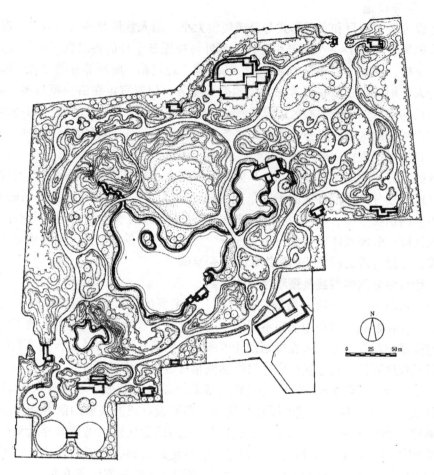

图 4-26（a） 公园游线组织示意图（北京丰台公园）

为了使游人在游览过程中有不同的空间感受，观赏不同的景色，公园游览线路的形式一般宜选用曲线而少用直线。曲线可使游人的方向感经常发生变化，视线也不断变化，沿途游线可高、可低、可陆、可水，既可有开阔的草坪、热闹的场地，又可有幽静的溪流、陡峭的危岩。道路的具体形式也可因周围景色的不同而各不相同，可以是穿过疏林草地的林间小道，也可是水边岸堤，还可是跨越水面的小桥、汀步，附于峭壁上的栈道等。总之，游览道路的处理宜丰富，可形成具有不同空间及视觉体验的断面形式（图 4-27），这样可增加游览者的不同体验。

景观序列的规划设计是公园规划设计的一项重要内容，一个没有形成景观序列的公园，即使各个景区设计都非常精致，游人也可能会产生一种混乱无序的感觉，难以形成一个总体的印象。而经过景观序列设计的公园，游人往往会对其产生更为清晰的回忆，对各个景区景点也有更深的印象。

景观序列的设计与功能分区、景区的布局、游览路线的组织等密切相关。我们应该用一种内在的逻辑关系来组织空间、景观及游览路线，使空间有开有闭，有收有放；景色有

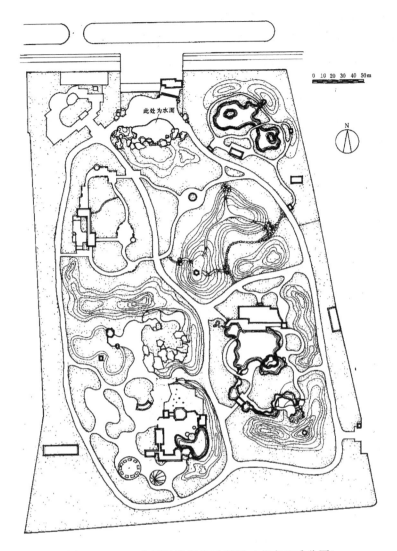

图 4-26（b） 公园游线组织示意图（北京双秀公园）

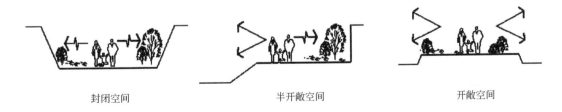

封闭空间　　　　　　　　半开敞空间　　　　　　　　开敞空间

图 4-27 公园游路的不同断面形式

联系有突变，有一般，有焦点。这样可在主要的游览线路上形成序景—起景—发展—转折—高潮—转折—收缩—结景—尾景的景观序列，或形成序景—起景—转折—高潮—尾景的景观序列。游人按照这样的景观序列进行游览，情绪由平静至欢悦到高潮再慢慢回落，真正感到乘兴而来满意而归。

### 六、综合性公园的植物配植与景观构成

植物是公园最主要的组成部分，也是公园景观构成的最基本元素之一。因此，植物配植效果的好坏会直接影响到公园景观的效果。在公园的植物配植中除了要遵循公园绿地植物配植的原则以外，在构成公园景观方面，还应注意以下两点：

（一）选择基调树，形成公园植物景观基本调子

为了使公园的植物构景风格统一，在植物配植中，一般应选择几种适合公园气氛和主题的植物做为基调树。基调树在公园中的比例大，可以协调各种植物景观，使公园景观取得一个和谐一致的形象（图4-28）。

图4-28　选择基调树，形成公园植物景观基本调子

（二）配合各功能区及景区选择不同植物，突出各区特色

在定出基调树，统一全园植物景观的前提下，还应结合各功能区及景区的不同特征，选择适合表达这些特征的植物进行配植，使各区特色更为突出。例如公园入口区人流量大，气氛热烈，这时在植物配植上则应选择色彩明快、树形活泼的植物，如花卉、开花小乔木、花灌木等。安静游览区则适合配植一些姿态优美的高大乔木及草坪（图4-29）。儿童活动区配植的花草树木应结合儿童的心理及生理特点，做到品种丰富、颜色鲜艳，同时不能种植有毒、有刺以及有恶臭的浆果之类的植物。文化娱乐区人流集中，建筑和硬质场地较多，这时应选一些观赏性较高的植物，并着重考虑植物配植与建筑和铺地等

图4-29　安静游览区的植物配置

人工元素之间的协调、互补和软化的关系（图4-30）。园务管理区一般应考虑隐蔽和遮挡视线的要求，可以选择一些枝叶茂密的常绿高灌木和乔木，使整个区域遮映于树丛之中。

图4-30　文化娱乐区的植物配置

### 七、综合性公园规划设计的步骤

（一）接受任务

接受任务以后，应通过甲方及相关的政府职能部门了解修建公园的主要任务，建园的审批文件，征地用地及投资情况，相关法律及规定，建设施工的各方面条件等。

（二）基本情况的收集

包括公园用地的历史、现状及自然条件的资料，该用地在城市总体规划中的位置、地位以及和其他用地之间的关系等资料。

（三）现场踏勘分析

具体了解用地现状，包括地形、地貌、水文、地理、植被等自然条件，公园用地内外的景观情况，周边的道路交通情况以及市政设施等情况。

（四）拟定项目

根据设计任务书的要求，自然现状条件及使用者的生活习惯、使用要求和周围项目设置情况等各种相关因素，拟定公园应设置的项目内容及设施，并确定其规模。

（五）总体布局

根据自然现状条件、项目和设施的要求以及景观需求等，应用园林设计的专业知识进行全园的规划设计，确定总体布局，布置道路游线，组织景观序列，同时计算工程量，进行造价概算及分期建设的安排。

（六）详细设计

公园的总体布局完成，并经审批同意以后，需对各种内容和各地段进行详细设计。详细设计包括各地段的场地设计、种植设计、道路竖向设计及管网设计等。

（七）绘制局部详图

局部详图包括园林工程施工图、建筑设计施工图、各种具体作法的大样图、编制预算及文字说明等。

以上规划设计的步骤可随公园规模不同而有所增减，如果公园规模较大，则需先有分区布局规划；如果公园规模小，则规划和详细设计可结合进行。另外，公园规划设计完成以后，在施工的过程中，可根据具体情况进行适当的调整，以使公园的修建能顺利完成。

**八、公园规划设计的内容**

公园规划设计各阶段有不同的内容，并有不同阶段的图纸、图表以及文字说明等要求，一般情况下包括以下的内容：

（一）现状分析

对公园的用地现状进行调查研究、分析及评定，为公园的规划设计提供基础资料。这些用地现状的情况包括以下内容：

（1）公园在城市中的位置。了解公园用地在城市中的位置，分析周围建筑及道路交通的情况，游人的来向及数量，景观情况以及各项公园设施情况等。

（2）公园规划范围界线，周围道路红线及标高等。

（3）公园用地的历史沿革和现在的使用条件。

（4）当地历年的气象资料：气温、湿度、降雨量、日照、风向、风力等。

（5）园内自然现状条件。对园内各地形的形状、面积、位置、坡度等情况先进行分析评定，对土壤及地质进行分析评定，包括地基、承载力、土壤酸度、肥力、自然稳定角度等。

（6）园内植被现状。对现有园林植物、古树名木等的品种、数量、分布状况、生长状况、覆盖范围、地面标高、观赏价值等方面进行分析评价。

（7）园内水体现状。现有水体及水系的范围、流向、水底标高、常年水位线、水质及岸线情况以及地下水位情况的分析评定。

（8）园内建筑现状。现有建筑的位置、平面、立面形式、标高、质量、景观效果、面积和使用情况等。

（9）园内道路广场及公用设施现状。现有道路的宽度、走向、标高、铺装材料，现有道路与园外周围道路的联系，各种地下地上管线的种类、走向、管线埋置深度、标高、柱杆的高度以及变电所、垃圾站等公用设施的位置等。

（10）风景资源及风景视线的分析评定。对园内现有的人文及自然景点进行分析评定，对良好视线及不良视线，视线盲区及视线敏感区等进行分析评价。

以上的现状分析可形成一张或数张现状分析图，其中反映位置关系的区位关系图比例为 1∶10000~1∶2000，其余各图常用比例为 1∶500~1∶2000。

（二）公园规划

确定公园总体布局，对公园各部分作全面的安排，包括以下内容：

（1）划定公园的范围。

确定公园范围，重点处理公园用地内外分隔的形式，协调公园与周围环境的关系，对园外良好景观的因借及对不良景观的阻挡等进行设计处理。

（2）计算用地面积和游人量，确定公园活动内容。

（3）确定各出入口位置，并进行相关内容如停车场、广场、服务设施等的布置。

（4）进行功能及景区划分，布置活动项目和设施，确定园林建筑的位置，组织建筑空间。

（5）确定公园广场及道路系统，组织游览线和景观序列。

（6）规划公园河湖水系，控制水底标高，水面标高，设置水上构筑物。

（7）地形处理，竖向规划，估算土方量，进行土方平衡。

（8）进行园林工程规划：变电站、厕所、垃圾站的分布，灌溉、照明、消防等各种管线的布置。

（9）进行植物群落分布的规划，树木种植的规划，制定苗木计划，估算树种规格与数量。

（10）公园规划设计意图的说明，土地使用平衡表，工程量计算，造价概算，分期建园计划等。

以上内容可形成公园规划总平面图、道路及竖向规划图、种植规划图、分期建设图等图纸。这些图的常用比例为 1 : 500~1 : 2000。

（三）详细规划

在全园规划的基础上，对公园的各个地段及各项工程设施进行详细规划，主要内容有：

（1）各出入口的设计：包括园门建筑、内外广场、服务设施、园林小品、绿化种植、市政管线、室外照明等设计。

（2）各功能区的设计：各区的建筑物、室外场地、活动设施、道路广场、园林小品、植物种植、各种管线等的设计。

（3）各种园林建筑初步设计方案：建筑的平面、立面、剖面设计，建筑造型及材料的控制。

（4）确定各种管线的规格、管径尺寸、埋置深度、标高、坐标、长度、坡度等，确定变电所或配电房的位置、室外照明方式和照明位置、消防栓位置等。

（5）地面排水的设计：确定分水线、汇水线、汇水面积、明沟或暗管的大小、管线走向、进水口、出水口和窨井位置。

（6）土山、石山设计：确定其平面范围、面积、坐标、等高线、标高、立面、立体轮廓、叠石的艺术造型等。

（7）水体设计：确定河湖的范围、形状，进行水底的土质处理、岸线处理，控制水底及水面标高等。

（8）确定各种建筑小品的位置及选型。

（9）确定园林植物的品种、位置和配植形式，确定群植、丛植、孤植的乔木和灌木及绿篱的位置，花卉的布置，草坪的范围等。

（四）植物种植设计

依据树木种植规划，对公园各地段进行植物配植，包括以下内容：

（1）树木种植的位置、标高、品种、规格、数量。

（2）树木配植形式：平面、立面形式及景观效果。

（3）蔓生植物的种植位置、标高、品种、规格、数量、攀缘与棚架情况。

（4）水生植物的种植位置、范围、水底与水面的标高、品种、规格、数量。

（5）花卉的布置：花坛、花境、花架等的位置、标高、品种、规格、数量。

（6）花卉种植排列的形式：图案式样、排列范围和疏密程度，不同花期、色彩、高低的草本和木本花卉的组合。

（7）草地的位置、范围、标高、地形、坡度、品种等。

（8）速生与慢生园林植物品种的组合，在近期与远期需要保留、疏伐与调整的方案。

（9）园林植物的修剪要求：自然的与整形的形式要求等。

（10）植物材料表：品种、规格、数量、生活习性等。

以上图纸比例常用1：200或1：500，其中花卉图案布置图比例可为1：50或1：100。

（五）施工详图

按详细设计的意图，对部分的内容和复杂工程进行结构设计，制定施工的图纸与说明，包括以下内容：

（1）给水工程：各种形式的水体、水闸、泵房、水塔、消防栓、灌溉用水及水龙头等施工详图。

（2）排水工程：雨水进水口、明沟、窨井及出水口的铺设，厕所化粪池的施工图。

（3）供电及照明：配电间或变电间，各种照明设置等施工详图。

（4）广播通讯：喇叭的装饰、广播室的设计，公用电话亭，磁卡电话等施工图。

（5）煤气管线，煤气表的施工图。

（6）废物收集处，废物箱的施工图。

（7）护坡、驳岸、挡土墙、围墙、台阶等园林工程的施工图。

（8）叠石、雕塑、栏杆、指示牌、饮水器等小品的施工图。

（9）道路广场硬质铺装及回车场、停车场等的施工图。

（10）园林建筑、庭院、活动设施及场地的施工图。

以上各图常用比例为1：100，1：50或1：20。

（六）编制说明书及预算

对各阶段布置内容的设计意图、经济技术指标、工程的安排等用图表及文字形式说明，包括以下内容：

（1）公园概况：公园在城市绿地系统中的地位、公园四周情况等的说明。

（2）公园规划设计的依据、原则、特点及设计意图的说明。

（3）公园各个功能分区及景色分区的设计说明。

（4）公园的道路系统及游线组织，景观序列安排的说明。

（5）公园经济技术指标：游人量、游人分布、每人用地面积及土地使用平衡表。

（6）园林建筑物、活动设施及场地的项目、面积、容量表。

（7）公园施工建设程序的说明。

（8）公园建设的工程项目、工程量、建筑材料说明及价格预算表。

（9）公园分期建设计划说明（要求在每期建设后，均能在建设地段形成园林面貌以便分期投入使用）。

（10）公园规划设计中要说明的其他问题。

为了更形象具体地体现公园规划的设计意图，在完成以上图纸及文字说明的基础上，还可绘制轴测投影图、鸟瞰图、透视图或制作模型，或借助电脑制作三维动画效果。

## 社 区 公 园

社区公园是指为一定居住用地范围内的居民服务，具有一定活动内容和设施的集中绿地。按服务范围的不同，社区公园又可分为居住区公园和小区游园。由于居住区公园在规划设计上与区域性综合公园类似，在此不再赘述。而小区游园在以往的分类中均划为居住区绿地，在规划设计中也均被纳入居住小区绿地系统的规划设计中。为使居住区绿地规划部分的阐述更成系统，本书将小区游园规划的内容归入居住区绿地一节讲述。

## 专 类 公 园

### 儿 童 公 园

儿童公园是专为儿童设置，供其进行游戏、娱乐、科普教育、体育活动等的城市专类公园。

户外的游戏及活动是儿童生活的重要组成部分，通过这样的活动可以锻炼儿童的身体，提高其智力，完善其性格，增长其知识，因此儿童公园的修建具有重要的意义。

**一、儿童公园的类型、位置及面积指标**

根据儿童公园设置内容的不同，可将儿童公园分为以下两种类型。

（一）综合性儿童公园

综合性儿童公园内容比较全面、各项设施齐备，可以满足不同年龄段儿童多种活动的要求（图 4-31）。其中一般设有游戏场、游艺室，各种球场、游戏池、戏水池，各种游戏器械、露天剧场、科技馆、阅览室等内容，根据服务范围及规模大小的不同，综合性儿童公园又可分为市级儿童公园和区级儿童公园两种。

（二）特色性儿童公园

重点突出某一个主题，所有活动都围绕这一主题设置，并形成一个较完整的系统。如儿童交通公园，就是围绕城市交通这一主题，系统地布置象征城市交通的各种活动及设施，如小火车、红绿灯、岗亭、站台等。通过这些活动，使儿童了解城市的一般交通特点及规则，介绍交通的相关知识，让儿童从小养成遵守交通规则和制度的良好习惯（图 4-32）。

儿童公园一般应选择于交通方便（不穿越交通频繁的城市干道），与居住区联系密切的城市地段。在地形要求上，应选择地形起伏不大，有较大面积的平坦地形的区域，同时如果有自然水面和较好的绿化基础及自然景色的地段更为有利。

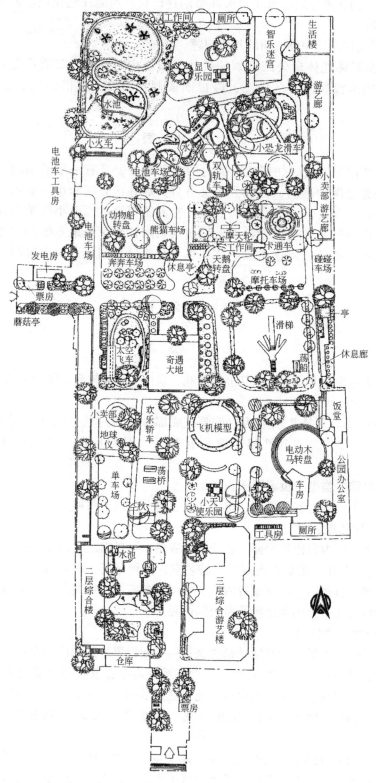

图 4-31 综合性儿童公园——广州儿童公园

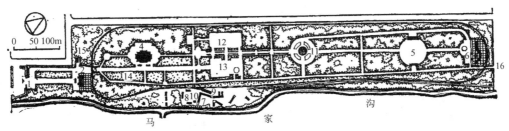

图 4-32　特色性儿童公园——哈尔滨

1—大门；2—"北京"站；3—小火车铁轨；4—宣传室；5—露天剧场；
6—"哈尔滨"站；7—温室；8—办公、管理、仓库；9—车库；
10—油库；11—喷泉；12—体育运动场；13—儿童游戏场；
14—植物品种园；15—厕所；16—次门

为了使各项活动能顺利进行，儿童公园应有一定的用地规模，一般比较适宜的面积在 $2 \sim 5 hm^2$ 左右。

**二、儿童公园规划**

（一）儿童公园规划要点

（1）注意根据不同年龄段儿童的心理及活动特征，划分活动空间，活动区的用地应有良好的日照及通风条件。

（2）道路网简单明了，便于儿童辨别方向，顺利达到各活动区。路面宜平整防滑，避免儿童摔跤，主要道路应考虑儿童骑小三轮车及儿童推车通行的要求。

（3）有充分的绿化，保证有良好的自然环境。绿化用地面积宜在 50% 左右，绿化覆盖率宜在 70% 以上。并结合自然地形、水面等自然因素，形成良好的景观效果。

（4）园内的建筑、小品及各项活动设施的造型、色彩等应符合儿童的心理、行为及安全的要求，易被儿童接受并引发儿童的兴趣。

（5）应有适当的服务及休息设施，供儿童及陪同儿童来园的成人使用。

（二）儿童公园的功能分区

按不同的功能，可将儿童公园分为活动区及办公管理区。办公管理区包括为儿童活动服务的后勤管理设施，如办公室、保管室、广播室等；活动区是组织儿童活动的主要区域，按不同的活动特征，活动区又可划分为（图 4-33、图 4-34）：

（1）幼儿活动区：学龄前儿童使用的区域，一般宜靠近入口大门，便于幼儿寻找及童车的推行。

（2）学龄儿童活动区：学龄儿童游戏活动的区域。

（3）体育活动区：可集中进行体育运动的场地。

（4）娱乐和少年科学活动区：进行娱乐和科普知识宣传的区域。

在具体的儿童公园规划中，由于规模不同，服务对象不同，可能会选取其中的部分功能区。

（三）儿童公园的设施布置

儿童公园的设施主要包括供儿童游戏、运动的设施及供儿童、成人使用的服务设施（图 4-35）。这些设施分布于各个活动区，可包括以下一些内容：

143

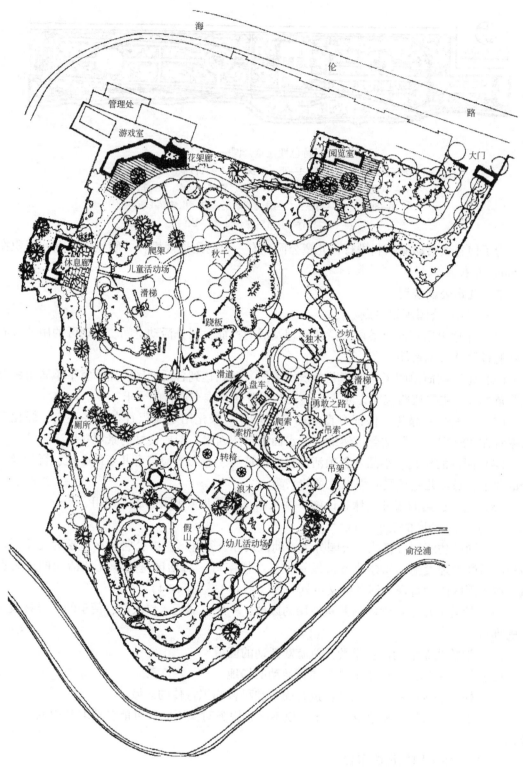

图 4-33（a） 儿童公园功能分区示意（上海海仑儿童公园）

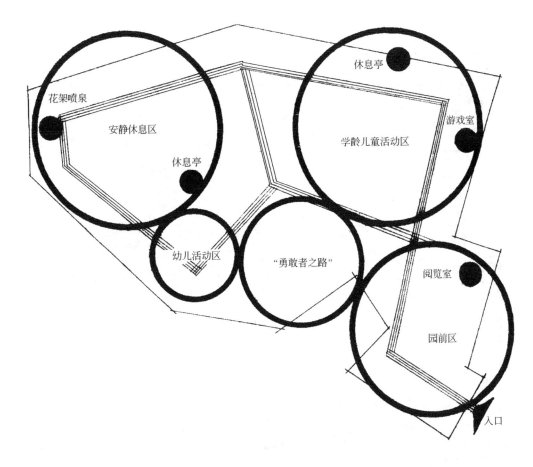

图 4-33 (b) 儿童公园功能分区示意 (上海海仑儿童公园)

（1）幼儿活动区可设置的设施有：沙坑、草地、硬质地、休息亭廊、凉篷、学步栏杆、攀缘梯架、跷跷板、滑梯、秋千、转椅等。

（2）学龄儿童活动区可设置的设施有集中活动场地、障碍活动场地、冒险活动设施、戏水池、表演舞台、飞椅、空中列车、游艺室等。

（3）体育活动区可设置的设施有：各种球场、单杠、双杠、乒乓球台、攀岩墙等。

（4）娱乐和少年科学活动区可设置的设施为：露天电影、露天表演、小植物园、小动物园、阅览室、科技馆等。

除此之外，休息亭廊、休息座椅、小卖部、厕所、垃圾箱等服务设施应视具体情况分布于各区，以供陪同小孩的成人使用。

（四）儿童公园的植物配植

儿童公园一般较靠近居住区，为防止儿童公园的噪声对周围居民产生影响，在周围应栽植浓密的乔、灌木与之隔离，公园内各功能区之间也应有适当的绿化分隔（图4-36），同时在注意保证场地有充分日照的前提下，适当选择一些遮荫效果好的乔木，为儿童活动创造一个良好的绿化环境（图4-37）。

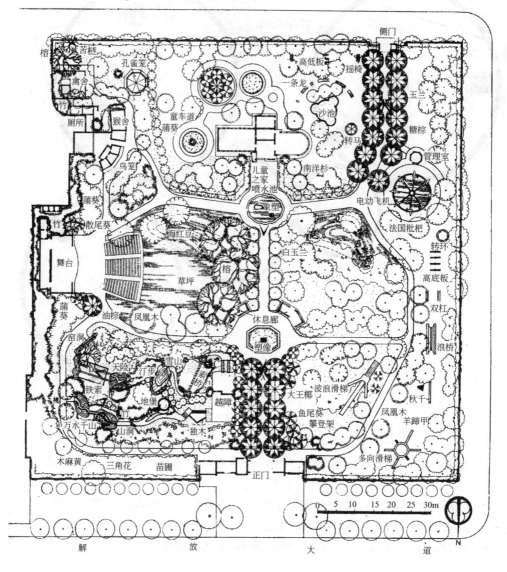

图 4-34 (a)　儿童公园功能分区示意（湛江儿童公园）

另外，考虑儿童安全及其他生理及心理特点，在植物配植上要注意以下原则：

（1）不选用有毒植物。这类植物威胁儿童的健康及生命安全，因此凡花、叶、果等有毒的植物均不宜选用，如凌霄、夹竹桃等。

（2）不选用有刺的植物。这类植物容易刺伤儿童皮肤或挂破其衣裤，因此不宜使用，如构骨、刺槐、蔷薇、仙人掌等。

（3）不选用有刺激性或有奇臭的植物。这类植物易使儿童发生过敏反应，因此不宜使用，如漆树等。

146

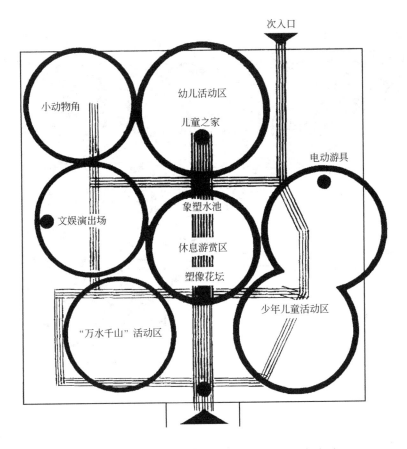

图 4-34（b） 儿童公园功能分区示意（湛江儿童公园）

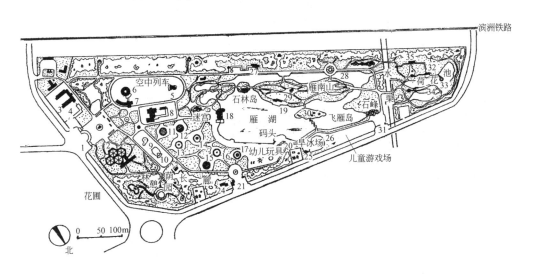

1—东门；2—花鸟馆；3—温室；4—服务部；5—宇航塔；6—科普展室；7—空中列车站；8—游艺室；9—涉水池；10—戏水池；11—游龙；12—游艇；13—飞机；14—飞象；15—登月火箭；16—跑马；17—飞椅；18—湖滨餐厅；19—碧水白阁；20—候船廊；21—北门；22—池中廊；23—水厕；24—变电所；25—露天舞台；26—旱厕；27—一览峰亭；28—环亭；29—茶点部；30—飞雁亭；31—西门；32—水榭；33—湖心亭；34—扇面亭；35—姑苏茶室

图 4-35 儿童公园设施（上——大庆市儿童公园，下——南宁幼乐园）

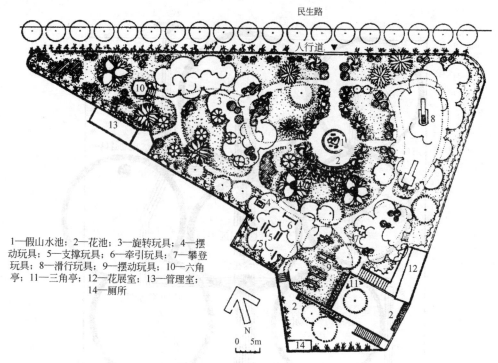

图 4-35　儿童公园设施（上——大庆市儿童公园，下——南宁幼乐园）（续）

1—假山水池；2—花池；3—旋转玩具；4—摆动玩具；5—支撑玩具；6—牵引玩具；7—攀登玩具；8—滑行玩具；9—摆动玩具；10—六角亭；11—三角亭；12—花展室；13—管理室；14—厕所

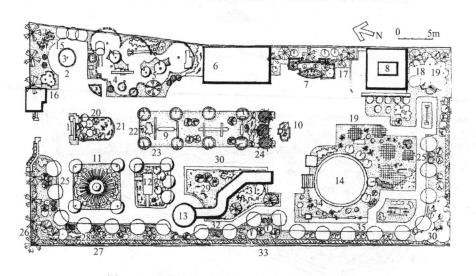

图 4-36　儿童公园植物配置示意（黄石儿童公园）

1—装饰墙；2—座椅、花坛；3—蘑菇亭；4—跷跷板；5—转椅；6—娱乐室；7—立体花坛；8—厕所；
9—荡船；10—立体花坛；11—花架；12—滑梯；13—圆亭；14—登月火箭；15—芭蕉；
16—龙相；17—红枫；18—木芙蓉；19—女贞；20—红叶李；21—海棠；22—杜鹃；
23—合欢；24—雪松；25—香樟；26—桂花；27—法国冬青；28—紫荆；
29—棕榈；30—美人蕉；31—丛竹；32—黄杨球；33—花石榴；
34—黄素馨；35—葱兰

148

图 4-37  可在儿童公园中选择一些遮荫效果好的乔木，
为儿童活动创造一个良好的绿化环境

（4）不选用易招致病虫害及易落浆果的植物。这类植物不易管理养护。其次，这些植物上的虫类及浆果落下后会污染场地，妨碍儿童使用，如桷树，柿树等。

## 动 物 园

动物园是集中饲养多种野生动物及少数品种优良的家禽家畜，供市民参观、游览、休憩，对市民进行科普教育，同时可供科研的公园绿地。

### 一、动物园的任务

动物园是城市公园绿地的组成部分之一，它既有一般公园供市民参观游览、休憩、娱乐的功能，又有其特殊功能。这些特殊的功能主要有以下几个方面：

（一）普及动物学及相关学科的科学知识。

动物园应科学地饲养管理动物，做好动物展出的工作，通过动物展出，广泛地开展科普教育及宣传，向广大市民，尤其是青少年传播有关动物的生活习性、经济价值、珍稀涉危程度和进化进程等知识。丰富人们的精神生活，提高人们爱护动物的自觉性，提倡人与动物友好和平相处的理念。

（二）开展动物科学研究

动物园也是供有关专家学者进行动物驯化繁殖、病理治疗、习性与饲养学等相关专业知识研究的场所。因此动物园应联系实际，研究掌握有关动物饲养、繁殖、疾病防治等规律，搞好野生动物的引种驯化，并同有关部门协作，开展珍稀濒危动物多学科的研究，提高科技水平。

（三）保护繁殖珍稀濒危动物，维持生物多样性

动物园集中了许多野生动物，其中有许多诸如大熊猫、金丝猴、华南虎等珍稀濒危动物。这些珍稀动物的灭绝将是人类不可换回的损失。因此，动物园应做好这些珍稀濒危动物的移地保护、繁衍及引种驯化的工作，使动物园真正成为生物多样性的基因保存和野生动物保护的重要基地。

（四）搞好园容管理，为市民提供一个优美的休憩游览环境

为了使动物生长及游人游览有一个良好的环境，动物园应有良好的管理，使动物园成为一个环境清洁、景观优美、服务设施齐全的人与动物共享的乐园。

（五）开展园内外动物园的交流和动物的交换工作，互通信息，搞好协作。

## 二、动物园的分类及规模

按规模大小的不同，动物园可分为：

（一）全国综合性动物园

一般展出品种 700 个左右，用地面积宜在 60hm² 以上。如北京动物园面积 90hm²，饲养动物 900 余种，共 20000 多只（头）。上海动物园面积 72hm²，饲养动物 600 余种，共 20000 余只（头）。

（二）地区综合性动物园

一般展出品种 400 个左右，用地面积宜在 15～60hm²。如广州动物园面积 42hm²，饲养动物 400 多种。武汉动物园面积 42hm²，饲养动物 200 余种，2000 余只（头）。

（三）省会动物园

一般展出品种 200 个左右，用地面积宜在 15～40hm²。如杭州动物园面积 20hm²，饲养动物 200 余种，约 2500 余只（头）；昆明动物园面积 23hm²，饲养动物 200 余种，2000 余只（头）。

另外按动物展出的方式，动物园还可分为一般城市动物园和野生动物园。

（一）一般城市动物园

用结合自然的动物笼舍或用建筑形式的动物馆等方式展出动物，人与动物之间有一定的隔离。

（二）野生动物园

动物可自由在相对独立的区域活动，参观游线穿过这些区域，人与动物有更亲密的接触和交流。如上海野生动物园，重庆永川野生动物园等（新的分类标准中，野生动物园属其他绿地类）。

动物园规模的大小与城市的性质与规模、展出动物的数量及品种、动物展出的方式、自然环境现状条件及经济条件等因素有关，用地规模的具体依据如下：

（1）保证有足够的动物笼舍面积，其中包括有足够的模拟动物生活环境的活动区域、动物串笼、繁殖室、饲料堆放、参观管理等方面的面积。

（2）保证有足够的游人活动和休息用地。

（3）方便办公管理，有足够的服务用地以及考虑有饲料生产的基地。

（4）进行分区布置之后，各区域之间有适当距离和一定规模的绿化缓冲地段。

（5）为动物园的发展留出足够的余地，规划上应为远期的扩展提供可能性。

### 三、动物园的用地选择

动物园做为城市公园绿地中的专类公园，由于其特殊性，对用地的选择有一些特殊的要求，主要表现在以下几个方面：

（一）地形方面

由于动物园中动物的种类较多，各种种类动物的生存需要不同的自然生态环境，因此动物园用地宜选择在地形形式较丰富（即有山地、平地、谷地、池沼、湖泊等自然风景条件）及绿化基础较好的地段（图4-38）。

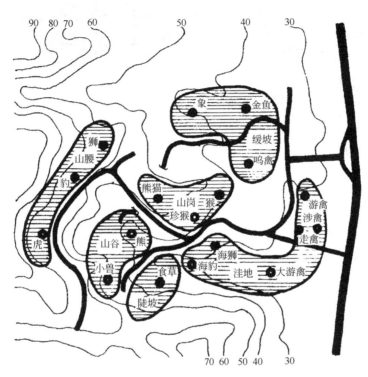

图4-38　动物园用地宜选择在地形形式较丰富（即有山地、平地、谷地、池沼、湖泊等自然风景条件）的地段（杭州动物园）

（二）交通方面

由于动物园客流较集中，货物运输量较大，因此动物园宜选在交通比较方便的地段。

（三）安全卫生方面

由于动物时常会发出叫声，有的动物会散发难闻的气味，而且通过粪便、饲料、兽疾等可能传染疾病，因此动物园的位置应与居住区有适当的距离，并位于下风、下游地带，其周围也应有必要的卫生防护地带。

（四）工程方面

应有良好的地质基础，充分的水源和安全经济的供电、供水、供气、通讯等条件。

为了满足以上的条件，动物园一般不宜选择在城市中心，而多选址于与市区有方便交通联系的郊区或风景区内。如上海动物园在离静安中心7~8km处；南宁市动物园位于市区西北部，离市中心5km；杭州动物园在西湖风景区内与虎跑景点相邻（图4-39）。

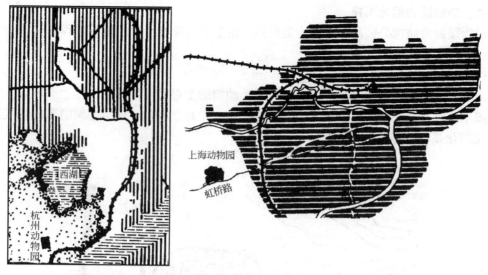

图4-39　动物园一般选址于与市区有方便交通联系的郊区或风景区内

**四、动物园的规划**

（一）动物园的规划要点

（1）有明确的功能分区。各区既互不干扰，又有利于动物的饲养、繁殖、研究和管理，同时又能保证动物展出，便于游客参观休息。

（2）有清晰的游线组织。通过对园路进行分级分类，形成主要园路、次要园路、游览便道、园务管理接待专用园路等组成的导游方向明确、等级清晰的道路游览系统，使游人能进行全面及重点的参观，使园务管理与游客流线不交叉干扰。

（3）结合动物的生活及活动习惯，选择适当的展出方式，并进行合理的植物配植，创造适合动物生活的空间以及景色宜人的公园环境。

（4）动物园四周应采取有效的安全防护措施，以防动物逃跑伤人，同时应保护游人能迅速安全地疏散。

（5）动物园的规划能保证分期实施的可能。由于动物园的建设投资大，周期长，一般需10~20年的时间才能基本建成，因此规划时应考虑分阶段实施的可能，同时还要为动物园未来的发展提供可能性。

（二）功能区的组成

一般的综合性动物园，由以下几个大的功能区组成（图4-40、图4-41）：

1. 宣传教育、科学研究部分

该区是全园科普科研活动的中心，主要由动物科普馆、科学研究所等组成；一般布置于交通方便的地段，有足够的游人活动场地。

2. 动物展出部分

由各种动物笼舍、动物馆舍等组成，主要供游人参观游赏。该部分是动物园的主要组成部分，用地面积也最大。

3. 服务休息部分

可采取集中布置服务中心与分布服务点相结合的方式，将各种服务休息设施均匀分散于全园，便于游人使用。

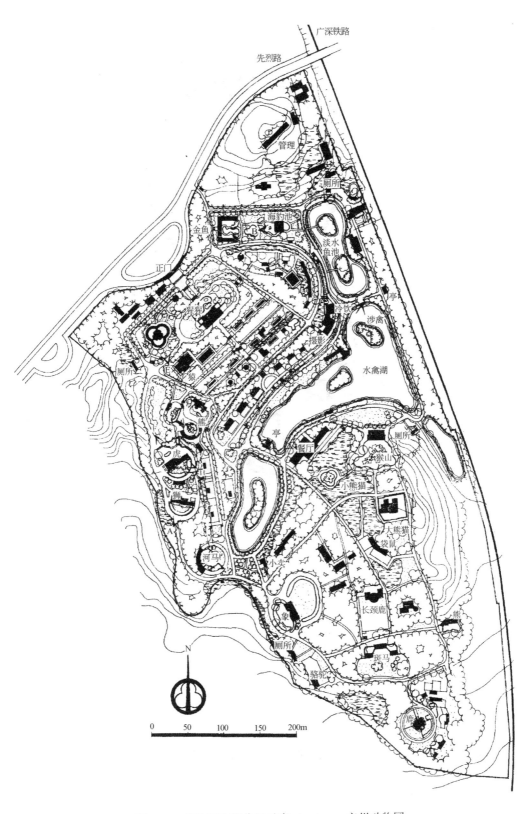

图4-40 动物园功能分区示意（一）——广州动物园

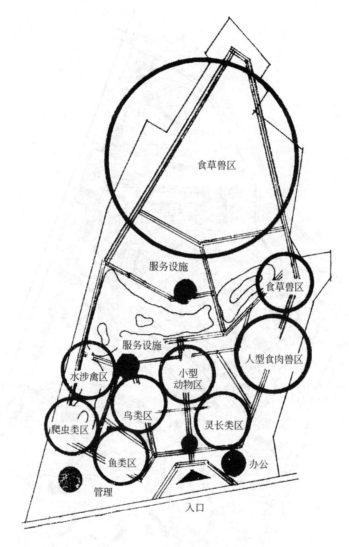

图 4-40 动物园功能分区示意（二）——广州动物园

4. 经营管理部分

包括饲料站、兽疗所、检疫站、行政办公室等。该功能部分应有专用出入口，解决运输及对外联系，同时与动物展览及动物科普科研区也要有方便的联系。另外，该区一般不位于游览的主要线路上，位置宜相对隐蔽偏僻，且有绿化加以隔离。

5. 职工生活部分

为了避免干扰和卫生防疫，该区一般设在园外。

（三）动物园的游线组织

在动物园游线的组织中，除了要遵循前面提到的道路游线组织原则以外，还要合理地安排动物展览的顺序。

动物展览的顺序：一般情况下，可按动物的进化顺序安排，即由低等动物到高等动物，按无脊椎动物—鱼类—两栖类—爬行类—鸟类—哺乳类的顺序来引导组织游人参观游

图 4-41　动物园功能分区示意（一）——上海动物园

览。在规划中可结合自然的地形地貌现状、动物的生态习性、建筑的布局、功能空间分布等，在由低等动物到高等动物的主游线引导下进行局部调整，形成由数个动物笼舍、馆舍等组成的既有联系又有绿化隔离的展览区（图 4-42）。

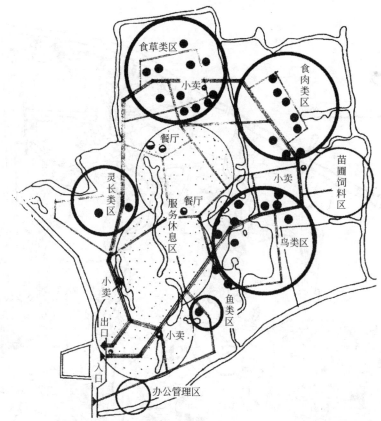

图 4-41　动物园功能分区示意（二）——上海动物园

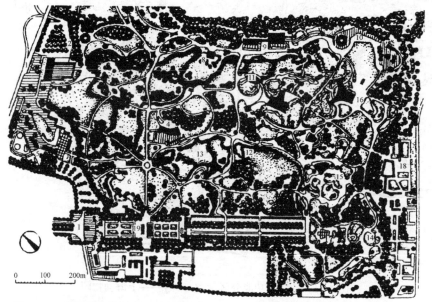

图 4-42　动物展览的顺序，一般情况下，可按动物的进化顺序安排，即由低等
动物到高等动物的顺序来引导组织游人参观游览（德国柏林动物园）

1—入口；2—停车场；3—展览馆；4—咖啡馆、餐厅；5—电影院；6—花卉、草本花园；7—展览场地；
8—长颈鹿；9—灵长园；10—热带动物；11—河马；12—火烈鸟；13—美洲鸵；14—熊；
15—小动物角；16—陈列馆；17—水族馆；18—管理处；19—城堡

其次还可根据游人的爱好、动物珍贵程度、地区特产动物等进行游线安排。如可将大熊猫、金丝猴等布置在全园的中心，安排在主要游线的重点位置（图4-43）；也可将市民喜爱的动物，如猴、猩猩、狮、虎等布置在主要位置。

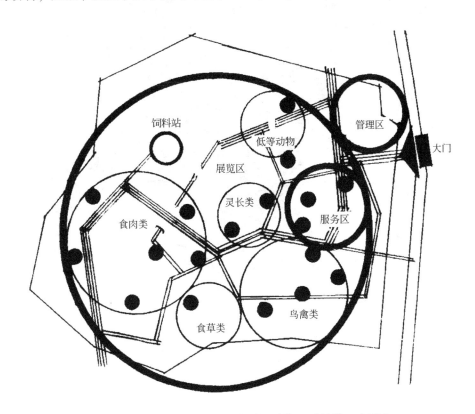

图 4-43　杭州动物园将群众喜爱的动物（灵长类）布置在
全园的中心，安排在主要游线的重点位置

另外，一些规模较大的动物园还可根据动物的地理分布及生活环境安排展览顺序，即按动物不同的生活地区，如亚洲、欧洲、美洲、非洲、澳洲等进行分区，结合各区的条件创造出湖泊、高山、疏林、草原、沙漠、冰山等不同的生活环境和景观特点，给游人以明确的动物分布概念，让游人身临其境地感受其生态环境及生态习性，取得更好的观赏效果。这样的展览安排一般投资较大，对管理水平的要求也更高（图4-44）。

（四）动物展出与笼舍建筑设计

动物展出是动物园最主要的功能，动物展出效果的好坏与动物笼舍建筑的设计直接相关。

动物笼舍建筑由三大功能部分组成（图4-45），它们分别是：

动物活动部分：包括室内外的活动场地，串笼及繁殖室。

游人参观部分：包括方便游人参观游赏的室内部分（参观廊、参观厅、门厅、休息厅等）和室外的参观园路及场地等。

管理与设施部分：包括管理室、贮藏室、饲料间、设备间、锅炉间、空调房、厕所、杂务院等。

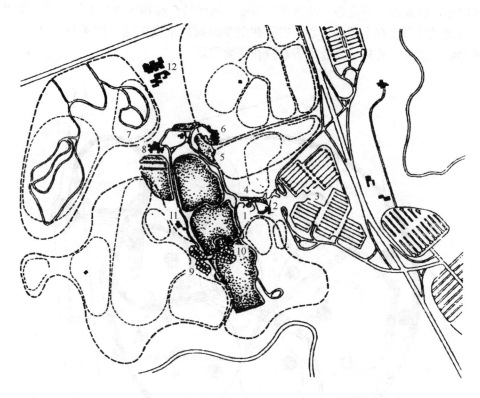

图 4-44　一些规模较大的动物园还可根据动物的地理分布及
生活环境安排展览顺序（加拿大多伦多动物园）

1—主出入口；2—行政办公楼；3—停车场；4—海洋世界；5—澳洲区；6—欧亚区；7—南美洲区；
8—北美洲区；9—非洲区；10—印度、马来西亚区；11—饭店；12—服务区

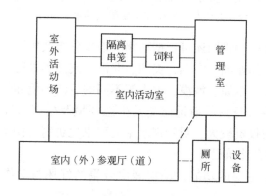

图 4-45　动物笼舍建筑的功能组成示意图

　　老的动物笼舍设计往往因缺少对动物行为的深入研究以及受投资限制等原因达不到较
好的展出效果，展出的动物常缩在建筑中走来走去或打瞌睡，游人也常抱怨看不见动物，
或观察不到动物的自然行动而觉得无趣。随着对动物展出研究的深入以及投资的增加，动
物笼舍的设计也越来越多样。现在常用的动物笼舍的形式有：建筑式、网笼式、自然式、
混合式等。

1. 建筑式笼舍

是用建筑的形式将动物的活动范围加以界定（图4-46）。该形式适于展出不能适应当地生活环境、饲养时需要特殊设备的动物。这种形式下动物的活动及游人的参观活动等基本都在主体建筑内完成。在建筑的室内设施布置时应根据动物的生态习性，营造适于其生活的环境；同时将动物的活动纳入游人的视线之中，增加游人对动物生活习性和生活环境的了解。采取这种形式的有天津水上公园熊猫馆、重庆动物园的猩猩馆、日本大阪动物园的河马馆、犀牛馆（图4-47）等。

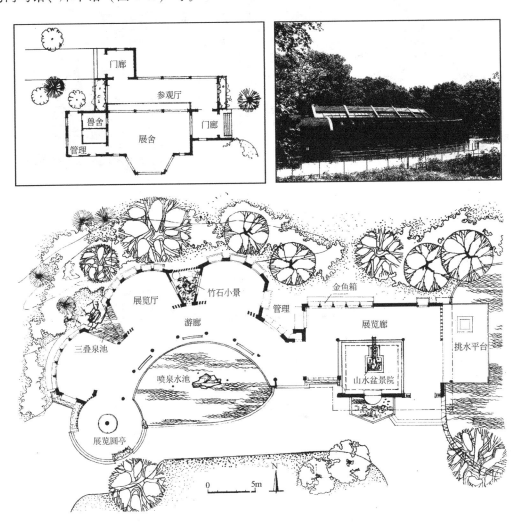

图4-46　建筑式笼舍是用建筑的形式将动物的活动范围加以界定，
该形式适于展出不能适应当地生活环境、饲养时需要特殊设备的动物

2. 网笼式笼舍

是将动物活动范围以铁丝网或铁栅栏等形式加以围隔（图4-48）。这种形式适于禽鸟类动物，也可作为临时过渡性的笼舍。笼内也可仿照动物的生态环境，布置一些装饰性的树枝、鸟笼、水池、山石等，可以丰富动物的各种活动。采用这样方式的有上海动物园的猛禽笼、重庆动物园的鸟类展笼等。由于铁丝网或铁栅栏等等材料在一定程度上会影响观

159

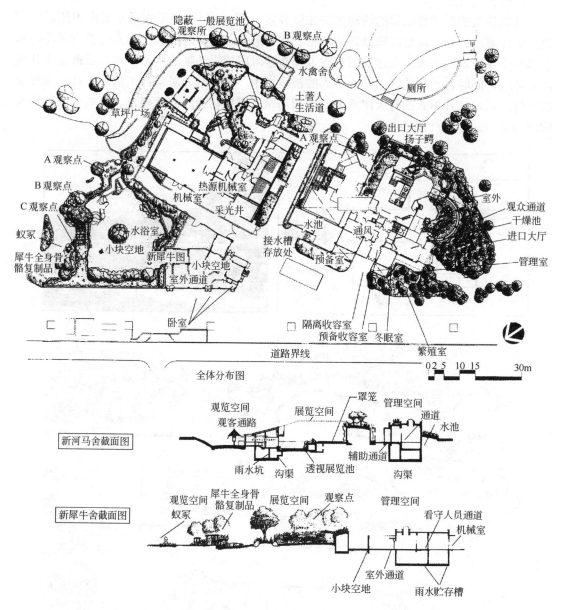

图 4-47　建筑式笼舍——日本大阪动物园建筑式动物笼舍

赏效果，因此网笼的材料也在不断地改进。国外的一些动物园已采用几乎看不见的黑丝网和钢琴弦等材料替代了铁丝网或铁栅栏，取得了很好的观赏效果。

3. 自然式笼舍

也称沉浸式展出，即按动物的自然生长环境模式，通过人工的塑造，在展示区内创造出适合该动物生活的自然环境（图 4-49），使动物自由地生活于其中。这种展出方式效果最好，也最受游人欢迎。它适于多种哺乳类动物及其他动物，一般在露天场地中结合自然地形地貌，布置水池、山体、绿化等适于动物生态习惯的生活环境，既让动物能在其中自由活动又便于游人观赏。这种形式的优点在于可以真实地反映动物的生活环境，适于动物

图 4-48　网笼式笼舍是将动物活动范围以铁丝网或铁栅栏等形式加以围隔

图 4-49　自然式笼舍也称沉浸式展出，即按动物的自然生长环境模式，
通过人工的塑造，在展示区内创造出适合该动物生活的自然环境

生长、生活。同时，由于有了丰富的环境，动物在其中的活动也丰富起来。动物的这些自然生动的行为也更提高了游人的兴趣，可以达到更好的宣传教育效果（图4-50）。然而，这种形式一般用地较大，投资也较高。如建于1989年的邦克斯动物的丛林世界，投资为一千多万美金，因此选用时应慎重。

图4-50　自然式的布置可丰富动物的活动，并达到更好的宣传教育效果

4. 混合式

即是指采用上述两种以上形式进行不同组合的形式（图4-51）。如广州动物园的海狮池、重庆动物园的河马馆等。

除此之外，现在还有一些新的展出形式出现，即将游人以安全的方式置身于动物的生活环境之中。如在野生动物园中，游人在车上进入动物展示区；在海洋公园中，游人在水下的玻璃廊中观赏动物；另外还有的动物园在动物展出中采用先让游人进入地下，然后将头露出地面并透过玻璃罩近距离地观赏动物的方式。这些游览方式改变了人们的观赏角度，增加了观赏动物的兴趣，受到人们的欢迎（图4-52）。

动物展出采用何种具体形式，应根据具体条件而定，不能照搬照抄。而无论何种形式的动物笼舍建筑，首先都必须满足动物生态习性、参观展览及饲养管理方面的要求。其中动物的生态习性是主要决定因素，它包括动物对笼舍建筑朝向、日照、通风、给排水、温度、室内外装修布置等方面的要求；其次这些动物笼舍建筑还应保证安全。一方面应保证动物的安全，使动物不致互相殴斗伤害、传染疾病等；另一方面还要注意游人的安全，可使用玻璃、壕沟、高压电网、钢琴弦等形式将动物与人隔开。而玻璃的厚度、壕沟的深浅、高压电网的电压、隔离栅的间距等应选择适当，以防止动物伤人；同时还应充分估计

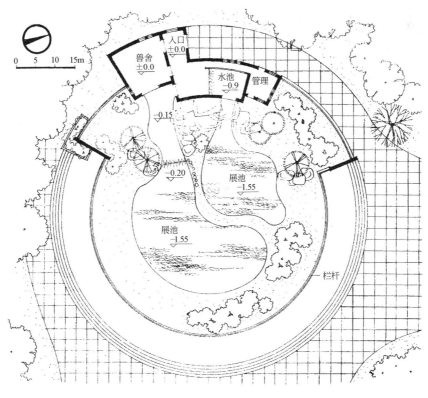

图 4-51　混合式的动物笼舍

动物跳跃、攀登、飞翔、碰挡、推拉的最大威力，要避免动物越境外逃伤人。除此之外，还应注意动物笼舍建筑的景观效果和意境的形成，这就要求设计时因地制宜，结合地形、

图 4-52　不同的观赏方式增加了人们观赏动物的兴趣，受到欢迎

地貌、植被等自然因素，创造出不同的环境气氛。在建筑造型、色彩、尺度和材料的设计运用中，还应考虑不同动物的不同个性特征，使建筑笼舍所营造的气氛意境与展出动物的个性特征相符。如鸟类笼舍玲珑小巧，大象河马等馆舍厚实稳重，熊猫馆幽静雅致，虎山、狮山则霸气十足等。

（五）绿化配植

动物园的绿化主要包括动物笼舍展览区的绿化，各区之间过渡地段的绿化以及动物园周边的卫生防护带及饲料场、苗圃等绿化。各动物笼舍展览区的植物配植应首先解决不同动物生态环境的创造与模拟（图4-53）。如展览大熊猫的地段可配植多种竹类；展览大象、长颈鹿等产于热带地区的动物则可配植棕榈、椰子之类体现热带风貌的植物；其次，展览

图4-53  各动物笼舍展览区的植物配植应体现不同动物的生态环境

区内的植物配植应形成一个良好的景观背景，有利于提高观赏动物的效果；其植物配植还应与建筑的造型、色彩、质地等配合，这样更利于烘托建筑的气氛和意境。由于各种动物生活的生态环境不同，因此形成各笼舍展览区不同的植物景观，为了使整个动物园的绿化形成一个完整的整体效果，各区之间需配植过渡的植物，使整个动物园的绿化统一协调，不致过于零乱。此外，为了防止动物园的噪声和粪便等对周边其他区域的污染，在动物园四周应配植一些可降低噪声、防止污染的植物形成卫生防护林，达到隔离污染源的目的。

# 植 物 园

植物园是搜集和栽培大量国内外植物，以种类丰富的植物构成美好的自然景观供游人观赏游憩之用，同时也是进行科普教育和进行植物物种收集、比较、保存和培养等科学研究的园地。

## 一、主要任务

由于植物园比一般公园里的植物种类丰富，以植物为主要构景元素所形成的自然景观和良好的环境深受游人的欢迎，而且在游览的同时还可增长知识。所以植物园受到市民的普遍喜爱，成为人们活动常去的场所。同时，植物园也是城市公园绿地的重要组成部分之一。植物园应担负以下的主要任务：

（一）普及植物学及其相关学科的知识

通过科学的规划及管理，对不同种类的植物进行分区，对植物的学名、当地名、原产地等进行挂牌说明，并通过对其生活环境的塑造，为游人介绍植物的生态习性、生存环境等知识。此外，可举行学术演讲，让植物爱好者参与实践活动等科学项目，对游人进行植物学及相关学科的科学知识的普及，提高全民素质，倡导热爱自然及人与自然和谐共处的观念。

（二）进行植物学及相关学科的科学研究

植物园最早是以对药用植物进行分类、培养等科学研究的目的而产生。发展到现在，植物园的一项重要任务就是收集大量野生植物，并对其进行鉴定命名、分类，进行引种驯化及繁殖等科学研究；同时将相关研究成果编写成论文或用于实践，引导植物学及相关学科的发展。

（三）以丰富的植物景观构成美好的园景，供游人观赏游憩

随着不断的发展，植物园由最初单纯地进行科学研究的场地发展成为供市民观赏游憩的重要公共游览场所。因此，现代的植物园除对植物进行科学的分类分区以外，还应注意各区四季不同的景观效果，力求以丰富的植物景观形成优美、安静的游览休憩环境，使人们在轻松的观赏游憩过程中接受科学知识，使植物园真正成为科学与艺术的结晶。

（四）为园林设计及园林建设提供示范

这一项功能在国外的植物园中体现较为突出。在国外的许多植物园中都会特地划出一片区域来做为示范区，在其中展示各种类型的家庭花园，各类花坛、绿篱、花境等的设计和建设，以此提高市民利用植物营造景观的意识及能力（图4-54）。

（五）与生产相结合，满足生产需要

植物园还可通过出售苗木，代社会及事业单位设计园林并施工、转让技术等方式与生

产相结合，满足生产需要。这样可弥补植物园资金的不足，为植物园创收，使植物园有足够资金正常运转。

**二、植物园的种类及规模**

（一）按不同的分类标准划分，植物园大致分类

1. 按收集植物的种类分

（1）综合性植物园

收集、培养多种不同种类的植物，并按不同种属、不同地理环境、不同生态类型等进行分区，供游人游览观赏，同时进行相应的科普教育及研究。大部分的植物园属这种类型。

（2）专项搜集的植物园

指只进行一个属的植物收集的植物园。这种植物园一般规模较小，专门收集某一个属的不同品种的植物，供科学研究或仅满足个人爱好。比较典型的例子是美国加州某森林遗传研究所附属的埃迪树木园。该园专搜集松属植物，有72个种，35个变种，90个杂种，还有松柏类其他属的植物52个种，该园是世界上最大的松柏类收集园。

2. 按其业务性质的不同分

（1）以科研目的为主的植物园

以科研目的为主的植物园为数不

图4-54　植物园中的示范区（在其中展示各种类型的家庭花园，各类花坛、绿篱、花境等的设计和建设）可提高市民利用植物营造景观的意识及能力（美国某植物园中的家庭蔬菜示范园）

多，目前多是一些历史较久的，附属于大学或研究所的植物园。这些植物园虽以科研工作为主，但仍应保证每年有不少于3个月的时间对市民开放。

（2）以科普目的为主的植物园

这一部分植物园占植物园中较大的比例，植物园对植物进行分类、分区栽种，并通过挂牌的形式对其名称及特性等进行介绍。另外，许多植物园还投入大量人力、物力、财力，以定期举行植物方面的学术报告等形式对游客进行科普教育。

（3）为专业目的服务的植物园

这类植物园展出的植物侧重于某一专业的需要，这些植物可能是药用植物、森林植物、观赏植物，或是为适应某种特殊的环境而进行搜集和研究的植物。如以搜集研究点缀在石灰岩喀斯特地形上耐石灰岩风化土的植物为主的"广西石山树木园"就属于这类为专业目的服务的植物园。

3. 按不同归属分

（1）科学研究单位办的植物园：如北京植物园南园属中国科学院植物研究所。

（2）高等院校办的植物园：如武汉大学植物园、挪威的贝尔根大学植物园等。

（3）国家公立的植物园：如美国国立华盛顿树木园、北京市植物园、合肥市植物园等。

（4）私人捐赠或募集基金会承办：这在国外是较流行的一种作法，如哈佛大学阿诺尔德植物园、朗多德植物园等。

（二）植物园的规模

植物园的规模大小，由多种因素综合决定，这些因素包括植物园的性质及任务、展出品种、展览区的数量、投资额、技术力量、城市的规模及性质、选址地的位置及现状情况等。由于具体情况不同，因此各国各地植物园用地规模相差较大。目前最大的植物园是澳大利亚昆士兰地区的图乌巴（TOOW）植物园，占地11396hm²。另外几个著名的植物园用地规模如下：英国皇家植物园占地121.5hm²，美国阿诺尔德树木园106.7hm²，德国大莱植物园42.0hm²，加拿大蒙特利尔植物园72.8hm²，俄罗斯莫斯科植物园136.5hm²，我国的北京植物园南园200余hm²（图4-55），上海植物园81.86hm²（图4-56），沈阳市植物园142.5hm²（图4-57），杭州植物园231.7hm²（图4-58），昆明植物园666hm²。植物园的规模大小应视具体情况而定。植物园规模过大，一方面会增大建设投资成本，另一方面也不便于游人参观游览；但如果面积过小又不利于完成植物园的任务。通常情况下，植物园面

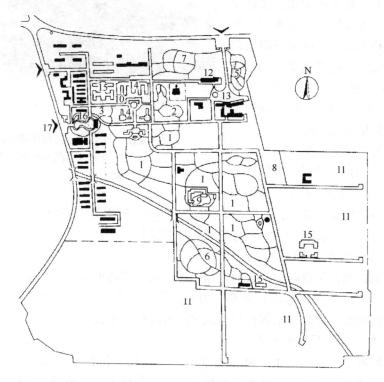

图4-55　北京植物园南园平面图

1—树木园；2—宿根花卉园（含球根）；3—牡丹园（含芍药）；4—月季园；5—药用植物园；
6—野生果树区；7—环保植物区；8—濒危植物区；9—水生与藤本植物区；10—月季园；
11—实验区；12—实验楼；13—国家植物标本馆；14—热带、亚热带植物展览温室
（1820m²）；15—繁殖温室、冷室；16—种子标本库（不开放）；17—主要入口

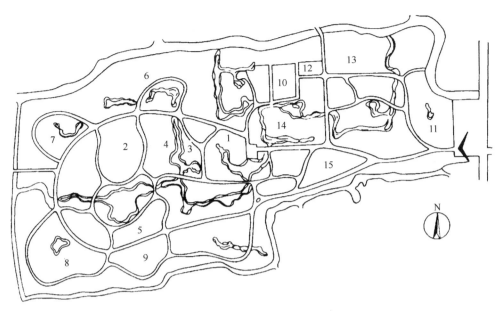

图 4-56　上海植物园平面图

1—蕨类园；2—松柏园；3—木兰园；4—牡丹园；5—杜鹃园；6—蔷薇园；7—槭树园；8—桂花园；
9—竹园；10—盆景园；11—草药园；12—兰室；13—展览温室；14—植物楼；15—环保植物区

积以 65~130hm² 为宜。

### 三、植物园的用地选择

为了使植物能够有一个良好的生存环境，游人能方便地参观游览，对植物园的选址有较严格的要求。这些要求有以下几点：

（一）交通方面

植物园一般占地面积较大，因此多选址于郊区。为了方便游人参观游览及植物园的经营管理，必须要有方便的交通与市区相连。

（二）周围环境

为了使植物生长良好，植物园选址应远离工厂区、水源污染区等，以避免植物遭受污染而生长不良，或大面积死亡。

（三）自然条件

1. 土壤

植物园对土壤条件要求较高，一般宜选择土层深厚、土质疏松肥沃、排水良好、中性、无病虫害的土壤环境。而一些特殊植物如砂生、旱生、盐生、沼泽生的植物，则需要特殊的土壤。

2. 地形

由于植物生活的生态环境不同，因此植物园一般要求稍有起伏的较丰富的地形。最为理想的地形条件是一些开旷、平坦、土层深厚的河谷或冲积平原。

3. 植被

一般宜选址在有丰富自然植被的地段，这对于维持郁郁葱葱的园景和保护调节自然环境、加速实现植物园建设等都是一个有利条件。

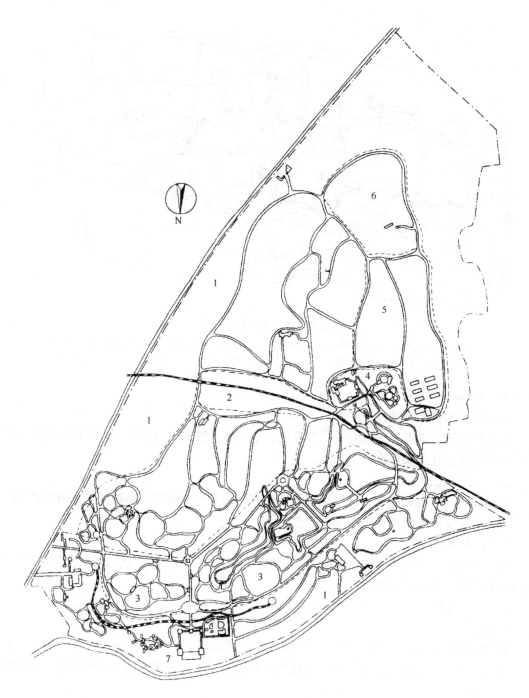

图 4-57　沈阳市植物园平面图

1—地理林型区：展示植物地理及林型；2—植物分类区：按 Cranquist 系统排列；3—植物景观
展示区：即草本木本的艺术组合；4—花卉盆景区：搜集与制作结合展出；5—科研生产区；
6—濒危植物保护区：限于东北地区的濒危植物；7—管理服务区（办公）

## 4. 水源

植物园中植物的灌溉及其他生活设施等都离不开水，另外水生植物、沼泽植物等更需

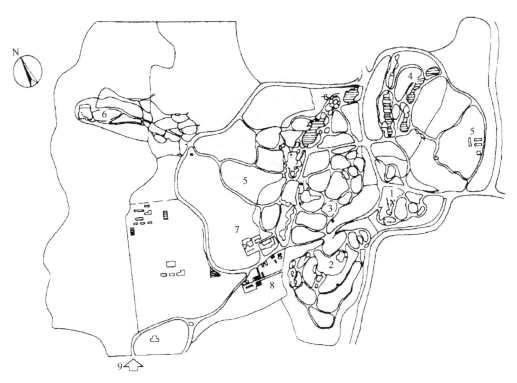

图 4-58　杭州植物园平面图

1—观赏植物区：有木兰山茶园、海棠、樱花碧桃园、槭树杜鹃园、桂花紫薇园，共 5 区；2—植物分类
区：含裸子植物小区及被子植物小区，按恩格勒系统排列；3—经济植物区：分淀粉、油脂、纤维、
栲胶、香料、工业原料、药用等小区；4—竹类植物区：以华东竹类为主；5—树木园：木本植物
正在搜集中；6—梅园：是在原古迹寺庙基础上辟园植梅；7—植物资源馆：占地 $2170m^2$ ，
展出浙江资源植物并进行科普活动；8—引种温室：占地 $1000m^2$ ，展出热带经济植物
与观赏植物；9—入口。尚有标本室、种子室等 5 个研究室。

要靠水来维持其生存，因此植物园应选址于有充足的水源的地方。另外从植物园的景观塑造方面考虑，水体也是不可缺少的。

5.气候

植物园内应有适宜的温度及湿度，保证植物的存活及良好的长势。

**四、植物园规划**

（一）规划要点

（1）根据不同的功能要求进行合理的功能分区，使各功能区之间既相互联系又互不干扰，一方面有利于植物的生长和展出，另一方面有利于游人的观赏和休息。

（2）有清晰的游线组织，通过对园路进行分级分类形成合理的游览流线和供科研生产的专用流线。在游人线路的组织上既要保证游人能顺利到达各展示区，又能保证游人近距离地观赏各类植物。

（3）除了按植物学科的规律划分展区及进行植物配植外，还应充分考虑各区及整个植物园的景观效果。

（4）植物园的规划应保证分期实施的可能，同时还应为植物园未来的发展留出余地。

（二）植物园功能分区

根据各功能之间的相互关系，一般的综合性植物园，可分为以下几个区（图4-59）：

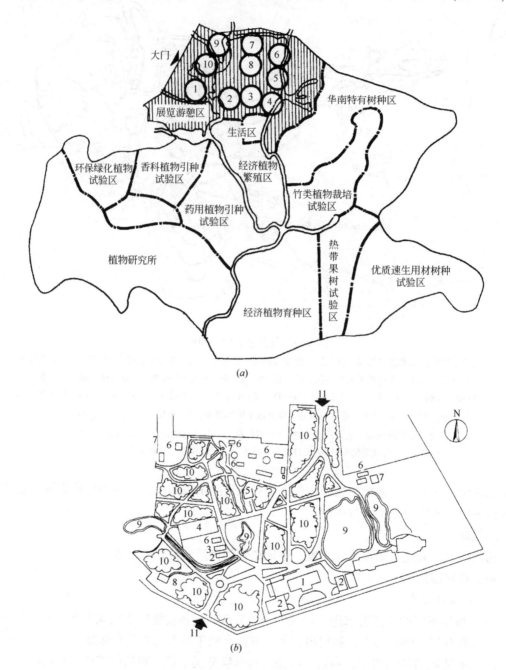

(a)

(b)

图4-59　植物园功能分区示意图

（a）广州华南植物园

1—经济植物区；2—竹类植物区；3—园林树木区；4—裸子植物区；5—药用植物区；6—热带植物馆；7—蒲岗萌
生林；8—蕨类植物园；9—孑遗植物园；10—棕榈植物区

（b）台北植物园

1—研究楼；2—实验室；3—标本馆；4—林业陈列室；5—植物园管理室；6—温室；7—荫棚；8—昆虫室；9—水池；
10—各科植物种植区；11—入口

1. 科普展览区

该区是植物园的主要组成部分，其目的是通过活体植物及其生态生活环境的展示，向游人介绍植物及植物园相关的科学知识。按不同的分区原则及方法，该区可分为以下的几个区域：

（1）植物分类区

植物分类区是指按一定分类模式进行植物排列的区域。由于植物学中存在着多种分类模式，因此不同植物园的植物分类区有可能按不同的分类模式进行排列。如英国邱园、中国台北植物园是按英国分类学家哈钦松（John·Hatchinson）的分类系统排列；德国大莱（Dahlem）植物园用德国人恩格勒（Heinrich G·A·Englen）创立的分类系统排列；北京和上海植物园采用的是纽约植物园克朗奎斯特（Arthir John Crongwise）分类系统。许多植物园中的树木园即属于植物的分类区（图4-60）。该区的特点为：面积较大，地形、小气候、土壤类型、土壤厚度等都要求丰富一些，以适应各种类型植物的生长要求。

（2）植物生态区

按植物原产地的生态要求在植物园内分区展现，并模拟原来的生活环境，使参加者易于联想。属于这一区的有：

岩石植物区——利用自然裸露岩石或人工布置山石，配以色彩丰富的岩石植物和高山植物进行植物展出（图4-61）；

沼泽植物区——在天然湖泊的地区，或在植物园低洼地带人造的沼泽中种植沼泽植物（图4-62）；

图4-61　岩生植物

图4-60　树木园

图4-62　沼泽植物

水生植物区——利用天然或人工水体，种植水生植物的区域（图4-63）；

荫生植物区——利用自然或人工方式形成阳光不足的环境，并在其中种植不需要充足阳光也能正常生长的耐阴植物（图4-64）。

图4-63　水生植物　　　　　　　　　　图4-64　荫生植物

除此之外，还有高山植物区、盐生植物区、森林生态区、热带亚热带植物区等。由于各植物园的自然环境不能同时满足各生态区的环境要求，因此该区组成数量的多少应根据实际情况而定。在条件允许的情况下，可采用温室等设备人工模拟各种生态环境进行植物展示。

（3）专类园区

专类园区是指将符合某种特定条件的植物搜集在一起，进行集中展示的区域。这些特定的条件包括：分类学某一内容丰富的属、药用植物、油料植物、纤维植物、对污染及有毒物质具有抗性的植物等。最常见的专类园有松柏园、竹园、月季园、百草园、药用植物园、抗性植物园等。

（4）示范区

示范区是指在植物园中设立可为园林设计及建设起到示范作用的区域。在该区内通过场地设计、植物配植、种植方式等的示范使园林设计者、园林植物经营者和一般游客得到园林设计及建设方面的知识和启发。这些示范区可包括家庭花园示范、绿篱示范、花坛花境示范（图4-65）、各国园林艺术示范等内容。

2. 科普教育区

科普教育区是集中设置科学普及教育的内容及设施的区域。如果该区内容丰富，则可使植物园发挥更为深远的作用。该区所包含的内容有：少年儿童园艺活动区、读书园、植物学家及名人纪念园、标本馆、植物博览馆、植物图书馆、报告厅、露天表演台等等（图4-66）。

3. 科研实验及苗圃区

科研实验及苗圃区是供科学研究和生产的用地。为了避免干扰、减少人为破坏，一般不对群众开放或少量对群众开放，而仅供专业人员参观学习。其中实验区内可设温室（图4-67）、实验室、研究室等，用于引种驯化、杂交育种、植物繁殖及其他科学实验。苗圃区内可设实验苗圃、繁殖苗圃、移植苗圃、原始材料圃等。

4. 服务及职工生活区

图 4-65　示范区

图 4-66　科普教育区

(a)

(b)

(c)

图 4-67　各种温室

为了方便游客，植物园中还应设置包括餐饮、小卖部及其他各种服务在内的服务区。为了便于职工上下班及日常生活，在远离市区的植物园还应为职工设置包括宿舍、幼儿园、食堂、浴室、综合服务商店、车库等内容的职工生活区。

　　（三）植物园道路系统

　　植物园中，道路引导游人游览，方便运输及管理，同时又是各区的分界及联系纽带，还是整个植物园景观构图中的重要元素。从形式上来看，植物园的道路有规则型和自由型两种线型。一般与建筑及广场相连的道路可采用规则线型，而联系各区的其他道路则可采用自由型。植物园道路两旁一般不用行道树的植物配植形式，而是用草坪与道路相接，灌木、乔木等植物种植靠后，使道路变得开阔，景观有趣（图4-68）。按不同的道路宽度可将植物园的道路分为以下三个级别（图4-69）：

图4-68　植物园道路两旁一般不用行道树的植物配植形式，而是用草坪与道路相接，
灌木、乔木等植物种植靠后，使道路变得开阔，景观有趣

　　1. 主干道

　　道路宽4~7m，引导游人进入各个主展览区及主要建筑，并做为几个主要区域或主要展区的分界线及联系纽带。主干道可通车，因此可解决园内的交通运输问题。

　　2. 次干道

　　道路宽2.5~3m，既是各展区内的主要道路，又是各展区中各小区的分界线及联系纽带，一般情况下供游人步行通行，特殊情况下可通小车。

　　3. 游览步道

　　宽度1.5~2m，是深入到各小区内部的道路。可供游人近距离观赏植物，同时也有分界线的作用，另外还可方便日常养护和管理工作。

　　（四）植物园的排灌工程

　　为使植物园中的植物能良好地生长，必须保证植物有适量的水分，即天旱时可人工灌

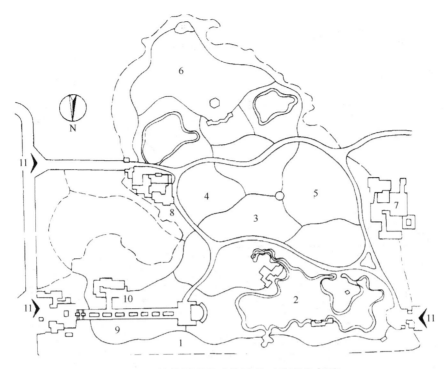

图 4-69　植物园道路系统示意（重庆花卉园）

1—草花区；2—水景区；3—观叶植物区；4—观果植物区；5—专类花园；6—秋色叶区；
7—科研实验区及温室；8—生活管理区；9—花圃；10—科普馆；11—入口

溉，天涝时可即时排水。所以排灌系统的规划是植物园规划的重要组成部分，应与植物园的总体布局同时进行。植物园的排水一般利用自然起伏的坡度及暗沟将雨水排入附近水体，但在一些特殊地段时应铺设雨水管辅助排出。这些雨水管及灌溉管道均应埋设暗沟，避免破坏园中的景观效果。

## 体 育 公 园

体育公园是指有较完备的体育运动及健身设施，供各类比赛、训练及市民的日常休闲健身及运动之用的专类公园。

### 一、体育公园的面积指标及位置选择

体育公园不是一般的体育场，除了完备的体育设施以外，还应有充分的绿化和优美的自然景观，因此一般用地规模要求较大，面积应在 $10 \sim 50hm^2$ 为宜。

体育公园的位置宜选在交通方便的区域。由于其用地面积较大，如果在市区没有足够用地，则可选择乘车 30 分钟左右能到达的地区。在地形方面，宜选择有相对平坦区域及地形起伏不大的丘陵或有池沼、湖泊等的地段。这样一来，可以利用平坦地段设置运动场，起伏山地的倾斜面可利用为观众席，水面则可开展水上运动。

### 二、体育公园规划

（一）功能分区（图 4-70）

按不同功能组织进行分区，体育公园一般可以分为以下几个功能区：

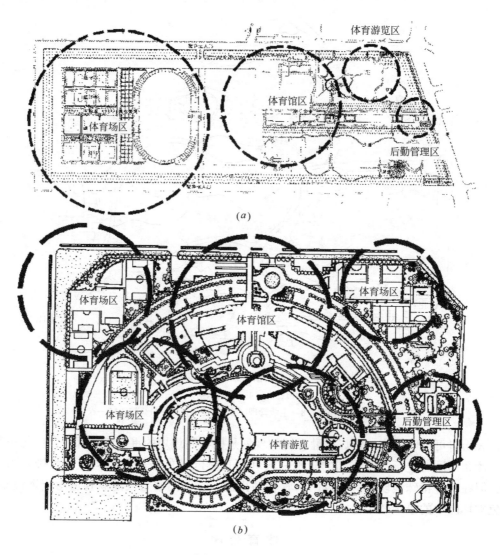

图 4-70　功能分区

1. 运动场

具有各种运动设备的场所，是体育公园主要的组成部分。通常以田径运动场为中心，根据具体情况在其周围布置其他各类球场。

2. 运动馆

各种室内的运动设施及管理接待设施，可集中布置或根据总体布局情况分散布置。一般可布置于公园入口附近，这样可有方便的交通联系。

3. 体育游览区

可利用地形起伏的丘陵地布置疏林草坪，供人们散步、休息、游览用。

4. 后勤管理区

为管理体育公园所必要的后勤管理设施，一般宜布置在入口附近；如果规模较大，也可设专用出入口与之相连。

（二）设施布置

体育公园的设施是以体育运动设施为主，这些主要的运动设施有：田径运动场、足球场、网球场、排球场、篮球场、棒球场、射击场、游泳池等竞技场。特殊情况下还可设：冬季滑雪设施、赛马场、自行车竞技场、划艇训练等。体育馆内的室内运动健身设施可设：乒乓球、羽毛球、篮球、室内游泳池、健身房。另外，馆内还可设置管理室、接待室、休息室、浴室、桑拿、美容美发、教室、医务室、图书馆、餐厅等服务设施。较大规模的体育公园内还可设置体育研究所、体育专门学校等（图4-71）。

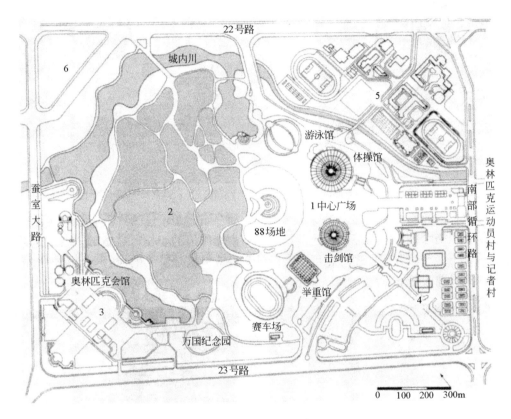

图4-71 设施布置示意图
1—竞技设施区；2—梦村土城；3—善邻纪念公园区；4—参与性体育公园；
5—体育学校区；6—风纳街路公园

（三）植物配植

体育公园如果邻近居住区，为防止体育公园的噪声及灰尘对周围居民的影响，在公园四周应有一定的防护林带。另外，在公园中相互之间有干扰影响的区域应有适当的绿化分隔。同时在运动场地植物配植上，一定要注意不妨碍比赛的进行及观众观赏时的视线。为了便于管理和养护，应尽量少用易落叶、易发生种子飞扬，不利于场地或游泳池清洁卫生的树种。由于运动场要求视线较开阔，因此在植物配植时，可适当增大草坪的比例（图4-72）。

图 4-72　在进行运动场的植物配植时，可适当增大草坪的比例，以获得较开敞的视线

## 带 状 公 园

　　带状公园是指沿城市道路、城墙、水滨等，有一定游憩设施的狭长形绿地（图 4-73）。带状公园除具有公园一般功能外，还承担有城市生态廊道的职能，是城市公园绿地系统的重要组成部分。带状公园宽度可宽可窄，但最窄处应能满足游人的通行、绿化种植带的延续以及小型休息设施布置的要求。

图 4-73　哈尔滨滨江绿带

## 一、带状公园规划设计要点

由于带状公园在用地条件上受到一定的限制，因此在规划设计中应遵循以下要点：

（1）由于带状公园一般呈狭长形，用地条件受限，因此规划时应以绿化为主，注重种植设计。其中的活动设施及建筑小品不宜过多，同时还应注意其尺度及形式应与狭长的用地条件相协调。

（2）带状公园的建设一般与城市道路、水系、城墙等相结合，因此在规划中应注意与这些要素紧密结合，充分体现不同要素的特征。如与城市中古城墙相结合的带状绿地就应充分体现城市的历史文化特征；与城市水系相结合的带状绿地应体现其滨水性及亲水性的特征等。

（3）在带状公园的规划设计上应注意序列的节奏感。由于受用地条件的限制，带状公园在空间感觉及路线组织上均较单一，因此，为了避免产生单调的感觉，在规划设计中应注意把握其节奏感（图4-74）。

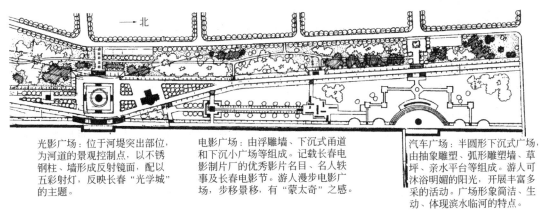

光影广场：位于河堤突出部位，为河道的景观控制点，以不锈钢柱、墙形成反射镜面，配以五彩射灯，反映长春"光学城"的主题。

电影广场：由浮雕墙、下沉式甬道和下沉小广场等组成。记载长春电影制片厂的优秀影片名目、名人轶事及长春电影节。游人漫步电影广场，步移景移，有"蒙太奇"之感。

汽车广场：半圆形下沉式广场，由抽象雕塑、弧形雕塑墙、草坪、亲水平台等组成。游人可沐浴明媚的阳光，开展丰富多采的活动。广场形象简洁、生动、体现滨水临河的特点。

图4-74 在带状公园的规划设计上应注意序列的节奏感

## 二、典型带状公园的规划设计

### （一）滨水公园

所谓滨水公园是指与城市的河道、湖泊、海滨等水系相结合的带状公园绿地。滨水公园是城市公园绿地中涉及内容最广泛的一种绿地类型。它的规划设计包括陆上的、水里的、水陆交接地带以及滨水湿地等方面的内容，因此滨水公园的设计是一项综合的、复杂的、极富挑战性的工作。另外，由于滨水地带对人类而言具有一种内在的、与生俱来的持久的吸引力，所以滨水公园也是最受城市居民喜爱的一类城市公园绿地。

与其他公园绿地的规划设计相比，滨水公园的最大特征是其亲水性的设计，亲水性设计的成功与否是滨水公园设计的关键。亲水性的设计主要包括对水体景观主题的考虑以及人们亲水活动的安排。以苏州工业园区金鸡湖景观工程中的湖滨大道为例（图4-75），湖

图4-75 苏州工业园区金鸡湖景观工程中的湖滨大道

滨大道其实是一带状坡地形的公园绿地，美国著名景观公司EDAW公司在处理这一滨水公园的亲水性时采用了这样一些措施：首先在景观方面，设计将整个滨水的坡地作了四个标高的划分，并以此形成与水关系由疏至密的四个不同区域，即从城市往湖面靠近，依次归"望湖区"（宽80~120m的绿化带区域）；"远水区"（高处湖滨大道，由乔木与灌木构成的半围合空间）；"见水区"（低处湖滨大道，9.4m的宽阔花岗岩大道）；"亲水区"（可戏水区域）（图4-76）。通过这样的空间划分及景观设计，丰富了滨水公园临水的空间及景观层次，增强了人们对水的期待、渴望的心理感受。

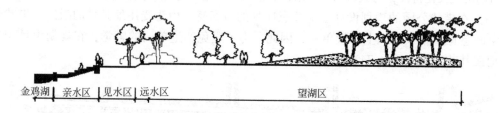

金鸡湖 ｜ 亲水区 ｜ 见水区 ｜ 远水区 ｜　　　　　　望湖区

图4-76　亲水空间的段落划分

在亲水活动的安排上，设计者为了满足人们触水、戏水、玩水的要求，采用了三种不同的方式促使人们与水的直接接触。这三种方式分别为亲水木平台、亲水花岗岩大台阶和挑入湖中的座凳。通过这样一些处理，不管一年四季水位高低如何，人们都能与水亲密接触（图4-77）。

亲水性设计的成功使湖滨大道颇具吸引力和活力，也是这一滨水公园设计成功的关键。与此相同的成功实例还有由俞孔坚教授主持设计的中山岐江公园。在中山岐江公园的水体处理中，设计了一种亲水生态护岸来满足人们的亲水性。这种亲水生态护岸实际是一种栈桥式的亲水湖岸。为了解决在各种水位条件下游客都能到达的较好的亲水性，这种浅桥式湖岸的具体做法是：首先在最高和最低水位之间的湖底修筑3~4道挡土墙，墙体顶部可分别在不同水位时被淹没，墙体所围合空间回填淤泥，以此形成一系列梯田式水生和湿生种植台。根据水位的变化及不同深浅情况，在这些梯田式种植台中种植各种水生及湿生植物，形成水生—沼生—湿生—中生植物群落带。然后在此梯田式种植台上空挑出一系列方格网状临水栈桥。栈桥随水位的变化而出现高低错落的变化，使在各种水位情况下均能接触到水面及各种水生植物和湿生植物，不仅满足了亲水性的要求，同时也形成了良好的景观效果（图4-78）。

（二）城墙公园

这里的城墙公园是特指与城市中的古城墙相联的带状公园绿地。城墙公园是城市中一类较为特殊的公园绿地，它除了一般公园绿地的功能外，还有保护历史文物、弘扬历史文化的功能，因此具有丰富历史文化内涵是这类公园的主要特征。

根据所依附城墙的完整程度不同，城墙公园可分为带形环状和带状两种形式。与保存完整、交圈闭合城墙相联的公园绿地为带形环状城墙公园，如西安环城公园等（图4-79）；与较长的残墙空间相结合的为带状城墙公园，如襄樊、成都等地的城墙公园（图4-80）。为了充分发挥城墙公园保护历史文物、弘扬历史文化的功能特征，在规划设计中应注意以下要点：

(a)　　　　　　　　　　　　　　　(b)

(c)

图 4-77　三种不同的亲水方式

(a) 亲水平台；(b) 亲水台阶；(c) 亲水座凳

(a)　　　　　　　　　　　　　　　(b)

图 4-78　中山岐江公园的亲水驳岸处理

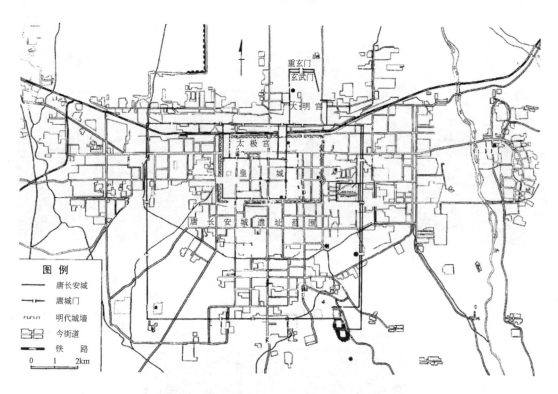

图 4-79 与保存完整、交圈闭合城墙相联的公园绿地为带形环状城墙公园（西安环城公园）

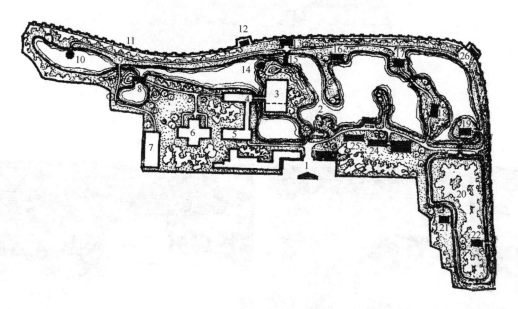

图 4-80 与较长的残墙空间相结合的为带状城墙公园（成都某城墙公园）

1—大门；2—交加亭；3—升庵殿；4—地台子；5—仓颉殿；6—中山纪念堂；7—茶馆；8—聆香阁；9—飞虹；
10—绿漪亭；11—古城墙；12—蜗角；13—问津楼；14—亭；15—杭秋；16—香世界；17—枕碧亭；18—沉
霞榭；19—湖心楼；20—桂花林；21—厕所；22—亭；23—管理所；24—小锦江；25—杨柳楼；26—观稼台

1. 突出城墙固有的形制及周围的环境地域特色

城墙因其规模不同、所处地理位置不同、建造年代不同等而呈现出不同的形制及特征。如北方城墙一般较方正，南方城墙较曲折；有的城市的城墙与水联系紧密，如苏州城墙；有的城市的城墙与山关系亲近，如乐山城墙；有的古城墙雄踞沙漠，如嘉峪关；有的古城墙住于少数民族地区，具有浓厚的民族特色，如大理古城墙……这些不同形式和特色的古城墙对城市的特色有着显著的影响。因此，在进行城墙公园的设计时应首先把握其特有的形制及环境地域特色，通过适当的设计手法加以强调，以突出特点。另外，为了保护好古城墙的环境氛围，在城墙公园及周围用地的规划中应注意留出一定的空间，与现代化的城市气氛形成缓冲，这样，古城墙的风貌才能得到真正的保护（图4-81）。

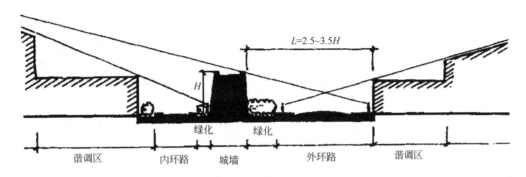

图4-81　为了保护好古城墙的环境氛围，在城墙公园及
周围用地的规划中应注意留出一定的空间

2. 以古城墙的历史文化内涵为出发点构筑景观，突出城墙公园的人文价值

古城墙本身即为历史遗留下来的人文景观，其中蕴涵有丰富的历史人文因素。在设计城墙公园时应对这些因素进行充分的挖掘，运用古典园林的一些传统的构景手法，弘扬与城墙有关的人文精神，突出城墙公园的人文价值。

3. 结合古城墙的历史文化特征开展地方性的、民俗性的文化休闲娱乐活动

在城墙公园中，除可以开展一般性的观赏游览等休闲活动外，为与古城墙的历史文化氛围相协调，可适当考虑安排一些如风俗、服饰、土特产品展出、灯会、庙会等民俗文化活动，以增加城墙公园的人气及活力。

4. 要协调好古城墙与市政现代功能要求之间的关系

为了使城墙公园更好地为都市人服务，在公园设计中必须考虑解决水、电等市政设施。这些功能空间的处理一定要服从保护古城墙的大原则，应以不破坏古城墙的历史文化氛围为基本出发点，使人们在享受现代化服务的同时能充分感受古城墙的历史文化氛围。

以上是城墙公园规划设计的一般性设计原则，在方案设计中，应从具体情况出发，发挥创造性，设计出各有特色的城墙公园。

## 街 旁 绿 地

街旁绿地是指位于城市道路用地之外，紧邻街道、并相对独立成片的绿地。它又可包

括街道广场绿地、小型沿街绿化用地等。

广场绿地是指位于城市规划的道路红线范围以外，以绿化为主（绿化用地所占比例应不少于65%）的城市广场。小型沿街绿化用地又称街头小游园，是利用街道交叉点、桥畔、倾斜地或市区其他不规则的用地加以绿化美化，供市民休息、娱乐、健身使用的小型公园绿地。这类绿地在城市中分布广、使用频率高，是城市公园绿地的补充，对城市环境及景观的改善和市民生活水平的提高都有显著的作用（图4-82）。

图4-82 街旁绿地对城市环境及景观的改善和市民生活水平的提高都有显著的作用

**一、位置选择及尺度控制**

广场绿地及街头绿地作为城市绿地系统"点、线、面"构成中"点"的要素，应考虑均匀地分散于城市之中，按合理的服务半径为周围居民服务。此类绿地应与周围居住区有方便的联系，且多考虑步行系统与之相连。在这两类绿地中广场的尺度稍大，因此可选择有相对平坦地形的地段。街道绿地用地则十分灵活，对用地形状、地形形式等没有太大的要求。这类绿地一般尺度不宜过大，但至少应不小于100m² 左右。广场绿地的面积则较大，其尺寸可具体根据周围建筑的尺度而定。当广场绿地宽度与周围建筑高度之比为1:1时，围合感强，视线较封闭；当广场绿地宽度与周围建筑高度之比大于3:1时，围合感渐弱。一般较适宜的广场绿地宽度与周围建筑高度之比应控制在1:1~3:1之间（图4-83），过大尺度的广场绿地往往会因缺乏围合感而失去广场绿地的特性。我国目前的广场绿地建设中很多存在尺度把握不当的问题，许多广场绿地片面追求过大的尺度及形式，忽略人的行为及心理需求，这种做法是不可取的（图4-84）。

**二、广场绿地及街头绿地的规划要点**

（一）广场绿地规划的要点

按不同的使用情况，可将城市广场分为装饰广场、市民广场、纪念广场、商业广场、

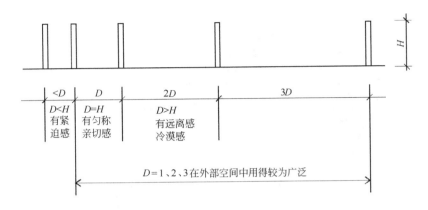

图 4-83　一般较适宜的广场绿地宽度与周围建筑高度
之比应控制在 1：1~3：1 之间

图 4-84　过大尺度的广场绿地往往会因缺乏围合感而失去广场绿地的特性

交通广场等类型。广场绿地则一般是指供市民休息、集会、娱乐等使用的市民广场。

广场历来被称为是"城市的起居室"，满足人们的各种休息娱乐活动是广场的主要功能，同时广场对改善城市环境及景观也有较大作用。另外，在紧急情况下广场还起到疏散人流及庇护等作用（图 4-85、图 4-86）。

针对以上的功能，在广场绿地规划中应注意以下的规划要点：

1. 广场绿地要有较强的识别性和围合感

广场空间的识别性是指广场有明确的"图形"特征（图 4-87），即广场有明确的边界，较好的封闭性，这样广场绿地容易形成向心性的空间秩序。在这种空间秩序中，人们

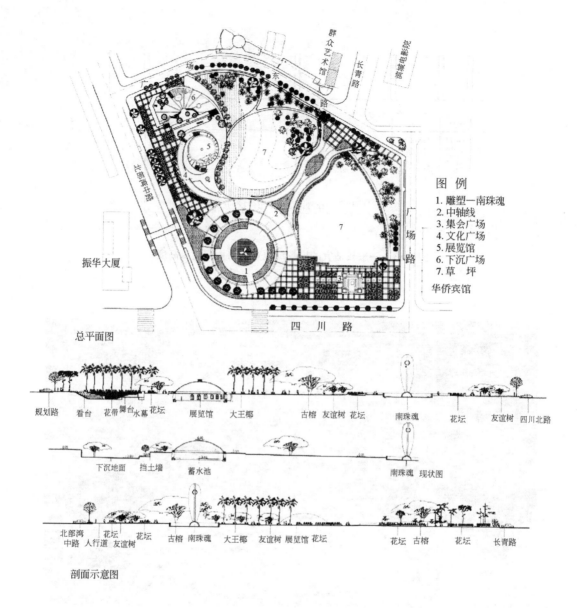

图4-85 广场设计实例——北海北部湾广场

容易产生领域感和归属感，因而乐于停留其中。反之，没有封闭感的广场绿地则因空间缺乏向心性的凝聚力，难以吸引人们停留，也就很难进一步诱发人们的种种活动和形成充满生机的广场空间。

2. 广场绿地应有较好的可接近性

广场绿地的可接近性是指人们的视觉及行为均能与广场空间连通，接近，使人们可以自然顺利地从街道进入。如有的广场绿地四周被繁忙的交通包围，使人们难以进入，即使广场中有花坛、花架、喷泉、坐凳等设施，也会因受交通干扰而减少其使用频率；又如有些广场绿地不易被人发现，存在视觉盲区，这样的广场绿地也会乏人使用（图4-88）。

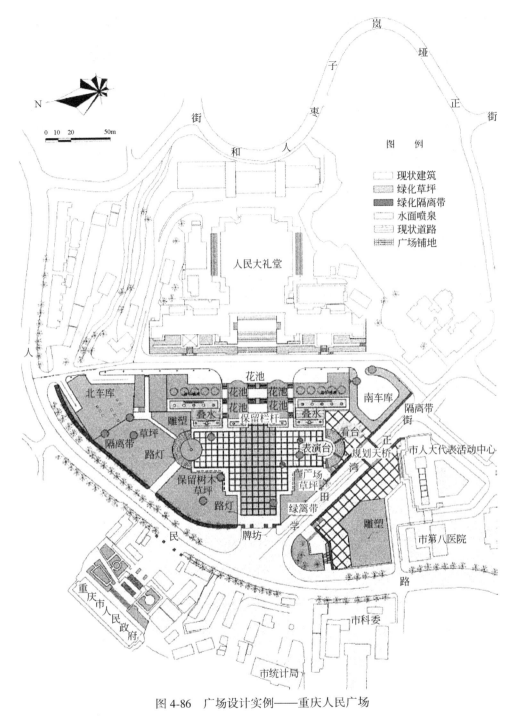

图 4-86 广场设计实例——重庆人民广场

**3. 广场绿地中应有可诱发人们活动的媒介**

丹麦的城市设计专家扬·盖尔 (Jan Gehl) 将人们日常的户外活动分为必要性活动、自发性活动和社会性活动三种。人们在广场绿地中的各种活动属于自发性活动和社会性活动，这类活动的发生都要依赖于适宜的环境条件。因此在广场绿地规划设计中，应尽可能创造各种适宜的环境条件，满足和促成这些活动，使广场绿地充满生机和活力。一个夏日

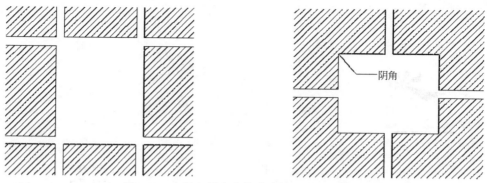

阴角

图 4-87 广场空间应有较明确的"图形"特征

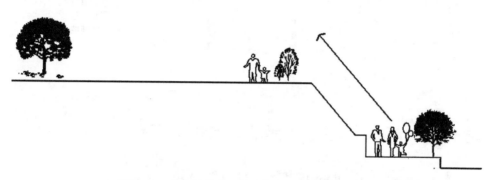

图 4-88 存在视觉盲区的广场绿地往往乏人使用

阳光暴晒，冬日寒风凛冽，既无树木遮风挡雨，又无相应休息设施的广场绿地，是难以吸引游人驻足其中的。因此在广场空间划分、植物配植、小品设置等方面都应考虑如何更好地为人服务，真正满足不同的人们不同的活动要求（图 4-89）。

图 4-89 在广场空间划分、植物配植、小品设置等方面多应考虑如何更好地
为人服务，真正满足人们不同活动的要求

4.广场绿地应有一定的文化内涵，同时能体现地方特色

在满足人们活动要求的同时，广场绿地作为城市的主要户外空间，其景观质量的好坏将直接影响到城市的面貌。因此广场绿地规划时还应注意体现地方特色及文化内涵，以形成独特的景观效果，使广场绿地成为城市面貌的一个亮点。

（二）街头绿地规划设计要点

街头绿地由于具有尺度亲切、易于接近、使用方便等特征而倍受人们的欢迎。一个成功的例子是美国的帕莱公园（图4-90）。这个位于建筑之间空地的街头公园占地仅 405m$^2$，不仅供顾客、职工和附近居民休息、聊天之用，同时也成为城市的标志之一，吸引不少人专程而来，在此小坐、谈天。公园由一面高 3.7m 的人工瀑布墙及一片刺槐树林组成，人工瀑布发出的悦耳水声隔绝了邻街的噪声，在阵列种植的刺槐树浓密的树荫下，摆设了椅子和茶几供人们使用，为人们提供了一个良好的休息环境，这个看似简单的街头绿地受到了人们的喜爱和欢迎。

图 4-90　美国的帕莱公园

由这个实例我们可以看出，街头绿地的规划应以满足周围使用者的使用要求为原则，其项目的设置可根据绿地的位置、规模的大小、周围使用者的情况及本身的自然现状条件而定。一般情况下，如果面积较小则可突出某一个项目的特点；如果面积较大，则应进行分区处理，使各项活动相对独立，互不干扰。在植物配植上，则应与各项活动及功能空间相结合，突出各功能空间及活动的特征，同时也应注意其整体景观效果的形

成（图4-91）。

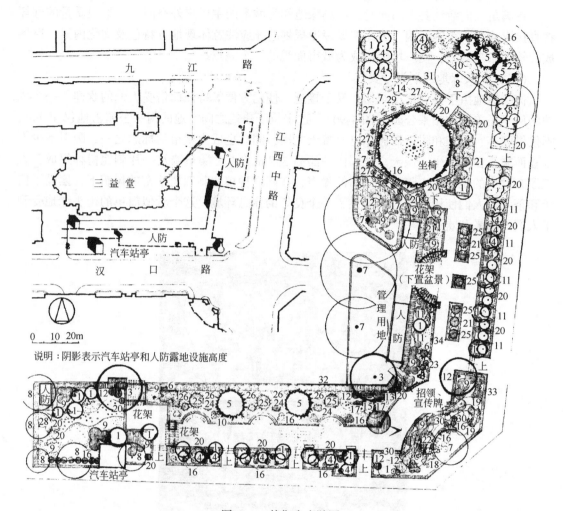

图4-91　某街头小游园

1—广玉兰；2—女贞；3—香樟；4—棕榈；5—雪松；6—黑松；7—银杏；8—保留杂树；9—夹竹桃；10—海桐；
11—栀子花；12—蚊母；13—山茶；14—构骨；15—十大功劳；16—丝兰；17—天竺；18—金丝桃；19—杜鹃；
20—黄杨球；21—罗汉松；22—粗榧；23—地柏；24—花柏球；25—龙柏球；26—红枫；27—青枫；28—紫薇；
29—红叶李；30—结香；31—迎春；32—珊瑚树绿篱；33—黄杨绿篱；34—葱兰

# 第四节　城市公园绿地规划设计实例介绍

## 厦门市南湖公园规划

### 一、概况

厦门市南湖公园是改革开放以来厦门市新建的一个市级综合公园。公园位于厦门本岛中部、新市区的中心，临近公园的东、南两面分别为居住区，东有城市主干道湖滨东路将公园与居住区隔开，南面有城市次干道湖光路将公园与居住区隔开；公园西面是花圃，并

192

以排洪沟为界；公园北面接员当湖，湖与公园融为一体，视线较为开阔（图4-92）。员当湖初为厦门港的员当港湾，1971年建员当海堤后，港湾成内湖，故名员当湖。由于沿湖部分滩地原有防护林地，因此公园基地内植被基础较好，建园以前有面积达8.62hm²、以木麻黄为主的防护林。

图4-92　南湖公园平面图

1—曲水荷香；2—员当春晓；3—南湖秋月；4—坐石临流；5—鹭津舟渡；6—平湖；7—金榜钓矶；8—厕所；
9—四宜书院；10—门球场；11—南门；12—东门；13—叠瀑；14—小飞虹；15—闸桥

全园地势低平，基本高程仅+0.4～+0.7m，部分在海拔-1.0m以下，且全部为海泥淤积，厚度达8～13m，至建园时，西北与南侧局部有建筑与生活垃圾堆积，高程与周边城市道路标高接近，多在+1.5～+2.0m，全园平均高程仅+1.23m，低于员当湖最高水位0.27m。

公园总面积16.73hm²，规划于1985年完成，后因员当湖整治、大规模清淤而暂搁。

1989 年根据用地及员当湖调蓄洪要求，重新论证并完成规划，并于次年动工，1993 年底基本建成并投入使用。

该规划设计获得 1997 年福建省勘察设计二等奖，1998 年度城乡建设部级优秀勘察设计三等奖。

## 二、现状分析

通过对南湖公园基地现状的分析可以看出，该基地有明显的区位优势及环境特点。首先基地位于新市区中心，毗邻大片的居住区，而且距火车站及站前公交车场仅 1km 路程，非常方便市民使用。因此，公园应主要担负解决居民休憩娱乐活动的要求，设置人们喜爱的各种活动项目。另外，由于位于市中心，公园也应担负改善市区生态环境及改善城市景观的功能，因此在植物配植方面应有这方面的考虑。其次，公园北面无界而融于员当湖，这样，公园的空间、视线、景观及活动项目的设置等都得到了很好的扩展，因此对借景的考虑尤为重要。经过巧妙的设计，可将湖之北岸绿化、城市新貌仙及仙洞诸山的景观纳入公园中，融为一体。第三，从基地现状的高程分析来看，基地低于员当湖最高水位，大面积提高基本高程，做一定的地形塑造，这样一方面可满足蓄洪要求，另一方面可使公园地形空间更为丰富。

## 三、规划性质及原则

通过对基地一系列深入细致的分析，确定公园的性质为：满足市民休憩娱乐活动要求，同时满足城市生态需求的市级综合性自然山水园。公园规划的基本原则可概括为"慎造地、巧理水；重造绿、精创景；尊传统，赋新意"。其具体体现为：

（一）地形塑造时突出水景

以水为中心，外延内伸，内造外借，自然得体，适度堆山，"取一于成，函盖万有"，水因山而活，山有水而媚，以求"肇自然之情，成造化之功"，为营造本园核心思想。

（二）古人有言"为情而造文"，又言"情无景不生，景无情不发"

除了山水骨架，园之造景为全园关键，建筑源于功能，其景观与观景作用自不待言，因其量少而传递的信息丰富，历来为造园者高度关注。"重造绿"既是面上工作量最大的工作，更是造景、体现园艺水平的关键。可以说三分造园，七分植物造景。

（三）"或袭故而弥新，或沿浊而更清"，古人继承传统的态度显而易见

尊重传统，重在创新。南湖公园位于新区，又是新建，之所以选择自然山水园模式，一在于自然环境，二尊重国人自然审美观。在具体布局与具象设计中则以园林的基本功能为前提，力求"谢朝华于已披，启夕秀于未振"。

## 四、功能分区

根据各项活动和内容安排的不同，该公园共分为五大功能区（图 4-93）。

（一）入口区

入口区共有两处，其中东入口为主要入口，与城市干道湖滨东路相接，设内外广场、公园主要停车场以及必要的管理设施。该入口主要接纳槟榔居住区、新区、市区及外来游客。南入口为次要入口，与城市次干道湖光路相接，设外广场及必要的服务管理设施。该入口主要接纳湖滨镇及其以南居民。

（二）生产管理区

生产管理区位于公园南端偏东，为公园经营管理的内部专用区。区内设公园管理处及

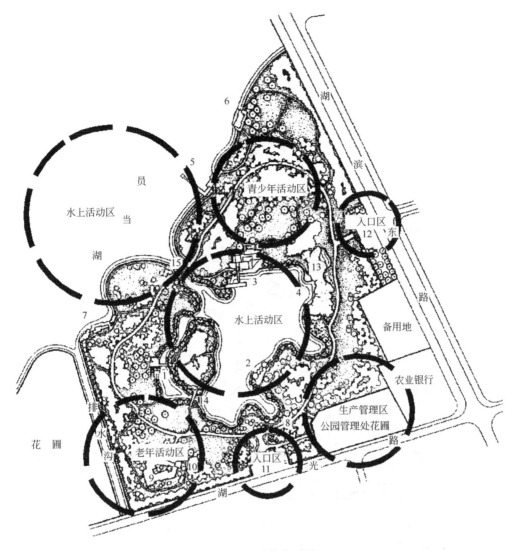

图 4-93　功能分区图

1—曲水荷香；2—员当春晓；3—南湖秋月；4—坐石临流；5—鹭津舟渡；6—平湖；7—金榜钓矶；
8—厕所；9—四宜书院；10—门球场；11—南门；12—东门；13—叠瀑；14—小飞虹；15—闸桥

生产花圃等。

（三）老年活动区

老年活动区位于公园西、南部，设有室内外活动场所以及老年人的文化活动中心等。

（四）青少年活动区

青少年活动区位于公园东北部，较集中地布置适合青少年使用的各种室内外的文化娱乐以及健身设施。

（五）水上运动区

水上运动区包括内湖区及外湖区，可开展垂钓、划船及其他水上活动。

### 五、景观组织

全园共有八个主景，并以此形成各自的主题来组织景观，这八个景观主题分别为（图 4-94）：

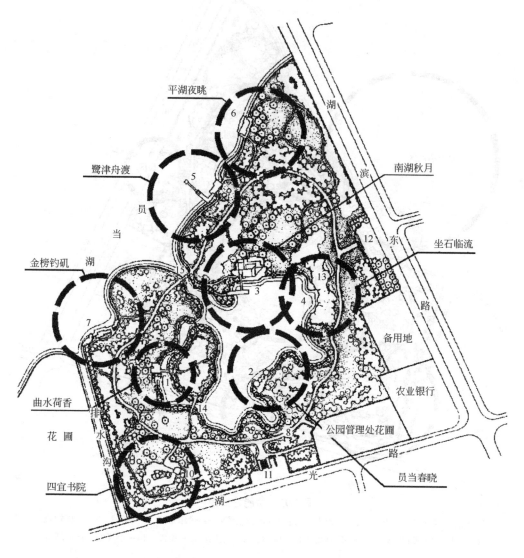

图 4-94　景区划分图

1—曲水荷香；2—员当春晓；3—南湖秋月；4—坐石临流；5—鹭津舟渡；6—平湖；7—金榜钓矶；
8—厕所；9—四宜书院；10—门球场；11—南门；12—东门；13—叠瀑；14—小飞虹；15—闸桥

（一）"员当春晓"

"员当春晓"位于公园之南，即南湖之南。该景主景为水榭码头，土丘上植冬春花密林（木棉、刺桐），周边以春花灌木烘托，延伸平地为疏林，岸际点柳、桃、竹，春花浪漫为其特色。

（二）"曲水荷香"

"曲水荷香"位于湖西，由深入内湖小岛围合成的曲水空间。主景鹤屋（茶室）位于西阜之侧，与连廊环水而置。半岛上丛竹为基调，阜坡上榕树、米兰、白兰为骨干，并点缀厦门市花凤凰木，水际散植荷莲。该景点有曲廊可观花、鹤屋可品茗，是夏日休闲的最佳去处，深受游人喜爱。

（三）"南湖秋月"

"南湖秋月"的主景望湖楼，为水面构图中心，主山山林为其背景，楼台轻歌，山水相映，为中秋赏月最佳处。周边环境以秋花秋色植物为基调，与南岸"员当春晓"对应，相应为春花秋月。

（四）"坐石临流"

"坐石临流"位于湖之东北，置石一组（人工塑石仿球状花岗岩）为主山延伸。其东面东门，主峰叠瀑为入口障景；主体部分架洞，构水帘面湖，半亭帘面湖，半亭依石而筑，水石洞亭浑然一体，石上点刻书题，意境深邃。

（五）"四宜书院"

"四宜书院"位于西南小丘，结合室内外景观做庭院，四季相宜。该景为诗琴书画之所，亦为老人活动室内场所，移古榕（利用建设需移植榕树）植院内外，古韵新意融于本景区。

（六）"平湖夜眺"

"平湖夜眺"景位于园之东北，主景映仙楼临外湖而设，为青少年主要室内活动场所。登高平台，夜眺员当灯火，借此可忆"员当渔火"旧景。周边用地已有成林木棉、蒲葵，林间林外空地为室外文体活动场所。

（七）"鹭津舟渡"

"鹭津舟渡"景位于主山之北，主建筑为外湖游船码头，内及山体延伸部，外含鹭洲及周边水域。可利用外湖作水上运动。鹭洲为外湖清淤堆积而成，植竹林以利白鹭憩息，白鹭群飞，泛舟外湖，构成游客参与、观赏之动态景观。

（八）"金榜钓矶"

"金榜钓矶"景位于园之西北隅，设亭与钓台于外湖岸，为垂钓之所。旧员当港内有"浮沉石"、"钓矶石"，记载为唐代文士陈黯遗迹之一。厦门二十四景之小八景有"金榜钓矶"，金榜路至南湖公园而止，今不复存。故移景名于此，并赋垂钓之实。

**六、道路系统**

园内道路系统由两级构成，主干道宽 3.5m，环状设置，沟通全园，可通行消防车及园务车，水泥路面，总长 1100m。次级为步游道，一为环湖路与连接各景区的小环路，宽 2.2～2.5m，平曲线流畅，竖曲线平缓（结合无障碍设计），便于残疾人到达各主要景点。另一种为各景区内次一级游路，宽 1.5～2m（图 4-95）。步行道以块石材料为主，辅以卵石，并以所组图案区别。

为沟通内外湖设置的水道，以平桥跨越，闸门结合，处理成廊桥。半岛之南加设小拱桥，北设汀步，便于沟通小岛步游道，亦丰富水面层次。

**七、绿化规划**

公园土壤条件较差，且地下水位高，外湖水质因员当湖需纳潮交换水体，盐碱度高，园内虽经填土，平地受外湖水体影响较大，因此，树种选择受一定限制。

全园基调树种为竹类、榕属及棕榈类。港湖之"员当"系大竹名。竹类根盘而浅，土

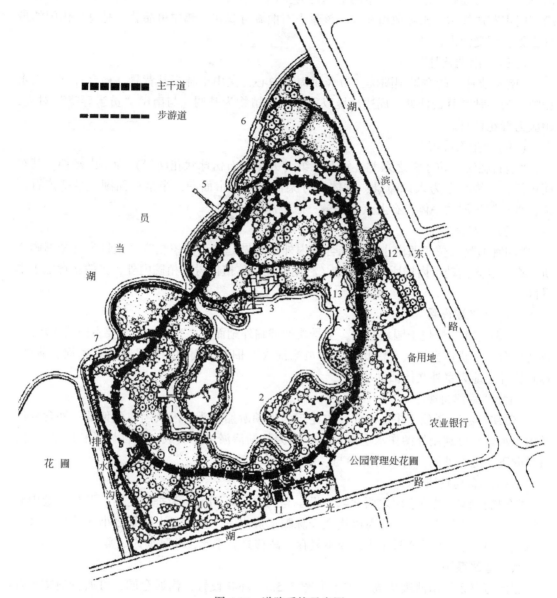

图 4-95　道路系统示意图

1—曲水荷香；2—员当春晓；3—南湖秋月；4—坐石临流；5—鹭津舟渡；6—平湖；7—金榜钓矶；
8—厕所；9—四宜书院；10—门球场；11—南门；12—东门；13—叠瀑；14—小飞虹；15—闸桥

层适当即可。榕树为闽南乡土树种，棕榈类则为厦门特色树种，体现南亚热带滨海风光；后两类在耐碱、抗风等方面优势明显。总体上山丘岗阜以榕为主，平地以竹类与棕榈类为主。

　　植物景区以春夏秋三季为相应构架，乔木主导，灌木烘托。春景区以员当春晓为中心，骨干树木为木棉、刺桐、垂柳、红花洋紫荆；灌木以山茶、黄花双荚桃、三角梅为主。夏景区包括曲水荷香、四宜书院等园西部分，山体部分以榕为基本树种，平地竹林为主，骨干树种为绿竹、大王椰子、海枣；灌木主要有变叶木、榕树球、悬铃花及彩叶植物。北与东北部为秋景区，其中山体部分以小叶榕、黄连木、盐肤木、重阳木、四季桂、米兰为主，沿外湖以棕榈科为主。

植物造景中充分注意了疏密相间，山体以密为主，平地多疏林草地和开阔草地，以适应休闲与活动需要。

对各景区，特别是景点的绿色环境，在意境上予以重点考虑，精心布置，并使群落过渡自然。图4-96为南门种植设计平面图。

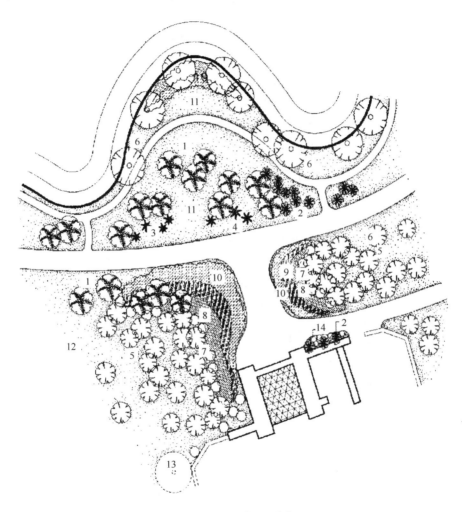

图 4-96　南门植物配置图

1—大王椰子；2—散尾葵；3—苏铁；4—酒瓶椰子；5—华盛顿棕与蒲葵混植；6—垂柳；7—扶桑；
8—黄花双荚槐；9—黄金叶；10—蒔花；11—大叶油草；
12—爬根草；13—柠檬桉（原有保留）；14—龙舌兰

## 八、竖向设计

根据员当湖设计水位及基地地貌特点，兼顾造景需要，充分考虑公园基本功能，并尽可能减少调入土方量诸因素，设定基本高程+1.7m。地形创造则按我国传统的山水环抱的环境模式，总体成主水面居中，主山坐北，左右岗阜围护，水前低丘呼应的形式（图4-97）。

图 4-97　竖向设计图

（一）水体

水面以聚为主，岸线曲折有度，其中西北设水道与外湖（员当湖）沟通，西侧筑岛，围合构成相对独立的曲折水面，港湾则随岗阜间延伸。水面总面积 2.85hm²，基本符合城市规划对保留水面的要求。

根据员当湖常水位 0～-1.0m，驳岸顶标高+0.5m 的情况，设计内湖池底标高-1.0m，常水位+0.5m，驳岸顶高+0.8m。正常不考虑内外湖水体交换，洪水位时可能沟通，低水位时便于内湖清池，内外湖水差以闸门（桥）控制。

（二）山体

南湖公园以传统环境模式构造山水，主山横于北，高 9.5m，除制高全园外，可隔员当湖而避全园平淡，并障冬日北风长驱。东岗西阜高程均在 5m 左右，因其遥对，整体山水形势明朗，空间得以有效组织，层次更加丰富。环内湖，园外青山迭入，登高则近俯内湖诸景，远眺员当平湖映仙岳诸峰，空间远扩而"得乾坤之理"；微则山冈丘阜各可组景，自成形势。

全园平均填高土方 6.5 万方，堆山 8.3 万方，挖湖土方 3.2 万方，实际调入土方 11.6 万方。

**九、建筑**

除东、南入口大门建筑及管理处外，其余建筑基本沿内外湖布置。如设有管理设施办公楼与花圃管理房；服务设施望湖楼、鹤屋；游览设施内外湖水榭码头、四宜书院、钓亭、坐石亭、映仙楼。建筑形式不拘一格，因处新市区，以新颖为宗旨。如东入口大门，采用抽象船、帆构图，入口标志与寓意醒目明显；南入口建筑则浮雕墙引导，经内厅折进入园，空间处理吸取民居庭院传统手法，以网架顶为别致外表，与相邻城市建筑群协调。鹤屋（茶室）与望湖楼平面突出亲水，室内空间自然外延，现代硬坡顶饰石材与山体呼应，充满新意（图 4-98）。

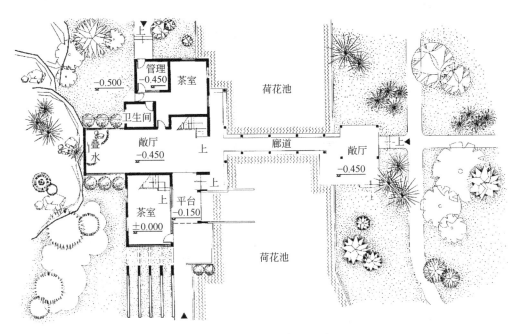

图 4-98　茶室设计平面图

**十、其他设施**

（一）给排水

生产、消防及部分生产用水以城市自来水为水源，部分生产用水利用市污水处理厂的水，内湖水体补充近期暂用城市自来水，纳洪及清淤时开启水道闸门。

（二）电力

园内用电总负荷 210kW，设独立变电站于东门内，电力电缆均埋地。考虑节日活动用电量大，除正常电路外，还增加一套备用设备。

（三）垃圾处理

分别在湖东路、湖光路一侧设垃圾箱，垃圾集中后由市环卫部门外运易地处理。

**十一、公园规划点评**

南湖公园建成开放以来，受到广大市民普遍欢迎，也得到外来游客好评。突出之处是设计构思较新，平地造就环抱的山水环境且融于员当湖。游客特别欣赏公园的质朴、清新之特点，虽处闹市而感疏野、淡雅。公园的设计充分利用半临城市半临湖，且远对青山这一有利条件，在把握现代人生活方式和审美观念基础上，较好地满足了市民与城市对绿地的需求，满足了公园基本功能要求，成为市民调节生活环境、游赏、休闲活动的理想场所，重要节日的大型游园活动或是日常游园均能各得其所。构园不仅在于公园的形式与内容，更在于将人与自然共同构成审美对象，在设计中对现代人的需求与活动予以最大关注。

公园本身是一个以绿色植物为主导因子的生态系统，协调景观与功能是公园种植设计的重要课题。选择乡土树种、地带性植物，无论在体现地方特色，还是在保持生态系统运行质量方面，无疑都有其潜在优势。而群落构成与配置显然是潜在优势具体化的根本所在，兼顾造景、生态，符合现代人休闲活动、游赏所需。市级公园应更多考虑疏林草地应用，而这一点正是南湖公园受到市民普遍欢迎的重要原因。当然，"构园无格，借景有因"，特定的外湖及延伸的城市建筑直至群山，一幅幅现代城市风景画映入园中，也使游客"接于目，成于心"，乃至"启人之高志，发人之浩气"了。

规划设计单位：厦门市园林规划设计研究院
主要设计人员：王中道、刘长维、林振兴、刘克明、吴尚凌
资料来源：《中国优秀园林设计集四》

## 重庆市儿童公园规划设计

### 一、概况

重庆市儿童公园位于重庆市江北观音桥 H 标准分区，东接重庆市主城区最大的城市公园鸿恩寺，西临中国著名商业景观——观音桥商业圈，北面为重庆北部新区，南面紧邻城市快速路网四纵线。周边商业设施发达，教育设施完善。基地总用地面积 10.656hm²。整个公园用地呈南北长条形分布，北高南低，北面场地最高为 284.5m，南面场地最低248.4m，北面地势平坦。南面尽端局部地形变化明显。整体地势平缓（图4-99）。

### 二、景观设计主题

公园融入了重庆山城的地域特点、历史名城的文化内涵，以有机的、活力的、动态的、艺术的语言，为不同年龄段的儿童和青少年创造了一个活力场所。公园景观设计的主题包括："生态、乐趣、启迪、感恩、科技、教育、文化和冒险"（图4-100）。

生态——为生长在城市里的儿童提供触摸自然的机会，借此学会如何尊重自然、保护生态环境。

乐趣——精心组织的游戏空间和富有想象力的玩具设施，使各年龄段的儿童都可以找到属于自己的乐趣。

启迪——通过对儿童听觉、视觉、触觉、嗅觉等感官的激发，帮助他们认识周围的世界，并从中受到新的启迪。

感恩——感谢他人，回报社会，在亲子的活动中体会感谢的意义。

科技——将科技融入游戏设施中，鼓励参与，将科学的知识在游戏中体验。

教育——寓教于乐是儿童公园追寻的目标，多媒体手段的利用及体验型空间的设计使儿童在知识的海洋中快乐遨游。

文化——传统元素引发的创意，使设计更富有地域特色。帮助儿童认识和热爱家乡。

冒险——青少年喜欢探求未知的世界，在挑战和冒险中享受成功的喜悦。极限运动场

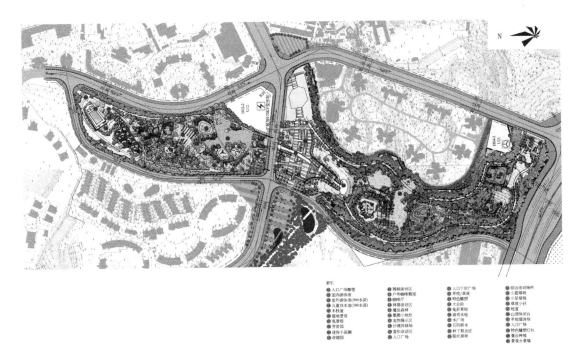

图 4-99　重庆市儿童公园总平面图

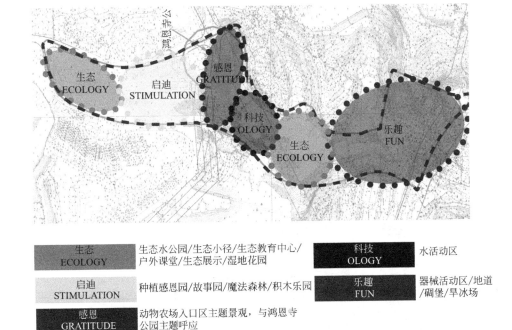

| 生态 ECOLOGY | 生态水公园/生态小径/生态教育中心/户外课堂/生态展示/湿地花园 | 科技 OLOGY | 水活动区 |
| 启迪 STIMULATION | 种植感恩园/故事园/魔法森林/积木乐园 | 乐趣 FUN | 器械活动区/地道/碉堡/旱冰场 |
| 感恩 GRATITUDE | 动物农场入口区主题景观，与鸿恩寺公园主题呼应 | | |

图 4-100　重庆市儿童公园主题分区图

地可以尽情展示他们的青春活力。

### 三、功能分区

按不同的活动类型和景观组成，公园共分为主入口广场区、次入口区、次入口生态公园区、科技水活动区、山地活动区、开放活动区、生态主题园区和魔法森林区等八个功能区（图4-101）。

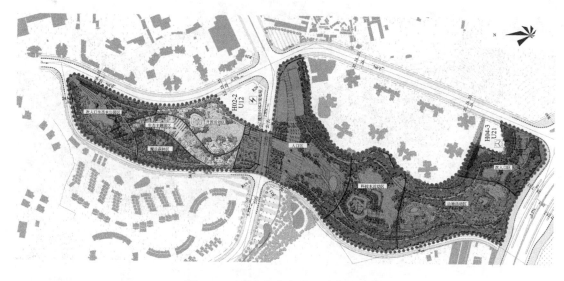

图 4-101　重庆市儿童公园功能分区图

主入口广场区由灯光广场、下沉广场、树阵广场和有生态山丘所形成的半地下停车库组成（图4-102）。这里既是公园人流的集散地，也是公园的形象展示区，同时还解决了停

索引：
- ① 特色廊架；
- ② 楼梯/手扶电梯；
- ③ 下沉庭院/草坡；
- ④ 特色座凳广场；
- ⑤ 入口广场；
- ⑥ 特色雕塑；
- ⑦ 大台阶；
- ⑧ 生态草坡；
- ⑨ 地下车库出入口；
- ⑩ 群众艺术馆

图 4-102　重庆市儿童公园主入口广场区平面图

车、管理等功能性问题（图4-103）。

图4-103　重庆市儿童公园主入口广场区鸟瞰图

次入口区临近城市道路，有解决人流聚集功能的次入口广场和可独立经营的旱冰活动场地组成（图4-104）。

次入口生态公园区包括由廊道和雕塑形成的趣味入口广场、湿地实验区和索桥及钟塔形成的景观焦点，可满足人流的集散、展示以及科普教育等活动。

科技水活动区由器械型水活动区、跌级流水活动区和开放的草坪组成。这里是儿童打水仗、体验水流不同形态的科技型活动区域，同时流动的水也为公园的景观带来了活力。以疏林草地营造的开放型自然景观，为家庭户外野餐活动提供了场所。

山地活动区包括微地形活动区、地道活动区和碉堡活动区。主要设计手法是巧妙利用原有地形，通过再塑造，形成丰富的空间变化，为孩子们提供一个带有艺术感的山地活动空间。

开放活动区包括开放草坪和蛋形活动沙地。开放的自然疏林草地，可供户外野餐、儿童自由嬉戏。沙地中以专用儿童器械活动为主，局部布置了小型排球场地。

生态主题园区包括动物农场、咖啡屋和种植感知园。动物农场以饲养小型动物如兔子、鸽子为主，结合场地集中布置，有独立的养殖小木屋，为亲子互动型场所。种植感知园以特色种植为主，营造成片的色块种植，提供色、香、味、触觉的不同感受。咖啡屋则为陪同父母提供一个停留等候的空间。

魔法森林区以种植景观营造为主，中心设置开敞活动区，森林深处增加可供3~5个人停留的小场地，提供特色音箱，为孩子们提供一个听故事的空间。

索引：
① 次入口；
② 特色雕塑小品；
③ 叠台种植；
④ 无障碍坡道；
⑤ 主路；
⑥ 旱冰场；
⑦ 林荫休憩区；
⑧ 草坡小径；
⑨ 绿化隔离带；
⑩ 穿洞设施

图 4-104　重庆市儿童公园次入口区平面图

**四、交通流线组织**

公园道路分为园区主干道、园区次干道和游园路。园区主干道形成环线串联各功能分区；园区次干道既是各功能区的分区界限，也是各功能区主要的联系纽带；游园路则是功能区内部的交通。考虑到公园交通的安全性，采用了人车分流，所有外来车辆都通过主入口直接进入半地下车库（图 4-105）。

**五、种植设计**

公园种植设计根据不同的主题划分，以自然的植物群落，结合现状植物的利用，主题性、趣味性植物的种植，形成不同的植物景观，共同构成自然而充满趣味的儿童公园景观。

生态水空间种植区：由次入口生态公园区向纵深延展，由人工化岸线向自然湿地群落的过渡。点衬在水岸线的芦苇、千屈菜，茭白，黄菖蒲等水生植物结合道路空间开合关系逐渐向自然群植色叶植物（如水杉、落羽杉，约占 60%）和常绿树种（水松，约占 40%）等植物群落过渡，形成生态自然的湿地景观。

儿童启迪种植区：魔法森林种植设计以成型大树为主，如大榆树、黄葛树、朴树、皂荚等植物，营造光线深幽、造型奇特的森林环境。感官启迪区有造型奇特，叶片较大或质感柔软并具有观赏价值的品种，如：花叶玉簪、银边八仙花、花叶菖莆、紫锦黄栌等，吸引孩子们去触摸。选择芳香类或鸟嗜类植物，如：醉鱼草、美国薄荷、迷迭香、丁香、薰

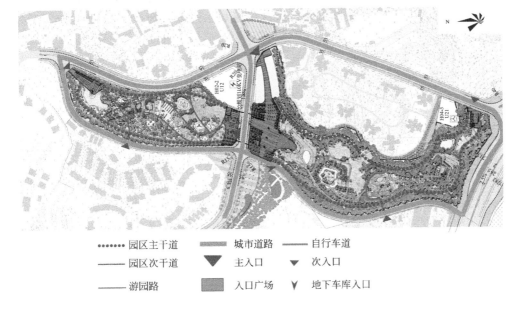

图 4-105    重庆市儿童公园交通分析图

衣草等，使孩子们在玩耍中感受到大自然的气息。从色、香、味等不同的感官接触去了解植物的特性。

感恩主题区种植：开辟亲子苗圃种植区，通过与父母共同种植南瓜、蔬菜、豆科类植物使孩子们在城市的生活中也能体验劳作的乐趣。其中的开放活动区以疏林草地为主；四周种植以四季果树为主，如石榴、柚子、柑橘，配合重庆市树黄葛树、市花山茶花，在果实成熟季节可以开放采摘，以此共同营造一个开敞舒适的亲子乐园。其中的中心入口种植区配合广场的设计空间，列植高大乔木。选择树型挺直的高大乔木如银杏、香樟等，增加广场的轴线感，营造开敞、大气的城市空间。局部采用当地的野花品种成片种植，将视线向公园的纵深引导。

科技主题园区：开敞型活动空间，配合遮阴休息区的需要，选择无毒、无害、保健的乡土植物。乔木以色叶、开花树种为主，铺以常绿树种、花灌木和开花地被，如玉兰、海棠、芍药、桂花等。在活动场地周边营造一个舒适、自然的林荫休憩空间。

乐趣主题园区：生态型活动空间，以草坪及高大乔木种植为主，配合微地形的设计，营造疏朗、明快的活动空间。

冒险主题园区：多层次的极限运动空间。其以山丘地形营造为主，种植顺着山脉走势围合空间。主栽树种以榆树、杨树、香樟、朴树、喜树、乌桕等速生植物为主，配植部分银杏，合欢，栾树等观花、观叶乔木。场地本身的种植以乔木和草坪两个层次空间为主，场地之间的过渡则增加中层植物及花灌木营造丰富的植物景观，同时保证不同分区的适当独立。

隔离带种植区：公园与周边道路之间的带状过渡空间。该区利用植物的高低，常绿落叶树种的搭配，结合景观形成具有生态功能的背景林，减少周边快速路对公园本身的影响。植物品种以水杉、香樟、乐昌含笑等速生乔木（约占60%），银杏、枫香、乌桕、无患子、朴树类景观乔木（约占 20%）组成上层，乔木、五角枫、合欢、白玉兰、二乔玉兰、樱花等开花观叶乔木（约占 20%）组成第二层，逐渐过渡到较耐阴植物（二月兰，沿阶草，麦冬等）灌木。

# 第五章　生产绿地规划

生产绿地是指为城市绿化提供苗木、花草、种子的苗圃、花圃、草圃等圃地。

## 第一节　生产绿地的功能及规划要点

### 一、生产绿地的功能

生产绿地是城市绿地系统中必不可少的组成部分，城市其他绿地的绿化面貌、绿化效果、绿化质量等都直接受它的影响，生产绿地的功能主要体现在以下几个方面：

（一）城市绿化的生产基地

为了满足城市绿化的用苗需要，除各单位有自用的分散苗圃以外，各城市园林部门均需开辟较大规模的苗圃、花圃等，为城市绿化培养和提供大量的苗木、花卉。因此苗圃、花圃的建设将直接影响到城市绿化的效果及质量。

（二）城市绿化的科研基地

生产绿地不仅可以创造经济价值，同时也可为城市绿化树种的培养与引种驯化等科学研究提供科研场地。

（三）供游人观赏游览

一些景观条件较好的生产绿地，还可全部或部分对外开放，供游人观赏游览，丰富人们的生活。

（四）改善城市生态环境

生产绿地多选址于城市不同组团的分隔地段，对于减少各组团之间的影响，改善城市环境等都能够起到一定的作用。

### 二、生产绿地的规划要点

（一）选址

生产绿地的选择应结合城市总体规划的要求，考虑既能方便地为城市绿化提供苗木、花卉，又能满足各种苗木、花卉的生长环境要求。一般情况下，常选址于城市近郊或城市组团的分隔地带，并有良好土壤、水源、较少污染的地段。

（二）功能分区

按不同功能划分，生产绿地一般可以划分为三大部分：即生产区、仓储区和办公管理区。生产区是生产绿地的主要组成部分，按不同苗木的培养栽种要求，可分为大棚生产区、遮阳棚生产区、灌木生产区、乔木生产区等。仓储区包括仓库、堆码场、养殖场等用地。对于对外开放的生产绿地，这一部分将会影响景观，因此常置于视线隐蔽处。办公管理区负责管理全园业务及对外接待，多位于入口附近。

（三）道路系统

根据生产绿地规模的大小，道路系统可分为三级：主干道、次干道、游步道；或两级：主干道、游步道。

主干道：宽4~7m，主要是方便园内交通运输，是各功能分区的分界线及联系纽带。

次干道：宽2.5~3m，对于规模较大的苗圃、花圃等，次干道需联系各类型的生产区，是这些小区的分界线。

游步道：1.5~2m，为步行道，主要满足日常养护管理工作及游人游览需要。

（四）灌溉系统

随着科技的进步和发展，网络化的喷灌、微喷、滴灌技术已经成熟，在有条件的情况下，应大力推广。另外还应加强检测手段，按不同季节土壤的含水量、苗木的需水量进行灌溉，这样既可节约用水，又可以保证不同品种的苗木健康地生长（图5-1）。

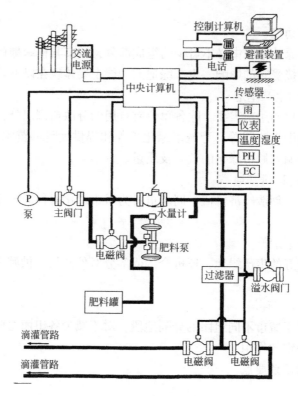

图5-1 科学的滴灌系统

# 第二节　生产绿地规划实例

## 重庆市现代园林花圃规划

### 一、概况

重庆市现代园林花圃位于重庆市渝北区回兴镇内的重庆市现代农业开发园区内。用地东临210国道，西向约300m为园区主干道，整个用地呈西高东低之势，最高处高程为339.12m，最低处305.26m，高差达33.86m。用地东部较为平坦，西面高差起伏较大，最大坡度达71%，整个用地占地面积66667m²。园区内西部多为旱地，土层较薄，东部为水田，熟土土层较厚，目前经过平场后已较为平整，便于大棚的设置。现有植被较少，除荒草外还有少量竹、构树、桃树等杂树。

花圃西部两个制高点均为极佳观景点，其中西北部山头最高标高为 339. 12m，观景面最宽，从 210 国道及园区干道上观赏，这两处亦为突出的被观景面（图 5-2）。

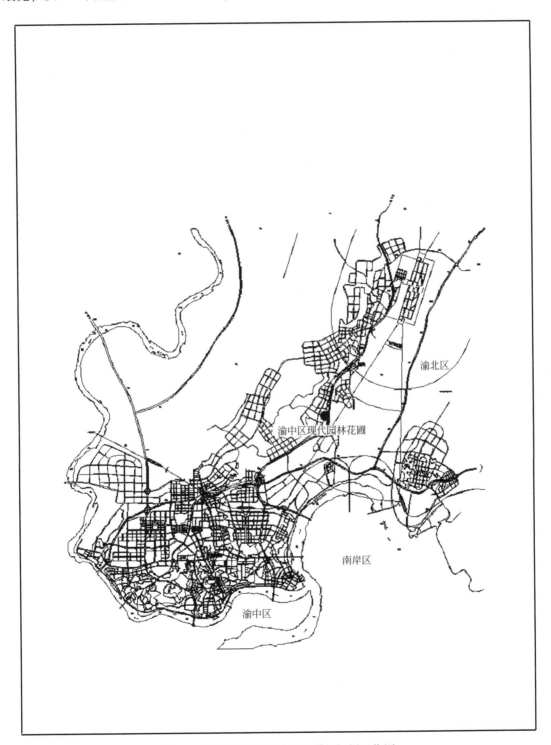

图 5-2　渝中区现代园林花圃详细规划区位图

## 二、规划性质及原则

### （一）规划性质

重庆现代园林花圃是为满足渝中区节假日鲜花需求的生产性绿地，同时具有观光游览及会务功能。

### （二）规划原则

#### 1. 土地利用多样性原则

土地利用多样性的原则，就是在坚持以生产为主的基础上，充分考虑场地的娱乐休闲功能。既保证满足花木生产的需要，同时可进一步提高土地利用效率。

#### 2. 生态性原则

由于花圃属于生产绿地的性质，规划上更应贯彻生态观念，体现设计结合自然的思想，使花圃在朝向、排水、内部物质能量流动上更能符合生态学的要求。

## 三、规划布局

由于该规划不仅要满足花圃在生产方面的要求，同时也要更多地考虑其景观方面的要求，以满足人们游览休闲的需要，因此在规划布局上将现代园林花圃划分为七个区（图5-3）：

### （一）入口展示区

位于整个用地的东南角，占地约2000m²。该区内主要设施有入口大门、停车场、花坛、花柱、广场铺地及办公楼等。该区处于进入花圃的第一位置，整个场地疏朗开阔，结合时令花盆的摆放为外来者营造出缤纷热烈的第一印象。

### （二）大棚生产区

大棚生产区处于整个场地内地势较为平坦处，为花圃内的主要生产区。每个大棚长40m，宽5m，整个花圃内共计布有26个生产大棚，处于该区内就有18个。在生产区内，南北贯穿的鲜花大道宽7m，道路两旁栽培四季花卉，既是对入口展示区的承接部分，又为到达遮阴篷架前的开敞空间起到欲扬先抑的作用。

### （三）遮阴篷架区

遮阴篷架区主要用于为阴生植物遮蔽阳光之用。由于这一空间处于三条景观轴线的交汇处，因而对整个遮阴篷架的造型要求较高，规划上，遮阴篷架区由三组扇形顶盖构筑物相互围合形成一个圆形空间，既照顾了三个景观方向的观赏要求，又把三条景观轴贯串在一起，在整个园区的空间组织上起到了承上启下的作用。

### （四）仓储生产区

主要由仓库、堆码场、养殖场及8个生产大棚组成。由于这一区域对整个园区的景观设计较为不利，因而在规划上更多地考虑布置于不太显眼的地方；同时通过种植乔木适当加以遮掩，尽量减少养殖场等建筑对园区景观的破坏作用。

### （五）灌木生产区

该区地形高差起伏较大，主要用于灌木生产，同时具有观赏游览的作用；故而在该区内布置有2m宽自由式步道，同时在全园最高点布置一处三层高观景楼，作为鸟瞰全园之用，也是全园的一个制高点上的景观建筑。

### （六）苗圃生产区

苗圃生产区是整个园林花圃的主要生产区域，以苗木培育为主。主要建筑有观赏温室、观

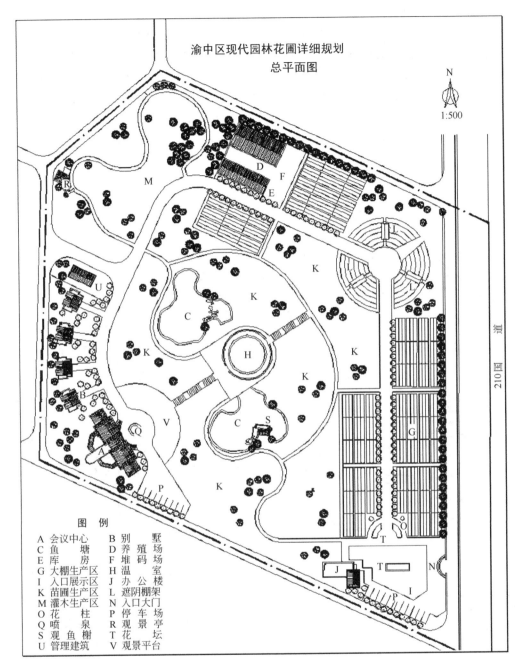

渝中区现代园林花圃详细规划
总平面图

N
1:500

210国道

图 例

| A | 会议中心 | B | 别　　　墅 |
| C | 鱼　　塘 | D | 养殖场码 |
| E | 库　　房 | F | 堆　　室 |
| G | 大棚生产区 | H | 温 |
| I | 入口展示区 | J | 办 公 楼 |
| K | 苗圃生产区 | L | 避阴棚架 |
| M | 灌木生产区 | N | 入口大门 |
| O | 花　　柱 | P | 停 车 场 |
| Q | 喷　　泉 | R | 观 景 亭 |
| S | 观 鱼 榭 | T | 花　　坛 |
| U | 管理建筑 | V | 观景平台 |

图 5-3　渝中区现代园林花圃详细规划总平面图

鱼榭等。在保留原有鱼塘并稍加改造的同时，利用已经开挖的山坳及低洼处增加两处鱼塘，除具有养殖水产的功能外，还为苗木灌溉起到蓄水的作用，同时也具有造景的功能。三处水体结合小桥、水榭、汀步、景石的布置，使整个园区"得水而活"，从而为全区更增添了韵致。

（七）休闲会议娱乐区

该区位于全园西南角，由会务中心、别墅及管理用房等组成，主要满足园区内举行会议及休闲娱乐的需要。

## 四、道路交通规划

整个园区内道路主要分 7m 和 2m 两种级别，其中 7m 道路为贯穿全园的主要车行道，2m 道路为园区内呈自由式布置的人行步道。车行道因地形高差关系，加之车流量不大而采取半环形的布置，使得机动车既能方便到达，又避免了过多穿行对园区造成的影响。自由式步道主要供游人观赏游览时使用。步行系统和车行系统的分离满足了园区内游览和生产时的不同交通需要，并且避免了相互间的干扰（图 5-4）。

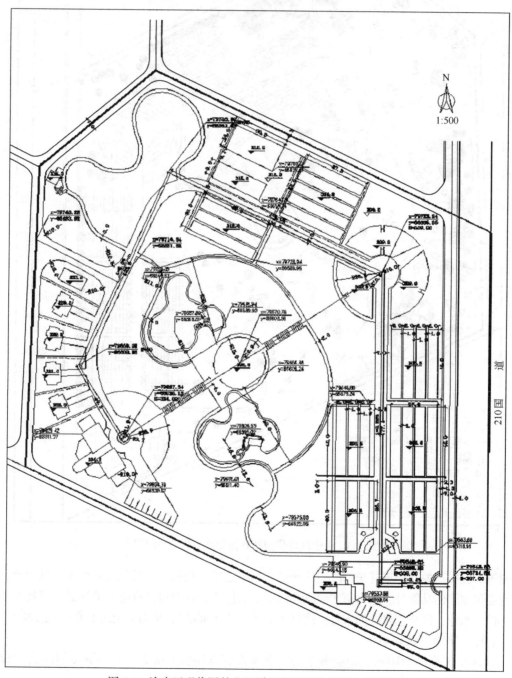

图 5-4 渝中区现代园林花圃详细规划道路及竖向规划图

车行道的首尾处（即入口展示区及会务中心处）各布置一处停车场，会务中心门厅前布置回车场，满足了停车及回车的要求。

## 五、景观系统规划

由于整个园区的地形西半部坡度较陡而东半部较平坦，决定了整个园区的布局形式采用对称式与自由式相结合的混合形式，并以会务中心至遮阴篷架区之间山脊线作为全区的中心对称轴进行布局。概括起来，全园的景观系统可以归纳为"三个观景面、四条景观轴、五个视觉焦点"（图5-5）。

（一）三个观景面

即会务中心前观景平台，灌木生产区观景楼，观赏温室周边观景栏。

（二）四条景观轴

（1）入口大门——花坛——办公楼

（2）花坛——花柱——遮阴篷架

（3）灌木生产区——遮阴篷架

（4）遮阴篷架——观赏温室——会务中心

（三）五个视觉焦点

即花坛、遮阴篷架、观景楼、观赏温室、会务中心。

## 六、生态观点在规划中的运用

重庆现代园林花圃规划的另一个主要特点，即是在整个园区的规划中自觉地运用生态设计的手法，从而使这一规划方案更好地结合自然环境，促进这一绿地系统内物质与能量流动的平衡。

（一）生态系统规划控制的三大原则

生态系统控制的三大基本原则是：循环再生原则，协调共生原则，持续自生原则。循环再生是指系统的物质循环法则，其意义在于对系统中废弃物的重新认识，变不利为有利。协调共生原则要求系统内各要素在配置上相得益彰，形成合力，保证整个系统的正常运行。持续自生原则表明在一定生态阈值内，系统具有自然调节和自我维持稳定的机制。

（二）协调共生原则在方案中的作用

按照生态系统协调共生原则，本方案在确立生产性绿地的同时，规划了养殖场、鱼塘。养殖场中产生的动物粪便，是苗圃最天然、最直接的肥料。本方案在养殖场设沼气池一座，处理达标后的污水可转化为灌溉用水，其生产的沼气可作为花圃生活用气的来源。另外，由于苗木生产区多为旱地，在苗圃内鱼塘除具有养殖功能外，同时也具有蓄水灌溉的功能，从而使得现代花圃尽可能地摆脱了对外部市政设施的依赖。

（三）循环再生原则在方案中的运用

重庆现代园林花圃规划，改变了工程管网规划的传统模式。例如：生活区产生的生活污水，不是简单地直接排入城市下水管道，而是通过收集、汇集的方式，经适当处理后，作为灌溉用水的来源，既达到节水的目的，又减少了建设单位在市政管网建设上的投资。对水资源的保护性使用，不仅表现在一点上，在对待雨水的排放上，也不像过去那样简单地排入雨水管道，而是通过在路沿石上设立疏水口的方式，将路面汇集的雨水排入生产绿地中，通过地表渗漏，补充地下水资源，同时减少了市政管网设施的负荷。

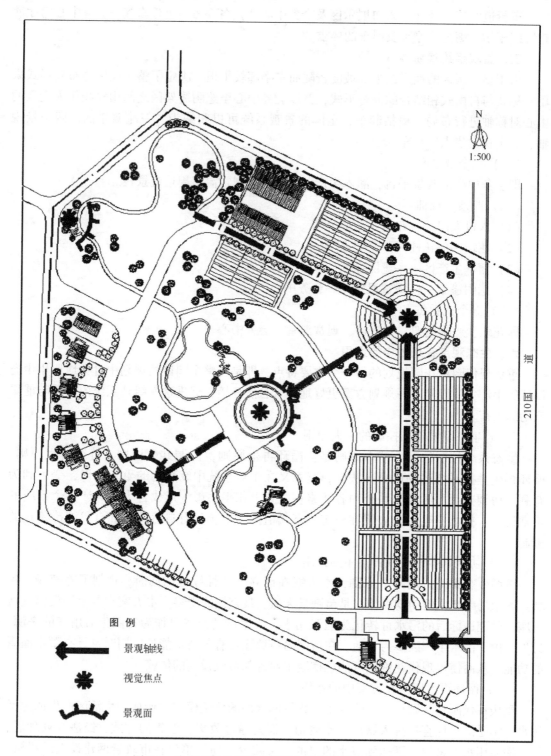

图 5-5　渝中区现代园林花圃详细规划景观视线分析图

（四）持续自生原则在方案中的运用

苗圃是一个纯人工构成的环境，按照生态系统上自生原则的要求，规划方案应尽可能增加苗圃内生态系统的自我完善及更新能力，最大限度地减少苗圃对人工管理的依赖。因此，本方案在规划上将坡度较大、日照充分的区域辟为苗木生产区，既能充分接受日照，又利于降水的排放，以巩固这一系统内部要素的持续自生能力。规划生产大棚、遮阴篷架的布局方式，从某种意义上讲，也可以说是对这一原则运用的结果。

### 七、主要技术经济指标

总用地面积　　　　6.67hm$^2$

总建筑面积　　　　12898m$^2$

容积率　　　　　　0.19

建筑（构筑）密度　14.5%

绿地面积　　　　　51533m$^2$

绿地率　　　　　　77.3%


规划设计单位：重庆规划设计研究院

主要规划设计人员：蒲蔚然　刘成

# 第六章 防护绿地的规划

防护绿地是指为了满足城市对卫生、隔离、安全的要求而设置的绿地，它的主要功能是对自然灾害和城市危害起到一定的防护和减弱作用。它可细分为：城市防风林带、卫生隔离带、安全防护林带、城市高压走廊绿带、城市组团隔离带等。

## 一、城市防风林带

城市防风林带是指为防止强风及其所带的粉尘、砂土对城市的袭击所建造的林带。

随着土地沙化问题的日益严重，沙尘暴对城市的威胁也越来越大。据有关资料显示，2001年中国有包括重庆、南京和杭州等在内的近20个直辖市、省会城市受到源起西北地区的沙尘污染，从全国范围来看，大半个中国都处在沙尘暴的威胁之中。沙尘暴所夹带的砂土、粉尘不但污染了城市的空气，而且其中常含有各种病源菌和寄生虫卵等，危害人体健康。因此，经常受风沙袭击的地区应在城市的外围建立防风林带，以降低强风袭击和沙尘对大气的污染。

防风林的布置方向及组合数量等均应根据城市的具体情况而定。在布置防风林带以前，应了解当地的风向规律，确定对城市危害最大的风向，然后在城区边界以外建立与之垂直的防风林带。如果受地形及其他因素限制，可有30°偏角，但偏角不能大于45°。防风林带的数量则与风力的大小有关，一般林带组合有三带制、四带制和五带制；风力越大，防风林带的组合数量越多。每条林带宽度不应小于10m，林带与林带间的距离为300~600m之间；靠近市区越近，林带宽度越大，而林带间距越小。另外为了阻挡从侧面吹来的风，每隔800~1000m左右还应建造一条与主林带相互垂直的副林带，其宽度不应小于5m。

防风林带的防风效果与其结构形式直接相关，一般防风林可分为三种形式，即透风林、半透风林和不透风林三种（图6-1）。透风林由林叶稀疏的乔灌木组成，或只用乔木不用灌木。半透风林是在乔木组成的林带两侧种植灌木。不透风林则是由常绿乔木、落叶乔木和灌木混合组成；其防护效果高，能降低风速70%左右；但是气流越过林带会产生涡流，而且会很快恢复原来的风速。防风林所选择的结构形式决定于其功能要求，一般的组合形式是外层建透风林带，靠近居住区的内层建不透风林带，中间部分则用半透风林带，这样的组合可以起到良好的防风效果，或使风速减到最低程度。

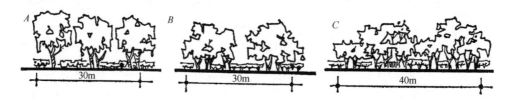

图6-1 防护林的结构
*A*—透风式；*B*—半透风式；*C*—密闭式

为了改善城市风力状况，减少风力对城市的影响，除在城市区外围布置防风林带以外，在城市中还应结合各种其他绿地的布置来进行调节。比如，当街道的布置与不良风方向平行时，则应适当布置防风绿带来改变和削弱不良风对城市的影响；而在一些夏季高温酷热的城市里，则应布置一些与夏季盛行风方向平行的绿带，将郊区、森林公园、自然风景区或开阔水体上的新鲜、凉爽、湿润的空气引入城市中心，改善城市的气候条件及环境状况（图6-2）。

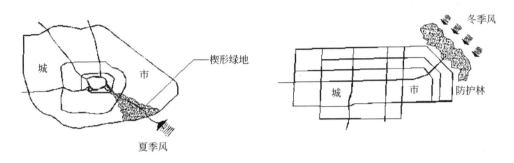

图6-2　防风与通风

## 二、卫生防护林带

卫生防护林带是为了防止产生有害气体、气味、粉尘、噪声等污染源的地区对城市其他区域的干扰而布置。城市污染源通常有工厂、污水处理厂、垃圾处理站、殡葬场、城市道路等。这些地方所产生的各种废物、废气、废水及噪声等污染了环境，严重威胁着人们的健康。因此，在这些区域与城市其他区域，尤其是与居住区之间必须营造卫生防护林，尽可能保护其他地区不受或少受污染。

卫生防护林带的宽度及结构组成与污染源对环境的污染程度有关，污染程度重则卫生防护林带的宽度宽，组成数量也多。一般情况下，卫生防护林带可分为五级（表6-1）。

卫生防护林带的等级标准　　　　　　　　　　　　　　　　　　表6-1

| 工业企业等级 | 卫生防护林带总宽度（m） | 卫生防护林带内林带数量 | 防护林带 | |
| --- | --- | --- | --- | --- |
| | | | 宽度（m） | 距离（m） |
| I | 1000 | 3～4 | 20～50 | 200～400 |
| II | 500 | 2～3 | 10～30 | 150～300 |
| III | 300 | 1～2 | 10～30 | 150～100 |
| IV | 100 | 1～2 | 10～20 | 50 |
| V | 50 | 1 | 10～20 | |

卫生防护林带的树种应选用对有害物质抗性强，或能吸收有害物质的树种。树种的选择应根据具体情况而定，如以二氧化硫为主要污染物的区域，在布置卫生防护林时应选用海棠、馒头柳、构树、金银木、丁香、白蜡等植物。以氯气为主要污染物的地区，则可选择猬实、水枸子、金叶女贞、扶芳藤、胶东卫矛、华北卫矛、倭海棠等植物。粉尘污染严重的区域则可选择丁香、紫薇、锦带花、桧柏、毛白杨、元宝枫、银杏、国槐等滞尘能力较强的植物。在细菌污染较强的地区，如医院周围，则应选择油松、核桃、桑树等杀菌力

较强的植物。在噪声污染严重的区域，在植物的选择及防护林的设计上则应从防噪声污染方面考虑；一般情况下，阔叶树吸声能力比针叶树好；由乔木、灌木、草本和地被构成的多层稀疏林带比单层宽林带的吸声隔声作用显著；防声林带的宽度一般为3~15m，林带长度为声源距离的两倍。

**三、安全防护林带**

安全防护林带是为了防止和减少地震、火灾、水土流失、滑坡等灾害而设置的林带。城市中的各种自然及人为灾害将对人们的生活造成极大的影响，并对人们的生命及财产安全形成威胁。因此，在城市中易发生各种灾害的地区必须设置安全防护林带，以增加城市抵抗各种灾害的能力。

安全防护林带的设置也应根据具体情况而定，如在易发生山体滑坡的山地城市，在坡度超过25°，不易修建建筑的地区应划出"绿线"，进行严格控制；选择一些根系较为发达的植物，设置防护绿地，防止山体滑坡造成人员伤亡，财产损失（图6-3）。在城市自然河段的绿地布置，则应以蓄水保土为主要目的。河边的绿地可通过树叶防止暴雨直接冲击土壤，地被草坪等则可阻挡流水冲刷，植物的根系则能坚固土壤、固定沙土石砾、防止水土流失（图6-4）。一般河边的防护林宽度应在10m以上，其间还可布置一些休息、娱乐设施供人们使用。在一些地震高发城市，除了考虑有公园、广场、街道绿地等公园绿地作为地震时散疏、救援的场地外，在规划中还应用安全防护林将这些分散的绿地连成一个完整的防灾网络，形成各种宽度的安全通道，有利于减少地震对城市及人们生活带来的各种影响。

图6-3 当坡度过大时，应布置防滑坡的安全防护绿地

图 6-4　城市水体边的防护林

### 四、城市组团隔离带

随着城市的发展，城市建成区往往会出现人口集中、生产集中、交通集中的状况，这就导致了城市建成区过度拥挤的局面。为了缓解这一局面所带来的城市建成区环境质量下降问题，近年来出现了一类新型的防护绿地，即城市组团隔离带。城市组团隔离带是在城市建成区内以自然地理条件为基础，在生态敏感区域规划建设的绿化带。

城市组团隔离带具有多重复合型的功能特征，一方面它可有效地缓解城市建成区过度拥挤的局面，保护和提高城市环境质量；另一方面可为市民提供观赏和休闲去处；还可起到保持区域绿色空间延续，保护其不受城市其他建设用地侵占等作用。

在城市组团隔离带的规划中，首先应注意以生态效益为主，充分利用现有的地形地貌，最大限度地改善环境；其次，在树种的选择上应以乡土树种为主，遵循生物和景观多样化原则，进行合理搭配。以深圳福田 800m 的城市组团隔离带为例（图 6-5），该隔离带即是充分利用了原有的道路、设施、水体和植被，选择了木荷、短序楠、大王椰子、油棕、凤凰木等乡土树种，通过乔木、灌木、地被、草坪的复层结构配植，形成层次丰富的植物群落，营造了一个生态效益高、景观效果好的城市中心隔离带。

通过近几年的实践证明，城市组团隔离带在改善城市生态环境中发挥了良好的作用，城市组团隔离带的建设是城市园林绿地建设的新方向，也是城市绿地系统可持续发展的重要举措。

图 6-5 深圳福田城市组团隔离带

# 第七章　附属绿地规划设计

附属绿地是指城市建设用地中绿地之外各类用地中的附属绿化用地。包括居住用地、公共管理与公共服务设施用地、商业服务业设施用地、工业用地、物流仓储用地、道路与交通设施用地、公用设施用地等用地中的绿地。

## 第一节　居住区绿地规划设计

**一、概述**

居住区绿地，是指在居住区用地范围之内，进行了合理的植物配植和场地设计的、方便居民使用的、环境优美的绿色空间。居住区绿地是城市绿地的重要组成部分，其特点为分布广泛，使用率极高，与人们的日常生活联系最为紧密。因此，居住区绿地数量的多少、布局的合理与否及质量的高低等都会直接影响着人们的日常生活。大力发展居住区绿化，提高居住区绿化水平是提高人们的生活水平、改善人们生活环境及促进人们的身心健康的一项重要措施。

**二、居住区绿地的功能**

（一）使用功能

居住区绿地是居民日常接触最多的一类绿地，满足居民的日常休闲活动需要是居住区绿地的主要功能。这些休闲活动包括：散步、交谈、健身、儿童游戏、小坐等。居住区绿地应能提供与之相应的空间，以满足这些休闲活动的使用要求（图7-1）。

图 7-1　满足居民的日常休闲活动需要是居住区绿地的主要功能

（二）生态功能

居住区绿地中的植物通过光合作用、呼吸作用等可达到增加空气中氧气含量、净化空气、增加空气湿度、降低温度的效果，从而改善居住区内的小气候。同时，绿色植物还可以通过遮阳、防尘、防风、降噪减声、吸收有毒气体、杀灭减少空气中的细菌等功能来改善整个居住区的环境质量（图7-2）。另外，当发生地震、火灾、滑坡等自然和人为灾难时，居住区绿地还可起到减灾防灾的作用。

图 7-2　居住区绿地具有改善整个居住区的环境质量的生态功能

（三）美学及精神功能

居住区的绿地除具有净化空气、改善环境的生态功能外，还具有美学及精神功能。在居住区绿地的规划设计中可通过不同色彩、质地、季相等植物的配植，以及水体、场地、小品等的设计与居住建筑一起构成一个美好的园林空间（图7-3），给人们以美的视觉享受。同时，人们在紧张繁忙的工作之余在此休憩、交谈，老人在此锻炼，儿童在此游戏等都极大满足了人们渴望交往、受人尊重等方面的精神要求。

图 7-3　居住区绿地与居住建筑一起构成一个美好的园林空间，给人们以美的视觉及精神享受

（四）经济效益

随着人们生活水平的提高，居住环境质量的高低越来越成为人们选择住房的一个重要的标准。绿化环境良好的居住小区房价比同地段一般小区房价可高出 20%～50%，而且这样的小区中的商品房升值潜力也大大高于一般小区的住房。

三、居住区绿地的组成

按照不同的服务对象、使用范围以及新的绿地分类标准，可将居住区绿地分为以下几种类型：

（一）居住区公园

居住区公园为一个居住区的居民服务，是居住区配套建设的集中绿地，面积 $2~5hm^2$，服务半径 500~1000m，步行 5~10 分钟可以到达。居住区公园一般面积较大，内容也较丰富，因此应进行必要的功能分区。在项目的设置上应充分考虑不同年龄段使用者的要求，此外还应有必要的服务及管理设施。在绿化配植上，一方面应从生态效益上考虑，以形成较好的环境；另一方面应从景观效果上考虑，以形成丰富优美的居住区景观。

（二）小区游园

小区游园为一个居住小区的居民服务，是配套建设的集中绿地。小区游园服务半径为 300~500m。位置在小区适中地段，可布置运动场、青少年儿童活动场地、老年人休息场地等内容。植物配植应较丰富，形成良好的小区中心景观（图 7-4）。

图 7-4　小区游园为一个居住小区的居民服务、是配套建设的集中绿地

在新的《城市绿地分类标准》中，居住区公园和小区游园属公园绿地大类中的社区公园中类，不属于居住区绿地。然而，由于小区游园与居住区用地联系紧密，而且新的居住区绿地指标尚未出台，为与以往的指标衔接，本书将小区游园放在居住区绿地一节进行介绍。

（三）组团绿地

组团绿地为一个住宅组团的居民服务，位置应考虑方便这一组团的居民。该绿地可多增加老人及少年儿童的活动设施及场地，以方便不宜走得过远的年龄段人群（图 7-5）。

儿童游戏场可单独设置，或与小区游园、组团绿地相结合，形成独立的分区。除绿化用地以外，应按不同年龄段设置儿童喜爱的游戏项目及设施，以及其他必要的服务设施（图 7-6）。

图 7-5　组团绿地为一个住宅组团的居民服务，可多增加老人及少年儿童
的活动设施及场地，以方便不宜走得过远的年龄段人群

图 7-6　居住区中的儿童游戏场可单独设置或与
小区游园、组团绿地相结合，形成独立的分区

（四）配套公建绿地

配套公建绿地是指居住区及居住小区中的医院、学校、图书馆、幼托及其他公共建筑、公共设施用地范围内的附属绿地。

（五）宅旁绿地

宅旁绿地是指住宅四周或院落中私有、半私有空间中的绿地。绿地中一般布置简单的休息设施或儿童活动设施。在绿化配植上应注意突出各院落的特色，强调其可识别性（图7-7）。

（六）居住区道路绿地

居住区道路绿地是指居住区及小区内各级道路两旁的绿地及行道树，在布置上应满足环境美学及行车安全的要求。

**四、居住区绿地规划**

居住区绿地规划是居住区规划的重要组成部分。它应与居住区总体布局同步进行，以形成一个与居住区的布局结构相吻合的合理绿化体系，使居住区绿地的各项功能得到充分地发挥。

（一）居住区绿地规划原则

居住区绿地规划首先应遵循以下的基本原则：

图 7-7　宅旁绿地是指住宅四周或院落中私有、半私有空间中的绿地

1. 统一规划，合理组织，分级布置，形成系统

居住区绿地规划应与居住区总体规划统一考虑。在规划中应合理组织各种类型的绿地，结合居住区的空间布局形成居住区级公园绿地、居住小区级公园绿地、组团绿地、宅旁绿地等不同级别、层次清晰的绿地体系。

2. 充分利用现状条件

居住区绿地规划应充分利用现状的各种条件，如地形、地貌、水体、原有构筑物等，结合这些现状条件进行绿化、场地及小品构筑物的规划设计，突出居住区及小区的不同特色（图 7-8）。

3. 充分考虑居民的使用要求，突出"家园"的环境特色

居住区绿地规划应注意其实用性，在充分了解居民的生活行为规律及心理特征的基础上，为人们各项日常生活及休闲活动提供相应的绿化空间，满足不同年龄段居民的使用要求，形成亲切自然的景观，突出"家园"的环境特色（图 7-9）。

4. 在植物配植上，既要考虑发挥绿地卫生防护及改善环境的生态功能，又要形成自己的景观特色

在居住区绿地规划的植物配植上，一方面应多选择一些乡土植物，并采用与乔木、灌木、地被、草坪相结合的复式种植模式，充分发挥绿地的生态功能。另一方面应考虑居民的爱好和需要，选择一些易于管理并有一定观赏价值的植物，通过不同色彩、质地、大小、季相的植物合理配置，形成有特色的植物景观（图 7-10）。

（二）居住区绿地定额指标

居住区绿地定额指标的高低反映了居住区绿化水平的高低。因此，居住区绿地定额指标的制定及计算是居住区绿地规划的重要内容之一。

1. 影响居住区绿地指标的因素

图 7-8　居住区绿地规划应充分利用现状的各种条件

（如地形等），以突出居住区及小区的不同特色

图 7-9　居住区绿地规划应注意其实用性，宜形成亲切自然的景观

228

图 7-10　多层次的植物配置有利于形成有特色的植物景观

居住区绿地指标的制定与以下几方面的要求有关：

（1）人体生理及环境卫生的要求；

（2）改善自然生态环境的要求；

（3）绿化美化的要求。

2. 居住区绿地指标的计算

目前，我国使用的衡量居住区及居住小区绿化水平高低的主要指标有两项，即：居住区和居住小区绿地率、居住区和居住小区人均公共绿地面积（注：居住区绿地指标仍沿用原有的指标体系，因此，所谓的居住区公共绿地包括居住区公园、居住小区游园和组团绿地。居住小区公共绿地包括居住小区游园和组团绿地）。

居住区绿地率——居住区用地范围内各类绿地的总和占居住区用地面积的百分比。

计算公式：

$$居住区绿地率 = \frac{居住区各类绿地面积}{居住区总用地面积} \times 100\%$$

居住小区绿地率——居住小区用地范围内各类绿地的总和占居住小区用地面积的百分比。

计算公式：

$$居住小区绿地率 = \frac{居住小区各类绿地面积}{居住小区总用地面积} \times 100\%$$

居住区人均公共绿地——居住区用地范围公共绿地（居住区中心绿地、居住小区中心绿地、组团绿地）与居住区居民人数的比值。

计算公式：

$$居住区人均公共绿地 = \frac{居住区公共绿地面积}{居住区居民人数} \ (m^2/人)$$

随着居住区绿地规划理论及绿化建设的发展，居住区绿地规划的指标体系也日益完善，出现了诸如三维绿量、人均活动面积等更细更精确的指标，因而能更加完整地反映居住区的环境质量。

3. 我国居住区绿地指标状况

我国对于居住区绿地指标有明确的规定，在建设部1993年颁布的《城市居住区规划设计规范》中规定为：新建居住区其绿地率不应低于30%，旧居住区改造其绿地率不宜低于25%。居住区内人均公共绿地指标，应根据居住人口规模分别达到：组团不少于0.5m²/人，小区（含组团）不少于1m²/人，居住区（含小区与组团）不少于1.5m²/人。在旧区改造中，以上指标可酌情降低，但不得低于相应指标的70%。其中，居住区级公园一般规模不小于1hm²，小区级小游园不小于0.4hm²，组团绿地的设置应满足有不少于1/3的绿地面积在标准的建筑日照阴影线范围之外的要求，其中应设置儿童游戏设施和适于成人游憩的活动设施。因此，其面积不宜小于0.04hm²。其他块状带状绿地，其宽度不应小于8m，面积不应小于400m²为宜，否则难以满足基本使用功能的要求。2002年3月11日颁发了修订后的2002年版《城市居住区规划设计规范》，在1993年版的基础上作了局部调整，但绿地指标一项仍基本沿用原有指标。

从居住区绿地建设的实际来看，总体上讲，我国居住区绿地指标呈不断上升的趋势。20世纪80年代以前兴建的居住区，其人均公共绿地指标大多在1m²以下；80年代中期以前，居住区绿地指标略有增加；80年代中后期，居住区绿地建设逐步受到重视，绿地指标有了进一步提高。20世纪90年代是居住区绿地的飞速发展时期，主要表现为居住区绿地指标普遍提高，人们的生活环境有了质的改变。表7-1~7-4是我国不同时期部分居住区绿地指标状况。

**20世纪70年代建成居住区**（居住小区）**的绿地指标**　　　　　　　表7-1

| 居住区(居住小区)名称 | 总用地(hm²) | 公共绿地(hm²) | 人均公共绿地(m²/人) | 公共绿地率(%) |
|---|---|---|---|---|
| 南京梅山生活区 | 30.00 | 0.42 | 0.31 | 2.00 |
| 上海彭浦新村 | 34.21 | 1.85 | 0.58 | 5.40 |
| 上海番瓜弄 | 5.20 | 0.25 | 0.31 | 4.76 |
| 上海金山生活区 | 44.3 | 4.10 | 0.68 | 9.30 |
| 北京和平里居住区 | 26.57 | 0.49 | 0.45 | 1.84 |
| 北京新源里居住小区 | 9.07 | 0.27 | 0.48 | 2.96 |
| 北京劲松小区 | 27.63 | 1.51 | 0.54 | 5.5 |
| 上海曹杨新村 | 158.50 | 8.38 | 1.20 | 5.28 |
| 长沙朝阳二村 | 20.47 | 0.84 | 0.61 | 4.10 |
| 武汉市武东居住区 | 29.29 | 0.24 | 0.16 | 0.90 |
| 旅大市金家村工人村 | 69.41 | 6.08 | 2.34 | 8.75 |

| 居住区（居住小区）名称 | 总用地（hm²） | 公共绿地（hm²） | 人均公共绿地（m²/人） | 公共绿地率（%） |
|---|---|---|---|---|
| 南京化纤新村 | 10.00 | 0.49 | 1.72 | 4.90 |
| 马鞍山雨山居住区 | 94.20 | 1.64 | 0.36 | 1.80 |
| 渡口向阳工人村 | 15.10 | | 0.33 | |
| 广州沙涌居住区 | 114.1 | 11.10 | 2.10 | 11.10 |

**20 世纪 80 年代建成居住区（居住小区）的绿地指标** 表 7-2

| 居住区（居住小区）名称 | 总用地（hm²） | 公共绿地（hm²） | 人均公共绿地（m²/人） | 公共绿地率（%） |
|---|---|---|---|---|
| 无锡清扬新村 | 20.49 | 1.20 | 0.80 | 5.86 |
| 上海上南新村 | 110.65 | 12.24 | 1.02 | 11.06 |
| 常州清潭居住小区 | 32.00 | 3.95 | 2.08 | 12.34 |
| 苏州彩香居住小区 | 18.86 | 2.02 | 1.55 | 10.68 |
| 南京南湖居住区 | 62.85 | 4.93 | 1.54 | 7.84 |
| 南京五所村居住小区 | 6.50 | 0.71 | 1.16 | 10.88 |
| 南京雨花小区 | 25.48 | 3.45 | 2.66 | 13.57 |
| 郑州汝河路居住小区 | 20.04 | 2.08 | 1.60 | 10.38 |
| 沙市洪垸居住小区 | 9.39 | 0.81 | 1.39 | 8.63 |
| 深圳滨河小区 | 12.3 | 2.06 | 1.96 | 16.73 |
| 上海嘉定桃园新村 | 8.43 | 1.46 | 3.24 | 17.29 |
| 上海长白居住区二期 | 24.00 | 4.74 | 1.95 | 19.75 |
| 杭州翠苑三村住宅小区 | 11.27 | 0.98 | 0.98 | 8.69 |
| 北京富强西里小区 | 12.1 | 0.98 | 1.28 | 8.15 |
| 大连石道街西小区 | 21.37 | 1.69 | 1.37 | 7.95 |
| 合肥西园居住小区 | 23.00 | 3.38 | 2.60 | 14.69 |
| 北京方庄新区 | 147.60 | 21.70 | 2.80 | 14.70 |

**我国第一批实验住宅小区（1986~1989 年）** 表 7-3

| 居住区（居住小区）名称 | 总用地（hm²） | 公共绿地（hm²） | 人均公共绿地（m²/人） | 公共绿地率（%） |
|---|---|---|---|---|
| 无锡沁园新村 | 11.40 | 1.31 | 1.78 | 11.94 |
| 济南燕子山小区 | 17.30 | 2.36 | 1.94 | 13.80 |
| 天津川府新村 | 12.83 | 1.35 | 1.61 | 10.52 |

**20 世纪 90 年代后建成居住区的绿地指标** 表 7-4

| 居住区（居住小区）名称 | 总用地（hm²） | 公共绿地（hm²） | 人均公共绿地（m²/人） | 公共绿地率（%） |
|---|---|---|---|---|
| 成都棕北小区 | 12.25 | 1.55 | 1.73 | 12.68 |
| 上海三林苑小区 | 11.92 | 1.37 | 2.05 | 11.50 |
| 昆明春苑小区 | 14.53 | 1.68 | 1.64 | 11.53 |

以上数据引自《居住区环境设计》（黄晓鸾 著 中国建筑工业出版社）。

（三）居住区各类绿地规划设计要点

1. 居住区游园

居住区游园是面向整个居住区居民使用的公园绿地，在城市分类中属于城市公园中的社区公园，其规划设计与城市公园的区域性综合公园类似，因此，在此不再赘述。

2. 居住小区游园

居住小区游园供整个居住小区居民使用，一般与小区级道路相邻，同时面向道路设有主要出入口，这样可方便居民进入使用。小区游园面积至少不低于 0.4hm²，服务半径约为 300~500m，步行 3~5 分钟即可到达。小区游园中应设有花坛水池、儿童设施、铺装场地、种植花草树木等。在布局上有一定的功能划分，以保证各项活动顺利进行（图 7-11）。居住小区游园规划要点有：

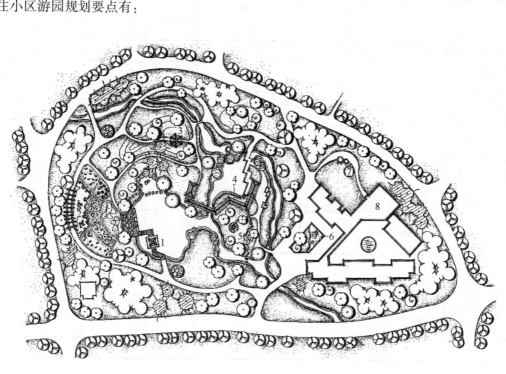

图 7-11　某小区游园平面图

1—笑水映秀；2—花架；3—六角亭；4—梨香阁、长廊；

5—草亭鸟鸣；6—花坛、假山；7—蘑菇亭；8—幼儿园

（1）充分利用自然地形及原有植物，这样既可以形成有特色的小区中心绿地，又可以快速形成郁郁葱葱的小区绿化环境。

（2）选择合适的位置及规模。小区游园的位置选择应遵循方便小区居民使用的原则，注意与小区的公共活动中心（如会所，游泳池等）相结合，形成一个完整的小区居民生活中心（图 7-12）。小区游园的规模应根据其功能要求及国家规定的定额指标，采用集中与分散相结合的方式，形成便于居民使用的良好小区环境，同时节约用地和投资。

（3）有一定的功能划分，布局紧凑。在小区游园布局上，应根据不同年龄段居民的使用要求进行功能划分，设置不同的场地及活动设施。另一方面，由于小区游园规模一般不

图 7-12　小区游园的位置选择应遵循方便小区居民使用的原则，注意与小区的公共活动中心
（如会所，游泳池等）相结合，形成一个完整的小区居民生活中心（陈铭意毕业设计）

大，因此宜将功能相近的活动布置在一起，不同功能之间既要分隔又要紧凑，避免形成不必要的浪费。

（4）应结合总体布局与其他绿地相协调。小区游园的布置应与居住区总体布局相配合，综合考虑，全面安排，妥善地处理好小区游园与周围其他城市绿地的关系。

小区游园的布局形式归纳起来，一般有三种：

（1）规则式：整个平面布局及立面造型都采用几何图形的方式布置，其中的道路、广场、绿化、小品等组成对称、有规律的几何图案。这种形式具有整齐、庄重的特点；同时也有形式呆板、不够活泼自然的缺点；因此一般不宜在整块场地中单独使用（图 7-13）。

（2）自由式：以模仿自然为主，不要求严格对称，布置灵活，道路、场地等形成不规则的曲线形，绿化配植模仿自然群落形式自由地种植。这种形式的特点是自然、活泼、易于创造自然而别致的环境特色，因此在小区游园的规划中应用较为普遍（图 7-14）。

（3）混合式：自然式与规则式相结合，可根据地形及功能的特点，灵活布置。其特点是既可以和建筑相协调，又可体现自然而优美的环境特点和反映不同的空间效果，因此是一种较为理想的布局形式（图 7-15）。

3. 组团绿地

组团绿地与组团级道路相邻，同时与居住建筑组团相结合而成。由于建筑组团的布置方式和布局手法千变万化，因此组团绿地的大小、位置、形式及内容也丰富多样。其用地

图 7-13　规则式布局的小区游园

图 7-14　自由式布局的小区游园

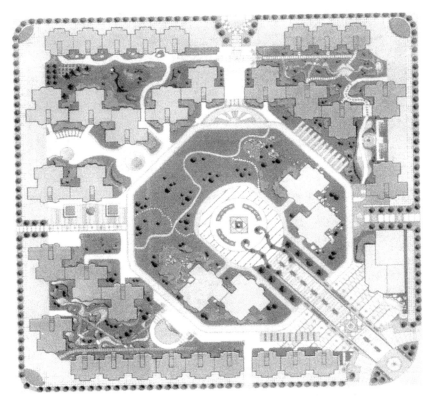

图 7-15　混合式布局的小区游园

规模约为 0.1~0.2hm²，最小应不低于 0.04hm²，服务半径约 100m 左右，步行 1~2 分钟可达。由于组团绿地便于老人及儿童使用，因此可布置休息桌椅、花木草坪、简易儿童设施等。由于组团绿地的规模一般不大，因此可不进行功能划分，而采用灵活布局的方式安排各项活动及设施，其规划要点有：

（1）应满足邻里交往及居民户外活动的要求

由于组团绿地离居民居住环境较近，居民的使用频率较高，使用者以老人及儿童为主，因此在规划中应精心安排各项活动、休息、游戏等设施。可将成人及儿童活动适当分隔，为居民提供一个舒适的休息、活动及交往的空间（图 7-16）。

（2）注意植物配植及小品设施等的可识别性

住宅组团属半公共空间，为增强该组团的领域感，在住宅建筑的设计及组团绿地的规划设计中应增强其可识别性，使居住于其中的居民有归属感和认同感。

（3）用非强制性元素划分空间

由于组团绿地面积较小，在划分儿童及成人使用的功能空间时，宜用植物、小品、地面高差及地面铺装质地的变化等手法来灵活地划分空间，使其在视线上保持整体的统一和完整。

由于组成组团的住宅建筑形式及组团绿地在居住组团的位置不同，组团绿地的布置形式可有以下几种（图 7-17）：

（1）布置在周边式住宅的中间。这种组团绿地有封闭感，利于居民从窗内观察在绿地里玩耍的儿童。

图 7-16　在组团绿地的布置中应多考虑居民活动的要求，
力求为其提供一个舒适的休息、活动及交往的空间

| 绿地的位置 | 基 本 图 式 | 绿地的位置 | 基 本 图 式 |
|---|---|---|---|
| 周边式住宅组团中间 |  | 住宅组团的一侧 | 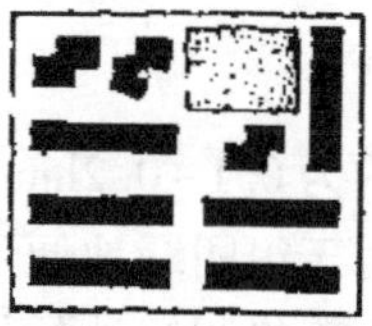 |
| 行列式住宅的山墙之间 | 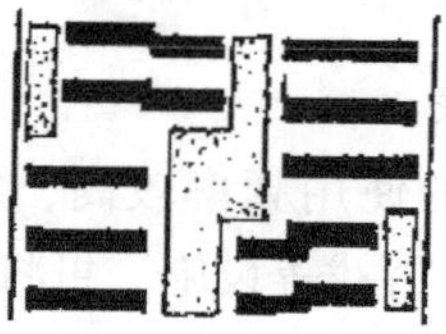 | 住宅组团之间 | 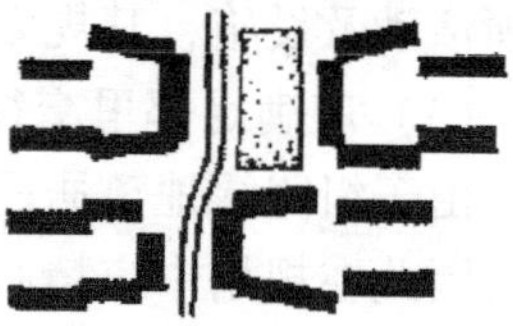 |
| 扩大的住宅间距之间 | 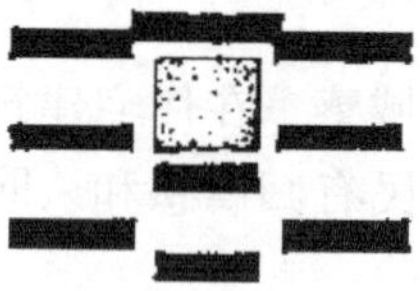 | 临街布置 | 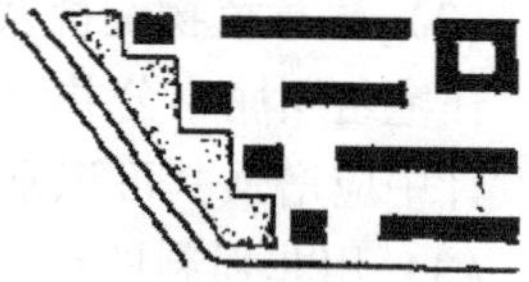 |
| 自由式住宅组团的中间 |  | 沿河带状布置 |  |

图 7-17　组团绿地的几种形式

（2）布置在行列式住宅山墙之间。增加行列式山墙之间的距离，并将其辟为绿地。这样可打破行列式组团单调的空间感觉，为居民提供一块阳光充足的半公共空间。

（3）布置在扩大住宅建筑的间距之间。可在组团适当的位置，将原有住宅建筑的建距扩大 1.7~2 倍，在此开辟组团绿地，既便于居民使用，又可丰富原有组团空间。

（4）布置在住宅组团的一角。可利用组团内不规则的、不宜修建住宅的空地布置组团绿地。这样可充分利用空间组织绿化，消灭死角。

（5）布置在两组团之间。当组团内用地有限时，为了获得较大规模组团绿地的效果，可将两个组团的组团绿地相邻布置。这样便于布置活动设施与场地（图 7-18）。

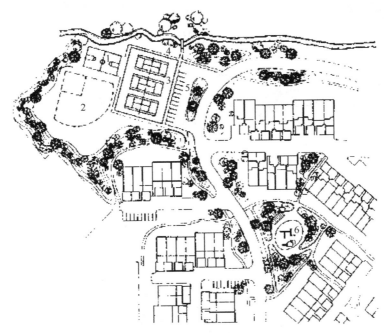

图 7-18　国外某住宅组团绿地总平面

为了获得较大规模组团绿地的效果，可将两个组团的组团绿地相邻布置。
该住宅组团绿地的特点是园林植物根据不同设施的功能而配置。在公共场所中设置了娱乐和游戏设施。
其绿地主要分布在住宅组团之间及沿街部分，沿河设置了滨河绿地。
1—篮球场；2—全球场；3—网球场；4—野餐区；5—汽车停车场；6—儿童游戏场

（6）临街布置组团绿地。临街布置组团绿地有利于改善城市景观。同时，通过绿化的隔离，为居民创造一个安静、良好的居住环境。

（7）其他类型的组团绿地。随着住宅小区设计理念的不断进步及住宅小区建设的不断发展，住宅建筑及组团构成形式也越来越丰富，有的甚至完全突破了原有的模式，形成独特的绿地形式。如现在许多小区采用立体式布置组团，将点式住宅形成周边式的布置方式，使原来分散的绿地形成大空间绿化，并用架空廊道来解决人流，在其中布置绿化、小品设施等，形成休息交往空间。使绿化从地面延伸至阳台、屋顶及廊道，形成立体式的组团绿化，丰富了组团绿化的竖向层次，并使居民更易接近绿色环境（图 7-19）。另外，在1996 年上海住宅设计竞赛中，清华大学朱文一的方案则完全打破了原来"小区—组团"的模式，借鉴旧上海独有的居住形式——里弄，形成点、线、面结合的住宅组合形式，在绿化配植上则将原来各级小块绿化集中布置，形成"绿野—里弄"的绿化模式（图 7-20）。

237

图 7-19　利用架空层布置绿化

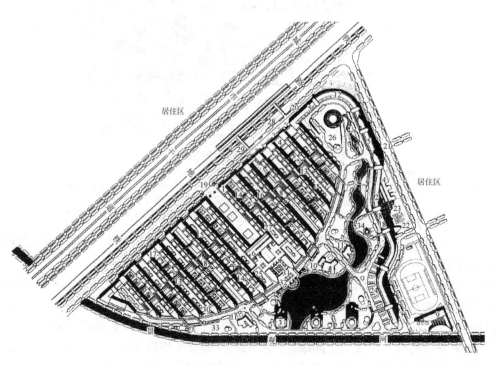

图 7-20　获奖方案"绿野——里弄"

1—7~8层新里弄住宅；2—8、13、18层板式住宅；3—27层塔式住宅；4—2层商店；5—底层商店；6—社区（物业）管理中心；7—社区活动中心；8—社区活动次中心；9—18班小学；10—9班幼儿园；11—4班托儿所；12—底层架空；13—新里弄"主弄"；14—新里弄"支弄"—"人弄"；15—新里弄"支弄"—"车弄"；16—"凉台廊"；17—防噪绿色廊墙；18—大洞——架空15层；19—人车入口；20—步行入口；21—车入口；22—入口广场；23—地下停车场；24—地面停车场；25—地面地下停车场；26—地下停车场；27—新里住宅底层架空停车场；28—公交车站；29—人行天桥；30—高交往廊及平台；31—露天演艺场；32—水榭；33—残疾人坡道；34—对景塔

4. 宅旁绿地

宅旁绿地包括宅前、宅后及住宅之间的绿化用地。宅旁绿地离居民居住环境最近，与居民日常生活联系最紧密，使用频率最高。因此，宅旁绿地是居住区绿地重要的组成部分，对居住环境质量的提高及居住区景观效果的改善都有相当重要的作用。

宅旁绿地的规模大小、布局形式等与住宅建筑的布局类型、层数、间距、建筑组合形式等紧密相关。由于这些因素的不同，宅旁绿地的形式及内容也十分丰富，概括起来有以下几种情况：

（1）高层住宅周围的绿地：在居住小区的高层住宅周围，一般有较大面积的空地布置宅旁绿地。可在其中设置草坪，配植不同的植物，围合形成一个个相对独立的空间。另外，在几幢高层住宅之间如有空地也可布置公共绿化空间，并可在其中设置相应的休憩游戏设施供这几幢高层住宅的居民使用（图7-21）。

（2）独立式及低层联排式住宅宅旁绿地：随着人民生活水平的提高及住宅

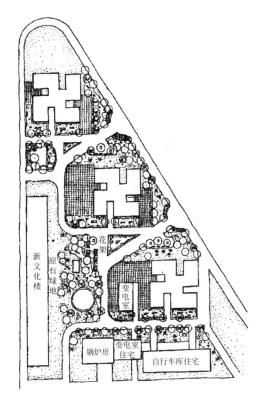

图7-21　高层住宅周围的宅旁绿地

建设的发展，许多居住区里都出现了独立式住宅或低层联排式的住宅形式。独立式住宅的宅旁绿地一般以建筑为界分为前后两块，住宅前的绿地对外开敞，用草坪、花坛及乔木等植物造景；住宅后的绿地则布置较为封闭，形成具有私密性的生活空间。低层联排住宅前可形成开敞或封闭的绿化空间，并可在住宅入口处扩大道路，形成场地，供居民小憩、交谈等；住宅后可形成供底层用户独自使用的后院或供该栋居民共同使用的观赏性绿地（图7-22）。

（3）多层住宅宅旁绿地：多层住宅是住宅里最普遍的一种形式。多层住宅周边的宅旁绿地，其靠近住宅部分的可用矮墙、绿篱、隔栅等形式划出部分空间供底层用户使用。用户可根据自己的需要安排不同的内容，如种花、种树、休息、游戏等。两幢住宅间，可布置休息座椅、儿童游戏设施，并配植具有识别性的植物（图7-23）。

宅旁绿地与居民日常生活密切相关，其设计恰当与否将直接影响居民的日常活动，因此在规划设计中应遵循以下的设计要点：

（1）宅旁绿地的设计应结合住宅的类型、建筑的平面和立面特点、宅前道路的形式等因素进行布置，有效地划分空间，形成公共与私密各自不同的空间领域感，并创造宜人的宅旁绿地景观。宅旁绿地的设计应充分考虑居民日常生活、休闲活动及邻里交往等的需求，为此提供适宜的空间。比如考虑日常的晒衣、贮物、家务等生活行为与宅旁绿地的关

239

图 7-22　的层联排式住宅宅前绿地

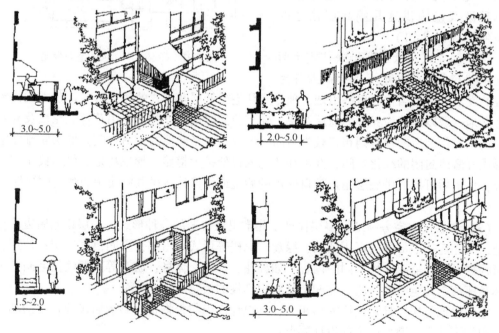

图 7-23　多层住宅宅前绿地的几种处理方式

系，考虑使用频率最高的老人及儿童的使用，适当增加老人与儿童休闲活动的设施等（图7-24）。

（2）宅旁绿地设计应以绿化为主。树种选择上应注意植物的尺度、色彩、季相等因素

240

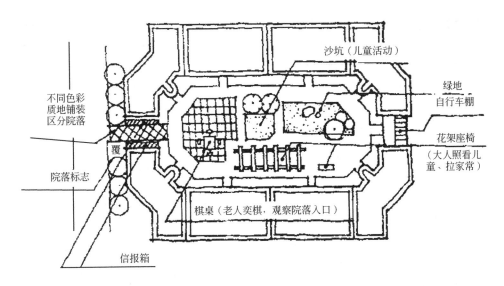

不同色彩
质地铺装
区分院落

院落标志

覆

信报箱

沙坑（儿童活动）

绿地
自行车棚

花架座椅
（大人照看儿
童、拉家常）

棋桌（老人奕棋，观察院落入口）

图7-24　宅旁绿地的设计应充分考虑居民日常生活、休闲活动及邻里交往等的需求

与院落的大小、建筑的形式等因素的配合，应尽量选择乡土树及居民喜爱的树种，创造优美的院落绿地景观特色，使居民有认同及归属感。另外，应注意控制植物的种植密度，保证绿地有良好的通风，以减少细菌的滋生，更好地发挥绿地的生态效应。

（3）宅旁绿地设计还应考虑绿地内的乔木、灌木与近旁的建筑、管线和工程构筑物之间的关系。一方面应注意乔、灌木与各种管线及建筑基础的相互影响，另方面应避免乔、灌木影响建筑的采光及通风等。

5. 配套公建绿地

配套公建绿地是指居住区或居住小区里公共建筑及公共设施用地范围内的附属绿地。这类绿地由各使用单位管理，其使用频率虽不如公共绿地和宅旁院落绿地，却同样具有改善居住区小气候、美化环境、丰富居民生活的作用，是居住区绿地系统中不可缺少的城市部分。

居住区配套公建绿地的规划设计应根据不同公共建筑及公共设施的功能要求进行，结合不同功能的建筑可将其分为医疗卫生类配套公建绿地、文化体育类配套公建绿地、商业饮食服务类配套公建绿地、教育设施类配套公建绿地、行政管理机构类配套公建绿地及其他配套公建绿地，不同的设计要点如表7-5。

居住区配套公建绿地的规划设计要点　　　　　　　　　　表7-5

| 设计要点<br>类型 | 绿化与环境<br>空间关系 | 环境措施 | 环境感受 | 设施构成 | 树种选择 |
|---|---|---|---|---|---|
| ●医疗卫生<br>如：医院门诊 | 半开敞的空间与自然环境（植物、地形、水面）相结合，有良好隔离条件 | 加强环境保护，防止噪声、空气污染，保证良好的自然条件 | 安静、和谐，使人消除恐惧和紧张感。阳光充足、环境优美，适宜病员休息、散步 | 树木、花坛、草坪、条椅及无障碍设施，道路无台阶，宜采用缓坡道，路面平滑 | 宜选用树冠大、遮阴效果好、病虫害少的乔木、中草药及具有杀菌作用的植物 |

| 类型＼设计要点 | 绿化与环境空间关系 | 环境措施 | 环境感受 | 设施构成 | 树种选择 |
|---|---|---|---|---|---|
| ●文化体育<br>如:电影院、文化馆、运动场、青少年之家 | 形成开敞空间,各建筑设施呈辐射状与广场绿地直接相连,使绿地广场成为大量人流集散的中心 | 绿化应有利于组织人流和车流,同时要避免遭受破坏,为居民提供短时间休息的场所 | 用绿化来强调公共建筑的个性,形成亲切、热烈的场所 | 设有照明设施、条凳、果皮箱、广告牌。路面要平滑,以坡道代替台阶,设置公用电话、公共厕所 | 宜用生长迅速、健壮、挺拔、树冠整齐的乔木为主。运动场上的草皮应是耐修剪、耐践踏、生长期长的草类 |
| ●商业、饮食、服务<br>如:百货商店、副食菜店、饭店、书店等 | 构成建筑群内的步行道及居民交往的公共开敞空间。绿化应点缀并加强其商业气氛 | 防止恶劣气候、噪声及废气排放对环境的影响;人、车分离,避免相互干扰 | 由不同空间构成的环境是连续的,从各种设施中可以分辨出自己所处的位置和要去的方向 | 具有连续性的、有特征标记的设施,树木、花池、条凳、果皮箱、电话亭、广告牌等 | 应根据地下管线埋置深度,选择深根性树种,根据树木与架空线的距离选择不同树冠的树种 |
| ●教育<br>如:托幼、小学、中学 | 构成不同大小的围合空间,建筑物与绿化庭园相结合,形成有机统一,开敞而富有变化的活动空间 | 形成连续的绿色空间,并布置草坪及文体活动场,创造由闹至静的过渡环境,开辟室外学习园地 | 形成轻松、活泼、幽雅、宁静的气氛,有利于学习、休息及文娱活动 | 游戏场及游戏设备、操场、沙坑、生物实验园、体育设施、座椅或石桌凳、休息亭廊等 | 结合生物园设置菜园、果园、小动物饲养园地,选用生长健壮、病虫害少、管理粗放的树种 |
| ●行政管理<br>如:居委会、街道办事处、房管所 | 以乔灌木将各孤立的建筑有机地结合起来,构成连续围合的绿色前庭 | 利用绿化弥补和协调各建筑之间在尺度、形式、色彩上的不足,并缓和噪声及灰尘对办公的影响 | 形成安静、卫生、优美、具有良好小气候条件的工作环境,有利于提高工作效率 | 设有简单的文体设施和宣传画廊、报栏,以活跃居民业余文化生活 | 栽植遮阴树、多种果树,树下可种植耐阴经济植物。利用灌木、绿篱围成院落 |
| ●其他<br>如:垃圾站、锅炉房、车库 | 构成封闭的围合空间,以利于阻止粉尘向外扩散,并利用植物作屏障,控制外部人们的视线 | 消除噪声、灰尘、废气排放对周围环境的影响,能迅速排除地面水,加强环境保护 | 内院具有封闭感,且不影响院外的景观 | 露天堆场(如煤、渣等)、运输车、围墙、树篱、藤蔓 | 选用对有害物质抗性强、能吸收有害物质的树种。枝叶茂密、叶面多毛的乔灌木。墙面屋顶用爬蔓植物绿化 |

选自《居住区规划资料集》。

6. 居住区道路绿地

居住区道路绿地是指居住区内各级道路红线范围内的绿地,是居住区"点、线、面"的绿地系统中"线"的部分,起着连接、导向、围合、分隔等作用,是居住区绿地系统中重要的组成部分。

居住区道路绿地对于改善居住区环境及景观、增加居住区绿化覆盖面积等都起着积极的作用。道路绿地有利于保护路基，防尘减噪，遮阳降温，通风防风，疏导人流，美化道路景观，可保持居住环境的安静清洁并有利于居民散步及户外活动。

居住区道路绿地设计应注意满足改善环境、美化景观以及行人行车交通安全的要求。居住区道路共分四级，各级道路绿地在设计中应与各道路的功能相结合，因而具有不同的设计要点：

（1）居住区级道路

居住区级道路是居住区的主要道路，用以解决居住区的内外联系。其特点为车流量相对较大，有的还通公共汽车。因此，这一级道路的绿化首先应充分考虑行车安全的需要，如在道路交叉口及转弯处的树木应满足车辆的行车视距要求。在此范围内一般不种植高大乔木，只配植高度小于0.7m的灌木、花卉及草坪。行道树的分枝高度也应不影响车辆行驶。其次，在居住区级道路绿地的设计中还应考虑行人遮阳以及利用绿化防止噪声、灰尘对居住区影响的要求。因此，在公共交通的停靠点处，应种植树阴浓密的高大乔木，为候车的居民提供阴凉的环境。

（2）居住小区级道路

居住小区级道路是居住区的次要道路，用以解决居住区内部的联系。其特点为车流量相对较少，但绿化布置上仍应考虑车辆行驶的安全要求。居住小区级道路可随地形及地貌的变化灵活布置。道路绿地的形式也可多样化，绿化可根据不同地坪标高形成不同台地，并可随道路线型的变化，形成草坪、灌木及乔木相结合的丰富的种植模式。此外，因其靠近住宅，应充分利用道路绿地降噪及防尘（图7-25）。

图7-25　小区级道路绿化可随道路线型的变化，形成草坪、
灌木及乔木相结合的丰富的种植模式

（3）居住组团道路

居住组团道路是居住区内的支路，用以解决住宅组群的内外联系。一般考虑以人行及非机动车为主，必要时可通车（图7-26）。道路绿地的布置应满足通行消防、救护、清除垃圾、搬运家具等车辆的通行要求。在尽端式道路的回车场地周围，应结合活动的设置等布置绿化（图7-27）。

图7-26　组团道路用以解决住宅组群的内外联系，一般
考虑以人行及非机动车为主，必要时可通车

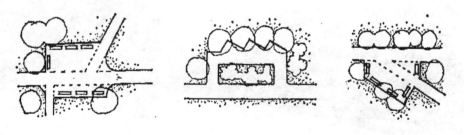

图7-27　在尽端式道路的回车场地周围，应结合活动的设置等布置绿化

（4）宅前小路

宅前小路是通向各户或各单元门前的小路，主要供人行使用。道路两侧的树木可以适当靠后种植，以备必要时车辆驶近住宅。在步行道的交叉口布置时，可结合绿化适当放宽，并与休息活动场地的布置结合考虑。这级道路的绿化一般不用行道树的方式，可根据具体情况灵活布置。树木既可连续种植，也可成丛地配植；可与宅旁绿地、公共绿地的布

置相结合，形成一个完整的整体（图7-28）。

图7-28　宅前小路的绿化一般不用行道树的方式，可根据具体情况灵活布置

居住区主要道路两旁的行道树可选择与城市主干道行道树不同的树种，以区别于城市的公共部分。居住区其他各级道路的绿化则应结合建筑及公用设施灵活布置，形成乔木、灌木及花卉、草坪合理配植的丰富的绿化景观。另外，在植物的选择及搭配上应突出各居住区的特色，加强其识别性和归属感（图7-29）。

（四）居住小区重要场地设计要点

1. 居住小区出入口

居住小区入口空间是居住小区环境的重要组成部分。一方面，它是小区居民必经的空间，起着集散人流的作用。另一方面，它联系着城市的道路或街道，是交通的转换空间，同时也是小区展示景观形象的窗口，具有交通、管理接待、展示、停留等功能。根据居住小区入口的规模大小和等级高低，可将入口分为主入口、次入口、专用入口。居住小区入口景观的主要构成要素包括大门、铺装、水体、植物、雕塑等。其他要素还有地形、灯光、台阶以及标识牌、垃圾箱、座凳等小品设施。其设计要点包括：

1）组织功能与流线

合理安排居住小区主入口的各项功能，根据所承载的主要功能的不同主入口由门前集散空间、门体空间和门内引导、过渡和集散等三部分空间组成。在主入口的景观设计中，首先应根据交通的具体情况，合理安排这三大功能空间，处理好车行、人行流线以及人、车流线与人停留、聚集的关系。

图 7-29　居住区道路的绿化形成乔木、灌木及花卉、草坪合理配植的丰富的绿化景观。
在植物的选择及搭配上应突出各居住区的特色，加强其识别性和归属感

　　门前集散空间是连接城市道路及街道的缓冲空间，是城市向居住区转换的引导空间。在设计中应首先对大门穿行的主体、穿行的方式、穿行的速度等方面进行分析，在此基础上通过恰当的围合与空间划分，使停留与运动分开，人与车分行，达到互不干扰，强化入口通行功能的目的（图 7-30）。门体空间是小区与城市的分隔界限，也是小区空间序列的开始，在门体空间的设计中，应注意合理组织流线，避免人流交叉，保持视线的开阔。门内空间是引导居民进入小区腹地的过渡空间，一方面通过相连的不同分级道路引导居民通向各组团、各单元；另一方面要考虑设置适当的停留、交往空间。在设计中应注意通行人流与聚集人流之间的干扰问题，应避免过多人流的聚集妨碍入口的通行（图 7-31）。

　　在人车混行的小区入口空间布局中，门前集散空间解决车的停留与通行功能，同时与城市交通之间形成必要的缓冲空间。在小区内部则应实行"人车分行"的道路系统方式。随着私人小汽车数量的增多，许多新建的小区在规划布局上已实现了人车分流。一般情况下人行入口为展示小区形象的主入口，通过适当的景观设计，主入口可成为一个可通行、可交往、可购物、可休憩的富有活力的空间。

　　2）围绕立意与主题，建构特色的景观序列

　　小区入口的功能虽都大同小异，但由于小区整体景观立意和主题的不同，在入口空间景观设计中，景观元素的组织和景观序列的安排有极大的差异。设计师首先应该

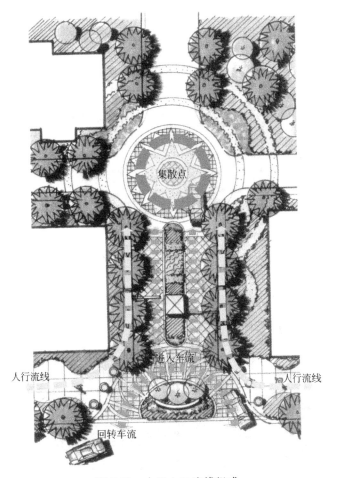

图 7-30　小区入口流线组成

明确入口景观在小区整体景观序列中的定位，入口的景观设计应围绕这一定位进行；同时注意小区入口本身也是一个完整的空间序列，在景观设计时应整体考虑，避免孤立对待。

小区主入口前广场是城市景观尺度向小区景观尺度的过渡，是小区入口景观序列的起始，也是高潮。在景观设计中应注意与城市景观的关系，可结合小区的公共服务设施，利用整齐的树池、跌落的水景、有序的台阶等景观要素，围绕小区的整体景观立意，塑造出一个可通行、可交往、可休憩，甚至是可购物的入口起点。门体是小区入口景观序列的转折；门体的造型、尺度、色彩、材质等都应和入口景观的整体风格相协调。门内空间是入口景观序列的结尾，也是小区内部景观序列的开始，因此应注意与小区内部景观的衔接。在此空间中，可为居民提供驻足停留的场所，可布置水体、花坛、矮墙、座凳、宣传栏、指示牌、艺术小品等。

在已建成的居住小区中，有许多入口景观特色分明的优秀实例。如成都温江的"春天大道"小区，其入口景观设计强调自然的风格，因此，在与城市道路衔接的部分布置了大量的绿化，门体尺度小巧，用材和色彩自然朴质，整体形象掩映在绿树丛中，植物成为了小区入口景观的主角（图7-32）。又如重庆万科"渝园"小区，整体景观以中国传统园林

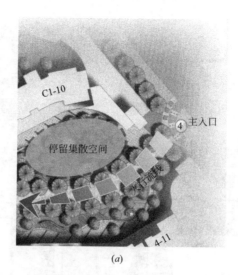

(a)

(b)

图 7-31 门内空间应注意引导与停留的结合

图 7-32 "春天大道" 小区入口

风格为主题，小区入口景观也切合这一主题，在入口广场、门体和门内空间的设计中均运用了中国传统园林的景观元素，统一的景观序列和效果，突出了小区的特点（图7-33）。

(a)              (b)

图 7-33 万科"渝园"小区入口

3）配置适当的景观要素

（1）大门

小区大门是指小区入口处以有一定使用功能的建筑物及其相关的构筑物为主体的空间。它是从城市向小区过渡的实体转折空间，是景观视线的焦点和小区形象的标志。一般情况下，小区大门由具有管理、值班、接待功能的门卫和具有防护功能的门体、围栏等建、构筑物以及植物组成，多独立于周围建筑之外，带有可开启和关闭的电子门（图7-34）。在商业价值较高的某些城市地段，具有防护功能的围墙则往往被商业裙房所代替，形成街坊式的小区入口空间，也有和会所、售楼处相连，甚至将建筑底层架空作为门体的（图7-35）。小区大门具有疏导人流、车流，标志界域，安全防卫以及展示小区形象等功能。

(a)              (b)

图 7-34 独立式小区入口大门

小区大门有各种不同的形式，从布置形态来看有附建式和独立式；从构图规则来看

图 7-35　附建式小区入口大门

有对称式和自由式（图 7-36）；按建筑风格来分，则有古典式、现代式和自然式等（图7-37）。

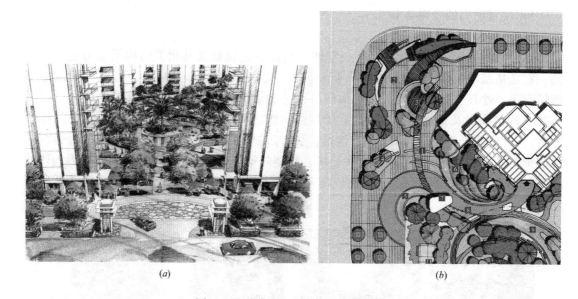

(a)　　　　　　　　　　　　　　　　　　(b)

图 7-36　对称式和自由式的小区大门

　　无论哪一种形式的大门，与其他大门相比，居住小区的大门设计有一些共同的特点，即首先，在大门的景观设计中要注意合理组织流线，避免人流交叉，保持视线的开阔；其次，要注意与小区的建筑保持尺度、风格和色彩的协调统一；另外，居住区是人们日常生活的地方，大门设计应体现小区的居住文化以及和谐、安宁的气氛。因此，门体的尺度不宜过大、造型应简洁，忌过度夸张、色彩柔和不宜过于刺激；除此之外，小区居民天天进出小区都会近距离接触大门，所以在居民可触摸的地方，应特别注意材料、造型等细部的设计，高品质的细部设计会大大提高小区大门的景观品质（图 7-38）。

(a)

(b)

(c)

(d)

图 7-37　不同建筑风格的小区大门

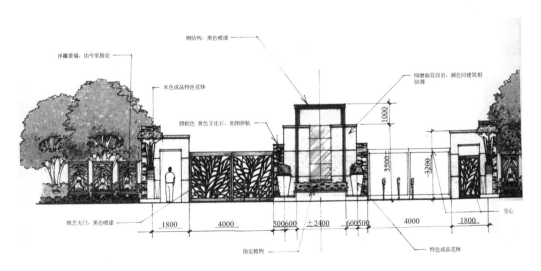

图 7-38　小区大门的细节处理非常重要

（2）铺装

小区入口铺装是指小区入口空间范围内硬质地面的铺砌材料。铺装具有暗示空间的作用；利用材质、色彩等可划分不同的空间。铺装还有统一协调的作用；虽然入口处的要素在其特性和大小上有很大的不同，但是在总体布局中如果铺装用同一形式，它们也会连成一个整体。同时，铺装能引导人们的视线，因此也具有引导人流的作用。最后，铺装能形成独特的个性空间。以重庆万科"渝园"小区为例，入口小广场用了地砖、瓦片、石雕等铺装材料，形成了独特的景观效果（图7-39）。

*(a)*          *(b)*

图7-39 万科"渝园"的特色铺装

在入口空间的景观设计中，可利用不同的地面铺装限定不同场地的性质与使用功能，将外部城市道路与入口区域划分开。同时还可通过铺装与柱列、景墙、花池、雕塑等其他景观元素的组合以及地面高差的处理等强化空间的划分和过渡，形成统一而有层次的景观序列。铺装的设计既要满足使用功能又要满足景观需要，具体来讲设计时要注意以下几点：首先要满足安全、方便使用的要求，应避免使用易使人滑倒和行走困难的铺装材料，如大面积的光面花岗石、大面积凹凸不平的鹅卵石、易带泥的嵌草砖等。其次，应根据空间的性质、功能和尺度的不同，选择色彩、尺度、质感等有变化的不同铺砖，利用不同的视觉效果，来引导视线，划分空间。当然，在多种铺装的设计中，应注意基本材质和色调的控制，使入口景观在统一中产生变化（图7-40）。

图7-40 统一中有变化的铺装

（3）水体

水是景观设计中最活跃的元素，小区入口是居住小区重点打造的标志性景观，所以"水"也是小区入口空间景观设计中最常用的要素之一。在入口景观中，"水"具有形成视线焦点、引导以及划分空间等作用。

从形态方面来看，水有动态和静态之分，小区入口景观中的水多以动态为主。如位于入口景观序列高潮的喷泉、跌水；

成为对景或结合围墙处理的壁面水景；沿人流行进方向设置的溪流、人工台地跌水等。此外，为满足入口空间功能的复合性使用，在入口广场的设计中还可用旱地喷泉的形式（图7-41）。当然，在用地允许的情况下，静态的水体也可使用。静态的水体可体现安静的居住氛围，同时还可起到阻隔和引导流线等作用。如重庆"卓越美丽山水"滨江路入口处的大型镜面无边水池，一方面形成入口建筑前的景观，同时也起到限制人流的作用（图7-42）。

图 7-41　小区入口不同形态的水体景观

图 7-42　重庆"卓越美丽山水"小区入口处的无边水池

在入口景观水体元素的具体运用中，设计师则应从整体的构思出发，根据整体构思中对风格的限制，巧妙地将水体要素与地形、植物、铺装、雕塑等要素结合，设计出与整体风格相协调的水体形式。以重庆市"春风城市心筑"小区主入口水景处理为例，该小区的整体景观为自然宁静的风格。其入口处有地形高差，为了突出整体风格和解决高差问题，设计师在小区主入口处应用了水体元素——涌泉、跌水、静态水池等不同形式。入口处金字塔形的涌泉配合大榕树桩头形成主入口景观视觉的焦点，水池边的水杉、八角金盘、睡莲、菖蒲、水生美人蕉等植物则烘托出小区郁郁葱葱的、自然朴质的家园氛围（图7-43）。

图7-43　重庆"春风城市心筑"小区入口水景处理

（4）雕塑

小区入口景观应传递小区特有的文化，同时也是小区的标志，因此，雕塑在小区入口景观中起着画龙点睛的作用。雕塑的形式多种多样，有抽象的、具象的、传统的、现代的，雕塑的材质也非常丰富，有传统的石材、金属、木材、石膏、混凝土等，还有新型的材料如玻璃、陶瓷、纤维、一些感光材料等。

雕塑是入口景观的组成部分之一，因此在雕塑的设计中应特别注意与入口景观氛围的协调和与植物、水体等其他景观要素的配合，雕塑位置、尺度、色彩、材质、数量等的选择应符合整体景观规划设计的要求。雕塑应与其周围的建筑、景观、场地形成和谐而有秩序的关系。其次雕塑一定要传递一定的文化内涵，这一内涵应是小区特有的居住文化，雕塑是这一文化的具体物化的形象，因此雕塑的造型、材料、色彩都应与这一文化有同构的关系。另外雕塑设计应有较强的标识性，往往能与其他景观元素共同构成小区的标志性景观。

雕塑虽然只是入口景观的要素之一，但在入口景观的设计中，雕塑往往能形成鲜明的形象，能有效地烘托整体空间气氛。

2. 儿童游戏场

居住小区儿童游戏场地是指在居住小区用地范围内专门为儿童游戏活动提供的空间。居住小区儿童游戏场地的设置有利于儿童的身心健康和性格培养，在形成和谐社区人文环境等方面都有重要的意义。根据居住小区内儿童游戏场地布置方式的不同，可分为集中式儿童游戏场地和分散式儿童游戏场地。其景观元素主要包括地形、游戏设施、铺地以及植物等。这些元素的设计和组合构成了儿童游戏场地的特有环境，具体设计要点包括：

1) 居住小区儿童游戏场地位置选择

由于儿童是居住区儿童游戏场地的主要使用者，且考虑到儿童游戏空间与居住区其他空间的关系，对儿童游戏场地的位置选择变得尤为重要。

（1）位置选择原则

遵循可达性原则。可达性包含行为的可达性和视线的可达性。选择儿童便于就近使用的位置（图7-44），使儿童出入方便；尽量选择与其他活动场地接近的地方，便于成人看护，让儿童有安全感。

遵循安全性原则。尽量远离可能行车的小区主要交通道路，对交通安全的担心也难以令家长放松，会影响儿童的使用。

图7-44　选择与家门口接近的地方
设置儿童活动场地

遵循健康性原则。选择具有充足的阳光、良好的通风条件，并有适当遮阴地块的场所。游戏场地适宜向阳面，充足的阳光有益于儿童的生长发育。选择通风良好的地方，场地通风，可以抑制细菌的增长（图7-45）。

图7-45　有充足阳光的地方宜设置儿童活动场地

遵循独立性原则。对场地进行适当的围合，可以避免儿童的活动受到外界活动、噪声及其他污染源的干扰（图7-46）。

图7-46  对儿童活动场地进行适当的围合

遵循关联性原则。选择儿童游戏活动场地的时候，要考虑和周边场地的联系，与整体景观规划设计取得协调。

（2）位置布局方式

儿童游戏场地在居住小区内的类型不同，其位置布局方式也不同。

住宅庭院内的儿童游戏场地位置一般在住宅之间的庭院或架空层，面积在几十到上百平方米（图7-47）。

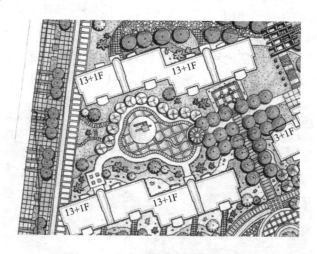

图7-47  住宅庭院内的幼儿游戏场

住宅组团内的儿童游戏场一般布置在居住组团的庭院与组团之间的空地上，占地面积约为数百平方米，是儿童使用率较高的场地（图7-48）。

小区级儿童游戏场常与小区中心绿地结合布置，面积一般为数百到上千平方米。每个小区可设1~2处（图7-49）。

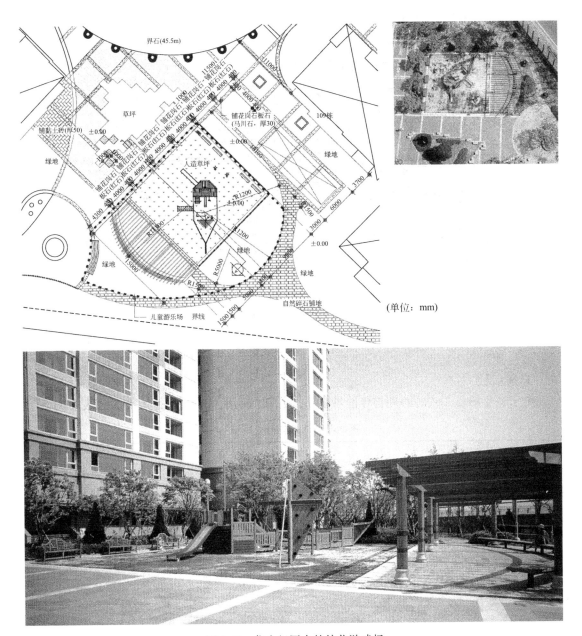

图 7-48　住宅组团内的幼儿游戏场

2）使用行为的研究

（1）使用时间与场所

日常儿童一般户外活动的时间为：学前儿童在午饭和晚饭前后，学龄儿童集中在傍晚或放学后。儿童活动同其他活动一样存在季节性，即夏季活动时间明显多于冬季。温度在15℃以上，儿童会增加户外活动时间。儿童在户外的活动频率一般夏季>春秋>冬季。

儿童经常游戏的地方是家门口附近的空间。儿童游戏时空间一般具有连续性，他们往往从室内、入口、宅前空地、人行道一直玩到街头。儿童喜欢亲近自然，接近草地、水池、泥沙，喜欢在草地上奔跑，做各项活动。

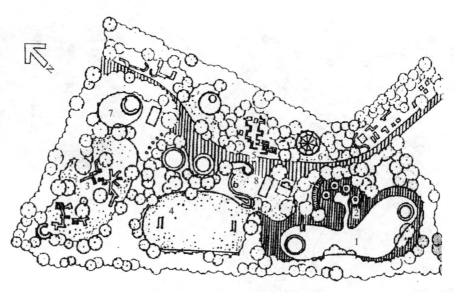

德国不莱德哈芬·雷赫尔海德儿童游戏场

图7-49　小区级儿童游戏场

1—戏水池；2—水戏场；3—建筑游戏区；4—小足球场；5—冒险游戏区；6—印第安帐篷；7—露天表演场；8—管理用房

（2）使用行为特点

① 阶段性

由于各年龄段儿童的心理与体能特征不同，常常表现出不同的行为特征（表7-6）。

不同年龄儿童的行为特征　　　　　　　　　　　　表7-6

| 游戏形态<br>年龄 | 游戏种类 | 结伙游戏 | 组群内的场地 | | |
| --- | --- | --- | --- | --- | --- |
| | | | 游戏范围 | 自立度<br>（有无同伴） | 攀、登、爬 |
| 小于1.5岁 | 椅子、沙坑、草坪、广场游戏 | 单独玩耍，或与成年人在住宅附近玩 | 必须有保护着的陪伴 | 不能独立 | 不能 |
| 1.5~3.5岁 | 沙坑、广场、草坪、椅子等静的游戏，固定游戏器械 | 单独玩耍，偶尔和别的孩子一起玩，和熟悉的人在住宅附近玩 | 在亲人能照顾的住地附近 | 在分散的游戏场，有半数可自立，集中游戏场可自立 | 不能 |
| 3.5~5.5岁 | 经常玩荡秋千、压板和变化多样的器具。4岁后玩沙坑比较多 | 参加结伙游戏，同伴人数逐渐增加(往往与邻里孩子) | 游戏中心，在住房周围 | 在分散游戏场可以自立，集中游戏场完全能自立 | 部分能 |
| 小学一二年级儿童 | 开始出现性别差异，女孩利用游戏器具玩，男孩捉迷藏为主 | 同伴多，有邻居、同学、朋友，结伙游戏较多 | 可离住处较远处玩 | 有一定自主能力 | 能 |
| 小学三四年级儿童 | 女孩利用器具玩耍较多，跳皮筋、跳房子等。男孩喜欢运动性强的运动 | 同上 | 以同伴为中心玩，会选择游戏场地及游戏品种 | 自主 | 完全能 |

② 同龄聚集性

258

年龄常常成为儿童户外活动分组的依据，年龄相仿的儿童多在一起游戏。年龄段不同，游戏内容也不同。例如 3~6 岁的儿童多喜欢玩秋千、跷跷板、沙坑等；但由于年龄小，独立活动能力弱，常需家长伴随。7~12 岁的儿童以在户外较宽阔的场地活动为主，如跳格、跳绳、小型球类游戏等；他们独立活动的能力较强，有群聚性（图 7-50）。

图 7-50　儿童的同龄聚集性

③ 动态性

儿童生来就有好动、好模仿、好奇心、持久性差、喜野外活动等特点，使得儿童在游戏中不断地去尝试、发现、练习和表现，并通过这些来表达内心的意愿，宣泄情绪，展示能力。因此，应依据儿童年龄和心理特点设计儿童户外游戏场地，使其满足多方面需求，启发并激励儿童学习，也有助于锻炼儿童的动作技能、社会技能和求知技能。如利用废旧的材料（旧轮胎、旧家具及回收的水瓶等），使儿童参与到设计游戏的过程中，激发儿童的想象力。

3）合理配置景观要素

（1）游戏设施

不同年龄段的儿童，使用游戏设施的尺度不同。在配置儿童游戏设施时，一定要使其与儿童身高相适宜。儿童身高可按：年龄×5+75 的公式计算得出平均身高。幼儿期 1~3 周岁身高约 0.75~0.9m；学龄前期 4~6 周岁身高约 0.95~1.05m；学龄期 7~14 周岁身高约 1.10~1.45m。

居住小区内儿童游戏设施主要有组合游戏器具、沙、水、游戏墙等。

组合游戏器具一般是用竖立和横放的预制品，组合而成的房屋、拱券、城堡、迷宫、斜坡、踏步等各种游戏用具。为了安全，必须把所有构件的边缘都做成光滑的，还必须防止儿童从一米以上高度坠落，或从坡度陡的混凝土踏步上滑下的可能（图 7-51）。

沙是儿童游戏场中重要的游戏设施，玩沙能激发儿童的想象力和创造力。沙坑不宜太小，一般规模为 10~20m²，深度以 0.4~0.5m 为宜。在大沙坑中可将沙坑与其他设施结合起来，进行多样的游戏（图 7-52）。

水与沙一样，同样深受儿童喜爱，儿童自幼酷爱玩水，对水有亲近感。儿童游戏场内常设涉水池，儿童可在池中嬉水（图 7-53）。涉水池常有两种：一种水池深度一致，约20cm 左右；另一种池底逐渐坡向中央，池边浅，可修成各种形状，也可用雕塑装饰，或与喷泉、淋浴相结合。不同水深的涉水池，适合不同年龄段的儿童使用。

图 7-51　组合游戏器械

图 7-52　沙坑游戏活动场地

图 7-53　儿童在水中嬉戏

　　游戏墙也是儿童游戏场上常见的游戏设施。为适合儿童的兴趣爱好，设置各种形状的游戏墙，供儿童钻、爬、攀登。游戏墙不仅可以起到挡风、阻隔噪音扩散的作用，还可以分割和组织空间，甚至还可以做成适合儿童绘画的墙面或者组合成迷宫，引导和培养儿童的艺术爱好，激发儿童的探索乐趣（图7-54）。

图 7-54　儿童游戏墙激发儿童的探索乐趣

除了上面几种儿童游戏设施外，还有一些儿童游戏器械，如以千秋为代表的摇荡式器械、以滑梯为代表的滑行式器械、以转椅为代表的回转式器械、以攀登架为代表的攀登式器械等。游戏器械都是根据不同年龄段儿童的身高和活动特点选择适合的类型。其在设计时既要满足不同年龄段儿童活动要求，也要避免其他年龄段儿童使用造成的损坏（设施的设置要求详见表7-7）。

居住小区儿童游戏设施设计要求表　　　　　　　　　　　　　　　　　　表 7-7

| 序号 | 设施名称 | 设计要点 | 适用年龄 |
|---|---|---|---|
| 1 | 沙坑 | （1）居住区沙坑一般规模为 10~20m²，沙坑中安置游乐器具时要适当加大，以确保基本活动空间，利于儿童之间的相互接触。（2）沙坑深 40~50cm，沙子必须以中细沙为主，并经过冲洗。沙坑四周应竖 10~15cm 的围沿，防止沙土流失或雨水灌入。围沿一般采用混凝土、塑料和木制，上可铺橡胶软垫。（3）沙坑内应敷设暗沟排水，防止动物在坑内排泄 | 3~6岁 |
| 2 | 滑梯 | （1）滑梯由攀登段、平台段和下滑段组成，一般采用木材、不锈钢、人造水磨石、玻璃纤维、增强塑料制作，保证滑板表面平滑。（2）滑梯攀登架倾角为 70° 左右，宽 40cm，踢板高 6cm，双侧设扶手栏杆。休息平台周围设 80cm 高的防护栏杆。滑梯倾角 30°~35°，宽 40cm，两侧直线为 18cm，便于儿童双脚制动。（3）成品滑板和自制滑梯都应在梯下部铺厚度不小于 3cm 的胶垫，或 40cm 的沙土，防止儿童坠落受伤 | 3~6岁 |
| 3 | 秋千 | （1）秋千分板式、座椅式、轮胎式几种，其场地尺寸根据秋千摆动幅度及与周围游乐设施间距确定。（2）秋千一般高 2.5m，长 3.5~6.7m（分单座、双座、多座），周边安全护栏高 60cm，踏板距地 35~45cm。幼儿使用距地为 25cm。（3）地面需设排水系统和铺设柔性材料 | 6~15岁 |
| 4 | 攀登架 | （1）攀登架标准尺寸为 2.5m×2.5m（高×宽），格架宽为 50cm，架杆选用钢骨和木制。多组格架可组成攀登式迷宫。（2）架下必须铺装柔性材料 | 8~12岁 |

| 序号 | 设施名称 | 设计要点 | 适用年龄 |
|---|---|---|---|
| 5 | 跷跷板 | （1）普通双连式跷跷板宽为 1.8m，长 3.6m，中心轴高 45cm。（2）跷跷板端部下面应放置旧轮胎等设备作缓冲垫 | 8~12 岁 |
| 6 | 游戏墙 | （1）墙体高控制在 1.2m 以下，供儿童跨越或骑乘，厚度为 15~35cm。（2）墙上可适当开孔洞，供儿童穿越和窥视，产生游乐兴趣。（3）墙体顶部边沿应做成圆角，墙下铺软垫。（4）墙上绘制的图案不易褪色 | 6~10 岁 |
| 7 | 滑板场 | （1）滑板场为专用场地，要利用绿化种植、栏杆等与其他休闲区分隔开。（2）场地用硬质材料铺装，表面平整，并具有较好的摩擦力。（3）设置固定的滑板练习器具，铁管滑架、曲面滑道和台阶总高度不宜超过 60cm，并留出足够的滑跑安全距离 | 10~15 岁 |
| 8 | 迷宫 | （1）迷宫由灌木丛墙或实墙组成，墙高一般在 0.9~1.5m 之间，以能遮挡儿童视线为准，通道宽为 1.2m。（2）灌木丛墙需进行修剪，以免划伤儿童。（3）地面以碎石、卵石、水刷石等材料铺砌 | 6~12 岁 |

摘自《居住区环境景观设计导则》2006 版（建设部住宅产业促进中心 编写）。

（2）铺装

小区儿童游戏场地铺装是指通向儿童活动场地的道路和儿童活动场地内硬质地面的铺砌材料。考虑到要有利于儿童的身心健康和智力开发以及安全性的问题，儿童游戏场的铺装设计要注意以下几方面：

儿童活动场地的所有铺装要平整防滑。

铺装的色彩设计一般多采用纯度和明度较高的颜色，使空间充满清新、明快、活泼的氛围。也可同时使用几种鲜明亮丽的色彩，形成明显的对比效果，构成一个充满丰富想象的空间。

铺装应选择硬度小、弹性好、抗滑性好的材料，如橡胶砌块、人工草坪等，以避免儿童玩耍时跌倒受伤。

铺装上可以点缀一些有趣的儿童图案，以增强游戏区的趣味性。

铺装要考虑游戏场的排水问题。为了防止游戏场内积水，游戏场的界面设计必须保持一定的坡度。同时要注意透水、透气的设计，如嵌草铺装增加地面的透气排水性（图 7-55）。

（3）休息设施

休息设施是居住小区内儿童游戏场地的一个重要的内容，它为家长提供了一定的休息及相互间交流的可能性。其形式多样，主要包括座椅、花架、木平台、遮阳避雨等设施。休息设施尽量布置在活动范围外。大树和绿篱旁为最合适的位置，但在视线上要和整个场地保持通透。休息设施宜结合儿童喜爱的童话、寓言中的人物、动物形象设计，以活泼的体态，鲜艳的色彩，成为游戏场空间环境的点缀（图 7-56）。

（4）无障碍设计

在进入有高差的儿童活动区要设置盲道、坡道，路沿石围合的活动场要开出一块轮椅或手推车可以进入的口，道路的宽窄要能够使轮椅或手推车通过，主要进入道路不能设计鹅卵石地面，以提高残障儿童对游戏区的使用频率。

另外，为了促进儿童知觉发育和动作协调发育，游戏设施应尽量选择那些用自然材料

图 7-55　嵌草铺装儿童活动空间

图 7-56　丰富的儿童休息设施

制造的产品。这些设施能够提供范围广泛的刺激和多种感官的体验，也对有某种感官残疾的儿童能够很好地利用。

（5）植物

树种选择和配置时要注意以下几方面：

选用以生长健壮，少病虫害、耐干旱、耐贫瘠、便于管理、具有地方特色的乡土树种为主。

选用树形优美、冠大阴浓的遮阴树种。有利于夏季遮阳、降尘、减噪，为儿童创造空气清新、环境安静的游戏场地。

选用无毒、无刺、无刺激性物种以及落果少、无飞絮物的树种。如不宜选择银杏、夹竹桃、雌株柳树和杨树等。

儿童游戏场四周要乔灌结合种植，形成浓密的绿化效果（图7-57）。这样，既有利于儿童的安全，又不会使得居住小区内其他场地受到干扰。

图7-57　儿童游戏活动场地周边乔灌木结合种植

种植树种不宜太多，植物配置方式要适合儿童心理，色彩鲜艳，体态活泼，便于儿童记忆和辨认。

**五、居住小区绿地规划设计实例：**

从我国居住区建设的历史和未来发展的趋势看，居住小区可分为封闭式和开放式两大类。

**第一类：封闭式小区**

**案例一：重庆龙湖花园（一期）**

（一）项目概况

重庆龙湖花园（一期）是重庆市唯一的国家2000年小康住宅示范小区，2001年2月经过国家验收，获"国家小康示范小区规划设计优秀奖"，并列为重庆市"十佳小区"榜首。小区位于重庆市渝北区新牌坊，距市区6km，项目总占地16.37hm²，用地东南临城市道路，西北为自然水域——九龙湖，地形为丘陵地形。小区总建筑面积23万m²，容积率1.375，总户数1160户，车位800余个，整个小区绿化总面积达6万多平方米，绿地率40%，人均绿化面积15m²（图7-58）。充分利用天然环境资源，创造居住与自然高度融合的优良环境，是重庆龙湖花园（一期）环境规划最突出的特点（图7-59）。

（二）小区布局结构

根据自然地形及用地现状，设计者以一条主干道及与绿化结合的消防道，将整个小区

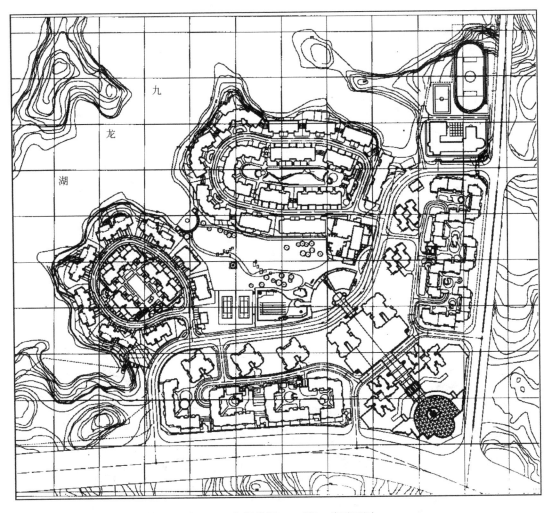

图 7-58　龙湖花园（一期）总平面图

分为五个居住组团和一个有配套公建设施的中心绿地（小区公园）。这五个组团分别是：沿城市道路一侧的两个多层组团——聚云苑和绿苑。这两个组团以多层住宅为主，沿内侧道路各点缀数幢高层住宅。位于小区入口广场后面的高层住宅组团，布置有四栋高层住宅和部分商业设施。临湖的两个类似半岛的山丘上分别布置两个标准较高的低层组团——佑湖苑和享湖苑。小区中心绿地位于佑湖苑和享湖苑之间，与入口广场处于一条中心轴上，通过步行通道的连接，形成了从城市环境（城市的道路及广场）到自然环境（九龙湖水面）的过渡。此外，在小区适宜的位置还布置了小学校、体育设施和商业服务设施等。整个布局结构合理、层次清晰、疏密有致、高低错落，既满足各种功能的要求，又很好地体现了临湖丘陵地的自然景观（图 7-60）。

（三）环境规划宗旨及特点

由于龙湖花园用地具有依山傍水的独特优势，因此顺应自然，精心优化自然环境，将自然景观引入小区，以提高小区环境品位，利用地形高差创造独特的空间及景观效果是其环境规划的宗旨及特点。

图 7-59　充分利用天然环境资源，创造居住与自然高度融合的优良环境，
是重庆龙湖花园（一期）环境规划最突出的特点

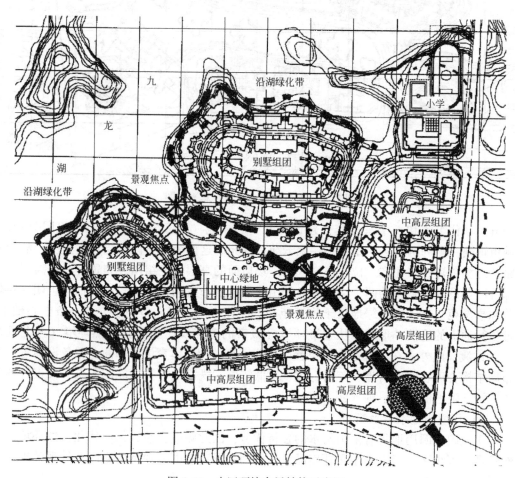

图 7-60　小区环境布局结构示意图

为了体现这一宗旨和特点，在环境设计上形成了由低到高的三个层次：第一层次是沿湖的绿化带及倚湖而居的两个低层组团。沿湖绿带布置了乔灌木和花树，是人们踏青，晨练、赏景的最佳去处，满足了人们亲近自然，与自然和谐相处的需求。而沿湖的联排别墅群，则可将湖光山色尽收眼底，提高了居住的品位。第二个层次是紧临别墅区组团的小区中心绿地。小区中心绿地为具有动感的滚坡草坪，配以疏林，形成开阔的视线及疏朗的空间效果，是自然环境与人工环境联系的纽带。第三个层次是庭院建筑群和高层建筑架空平台上的空中花园。这一层次虽远离湖面，但由于地势较高，住宅类型为多层及高层，因此仍可感受湖光山色，体会自然的独特韵味。

（四）各类绿地设计

1. 小区中心绿地（小区游园）

龙湖花园小区中心绿地是整个小区的中枢，也是联系城市环境和自然环境的纽带，因此小区中心绿地环境设计十分重要。中心绿地面积共 1.8 万 m²，采用开阔的滚坡草坪形式。草坪的边缘围绕着装饰性的灌木以及雪松、蒲葵、黄葛树等乡土乔木，同时配以自然的山石，形成自然的风格。草坪内有蜿蜒的小路和一些小型的活动设施，草坪与湖面相接处，利用地形高差形成一个露天的小表演场地，可开展集中活动。整个小区中心绿地景观自然，视线开阔，同时还有观赏、散步、小坐、交谈、集会等功能（图7-61）。

图 7-61　自由式布置的小区中心绿地（小区游园）

2. 组团绿地

龙湖花园（一期）共有五个组团，由于各组团户型不同，建筑组合方式不同，组团所处位置不同，在组团绿地的布置上，各组团所突出的特色也各不相同。

入口广场后面的高层住宅组团，绿化以平台绿化和屋顶花园为主。由于该组团绿地位于架空平台层，因此在绿地的布置上采用了规则式与自由式相结合的形式。规则式以花坛种植为主，强调地面铺装的形式；自由式的植物种植以小乔木和花灌木丛为主，强调郁郁葱葱的植物景观。这一组团配植的主要植物有：小叶榕、杜鹃、迎春、月季、大叶黄杨、小叶女贞以及多种竹类等（图7-62）。

图 7-62　高层住宅组团的绿化以平台绿化和屋顶花园为主

中高层住宅组团——聚云苑最大的特色是考虑其趣味性及为居民提供户外活动场地。这一组团不仅利用车库平台考虑羽毛球场，在楼幢间还结合绿化设置了休闲的木质花架、旱地喷泉、儿童游乐设施等，以增加整个组团空间的趣味性。组团绿地配植的植物主要有：鱼尾葵、散尾葵、小叶榕、南天竹、杜鹃、法国冬青等（图7-63）。

图7-63　中高层组团——聚云苑环境

另一个中高层住宅组团——绿苑的特色是最大限度表现植物在人们生活环境中的重要性。其绿化以花草和树木为主调，通过高低错落、流水有致的搭配形成一个层次丰富、色彩艳丽、块面结合的居家空间。"绿苑"组团内配植的主要植物有：重阳木、蒲葵、棕榈、剑兰、小叶女贞、大叶黄杨、杜鹃、沿街草等（图7-64）。

低层连排式住宅组团——享湖苑的主题为小桥流水，以青石板打造的入户小桥是该组团的最大特点。在绿化处理上则突出林中深幽的感觉。因此，采用了乔木+灌木+地被+草坪的复式种植模式，强调植物配植垂直方向上的层次。该组团配植的主要植物有：蒲葵、扇尾葵、海桐、红叶李、杜鹃、满天星、草坪等（图7-65）。

另一个低层联排式住宅组团——佑湖园以带状走向的绿地为中心，通过植物和水景的搭配将花园分为动静两区，怪石中涌动的泉水，独具特色的私家花园架空花槽，本地特有的南山片石花池护墙，使之成为深受业主喜爱的户外环境。该住团配植的主要植物有：桃花、樱花、桂花、紫薇、水杉、海棠等（图7-66）。

3. 沿湖绿化带

毗邻九龙湖，可借景于湖光山色是龙湖花园最大的特点，因此沿湖一带的环境处理显得尤其重要。在环境规划中，设计者特意规划了一条沿湖的绿带，形成带状的公共绿地，满足人们踏青、晨练、垂钓等的使用和亲近自然的心理要求。

图 7-64 中高层组团——绿苑环境

图 7-65 低层联排式别墅住团——享湖苑

图 7-66 低层联排式别墅住团——佑湖苑

九龙湖面积共 15.3hm²，湖面碧波荡漾，湖岸边常有白鹭嬉戏，景色十分优美。为了保持自然景观特点，并将自然环境融入居住环境，龙湖花园沿湖一带全部处理成自然曲线的驳岸，伸入湖中的亭廊也采用天然木材建造，造型自然，尺度小巧，与自然完全融为一体。沿湖小路以石板铺就，曲折蜿蜒，行走于其中，湖水在树丛中时隐时现，空间有开有闭。在植物的配植方面也颇为考究（图 7-67），与低层别墅组团相连的堡坎配植有法国冬青、爬山虎等植物，形成绿色封闭的垂直面，挡住从沿湖小道到别墅的视线，使住户的生活不受干扰。水面边的倾斜护坡上则配植有垂柳、银桦、刺桐、小叶榕、海桐、桂花、小叶女贞、沿街草、扁竹根等乔木、灌木和地被植物，使沿湖一岸形成层次丰富的植物景观。透过垂柳、小叶榕等乔木的枝叶，湖光山色尽收眼底，可谓美不胜收。

4. 宅旁绿地

由于龙湖花园（一期）包括了高层住宅、多层住宅、联排别墅多种住宅形式，因此在宅旁绿地的处理上各具特色。

在高层住宅宅旁绿地的处理上，由于高层建筑间距的要求，因此有较大面积的宅旁绿地。绿化配置时，在其中设置草坪，配植不同的植物，围合形成一个个相对独立的空间。

在多层住宅宅旁绿地的处理上，除考虑植物配置不影响底层住户采光、通风的要求外，特别注意各单元入口的识别性，以及在单元入口处形成休息和交往的空间（图7-68）。

联排式别墅宅旁绿地的处理上包括两种基本形式：一种是位于组团级道路以内的别

图 7-67　沿湖绿化带景观

墅。此类别墅后院布置有车库和草坪，前院则配植小乔木及灌木，形成较开敞的景观效果。另一种是位于组团级道路外围的别墅，道路在建筑的前面，因此前院布置有车库入口，在植物配置上强调各户的识别性，形成的各具特色的景观效果；后院临湖，采用自然

图 7-68　在单元入口处形成休息和交往的空间

的种植形式，与湖光山色融为一体。

5. 配套公建绿地

龙湖花园一期的配套公建绿地包括小区会所周围的绿地，幼儿园、小学的绿地及周围商业设施的绿地等。

入口广场的绿化是具有商业气息的花园广场，小品精美，植被华丽。中心会所周围的植被则以草坪和植物丛为主，主要配有花灌木和观赏性较强的乔木，以此与中心会所欢快、热烈的气氛相协调。幼儿园由于受用地条件限制，绿化配植较为简洁（图 7-69）。小学周围绿地的植物配植以常绿树为主，体现安静的文化气氛。

6. 小区道路绿地

龙湖花园小区道路绿化布置灵活，在道路较窄处配以小叶榕，在围墙边缘配植六月雪、小叶女贞和法国冬青，形成布局紧凑的绿化带；在道路较宽处，则结合草坪和地被，配植有蒲葵等乔木，使道路空间显得更开阔。同时在道路绿化带内布置有生活气息浓厚的青铜雕塑，以提高道路的景观效果，形成与城市道路完全不同的景观特色（图 7-70）。

由于龙湖花园的环境设计与自然高度融合，而且在绿地的组成上层次分明，各具特色，形成了较完善的系统，因此，生活在其中的居民可以充分地享受和煦的阳光、洁净的空气、优美的景观及人与人之间交流的快乐。环境设计的成功使龙湖花园成为重庆最受欢迎，档次最高的楼盘。

图 7-69　幼儿园环境

图 7-70　富有特色的道路绿化

### 案例二：重庆龙湖·春森彼岸

（一）项目概况

该项目位于重庆市江北区，毗邻嘉陵江。项目占地 17hm²，项目定位为高档住宅区，设计规划分为四个部分：复合商务区、酒店公寓式住宅区、豪华住宅区以及综合商业区，是集城市梯道景观带、滨江住宅群、写字楼商业于一体的滨水建筑群。春森商业街连绵在下，裙楼起伏在上，整个规划格局大气恢宏。该项目曾获美国 2004 年 AIA 优秀城市设计金奖（图 7-71）。

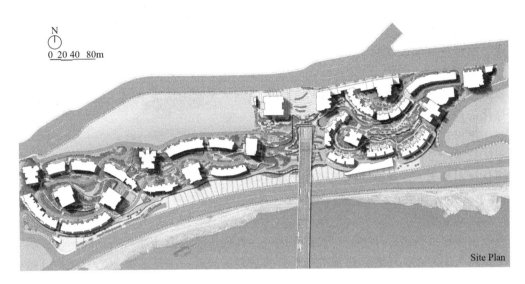

图 7-71　春森彼岸（一期）景观设计总图

（二）小区布局结构

春森彼岸的总体规划布局从水岸、水波、水纹的概念出发，形成了波浪形的总体布局形式，建筑也随之高低跌宕，简单轻松，舒适自然。整个社区由多层、小高层板式住宅和高层、超高层塔楼，按点式和线形穿插布置，通过步行道、车行道、社区花园、散步道和广场构成一个有机的居住社区。小区为实现人车分流，在城市观景台与北侧城市干道相交处，设计了一架空广场，从而使人行道路与车行道路形成各自完整的系统。小区在建新东路、滨江路上，各设置了 3 处人行入口，同时利用基地内原有东西向古道，结合景观设计，形成另一充满情趣和记忆的步行系统。小区在城市规划干道上各开设两处车行出入口，宽 6m 的双向车行道沿基地北侧长边布置，其最大坡度小于 8%。由于基地地形复杂，区内道路距滨江路的高差均大于 24m，道路不能直接到达滨江路。该方案通过对地形的分析，巧妙利用层层下跌的地下停车场，引导区内车辆直达滨江路，这不仅改善了区内车行交通系统，方便居民的出入，更增强了城市规划路与滨江路间之间的联系。此外，小区内沿滨江路边设置的人行步道，如遇紧急情况，将被作为消防车道使用，并与区内车行道路共同构成一道完整的消防环线。

（三）环境规划宗旨及特点

春森彼岸景观设计采用与小区规划设计及建筑设计相吻合的现代风格，营造具有地域特性的时尚社区；充分利用规划布局的流畅性，空间为水，建筑为石，以"浪打浪"的景观概念，形成层叠、开合的空间特点，注重形态与功能的结合，最大限度地利用高差起伏，创造不断洄游的趣味停留场所；打造多层次、立体、富有魅力的台地花园。此外，春森彼岸环境规划设计遵循了以下原则：

1. 营造气质

在规划上尊重地域特性，挖掘地形潜力，景观风格呼应建筑的现代风格，整体气质呼应大山大江丰富的流动感。

2. 强调流线

小区空间设计上最重要的是起居流线的设计，合理布置回家的流线、散步的流线、观赏的流线；深入挖掘地形潜力，形成不同高程上的回游路线；尽可能打通山景、江景的视觉通廊，形成独特的景观廊道，丰富景观层次。

3. 丰富功能

根据使用者起居活动需求，在不同的高程上嵌入不同的功能空间，与风景相结合，创造多样化的户外活动场地。

4. 注重材料

小区软景注重精细化处理，大乔、树阵、草坪和灌木合理搭配，突出环境特点；硬景材料简化材料种类，注重铺装的肌理和尺度。

（四）景观设计重点

1. 滨江商业街

商业街在项目景观设计中起到双重作用——在创造商业活动场所的同时，也提供了服务于车流和人流的观景环境；在营造商业公共景观的同时，满足了商业所需保持开敞视线的要求（图 7-72）。

图 7-72　滨江商业街

2. 入口

住宅区的入口与楼栋的入口同样都是景观设计的重点区域。通过入口环境设计来表达社区环境景观的特色，合理安排各种设施及标志，起到引导人流的作用（图 7-73）。

3. 中心水景

水是环境的灵魂。滨江特色景观在小区内被合理借用，并且小区内的水景在形式

图7-73 住宅入口景观

和功能上也与滨江景观做出呼应。水景的动静决定了场所的特性，动态与静态相得益彰，点缀在功能场所的重点位置。动态的喷泉与流水墙结合，成为中心活动场所的景观重点，同时也将其作为高层住宅对庭院视线的焦点，实现了"观"与"用"的双重功能。

4. 运动与休憩场所

春森彼岸也十分重视运动与休憩场所的设置以及环境营造，功能上的动态与静态、聚会与休息、外观与内省，都对应着不同的空间分布特点以及景观处理要求，而这些场所之间又通过各种方式巧妙地链接成为一个整体的环境。这些场地的设计从使用者的角度出发，提供满足各种家庭活动的户外功能空间（图7-74）。

5. 回家与散步路线

场地的高差变化为人行路线提供了"步移景异"的空间特色，不同景观材料的选择应用突出了路径不同的功能要求，同时，不同的植物配植也再次强调了空间的特性。通过各种方式的连接，将景观环境与建筑要求的各种功能空间合理地联系起来，满足使用者的通行和休闲需求（图7-75）。

图 7-74　休憩场所与休憩设施

## 案例三：武汉万科·润园一期

（一）项目概况

该项目位于武昌中心城区，邻近城市内环线和徐东商圈。项目占地面积 3.09hm²，总建筑面积 2.15 万 m²，绿化地率 35%。基地前身为成立于 1958 年的新中国第一家高精密通信仪表厂。

图 7-75  景观设计与功能空间合理联系

（二）小区布局结构

万科·润园的规划布局形式基本遵循了厂区原有的格局和秩序关系（图 7-76）。厂区的主要入口和几条重要道路均予以保留，它们与两侧树木、建筑形成的空间肌理依然存

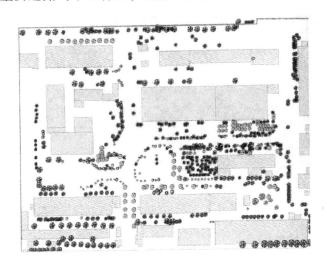

图 7-76  万科·润园的规划布局形式与厂区原有的格局和秩序

在。规划设计中将原厂区的主入口作为小区的人行主入口，使其功能得以进一步延续。项目整个布局形成南低北高、南密北疏的空间形态。整体景观结构包括了入口庭院、中心庭院（绿厅）、林荫砖径街巷、低层住宅部分的宅间带状庭院及高层部分的三个主题庭院。在整体景观规划中设定了层进的庭院空间结构，形成类似中国宅院中"庭院深深"式的复层结构。与场所相似而又崭新的空间形态、道路机理、环境特征以及细部元素营造了一个既延续城市记忆又有时代特征的极具个性的高品质小区（图7-77）。

图7-77 万科·润园（一期）景观设计总平面图与鸟瞰效果图

（三）环境规划宗旨及特点

万科·润园朴实的规划思想源自于对树的尊重。由于基地的复杂性，设计放弃了以建筑为中心的规划模式，采用将建筑融入场地环境的规划理念。这种规划方法以现存肌理作为依据，充分利用现状制约条件对基地内的矛盾作出合理应对。

设计采用密度分区的手法，根据树木分布密度将用地一分为二，并通过平衡容积率的方法，降低树木密度高的区域的容积率，以控制该区域的建筑覆盖率和体量。通过GPS对全区树木进行精确定位，并控制间距，从而在规划中准确地平衡建筑进深、日照间距以及建筑与树木间的距离。为保留入口西侧的成片大树，设计了异形楼体，使建筑穿插于树木中，最大限度地保留原有树林。低层组团停车场集中布置于基地北部，避免车行进入组团影响树木生长及破坏居住品质。根据树木间距确定出建筑的合理进深，采用小进深、大面宽的单体形态；同时，通过灵活布置一层辅助性房间以调整建筑形态，并适应树位，形成庭院空间。

此外，设计根据树的高度决定建筑高度，将建筑层数控制在4层以内。实现房在树下的空间效果（图7-78）。这样，即使居民在建筑顶层，也能享受到树冠绿阴。

图 7-78　控制小区内建筑高度

在景观规划中最大限度地保留了原生植被，甚至是这座老院的历史脉络与气息。沉稳怀旧的红砖住宅，高低错落与精心保留的林木间，没有抹去珍贵的时间痕迹，而是谦逊地将新的内涵巧妙注入。在这风驰电掣的时代，这一份自在与宁静、沉稳与从容，是无法替代，也是无法复制的。本项目的景观设计构思也正是来源于此。

面对岁月的痕迹、时间的积淀，设计的态度首先是尊重与倾听，尊重历史、倾听自然。场地中原生的景观资源如此丰富，更重要的是梳理与彰显这种自然与时间交织的原生美感，并使之与未来的居住场景有机融合。

（四）景观处理

1. 第一层次：礼仪门厅

润园的入口大门，使环绕社区的院墙自然断开，以简单的方式提示进入的姿态。穿过入口，2m 余高的立体艺术门扉，向内的双重入口庭院连续出现；倒映着绿树红墙的水池，斑驳的红砖铺地，与自然植物结合，给人以灵动的感觉；517 工厂的元素与符号以及厂牌的摆放形成情景艺术空间；数重景观层进空间以漏或框，形成厚重幽静的专属入口空间氛围。

2. 第二层次：情景廊厅

从礼仪门厅到保留的水塔及绿厅，情景廊厅亦构成另一层进景观的添景。林荫区与情景走廊将为社区活动提供和谐的公共活动区。红色砖径与木栈道引领人们进入到绿阴空间，舒适的木制长椅在惬意的位置出现，林前一泓水池倒影绿树，而池上悬浮的轻盈观景亭将原厂区的工业气质化，仿佛林间眨动的明眸。（图 7-79）

3. 第三层次：中心绿厅

入口庭院的红砖向住区深处延伸，引导人们来到中心庭院，称为"中心绿厅"，这里树木交盖、藤萝掩映、绿荫匝地。在这里，保留所有的树木与藤蔓，甚至还有藤蔓附生的廊架，而所有的"设计"只是为了让人们更好地欣赏这处难得的绿阴。穿行到林木更深处，设立了一道竖起的白色墙体，在浓阴间提出亮色，更像一方素笺，衬托出林木的姿态。倚墙是架空高起的林间平台，登台凭栏，树影婆娑。

图 7-79　保留的水塔以及环境景观处理

### 4. 第四层次：公共交往厅

架空层与绿厅连为一体，让视线在公共绿厅与小高层间通透。架空层里用轻钢等设置若干功能区，如售货亭、儿童游乐器材等。设在架空层的公共交往厅及整体景观，形成一幕情景生动的框景。

### 5. 第五层次：宅间带状庭院

低层住宅间的常见小路被处理为带状的狭长庭院，被动的交通空间转换为有趣味的递进空间，是富有街坊情趣的夹景之作。入口与端头的围合形成私密的邻里专属感受，私家庭院围墙进退错落，形成路径的转折与开合，现状保留的树木与簇拥在小径边的花丛更烘托出无法复制的独特居住品质（图 7-80）。

图 7-80　宅间带状庭院

## 第二类：开放式小区

### 案例一：深圳万科城

#### （一）项目概况

万科城地处坂雪岗高新技术开发区，处于深圳城市发展的中轴线上，西起坂雪岗大道，北临稼先路东段，南接发扬路。

万科城依地势高低设计成低密度的别墅城，建筑风格糅合了西班牙和地中海建筑的精华。万科城总占地面积约 40hm²，总建筑面积为 43 万 m²，其中住宅 40 万 m²，商业 3 万 m²（图 7-81）。

图 7-81　深圳万科城总平面图

（二）小区布局结构

万科城的总体地貌由低山丘陵台地及冲击沟谷组成，在尊重原有地形地貌的基础上，整体规划以一条贯穿万科城的公共景观带为主线展开，沿线分布的广场、水景、休闲公园、人工湿地、商业、会所，共同形成开放、共享、活跃的公共空间。独特的景观布局是万科城的一大亮点，坡、岭、丘、涧、生长多年的老树都被尽可能地保留下来，形成"三山两涧一平地"的自然格局；用水轴线和绿轴线将湖面两旁的住宅、休闲广场、风情街区、会所等建筑有机串联起来，实现"建筑与土地共生"（图 7-82）。

万科城采用开放式的社区规划，以街区为单元，同时社区内部的住宅又具有良好的围合感，兼顾小区与片区共同成长的必要性，还能够使城区的基础设施和各项服务配套与住区互相呼应，外部对内渗透、内部对外开放。这种部分之间及部分与整体的融合，体现了城市的有机统一（图 7-83）。

万科城的道路系统层次分明（图 7-84），主要包括主要入口、次要入口、主要接

图 7-82　深圳万科城三维鸟瞰图

图 7-83　万科城功能分区图

点、次要接点、主要道路循环系统、次要道路循环系统、消防车道、地下停车场几个部分。整个居住区的道路形成网状，主干道宽 6m，支路宽 3.5m，绿地内步行小路宽 1.5m。道路系统与城市交通主干道相连，主交通环道人车混行，为居住区的消防救援提供条件。绿地内部道路均为步行道路，为居民提供了安全、合理的步行游览路线。同时，利用植物造景和景观小品的精心搭配，增加了路线的可识别性，强化了交通空间的观赏性。

*284*

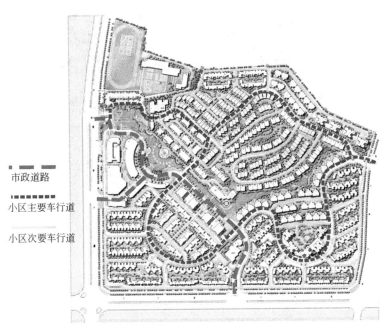

市政道路

小区主要车行道

小区次要车行道

图 7-84 万科城道路交通分析图

（三）规划宗旨及特点

深圳万科城奉行亲地规划观和新都市主义的原理，阐述了万科对万科城大型住区规划设计的理解：形成关怀的邻里，建筑新生活方式的住宅以及住区传播文化。

万科在项目规划中，以"城市化"的目标来完善配套设施，以低密度规划保证社区的环境质量。万科城的规划突破了其本身的居住功能，规划了开放的市政广场、开放的湖、开放的大面积商业街区；道路系统与城市道路紧密相接，既保持了社区居民与周边城区的距离，又让外界融入到万科城这个大型社区。

（四）景观要素设计

（1）植物

万科城的植物品类多样且层次分明。深圳是一个临海亚热带气候城市，万科城的景观设计充分利用了其丰富的植物种类。由于采用的植物品种丰富，配置考虑不同花期植物的配合，于是，每个季节都有不同的植物季相以及花香。植物在美化环境的同时，对环境和空气的净化又有着不可忽略的作用，让小区的空气更加干净、清新，对整个城市的空气环境也起到一定的净化作用（图 7-85）。

（2）水体

水体景观可以调节环境小气候的湿度和温度，对生态环境的改善有着重要作用。万科城的水体景观丰富多彩，在尊重原始地貌的基础上，主要沟谷被开发成以水体景观为主的景观大道和人工湖。休闲广场设置在人工湖边，湖岸设置了安全护栏，人工湖的驳岸设计为阶梯式与缓坡式（图 7-86）。并且，利用地形落差设计的水体景观，引导雨水沿着起伏地形渗透、流淌，形成雨水明渠；设计应用人工湿地，水深适宜，驳岸的植物配置符合南方气候特点。

图 7-85　植物种植美化环境净化空气

图 7-86　阶梯式与缓坡式的水体驳岸

## 案例二：成都壹街区

（一）项目概况

壹街区位于都江堰市东北部，城市二环路外侧，用地面积 114hm²，人口规模约 8000户，2.5 万人。都江堰在规划结构上分为以文化休闲功能为主的北部片区、以金融办公功能为主的中部片区和以综合服务功能为主的南部片区。壹街区位于北部片区的核心区位，属于城市次中心地段（图 7-87）。

（二）小区布局结构

壹街区为突出其城市次中心的核心地位，在规划上摒弃了均质的居住小区模式，采用由街区单元组成的城市街区，在空间结构上以人工湖为空间核心，通过较高的路网密度将周边用地划分为网格片区，形成向心集聚的空间结构（图 7-88）。社区中设有图书馆、文化馆、工人活动中心、妇女儿童活动中心和青少年活动中心 5 处市级文化设施，设有妇幼保健医院 1 处（市级医疗设施），设有时尚文化休闲设施、市民体育公园等城市副中心功能设施，同时配套幼托、小学和完善的社区型公共设施以及市政设施（图 7-89）。街区内的道路红线宽度从 9～50m 不等，形成了多等级的开放路网体系（图 7-90）。街区单元规模

图 7-87　成都壹街区鸟瞰效果图

图 7-88　壹街区规划总平面图

"一期"修建性详细规划功能结构分析图

图 7-89　壹街区功能结构分析图

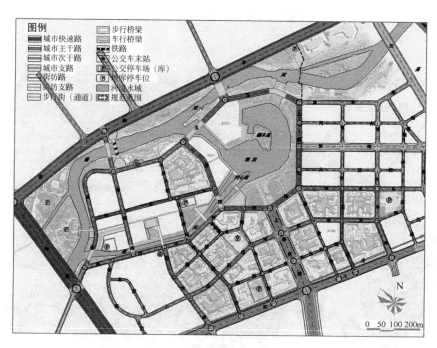

图 7-90　壹街区道路系统分析图

在 0.5~1.5hm² 之间，多层和小高层住宅呈围合式布局，形成连续的、附带底层商铺的街道界面。壹街区内还均衡分布了规模在 650~2500m² 不等的分散而多样的景观空间。总之，壹街区通过适宜的街道尺度、连续的街道界面、多样的服务设施、舒适的步行体验，

288

激发并诱导街道空间内的公众生活。

（三）环境规划宗旨及特点

壹街区的设计理念为"川西风貌、上海风情、时代风尚"。

川西风貌是指以城市特色街坊为原型，通过重塑传统的街道、院落空间来营造新型城市街区，以此延续都江堰当地居民的生活方式及场所特征。上海风情是指借鉴海派文化思想理念的多元性，引入多样性的住区城市景观，营造符合都江堰城市文化及生活习惯、具有时代生活理念的人文活力社区。

遵循这种规划理念，建成绿化与文化相互依存、城区与自然相互融合、历史与现代相互并存、生活与就业相互兼顾、平时与灾时相互结合的复合功能街区，营造符合都江堰的地方生活习惯、反应都江堰的城市文化、融合山水林木自然环境的人文活力街区。

（四）主要区域景观设计

1. 蒲阳河沿岸及颐湖、颐河景观设计

从区域规划设计围绕"生态文化走廊，滨湖景观大道，城市防灾公园"的设计定位，梳理沿蒲阳的生态系统，加强物种的丰富性；体现自然与人文相融合的环境特征（图7-91）。采用动静分区，北部为静区（图7-92），主要功能为生态保育，融合郊野与城市，保护恢复河流的自然形态，绿化和软化河道堤面，建设亲水步道，配置各种休闲场地和健身设施，方便周边居民休闲游憩。南部为动区，目的要打造都江堰的"外滩"，建设滨水广场、滨水码头、亲水平台，结合周边商业，建设城市化滨水活动区。

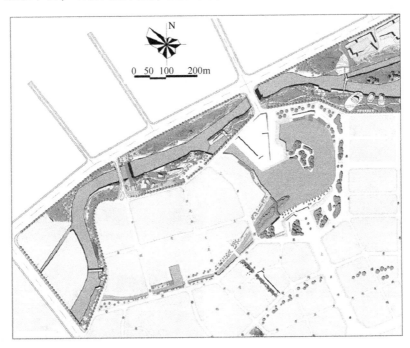

图 7-91　蒲阳河沿岸及颐湖、颐河景观设计总平面

在植物配置和地形塑造方面，保留现有的高大乔木，保护极地生态，并以此作为营造基地自然景观特征的基础。新植树木以当地植物为主，增植地被植物和花卉灌木，增加观赏性。规划利用开挖人工河湖的土方在蒲阳河沿岸塑造缓坡地形，以围合沿河空间，并作

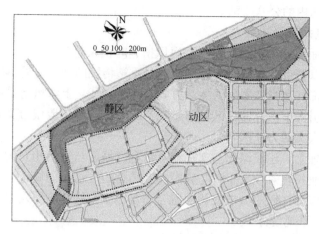

图 7-92　采用南北动静分区

为整个"壹街区"北部空间的边界，与人工湖和北面山峦背景进行呼应。

景观建筑设计遵循整个景观规划风格，使建筑融于景观环境。造型上采用朴素、简介、大方的设计手法，建筑材料以当地原料为主，注重生态和节能。

2. 市民体育公园景观设计

壹街区中的市民体育公园是开放性的市民健身场所，满足各类人群的体育运动和健身休闲需求，配置适量的服务管理设施，营造滨河景观带。体育运动区位于公园的东北部，儿童游戏区位于中南部，健身广场位于中北部，休闲服务与管理区位于沿河带。公园被城市道路切分成四个区域，一条主要景观轴线将各个场所联系，还有一条次要景观轴线引导游览路线，将人们引导向街区中充满活力的滨水活动区（图7-93）。

图 7-93　市民体育公园景观设计

# 第二节  道路绿地规划设计

城市道路绿地是指居住区级以上的城市道路及广场用地范围内的绿化用地。

## 一、道路绿地的作用

（一）城市绿地系统重要的组成部分

道路绿地是城市绿地系统中重要的组成部分，主要体现在以下两个方面：其一，随着经济的发展及城市化进程的加快，城市道路及道路绿地的建设得以发展，道路绿地面积在城市绿地总面积中的比例也有所提高。因此，搞好城市道路绿地的建设对于增加城市绿地率，改善城市生态环境等都起着不可替代的作用。其二，道路绿地在构成城市完整的绿地网络系统中扮演着重要的角色，起着联系和沟通不同空间界面、不同生态系统、不同等级和不同类型绿地的重要作用，是构成城市完整的"点、线、面"绿色系统的纽带。

（二）净化空气，保护环境

随着工业的高速发展及机动车辆的增加，城市道路上所产生的汽车尾气及噪声污染已成为城市中的主要污染源之一。以北京为例，城市空气中的氮氧化物含量为 6.14mg/L，总悬浮颗粒物为 0.364mg/L，道路交通噪声为 71dB（分贝）。这些污染对人们的日常生活、休息及身体健康均形成了不良影响。通过道路绿地建设可对除尘、降噪、杀菌、降低路面辐射热、吸收汽车尾气等起到重要作用。

（三）组织交通，保证安全

营建道路绿地，一方面有利于进行人车分流，防止行人任意横穿街道，减少对行进车辆的干扰，使行车的安全得到更好的保障。另一方面，有利于减少车辆之间的相互干扰，如在道路中间设绿化隔离带，在机动车和非机动车道之间设绿化带，修建交通岛等措施均可保证车辆的正常行驶，可有效组织交通，解决交通安全问题。

（四）形成景观，美化环境

城市道路绿地是一个城市形象的"窗口"，人们日常出行及商务活动等，都会直接感受到道路绿地的景观。经过精心规划及设计的道路绿地，可形成乔木、灌木及草坪的复层立体种植模式以及四季不同的季相特色。这样丰富的结构及色彩所形成的优美景观可改变整个城市的形象，对于改善城市景观，美化市容市貌起着十分重要的作用（图7-94）。

（五）形成生态廊道，维持生态系统的平衡

城市道路是城市人工生态系统与其外围自然生态系统进行物质及能量流动的主要通道。道路绿地的建设有利于形成绿色的生态廊道，保证这种物质循环及能量流动的正常进行。这种绿色廊道可形成各种动物的迁移通道，以此保护生物多样性，维持生态平衡。另外，还可以形成各种绿色屏障及通道来调节风向、降尘、防噪，改善城市环境质量。这些都体现了城市道路绿地的生态功效。

（六）防灾屏障及救灾通道，提高城市抗灾能力

城市道路绿地在城市中形成了纵横交错的一道道绿色防线，对于阻碍城市火灾的蔓延，防止地震后建筑坍塌造成的交通堵塞具有不可替代的作用，同时在灾情发生后还可形成救灾通道，有利于城市抵抗灾害能力的提高。

图 7-94　道路绿地对于改善城市景观，美化市容市貌起着十分重要的作用

**二、城市道路绿地的组成及规划原则**

城市道路绿地包括道路绿带（即行道树绿带、分车隔离绿带、路侧绿带等）、交通岛绿地（即中心岛、导向岛、立体交叉绿岛等）、广场绿地、停车站场所属的绿地等（图 7-95）。

从以往的城市道路绿地建设经验和教训来看，要搞好城市道路绿地，应遵循以下的原则：

（一）道路绿地规划建设应与城市道路规划建设同步进行

道路绿地规划建设与城市道路规划建设同步进行是保障城市道路绿地得以实施的基础，只有这样才能保证留出足够的用地进行道路绿地建设，使道路绿地达到预期的效果和景观。

（二）道路绿地规划应满足交通安全的要求

所有道路的绿化均应满足行人及行车安全的要求。在市区交通干道的绿化，应满足提高车速保证行车安全，有效解决交通拥挤，疏导交通的要求。在行人较多的道路上的绿化布置则应保证行人的安全及满足行走舒适性的要求。

（三）道路绿地规划应满足多样性原则

道路绿地规划多样性原则是指道路绿地的配植模式及树种选择均应注意其多样性。道路绿地的配植应突破原有单一行道树或乔木+草坪的模式，大力推广乔木+灌木+地被草坪的复式种植模式，这样既可以提高道路绿地的生态效益，又可以提高道路绿地景观的丰富度。在树种选择上，也应多种多样，除了选择一些抗性强、适应性好的乡土树种外，还可适当引进一些适宜的外来树种。这样不仅可丰富道路景观，还可减少病虫害对树木的损

292

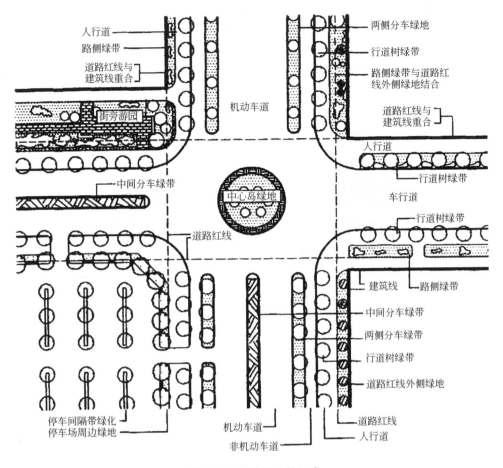

图 7-95　道路绿地的组成

标注文字：
- 人行道
- 路侧绿带
- 道路红线与建筑线重合
- 街旁游园
- 机动车道
- 两侧分车绿地
- 行道树绿带
- 路侧绿带与道路红线外侧绿地结合
- 道路红线与建筑线重合
- 人行道
- 行道树绿带
- 车行道
- 中间分车绿带
- 中心岛绿地
- 道路红线
- 行道树绿带
- 建筑线
- 路侧绿带
- 中间分车绿带
- 两侧分车绿带
- 行道树绿带
- 道路红线外侧绿地
- 道路红线
- 人行道
- 停车间隔带绿化
- 停车场周边绿地
- 机动车道
- 非机动车道

害，减少后期的维护费用。

（四）道路绿地规划应体现城市文化历史及地方特色

道路绿地的建设应与城市的文化及历史气氛相适应，承担起文化载体的功能。以杭州为例，杭州的行道树以悬铃木为主，而悬铃木为落叶乔木，且每年有四个月树头光秃，形成萧条的景象，且其枝干虬曲，难以与杭州城市精致的景观及江南的文化氛围协调。因此，在规划中应进行调整。各城市应选出能体现自己城市特色的树种进行道路绿地建设。

**三、道路绿地率指标**

道路绿地率是指道路红线范围内各种绿带宽度之和占总宽度的百分比。道路绿地率应符合以下规定：园林景观路（在城市重点路段，强调沿线绿化景观，体现城市风貌、绿化特色的道路），绿地率不得小于40%；红线宽度大于50m的道路绿地率不得小于30%；红线宽度在40~50m的道路绿地率不得小于25%；红线宽度小于40m的道路绿地率不得小于20%。只有保证道路绿地达到这样的标准，道路绿地才能发挥它应有的作用。

**四、道路绿带的规划设计**

（一）道路绿带的断面布置形式

道路绿地的断面形式与道路的红线宽度、道路的等级及道路横断面的形式等密切相关，我国现有城市道路多采用一块板、两块板和三块板等基本形式。因此，相应的道路绿地的断面也可分一板两带，两板三带，三板四带等几种形式。

1. 一板两带式

一板两带式是较为常见的绿化形式，中间是行车道，在行车道两侧的人行道上种植行道树（图7-96）。这种形式的优点是简单整齐，用地经济，管理方便；但当中间的车道过宽时遮阴效果较差，且不能解决机动车及非机动车混合行驶的矛盾。两侧单一的行道树的布置也较单调，而且三维绿量不大，不利于道路绿地生态效益的发挥。

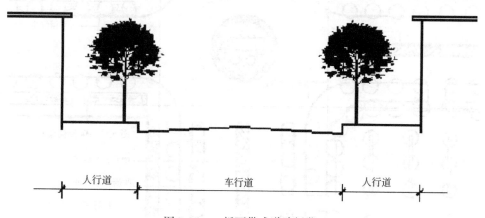

图7-96　一板两带式道路绿化

这种道路绿地断面形式常用于一些道路红线不宽，车流量不大的支路。对于一些原有主干道采用这一形式的城市，道路改造中可扩宽道路红线，变原来的单一行道树形式为乔木、灌木、地被、草坪混合种植的复层式种植形式，以增加其三维绿量，提高其景观效果。如重庆石桥铺干道绿化就是在扩宽道路时采用了这种形式，取得了较好的效果（图7-97）。另外在扩宽车行道的同时，还应注意充分利于原有的行道树，尽快形成较好的绿化效果。

2. 两板三带式

两板三带式是除在车道两侧的人行道上种植行道树布置绿带以外，在车行道中用一条绿化分隔带将其分成单向行驶的两条车道（图7-98）。这种形式的优点是中间的绿化带可以减少车流之间相互干扰，从而保证了行车安全。另外，对于照明和管线的敷设等也较为有利。

3. 三板四带式

三板四带式是两条绿化分隔带将车道分为三块，中间为机动车，两侧为非机动车，在非机动车与人行道之间另有两条绿化带及行道树（图7-99）。这种形式的优点是绿化量大，生态效益好，景观层次丰富，同时可以解决机动车和非机动车混合行驶相互干扰的矛盾，在一些非机动车较多的城市尤其适用。

4. 四板五带式

除此之外还有四板五带式的道路绿地断面形式。这种形式常用于道路红线宽、车流量大的地方。即在三板四带的机动车道中再布置一条分隔绿带，将机动车道分为单向行驶的两条车道。这一形式集两板三带及三板四带式的优点，但其占地较大，一般城市不宜过多使用。

图 7-97　经过改造的重庆石小路

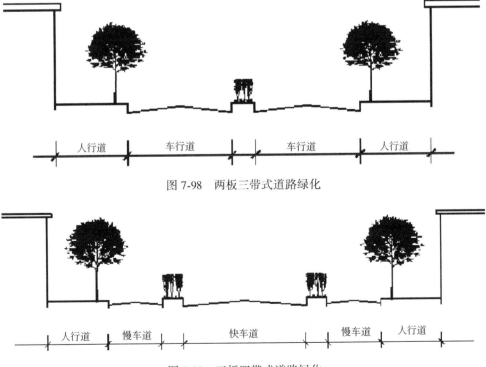

| 人行道 | 车行道 | | 车行道 | 人行道 |

图 7-98　两板三带式道路绿化

| 人行道 | 慢车道 | 快车道 | 慢车道 | 人行道 |

图 7-99　三板四带式道路绿化

道路绿地断面形式多种多样,采用何种形式应根据具体条件而定,既不能片面追求形式,讲求气派,无限加宽道路红线来满足绿化,造成土地的浪费;也不能只采用单一的行道树方式,达不到道路绿地的生态效益及景观效果要求。

(二)道路绿带各组成部分的种植设计

1. 行道树绿带

行道树绿带是指布设在人行道与车行道之间,以种植行道树为主的绿带。行道树绿带的种植形式一般有两种。

(1)树池式

在人行道较窄或人行道人流量较大的情况下,可采用这一种形式。树池形状可方可圆,其边长或直径不得小于1.5m,长方形树池短边不得小于1.2m,长短边之比不超过1:2。行道树的栽植位置应位于树池的几何中心,从树干到靠近车行道一侧的树池边缘不小于0.5m,距车行道路缘石不小于1m,行道树种植株距不小于4m。为了行人行车方便,及考虑雨水能流入树池等因素,树池一般与人行道相平连成一片,池土略低于路面。树池一般用金属或预制混凝土池盖保护。池盖可做成透空的美观的式样,这样既可以保护行道树,也能美化街道,有利于行人行走(图7-100)。

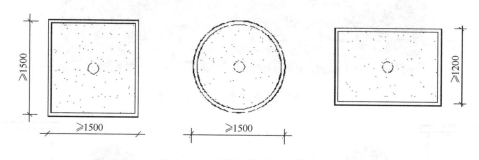

图 7-100　行道树的树池的形式

随着各城市的发展,道路建设受到重视,许多城市不断拓宽道路,增加道路绿地. 在这种情况下,树池式的道路绿地形式已越来越少见,而常用的为另一种形式,即种植带式。

(2)种植带式

种植带是在人行道和车行道之间留出一条不加铺装的地带,形成道路绿地。

随着城市道路建设的发展及对道路绿地研究的深入发现,单一的由乔木组成的行道树的形式不能很好地发挥道路绿地减噪、降低有害气体浓度等生态功能,以及其他功能。有关专家已提出应该用乔木、灌木、地被、草坪等多层次的种植形式来完成道路绿地的生态及美化等功能。因此,种植带的形式是现今提倡的一种行道树绿带形式(图7-101)。

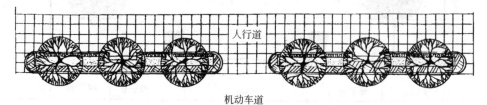

图 7-101　种植带式的行道树

行道树的生长环境十分恶劣。这里日照时间短，空气干燥，缺水，土壤贫瘠，再加上汽车尾气中的各种有害烟尘、气体，及种种人为、机械的损伤和上下管网线路的限制等，均不利于植物的生长。因此，为了保证道路绿地的质量及景观效果，必须选择能在这些恶劣环境下正常生长的植物做为行道树。在选择中应注意以下几点：

（1）首先选择能适应城市道路各种环境因素，对病虫害有较强抵抗力、苗木来源容易、成活率高、树龄适中的树种。

（2）应选择树干通直、树冠较大可遮阴、树姿端正、叶色富于季相变化的树种。

（3）应选择花果无臭味、无飞絮和飞粉、不招惹蚊蝇等害虫、落花落果不打伤行人、不污染衣服和路面、不造成滑车跌伤事件的树种。

（4）应选择耐强度修剪、愈合能力强的树种。

（5）不选择带刺的树种以及萌蘖力强、根特别发达隆起的树种。

行道树的选择应根据以上的要求多筛选一些树种进行栽培、种植，在可能的条件下，还可引进驯化一些外来的优秀树种，以解决现存的行道树种单调的问题。

2. 分车绿带及路侧绿带

分车绿带是指车行道之间可以绿化的分隔带。位于上下机动车道之间的为中间分车绿带；位于机动车道与非机动车道之间，或同方向机动车道之间的为两侧分车绿带。为保证行车安全，分车绿带的植物配植应采用简洁的形式，要求树形整齐，排列一致（图7-102）。中间分车绿带应能阻挡相向行驶车辆的眩光，在距相邻机动车道路面高度0.6m至1.5m之间的范围内，配置植物的树冠应常年枝叶茂密，其株距不得小于冠幅的5倍。两侧分车绿带宽度大于或等于1.5m的，应以种植乔本为主，并宜乔木、灌木、地被植物相结合。其两侧乔木树冠不宜在机动车道上方搭接；分车绿带宽度小于1.5m的，应以种植灌木为主，并应灌木、地被植物相结合。为了便于行人横穿街道，分车绿带应适当进行分段，一般采用75～100m长度为宜。分段的断口应尽可能与人行横道、大型商店和人流集散比较集中的公共建筑出入口相结合。被人行横道或道路出入口断开的分车绿带，其端部应采取通透式配植。

人行道

非机动车道

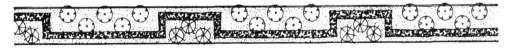

机动车道

图7-102　分车绿带的植物配植应采用简洁的形式，要求树形整齐，排列一致

路侧绿带是指布设在人行道边缘至道路红线之间的绿带。路侧绿带的种植设计应根据相邻用地的性质、防护和景观要求进行，并应注意保持在路段内的连续与完整的景观效果。路侧绿带的宽度大小不一，我国常见的路侧绿带的最低限度为1.5m。其中可配植一行乔木，在乔木间可种以地被或矮灌木形成的绿篱，以增强防护效果。宽度为2.5m的路

侧绿带可种植一行乔木，并在靠近车道一侧再种植一行绿篱。5m 宽的路侧绿带可交错种植两行乔木，并在乔木间隙配植灌木；也可种一行乔木，并在乔木两侧配植两行灌木，中间空地可种植开花灌木、花卉等（图 7-103）。当其宽度大于 8m 时，可设计成开放式绿地供行人休息游憩用。在这种形式下，该地段绿化用地面积应不得小于该段总用地的 70%。滨临江、河、湖、海等水体的路侧绿带，在设计中应注意与水面及岸线形式相结合，形成生动的滨水绿带（图 7-104）。当路侧临近护坡时，道路护坡绿化应结合工程设施栽植地被植物或攀缘植物，形成垂直绿化（图 7-105）。

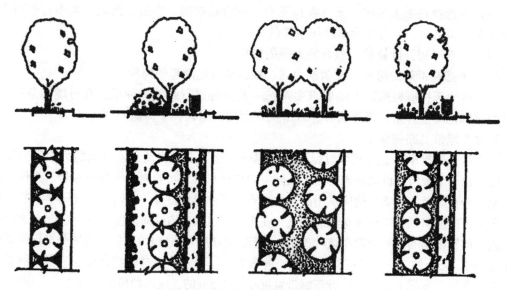

图 7-103　各种宽度的路侧绿化带

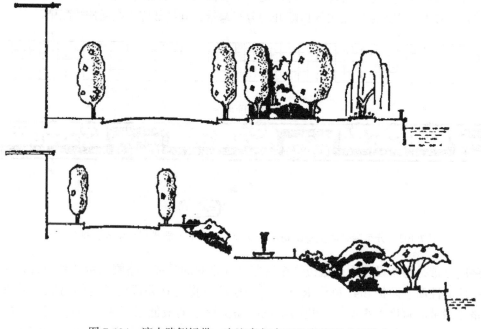

图 7-104　滨水路侧绿带，应注意与水面及岸线形式相结合

图 7-105　当路侧临近护坡时，道路护坡绿化应结合工程设施栽植地被植物或攀缘植物形成垂直绿化

### 五、交叉口及交通岛、广场和停车场绿地设计

（一）交叉口及交通岛的绿地设计

交叉口绿地是由道路转角处的行道树、交通岛以及一些装饰性的绿地组成。为了保证交叉口的行车安全，在视距三角内不允许有任何阻碍视线的东西。如在此地段布置防护绿篱或其他装饰性绿地，植株高度不得超过 1.2m。如果有个别行道树种入该区域，则应满足树干直径在 0.4m 以内，株距在 6m 以上，树干高在 2m 以上，这样才可保证司机能及时看到车辆行驶情况及交通管制信号。

位于交叉口中心的交通岛，主要是组织交通，约束车道，限制车道和装饰道路之用。因此，其绿化也应有利于组织交通，提高交叉口的通行能力。虽然有的交通岛面积较大，但也不能布置成供行人休息用的小游园或吸引游人止步欣赏的美丽花坛。交通岛的绿化应以嵌花草皮花坛和以常绿灌木组成的简单的图案花坛为主，在花坛中心部分可用雕塑、喷泉或姿态优美、观赏价值较高的乔灌木加以强调，切忌采用常绿小乔木或灌木充塞交通岛。这样，既不符合行车安全要求，又难以取得良好的景观效果。

随着车流量的加大，平交的交叉口形式常常会出现交通拥挤和堵塞的情况，因此许多大中城市纷纷将原来的平交口改造成了立交桥的形式。立交桥的绿化也越来越受到重视。

以北京为例，随着交通发展的需要，北京市已在二三四环路上建成大大小小立交桥近100 座。一座大型立交桥的占地面积百余亩，将桥身面积全部累加起来有很大的绿化空间，因此，立交桥的绿化已成为城市道路绿地的重要组成部分。立交桥的绿化包括桥体周围可以绿化的全部地段以及桥体、围墙、栏杆为依托的垂直绿化。桥体周围可根据具体情况种植乔木、灌木及草坪。用于垂直绿化的植物则可选择一些如藤本月季、藤本忍冬、紫藤等植物，形成季相及色彩变化丰富的绿色风景线（图7-106）。

图 7-106　北京某立交桥绿化

（二）广场和停车场绿地设计

广场绿地的设计应充分考虑到广场功能、规模和周边环境的不同情况。例如人流集中的公共活动广场周边宜种植高大的乔木，广场集中成片的绿地面积应不小于广场总用地面积的25%，植物配植应以疏朗通透的风格为主。车站、码头、机场等集散广场的绿化应选用有地方特色的乡土树种，以突出城市特色。此类广场一般车流量及人流量均较大，因此广场绿化应有利于人流和车流的疏散，集中成片绿地可为不小于广场总面积的10%。

停车场绿地的主要功能是组织车辆停靠，同时可为停靠车辆遮风蔽日。因此，在停车场周边应种植高大的庇荫乔木，同时应布置隔离防护绿带；在停车场内应结合停车间隔带种植高大庇荫乔木，地面也可结合铺装间植草皮。停车场绿地中选择的庇荫乔木应符合停车位净高度的有关规定，即小型汽车为2.5m；中型汽车为3.5m；载货汽车为4.5m。

### 六、道路绿地与各种工程设施间距关系

为了保证道路绿地中树木的正常生长以及各种设施的安全，应注意树木与各种工程设施之间的关系，如树木与架空电力线路导线的垂直距离，树木与建筑、构筑物、地下工程管道之间的水平距离等，具体情况可参见表7-8～表7-11。

树木与架空电力线路导线的最小垂直距离　　　　表7-8

| 电压（kV） | 1～10 | 35～110 | 154～220 | 330 |
|---|---|---|---|---|
| 最小垂直距离（m） | 1.5 | 3.0 | 3.5 | 4.5 |

树木与地下管线外缘最小水平距离　　　　表7-9

| 管线名称 | 距乔木中心距离（m） | 距灌木中心距离（m） |
|---|---|---|
| 电力电缆 | 1.0 | 1.0 |
| 电信电缆（直埋） | 1.0 | 1.0 |
| 电信电缆（管道） | 1.5 | 1.0 |
| 给水管道 | 1.5 | — |
| 雨水管道 | 1.5 | — |
| 污水管道 | 1.5 | — |
| 燃气管道 | 1.2 | 1.2 |
| 热力管道 | 1.5 | 1.5 |
| 排水管道 | 1.0 | — |

树木根茎中心至地下管线外缘最小距离　　　　表7-10

| 管线名称 | 距乔木根茎中心距离（m） | 距灌木根茎中心距离（m） |
|---|---|---|
| 电力电缆 | 1.0 | 1.0 |
| 电信电缆（直埋） | 1.0 | 1.0 |
| 电信电缆（管道） | 1.5 | 1.0 |
| 给水管道 | 1.5 | 1.0 |
| 雨水管道 | 1.5 | 1.0 |
| 污水管道 | 1.5 | 1.0 |

树木与其他设施最小水平距离　　　　表7-11

| 设施名称 | 距乔木中心距离（m） | 距灌木中心距离（m） |
|---|---|---|
| 低于2m的围墙 | 1.0 | — |
| 挡土墙 | 1.0 | — |
| 路灯杆柱 | 2.0 | — |
| 电力、电线杆柱 | 1.5 | — |
| 消防龙头 | 1.5 | 2.0 |
| 测量水准点 | 2.0 | 2.0 |

## 七、道路绿地规划设计案例

### 重庆大学城科技大道景观规划设计

**（一）现状概况**

重庆市大学城用地位于沙坪坝西部虎溪镇和陈家桥镇，缙云山和歌乐山之间，交通便利。其占地 20hm²，规划大学 6~10 所，教师学生人数 15~20 万人，将建成西部一流，全国领先的教学科研有机网络。该项目位于重庆大学城科技大道东段，东起 319 国道，西止观景台，全场 5100m，宽 100m，断面为双向六车道（图 7-107）。

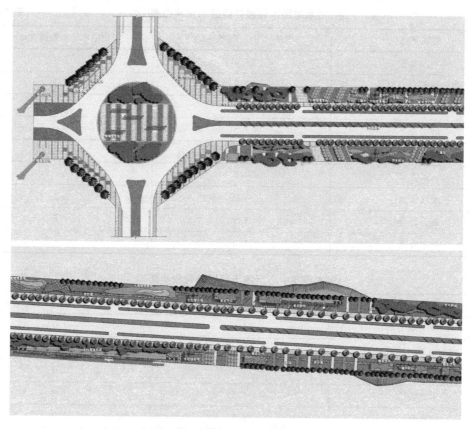

图 7-107　科技大道分段平面图

**（二）规划原则**

科技大道作为大学城的轴线，其景观作用和文化意义十分重要，同时还要解决商业金融区域的介入和道路基本功能问题。自然地貌的破坏成为整个设计的制约因素的扩展目标。因此，设计要解决的问题如下：景观形象、文化传达、地域特色、环境破坏、商业介入。在基本层面的基础上，设计也应有表达情感的元素，根据对设计要求以及设计内容的分析，确定了"信息、展示、山水、生态和辐射"五个情感概念，作为科技大道景观规划原则。即大学城是科研教学的综合网络，信息的交流是这个区域的特征，体现这个特点才能满足大学城的形象要求。大学城作为文化传达的载体，展示空间的设立使科技大道成为这个载体的一部分。重庆作为山城的特征以山水的寓意体现出来，使设计更具有地域性。

为了弥补大规模建造对环境的破坏，设计引入生态的主题，用对自然的关怀体现大学城的可持续发展可能。由于商业活动的介入，使道路人流产生了横向的流动，为了使这种流动更为有机的协调，产生了辐射的概念。

（三）景观结构规划

科技大道根据用地性质的不同，景观性格也会随之改变，通过归纳用地类型有：绿化、教育、办公，与此对应的绿化景观关系分为全软质（绿化用地）、全硬质（商业用地）和中间层次（教育用地）三种；根据与周边场地关系，分为平、上坡、下坡和挡土墙四种。四种景观处理方式也应区别对待。综合以上三种用地、四种地貌特征和五个情感概念，我们应采用一定的符号来表达这些特征，通过不同的排列组合形成既丰富又统一的景观设计（图7-108）。

图7-108　科技大道景观设计效果图

科技大道从东到西依次分为：入口引导空间、通道展示空间、休闲商业空间、人工山水空间、生态还原空间、结尾开放空间。

入口引导空间——空间比较开敞，以几何形式为主的绿化与铺装，配合信息传达组件的设立，体现科技大道的时代风貌（图7-109）。

通道展示空间——由于地貌特征限制，道路破坏的原有山体，形成较封闭的空间，利用一定的构筑物美化挡土墙的立面形象（图7-110）。

图7-109　入口引导空间　　　　　　　　　图7-110　通道展示空间

休闲商业空间——结合商业金融功能的要求，设计休闲区、空中步道和开放空间，这些都成为空间的特色（图7-111）。

人工山水空间——利用几何化的景观要素塑造现代的自然景观，结合周边功能，体现道路横向辐射的可能（图7-112）。

图7-111　休闲商业空间　　　　　　　　　图7-112　人工山水空间

生态还原空间——在规划水面附近设计自然的水体绿化，还原生态可能性（图7-113）。

结尾开放空间——在科技大道的结尾，结合主题雕塑和开放的广场设计，综合整个大道的设计要素，体现完美的科技大道风貌（图7-114）。

图7-113　生态还原空间　　　　　　　　　图7-114　结尾开放空间

另外，在20m宽的大道绿化带里设置了给行人丰富体验的人行系统，包括快速人行道和休闲散步道两个层次（图7-115）。其中，布置了许多功能设施，包括厕所、小商业、小运动设施、休息座、治安亭和电话亭等。这些设施均需要统一考虑，避免多次建设的混乱性。因此，在科技大道中设计了服务单元、水的单元、通道单元、廊架单元、信息单元、灯光单元来统一协调功能和景观（图7-116）。

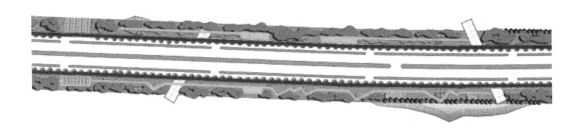

■ 快速步行道　　■ 休闲散步道

图7-115　科技大道人行系统

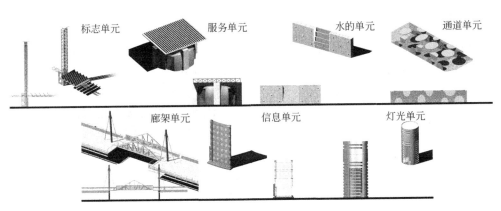

图7-116　科技大道设计单元

（四）植物种植设计

1. 设计构思

本规划中绿化配置风格简洁，提供平静、舒适、富于变化的视觉效果，并满足防眩要求。中央分隔带还用几种有防眩高度（1.2~1.3m）的常绿灌木为主，配置适当的小乔木，形成标志性种植。道路两侧绿化带以乔木、灌木、地被组成变化较多的植物组团，形成不同的景点。

2. 树种选择

行道树使用鹅掌楸、梧桐、榉树；隔离带选择棕榈、蒲葵、假槟榔；树阵使用枫香、水杉、银杏；常绿树种有广玉兰、桂花、楠木；观花植物有合欢、白玉兰、樱花、垂丝海棠、碧桃；观叶植物有红叶李、紫叶桃、红枫；观姿植物有雪松、栎树、黄葛树；灌木选择种植黄槐、洒金柏、花叶良姜、木槿、紫薇、石榴、紫荆、南天竹、木芙蓉、丝兰、苏铁；地被植物选择种植金叶女贞、金边六月雪、黄金叶、云南黄馨、红花满天星、八仙花、葱兰、红檵木、红花酢浆草、十大功劳、夹竹桃、海栀子、含笑、佛顶珠。

3.各景观段种植设计

（1）典型种植设计 A（东入口至左家院子过线桥）

中间分隔带：乔木用棕榈科植物成组栽植；（蒲葵）灌木种植洒金桃、叶珊瑚、金叶女贞，满足防眩光的功能；地被用海栀子、黄金叶。快慢分车带：间植金叶女贞和紫叶小檗，点缀修剪整齐的海桐球和红枫。行道树：香樟。道路北侧绿化带：树阵树列用银杏；节点景观树用海枣；绿带内景观树用桂花、合欢、白玉兰、紫叶桃；灌木用黄槐、花叶良姜、木芙蓉、紫荆；地被用十大功劳、金边六月雪、紫叶小檗、月季、春鹃、黄花酢浆草。特殊段落：赖家桥跨线桥占据了大部分段落，襄渝铁路、赖白公路从其下穿过，桥面绿化延续道路的灌木带不种乔木，靠桥边增加垂吊植物云南黄馨。

（2）典型种植设计 B（左家院子过线桥至规划路口三）

中间分隔带：乔木用棕榈科植物成组栽植；（假槟榔）灌木种植洒金侧柏球、南天竹，满足防眩光的功能；地被用红花满天星、黄花酢浆草。快慢分车带：间植春鹃和红檵木，点缀石榴。行道树：鹅掌楸。道路两侧绿化带：树阵树列用枫香；节点景观树用老人葵；绿带内景观树广玉兰、樱花、雪松、红叶李；灌木用紫薇、洒金柏、花叶良姜；地被用佛顶珠、金叶女贞、八仙花、茉莉、红花满天星、红花酢浆草。

（3）典型种植设计 C（规划路口三至科技大道终点）

中间分隔带：乔木用棕榈科植物成组栽植；（棕榈）灌木种植丝兰、花叶良姜，满足防眩光的功能；地被用夏鹃、红檵木。快慢分车带：间植金边六月雪和满天星，点缀木芙蓉。行道树：梧桐。道路北侧绿化带：树阵树列用榉树；节点景观树用海枣；绿带内景观树女贞、红枫、垂丝海棠、碧桃；灌木用夹竹桃、木槿、花叶良姜、紫荆；地被用金边六月雪、月季、春鹃、葱兰。

规划设计单位：重庆浩丰规划设计集团股份有限公司
资料来源：重庆大学城科技大道景观规划设计方案组

# 第三节　工业用地绿地规划设计

工业用地绿地是指工业用地范围内的绿地。工业用地绿地在改善工厂的环境、保护工业用地周围地区免受污染、提高职工的工作效率等方面都起着非常重要的作用。在许多城市，尤其是工业城市，工业用地绿地分布广，数量多，因此对整个城市的总体绿化水平有较大的影响。

## 一、工业用地绿地的组成

根据绿地在工业用地所处位置及作用的不同，工业用地绿地可分为以下几个组成部分：

（一）道路绿地

道路是工业用地的动脉，道路绿地通过道路延伸至工业用地各处，并形成网络，联系着其他工业用地绿地。因此，道路绿地是工业用地绿地的重要组成部分。工业用地道路绿地的布置一方面应考虑能阻挡行车时扬起的灰尘、废气和噪声，保护园区环境；另一方面应满足工业生产要求，及保证工业用地内部交通运输的通畅。

工业用地道路绿地的布置可因道路的级别及位置不同而不同，一般在主干道或园区入口道路两侧，在条件允许的情况下，应采用乔木、灌木和花卉、地被、草坪相结合的复式种植模式；而且根据使用要求，还可与人行道相结合，形成休息林荫道，在其中布置座椅、雕像、宣传栏、休息亭等小品设施。这样不仅可满足使用要求，同时还可大大提高园区的景观效果。在园区的次干道，则可根据情况布置相应的绿化带或行道树。在布置绿化带或行道树时应尽可能考虑庇荫效果和对灰尘、废气、噪声的阻挡效果。

工业用地道路的绿地同其他道路绿地一样，都应注意地上及地下管网的位置，使其相互配合互不干扰。另外，为保证行车的安全，在道路交叉口或转弯处，个别伸入视距三角内的行道树应保证株距大于 6m，树干高大于 2m，树干直径小于 0.4m，伸入视距三角的绿篱或其他装饰绿地，植株高度不应大于 0.7m。

（二）休憩和装饰性绿地

休憩绿地和装饰性绿地可根据工业用地的具体情况采用集中或分散的方式进行布置。

集中布置一般可与工业用地的主要出入口的布置相结合。该区是工业用地内外道路衔接的枢纽，是职工上下班集散的场所，而且许多工厂的主要行政办公大楼也位于该区。因此，将休憩绿地和装饰性绿地集中布置于主要出入口区域，不仅可以满足使用要求，同时对改善工厂的面貌及城市景观也能发挥很好的作用（图7-117）。

分散布置则是除主要出入口布置装饰绿地以外，根据具体的使用情况选择适当的位置，将休憩绿地穿插于生产车间的附近。这样布置的优点是方便职工在短暂的工间休息时间里使用，同时可改善生产车间周围的环境状况（图7-118）。休憩绿地的大小按不同的条件有不同的标准，一般在人数较多的工业用地，休憩绿地建议可按每班 25% 工人数计算，每人约为 40~60m²；短暂时间使用的休憩绿地每人按 6~8 m² 计算。

休憩绿地及装饰绿地的布置，应根据职工的生理及心理需求，结合一些公园绿地规划的原则，达到消除体力疲劳、缓解心理及精神上的倦怠、改善工厂环境和提高工厂景观效果的作用。

（三）防护带绿地

工业用地防护绿地的主要作用是隔离工厂有害气体、烟尘等污染物质对工人和居民的影响，降低有害物质、尘埃和噪声的传播，以保持环境的清洁。此外，对一些有重要军事意义的工业用地还可起到伪装的作用。

防护绿地的布置一般有透风式、半透风式和密闭式三种。三种形式均由乔木和灌木组合而成；而且三种形式常混合布置，防护效果较好。此外，也有一些工厂根据具体情况采取果树混交林带的形式。这样不仅可以达到保护环境卫生、利于工厂生产和工人休息的目的，同时还能产生多种经济效益。防护绿带的布置还应结合当地气象条件（风向、风力）和自然条件（地形、地貌）等加以考虑。合理调整林带的疏密关系，以利于各种空气污染物的扩散和稀释，务求使防护绿地真正起到防护的作用。

防护带绿地的宽度随工业生产性质的不同和产生有害气体的种类的不同而异，按国家卫生规范规定分为五级，其宽宽分别在 1000m、500m、300m、100m 和 50m。当防护带较

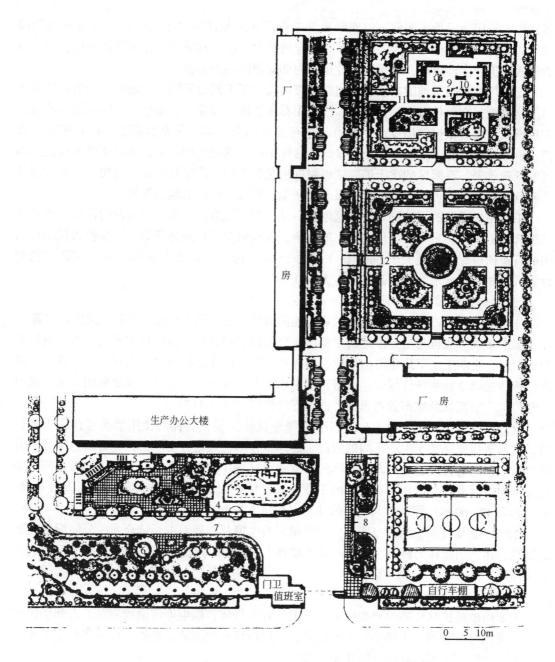

图 7-117 集中式休憩和装饰性绿地

1—彩色喷泉水池；2—雕塑——浴；3—抽象雕塑；4—矮景墙；5—游廊；6—园亭；7—博古架景墙；

8—宣传橱窗；9—喷泉水池；10—天鹅雕塑；11—1号清水池；12—2号清水池

宽时，允许在其中布置供人们短时间使用的建、构筑物，如仓库、浴室、车库等。按有关标准，建筑面积不得超过防护带绿地面积的10%左右。

（四）其他绿化

除上述工业用地绿地外，工业用地内还有一些零星边角地带，可充分绿化。如工业用地边缘的一些不规则地段、周围围墙的地带、用地内铁路线、露天堆场、煤场和油库、水

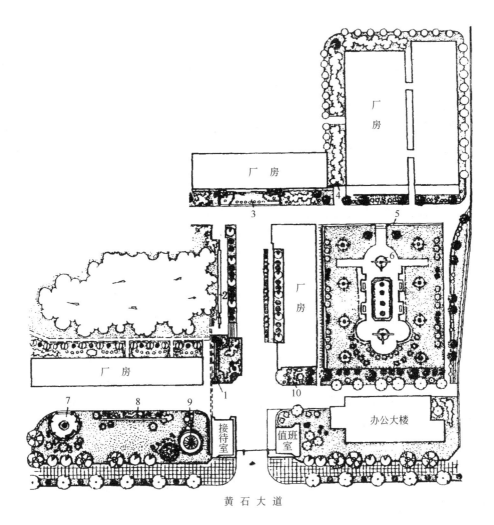

图 7-118　分散式休憩和装饰性绿地

1—装饰影壁；2—宣传橱窗；3—山石壁画主景；4—装饰景门；5—装饰景墙；6—排气孔小品；
7—污水池改造景点之一；8—装饰博古景架；9—污水池改造景点之二；10—叠石景点

池附近以及一些堆置弃土、废料的地方等都可加以绿化，起到整洁工厂环境，美化空间的作用。这些地段的绿化可根据用地规模和现状条件形成以植物（乔木、灌木、草坪）为主的绿地，以及以绿化和小品相结合的休憩绿地等。

**二、工业用地绿地规划的特殊要求**

由于工业用地及工艺流程等方面的特殊性，工业用地绿地有着与其他绿地不同的要求。具体来说，工业用地绿地在规划设计上的特殊要求主要体现在以下几个方面：

（一）保证工业用地绿地有一定的规模，并形成系统

绿地规模的大小与绿地的生态效益，即改善环境条件、保护周围环境免受污染等作用息息相关。事实证明，过去那种"见缝插绿"只将工业用地的"边角余料"进行绿化的方式，对改善工厂环境作用不大。因此工业用地绿地规划应与工业用地总体规划同步进行，应保证有足够的面积，并形成系统，以确保绿地防止污染、保护环境的效益得以有效

地发挥。

（二）工业用地绿地规划应满足生产及环境保护的要求

由于各工业用地的性质、规模、生产特点、环境条件等不同，对绿地规划应有不同的处理形式。总的原则是工业用地绿地一方面要满足环境保护的要求，另一方面要满足工厂生产流程等方面的要求。规划中，既不能因为绿化而任意延长生产流程和交通运输线路，影响生产的合理性；又不能不重视绿化在保证职工健康、改善环境条件、保证产品质量方面的重要作用。只有合理规划，才能使工业用地绿地更好地发挥综合效益。

（三）工业用地绿地规划应妥善处理绿化与管线的关系

由于工业用地中各种地上、地下管线较多，如给排水管道、煤气管道、蒸气管道等。这些管道在车间四周及道路沿线的地上、地下纵横交错，给绿化带来一定的困难。为了保证植物正常的生长以及这些管道不受破坏，在工业用地绿地的规划设计中，应处理好绿化和管线之间的关系。

（四）根据具体情况选择适宜的树种和种植形式

由于不同生产性质和卫生条件的工业用地周围的环境条件以及对绿化要求的不同，在树种及种植形式的选择上应根据具体情况做出不同的决定。如在污染较大的车间周围，由于有大量有害气体和粉尘排出，对周围空气污染严重，这时要求绿化能达到防烟、防尘、防毒的作用。因此，应选择一些对污染物有较强抗性的植物，并根据排出污染物浓度高低不同采取密植吸收、阻挡污染物或疏植加快污染物的流动稀释等措施。又如在以排放 $SO_2$ 为主的车间附近，则可种植菊花、鸢尾、玉簪、黄杨等对 $SO_2$ 有较强抗性和吸收性的植物，以减少空气中 $SO_2$ 的含量。另外，在一些有精密仪器设备的车间，由于生产特性对防尘、降温、美观的要求较高，因此宜在车间周围种植不带毛絮、对噪声、尘土等有较强吸附力的植物。总之，在工业用地绿地规划的树种选择中，应遵循"适地适树"的原则。

### 三、工业用地绿地规划的新动向

随着科技的进步、产业结构的调整以及环境要求的提高，工业用地绿地规划出现了一些新的发展趋势。其中重要的一点表现在对工业用地绿地要求更高。就目前的情况来看，工业用地绿地的面积在不断地扩大，绿地率也在不断提高。现在许多现代化的大工厂都有非常好的绿化环境。以宝钢为例，为了使绿地更好地发挥生态效益，宝钢的规划中要求每块绿地都具有一定的规模，交通要道绿化带宽度都应有 10~50m，现在整个厂区的绿地面积达到 300 多万平方米，绿化覆盖率达 38%，人均绿地面积为 130 多平方米，在国内外厂矿企业中处于先进水平。除绿化面积增加以外，工业用地绿地布置模式、种植结构等也更趋于合理，许多原来环境质量差、景观效果不好的工厂，在经过精心的绿化规划和建设后，变成了生态环境良好的花园式厂区。另外，工业用地绿化还有由单一的厂区绿化发展为一个工业园小区绿化的趋势。近年来，各地工业园区、高新技术产业园区等如雨后春笋般不断涌现，原先单一的工厂发展为以相关产业为纽带的工业园区，因此工业用地绿地规划随之发展成为规模较大的工业园区绿地规划。这些工业园区绿地规划的特点还有待于我们在发展中不断探索和完善，以形成适合新形势发展的新型工业用地绿地（图 7-119）。

图 7-119 台湾新竹科学工业园区

## 四、工业用地绿地规划案例

### 重庆华邦医药产业园景观设计

#### （一）项目背景及概况

重庆华邦医药产业园位于重庆北部新区，北临照母山下金开大道，南面为两江幸福广场、高新园火星办公区、星光四路，东临星光大道，西临市政规划道路。项目所处北部新区 EBD（生态商务区）组团，地理位置优越，交通便捷，景观资源丰富，配套齐全（图7-120）。景观设计范围包括 C 区办公楼区景观设计面积约 3.4hm²；后花园景观设计面积约 1.3hm²；总裁办公区景观设计面积约 0.373.4hm²（图 7-121）。

图 7-120 重庆华邦医药产业园总平面图

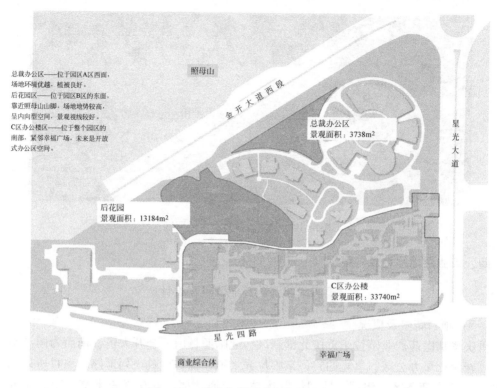

图 7-121　重庆华邦医药产业园分区图

（二）景观设计理念

设计概念来自于基地本身所具的感官氛围，照母山脉与幸福广场水系形成背山面水场地肌理，本身企业固有的场地精神述说着生命的律动。在概念上，设计包含三种旋律的蔓延——幸福的蔓延、山脉的蔓延及健康的蔓延。设计者希望以现代景观语言来回应大地景观的"自然山水"，在高效的办公环境下，回归本土美感意境，以等高线形式将场地蔓延在城市格局中，赋予场地自然、绿色、创新、高效的生命力（图7-122）。

（三）景观设计内容

1. C区办公楼区景观设计

利用办公楼区已有的空间围合形式，营造了可观、可憩、可游的中庭景观，利用雕塑、采光井构筑物等形成景观和休息的节点空间。在靠近市政道路一侧，利用高差，解决了车流和人流的交通问题，特色的跌水吸引了行人的视线，提示了人行入口空间的存在，成功地展示了公司形象（图7-123）。

2. 后花园景观设计

后花园是职工休闲放松的理想场所，设计风格自然轻松。茂密树林围合的场地营造了安静的氛围，设计师充分利用地形形成的阳光草坡和低地的生态水池体现了空间旷奥的对比，蜿蜒的散步道和临水的平台成为员工们工作之余放松的好去处（图7-124）。

3. 总裁办公区景观设计

总裁办公区是一个精巧雅致的小空间。建筑入口前区是以植物围合成的小广场，解决了停车、管理等问题。建筑中庭景观设计为极简主义风格，禅意的空间体现了清雅的环境

山脉蔓延，以细胞组合方式将自然肌理装载于景观空间之中

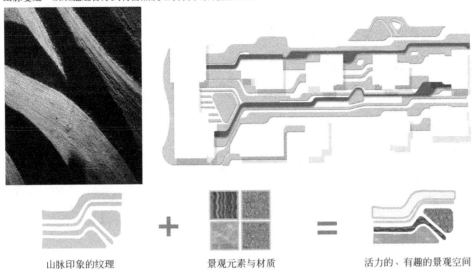

山脉印象的纹理　　　　　景观元素与材质　　　　活力的、有趣的景观空间

图 7-122　重庆华邦医药产业园设计理念

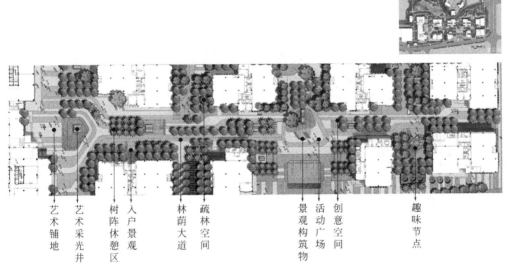

艺术铺地　艺术采光井　树阵休憩区　入户景观　林荫大道　疏林空间　景观构筑物　活动广场　创意空间　趣味节点

图 7-123　C 区办公楼区中庭平面图

氛围。后院的林下空间和观赏草的搭配，形成了自然安静的场所。（图 7-125）

（四）植物配置

在植物种植设计上，三个主要分区都有各自的特色：总裁办公区营造"高雅、野趣"的环境意向；采用"绿意蔓延，自然婆娑"的设计理念。后花园营造"唤醒、恢复"的环境意向；采用"色叶林带，花乔丛生"的设计理念。C 区办公楼区营造"怡人、清爽"的环境意向；采用"浓阴大树，自然灌草"的设计理念。

1. C 区办公楼区主要植物配置

办公区植物主要以上层乔木以及下层灌草地被两个层次构成，突出中层空间的通透性

图 7-124　后花园平面图

1—休闲景观平台；2—后花园眺望台；3—绿化背景林；4—阳光草坡；5—特色雕塑；6—月亮池；

7—亲水平台；8—特色景墙；9—淡水台阶；10—跌水水渠；11—登山步道

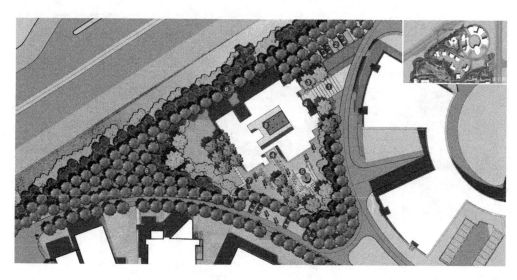

图 7-125　总裁办公区平面图

1—入口特色铺装；2—生态停车位；3—入口植物景观；4—建筑出入口；

5—休闲小平台；6—景观绿林；7—特色游步道；8—枯山水式中庭

和视线可达性。乔木配植方式主要为列植大乔木；中乔三五成丛，选用香樟、桢楠；丛生花石榴、樱花。灌草地被配植方式主要为带状序列种植观赏草及宿根花卉、平铺草坪；选用鸢尾、蛇鞭菊、斑叶芒、萱草、冷水花（图7-126）。

2. 后花园主要植物配置

后花园重点重塑草坡后的绿化背景，体现色叶变化和开花植物的特色，开敞简洁的草坡与葱郁丰富的绿化背景形成鲜明的疏密对比。乔木主要由绿基调乔木、秋色叶骨干乔木、开花小乔木组成；采用基调背景树丛植，秋色叶点丛植，开花乔木点植、带植的配植

图 7-126　C区办公楼区植物种植效果图

方式，选用垂丝海棠、水杉、乐昌含笑、枫香、乌桕。灌草地被配植方式也主要为带状序列，种植观赏草及宿根花卉、平铺草坪，选用狼尾草、波斯菊、花叶芦竹、亮叶忍冬、金丝桃（图7-127）。

图 7-127　后花园植物种植效果图

　　3. 总裁办公区主要植物配置

　　总裁办公区重视植物形态，保留原生黄葛树，保持下层空间视线通透，种植观赏草，蔓延整个围合的空间。乔木主要由景观大乔木，开花色叶小乔组成；采用点植、保留景观乔木和设置绿化背景的配植方式；选用元宝枫、杨梅、红叶李。灌草地被采用自然式丛生的配植方式，主要选用狼尾草、澳洲朱蕉、金叶菖蒲、络新妇、鸭脚木（图7-128）。

图 7-128　总裁办公区植物种植效果图

规划设计单位：重庆浩丰规划设计集团股份有限公司。
资料来源：重庆华邦医药产业园景观设计方案组。

# 第八章　其他绿地之风景区规划

其他绿地是指对城市生态环境质量、居民休闲生活、城市景观和生物多样性保护有直接影响的绿地。它包括风景名胜区、水源保护区、郊野公园、森林公园、自然保护区、风景林地、城市绿化隔离带、野生动植物园、湿地、垃圾填埋场恢复绿地等。风景名胜区是其中较为重要的一类绿地，因此本章将作一个较详细的介绍。

## 第一节　概　　述

在过去的分类标准中风景区绿地是单独的一类绿地，一般是指位于城市周边郊区的风景区，如杭州的西湖、无锡的太湖等风景区。新的分类标准是将风景名胜区划归到其他绿地类，同时风景名胜区的范围也从原来的城市周边郊区的风景区扩大到独立于城市以外的风景区，如江西庐山、安徽黄山、四川峨眉山等。这类风景区虽位于城市建设用地以外，其绿地面积也不参与城市建设用地平衡，但因其规模大、数量多，且对维持整个区域的生态平衡、满足人们休闲旅游的要求以及带动地方经济等都起着极大作用，因此新的分类标准中的风景名胜区也包括了这一类风景区的规划。本章所介绍的风景名胜区界定为"风景资源集中、环境优美、具有一定规模和游览条件、可供人们游览欣赏、休憩娱乐或进行科学文化活动的地域"。（摘自"风景名胜区规划规范 GB50298—1999"）。

### 一、风景名胜区的主要作用

风景名胜区在维护城市及自然的生态平衡和丰富人们的生活等方面都起着其他绿地不可替代的作用。它的功能主要体现在以下几个方面：

（一）保护生态、生物多样性与环境

自人类进入工业社会以来，人们征服自然，改造甚至破坏环境，开发资源（甚至是掠夺性开发），给大自然造成严重破坏，生态失衡，生物多样性严重减少，环境恶化，反过来又威胁人类自身的生存。在这伤痕累累的地球上，难得保存下来的优美的原生自然风景孤岛，就成了人们回归大自然和开展科学文化教育活动的理想地域。我国建立的 962 处风景名胜区，为中国乃至世界保存了 962 处具有典型代表性的自然本底。因此，保护生态、生物多样性与环境是风景名胜区最基本的作用。

（二）发展旅游事业，丰富文化生活

风景名胜区是我们回归大自然的首先选择。中华民族历史上就有崇尚山水、热爱自然、登高涉险的传统，现代社会的紧张生活使人们更乐于游览山河，开阔胸襟，陶冶情操，锻炼体魄，访胜猎奇，增长胆识。风景名胜区的壮丽山河、灿烂文化、历史文物、民俗风情，足以引起我们的骄傲、自信、自强和自豪，能够激发人们特别是青少年热爱家乡、热爱祖国的感情，增强海内外炎黄子孙的爱国热情和民族凝聚力。

（三）开展科研和文化教育，促进社会进步

风景名胜区是研究地球变化、生物演替的天然实验室和博物馆，是开展科普教育的生动课堂。风景名胜区内的优秀文化资源，是历史上留下来的宝贵遗产，可供研究借鉴，对发展人类文明、促进社会进步具有重要作用。

（四）通过合理开发，发挥经济效益

风景名胜区既有多种资源，有直接的经济效益，又可通过风景名胜区"搭台"，通过合理开发，产生更大的经济效益和社会效益，带动当地经济的发展、信息的交流、文化知识的传播以及人们素质的提高，为群众脱贫开辟捷径。不少边远地区建立风景名胜区后，群众收入得到成倍增长，开放度迅速提高，有利于整个国家均衡发展。

## 二、我国风景名胜区概况

我国地域辽阔、山河壮丽、历史悠久、文化灿烂，在众多风景秀丽的地区大都同时具有较为集中的人文景观，因此这些风景区一般被称为风景名胜区。我国风景名胜区具有类型众多、自然景观奇特、自然景观与人文遗迹融为一体等特色（图8-1）。这些优美的风景名胜资源是维护自然生态平衡、滋养华夏文明、丰富人民生活不可缺少的宝藏，因此我国政府对于风景名胜区的保护、建设及管理十分重视。在1979年国家建设总局以［79］城发国字39号文件发出的《关于加强城市园林绿化工作的意见》中明确提出了建立全国风景名胜区体系，对风景名胜区实行统一规划、统一分级管理等意见，至此形成了适合我国风景名胜区发展的一套分级及管理体系。按照这一体系，风景名胜区共分为三级，即全国重点风景名胜区、省级风景名胜区、市（县）级风景名胜区。1982年，我国正式建立风景名胜区制度，30多年来，风景名胜区事业不断发展壮大。我国风景名胜区分为国家级和省级两个层级，目前，国务院共批准设立国家级风景名胜区225处，面积约10.36万km²；各省级人民政府批准共设立省级风景名胜区737处，面积约9.01万km²，两者总面积约19.37万km²。这些风景名胜区基本覆盖了我国各类地理区域，占我国陆地总面积的比例由1982年的0.2%提高到目前的2.02%。这些风景名胜区归属住房和城乡建设部统一管理，由各地方人民政府城乡建设部门全面负责各地区风景名胜区的保护、利用、规划和建设工作。风景名胜区内的所有单位除服从本部门上级主管单位的管理外必须服从风景名胜区管理机构的统一规划管理。为加强对风景名胜区的管理，中央及地方各级政府还颁布了许多相关的法规条例，对搞好风景名胜区的资源调查、规划建设、保护管理等方面都起到了积极的作用，近几年来，风景名胜区的建设取得了较大成绩。同时，由于风景名胜区制度确定较晚，另外还存在资金、技术及人才缺乏等具体情况，导致在风景名胜区规划、建设及管理中出现了诸多问题，主要有以下几个方面：由于对风景名胜区保护的意识不统一，侵占和破坏风景名胜区的现象仍然不断发生；许多风景名胜区的游览设施不足，公用设施缺乏，接待条件简陋，难以适应现代旅游的要求；由于近几年旅游业的迅猛发展，许多风景名胜区现有景点及设施已无法满足大规模旅游的需求，对风景名胜区不加控制地开发已造成了对景区的破坏；许多风景名胜区内没有能够实现统一管理，区内各项事业多头领导，各行其是，管理机构不健全，管理水平低，阻碍了风景名胜区的发展；目前我国风景名胜区规划、设计、管理方面人才较为欠缺，因此许多风景名胜区的规划工作无法进行或由于管理水平低使规划不能得以贯彻实施，影响了风景名胜区的建设。

## 三、国外风景名胜区概况

在国外，相当于我国国家级风景名胜区的绿地多被称为"国家公园"（National Park）、

四川九寨沟

安徽黄山

浙江三清山

图 8-1　我国风景名胜区具有类型众多、自然景观奇特、自然景观与人文遗迹融为一体等特色

"自然公园"（Natural Park）或"野趣公园"（Wild Park）等。由于各国的具体情况不同，在这些绿地的规划、管理等方面也有许多不同的做法，以下对美国、日本及德国的情况做一个简单的介绍：

（一）美国

美国从 1872 年建立第一个国家公园——黄石国家公园开始（图 8-2），国家公园已有 100 多年的历史，到现在美国的国家公园系统也从单纯的国家公园扩展到包括国家公园、国家遗迹，国家公园路、国家保留地、国家海滨、国家娱乐区等内容的广大区域。到 1995 年为止，美国国家公园系统总面积为 32 万 km²，占全国面积的 3.45%。其中国家公园面积为 19 万 km²，占全国面积的 2.05%。美国国家公园系统的详细划分如表 8-1。

图 8-2　美国的第一个国家公园——黄石国家公园

**美国国家公园系统的划分**（截至 1995 年）　　　　　　　　表 8-1

| 分　类 | 数量（个） | 占地面积（km²） |
| --- | --- | --- |
| 国家公园（National Parks） | 51 | 191763.13 |
| 国家保护区（National Preserves） | 13 | 89663.3 |
| 国家保留地（National Reserves） | 2 | 135.2 |
| 国家遗迹（National Monuments） | 76 | 19605.04 |
| 国家历史遗址（National Historic Sites） | 71 | 74.74 |
| 国家历史公园（National Historical Parks） | 32 | 613.66 |
| 国家纪念物（National Memorials） | 26 | 32.17 |
| 国家娱乐区（National Recreation Areas） | 18 | 14920.98 |
| 国家战场遗址（National Battlefields） | 11 | 51.69 |
| 国家海滨（National Seashores） | 10 | 2416.45 |
| 国家湖滨（National Lakeshores） | 4 | 919.66 |
| 国家军事公园（National Military Parks） | 9 | 137.79 |
| 国家自然风光河流及两岸（National Wild and Scenic Rivers and Riverways） | 9 | 1184.14 |
| 国家河流（National Rivers） | 7 | 1459.47 |
| 国家公园路（Parkways） | 4 | 682.40 |
| 国家战场公园（National Battlefield Parks） | 3 | 35.48 |
| 国家自然风光路（National Scenic Trails） | 3 | 696.91 |
| 国际历史遗址（International Historic Sites） | 1 | 0.14 |
| 其他（Others） | 11 | 162.37 |
| 合计 | 361 | 323760 |

来源：Reffie, 1995, Apparlixs, P227~237。

美国国家公园的规划、保护、建设、管理统一由国家公园管理局执行。由于实行了统一管理，而且管理人员素质较高，设备先进，管理水平高，因此美国国家公园的土地、水源、动物、植物、文化历史、景观等资源得到了有效的保护。同时，国家公园系统的设立也尽可能地满足了人们享受及娱乐的需要。

（二）日本

日本将国内规模最大、自然风光秀丽、生态系统完整、有命名价值的国家风景及著名生态系统归为自然公园，并形成了包括国立公园、国定公园和都道府县立公园等三个不同等级的自然公园系统（图8-3）。到20世纪90年代，日本已有国立公园28个，总面积2.05万km²；国定公园51个，面积1.15万km²；都道府县立自然公园291处，面积2.04万km²，整个自然公园系统的面积占国土总面积的13.77%。日本的国立公园原则上是由环境厅长官主持管理。在环境厅长官管辖下，有一个由45位委员组成的审议委员会，负责对国立公园及国定公园的确立、计划、规划或设计等进行审议。由于自然公园有严密的系统及统一的管理，日本的自然风景资源得到了很好的保护。

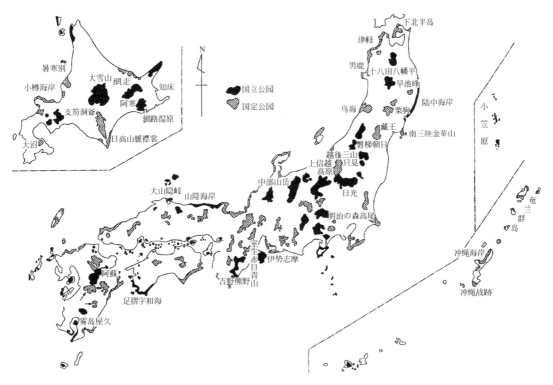

图8-3　日本国立公园、国定公园分布图（1999年3月）

（三）德国

德国1970年建立了第一个国家公园——东巴伐利亚森林国家公园，1978年立法规定国家公园的目的为：保护整个地区的生态环境，保护处于自然状态和接近自然状态的生物；在不影响环保目的的前提下，对当地居民进行宣传教育，开发旅游和疗养业。另外在德国有关条例规定国家公园不应以营利为目的。德国国家公园的规划和管理工作由国家公园管理处执行。国家公园管理处属政府机构，隶属于所在地的县议会。国家公园管理处负责提出并制定国家公园的规划和年度计划；经营并管理国家公园及其设施；保护、养护国家公园内的动植物，执行推广保护措施；鼓励并参与有关科学考察和研究；对公众进行宣传教育；管理旅游和疗养业。由于对国家公园的建设及管理有明确的规定，因此德国的国家公园建设取得了较大的成绩。

## 第二节　风景名胜区规划编制及审批程序

风景名胜区规划是风景名胜区保护、建设及管理的依据，因此具有十分重要的作用。风景名胜区的规划是指保护、培育、开发、利用和经营管理风景名胜区，并发挥其多种功能作用的统筹部署和具体安排。它要决定诸如风景名胜区的性质、特征、作用、价值、利用目的、开发方针、保护范围、规模容量、景区划分、功能分区、游览组织、工程技术、管理措施和投资效益等重大问题的对策，提出正确处理保护与使用、远期与近期、整体与局部、技术与艺术等关系的方法，达到使区内与外界有关各项事业协调发展的目的。

我国的风景名胜区按用地规模可分为小型风景区（20km$^2$ 以下）、中型风景区（21~100km$^2$）、大型风景区（101~500km$^2$）、特大型风景区（500km$^2$ 以上）。

按风景资源等级可分为市（县）级风景名胜区、省级风景名胜区及国家级风景名胜区。其定级标准为：

具有一定观赏、文化或科学价值、环境优美、规模较小、设施简单以接待本地区游人为主的定为市（县）级风景名胜区。

具有较重要观赏、文化或科学价值、景观有地方代表性、有一定规模和设施条件、在省内外有影响的定为省级风景名胜区。

具有重要的观赏、文化或科学价值，景观独特、国内外著名、规模较大的定为国家级风景名胜区。

不同规模及复杂程度的风景名胜区规划编制的程序有所不同。一般的风景名胜区规划可分为总体规划、详细规划两个阶段进行。大型而又复杂的风景区，特别是国家重点风景名胜区，应增编总体规划纲要、分区规划和景点规划。一些重点建设地段，也可以增编控制性详细规划或修建性详细规划。

风景名胜区规划编制完成以后，编制成果报有关部门审批，风景名胜区规划审批程序因风景名胜区等级的不同而有所不同，各级风景名胜区规划审批有以下程序：

国家级重点风景名胜区规划，经省、自治区、直辖市人民政府审查后，报国务院审批。

省级风景名胜区规划，经市、县人民政府审查后，报省、自治区、直辖市人民政府审批，并向国家主管部门备案。

市、县级风景名胜区规划，经市、县主管部门审查后，报市、县人民政府审批，并向省级主管部门备案。

位于城市规划范围内的风景名胜区的规划，如果与城市总体规划的审批权限相同时，应当纳入城市总体规划，一并上报审批。

风景名胜区规划批准后具有法律效力，必须严格执行，任何组织及个人不得擅自改变。主管部门或管理机构认为确实需要对性质、范围、总体布局、游览容量等做重大修改或者需要增建重大工程项目时，必须报经原批准机关同意。

# 第三节　风景名胜区规划主要内容及重点

风景名胜区规划是一项综合性强、较为复杂的区域性规划，需要不同部门及不同专业的有关人员协作来共同完成。因此，了解风景名胜区规划的主要内容及重点对于搞好风景名胜区规划是十分重要的。

**一、风景名胜区的规划的主要内容**

各级风景名胜区的规划均应包括以下主要内容：

（1）基础资料调查与现状分析。

（2）风景资源调查与评价。

（3）确定风景区规划范围、性质与发展目标。

（4）根据规划目标和规划对象的性能、作用及其构成规律来组织整体规划结构，形成合理的区划和布局。

（5）综合分析风景区的生态允许标准、游览心理标准、功能技术标准等因素，确定风景区的环境容量及人口规模等。

（6）进行各专项规划，包括：保护培育规划、风景游赏规划、典型景观规划、游览设施规划、基础工程规划、居民社会调控规划、经济发展引导规划、土地利用协调规划、分期发展规划等。

（7）其他需要规划的事项。

由于本章篇幅有限，因此这些规划内容不能逐一讲解，为突出重点，以下将介绍基础资料调查、风景资源评价、风景区规划范围原则、风景区功能及景区划分、风景区的环境容量及人口规模的确定、保护培育规划及风景游赏规划等内容。

**二、风景名胜区规划的重点**

（一）总体规划部分

1. 基础资料调查

基础资料调查工作是指收集整理一些现有的相关文字及图形资料。在基础资料的收集、汇编过程中应注意收集资料的目的性、可靠性及原始性，这样对于规划才具有较强的依据性。这些资料主要包括以下几个方面的内容（表8-2）：

（1）测量资料，包括：地形图和航片、卫片、遥感影像图、地下岩洞与河流测图、地下工程与管网等专业测图。

（2）自然与资源条件，包括：

气象资料：温度、湿度、降水、蒸发、风向、风速、日照、冰冻等。

水文资料：江河湖海的水位、流量、流速、流向、水量、水温、洪水淹没线；江河区的流域情况、流域规划、河道整治规划、防洪设施；海滨区的潮汐、海流、浪涛；山区的山洪、泥石流、水土流失等。

地质资料：地质、地貌、土层、建设地段承载力；地震或重要地质灾害的评估；地下存在形式、储量、水质、开采及补给条件等。

| 大　类 | 中　类 | 小　类 |
|---|---|---|
| 一、测量资料 | 1. 地形图 | 小型风景区图纸比例为 1/2000~1/10000；<br>中型风景区图纸比例为 1/10000~1/25000；<br>大型风景区图纸比例为 1/25000~1/50000；<br>特大型风景区图纸比例为 1/50000~1/200000 |
|  | 2. 专业图 | 航片、卫片、遥感影像图、地下岩洞与河流测图、地下工程与管网等专业测图 |
| 二、自然与资源条件 | 1. 气象资料 | 温度、湿度、降水、蒸发、风向、风速、日照、冰冻等 |
|  | 2. 水文资料 | 江河湖海的水位、流量、流速、流向、水量、水温、洪水淹没线；江河区的流域情况、流域规划、河道整治规划、防洪设施；海滨区的潮汐、海流、浪涛；山区的山洪、泥石流、水土流失等 |
|  | 3. 地质资料 | 地质、地貌、土层、建设地段承载力；地震或重要地质灾害的评估；地下水存在形式、储量、水质、开采及补给条件 |
|  | 4. 自然资料 | 景源、生物资源、水土资源、农林牧副渔资源、能源、矿产资源等的分布、数量、开发利用价值等资料；自然保护对象及地段 |
| 三、人文与经济条件 | 1. 历史与文化 | 历史沿革及变迁、文物、胜迹、风物、历史与文化保护对象及地段 |
|  | 2. 人口资料 | 历来常住人口的数量、年龄构成、劳动构成、教育状况、自然增长和机械增长；服务职工和暂住人口及其结构变化；游人及结构变化；居民、职工、游人分布状况 |
|  | 3. 行政区划 | 行政建制及区划、各类居民点及分布、城镇辖区、村界、乡界及其他相关地界 |
|  | 4. 经济社会 | 有关经济社会发展状况、计划及其发展战略；风景区范围的国民生产总值、财政、产业产值状况；国土规划、区域规划、相关专业考察报告及其规划 |
|  | 5. 企事业单位 | 主要农林牧副渔业和教科文卫军与工矿企事业单位的现状及发展资料。风景区管理现状 |
| 四、设施与基础工程条件 | 1. 交通运输 | 风景区及其可依托的城镇的对外交通运输和内部交通运输的现状、规划及发展资料 |
|  | 2. 旅游设施 | 风景区及其可依托的城镇的旅行、游览、饮食、住宿、购物、娱乐、保健等设施的现状及发展资料 |
|  | 3. 基础工程 | 水电气热、环保、环卫、防灾等基础工程的现状及发展资料 |
| 五、土地与其他资料 | 1. 土地利用 | 规划区内各类用地分布状况，历史上土地利用重大变更资料，土地资源分析评价资料 |
|  | 2. 建筑工程 | 各类主要建筑物、工程物、园景、场馆场地等项目的分布状况、用地面积、建筑面积、体量、质量、特点等资料 |
|  | 3. 环境资料 | 环境监测成果，三废排放的数量和危害情况；垃圾、灾变和其他影响环境的有害因素的分布及危害情况；地方病及其他有害公民健康的环境资料 |

（摘自"风景名胜区规划规范"）。

自然资料：景源、生物资源、水土资源、农林牧副渔资源、能源、矿产资源等的分布、数量、开发利用价值等资料；自然保护对象及地段等。

（3）人口与经济条件，包括：

历史与文化——历史沿革及变迁、文物、胜迹、风物、历史与文化保护对象及地段等。

人口资料——历来常住人口的数量、年龄构成、劳动构成、教育状况、自然增长和机械增长；服务职工和暂住人口及其结构变化；游人及结构变化；居民、职工、游人分布状况等。

行政区划——行政建制及区划、各类居民点及分布、城镇辖区、村界、乡界及其他相关地界等。

经济社会——有关经济社会发展状况、计划及其发展战略；风景区范围的国民生产总值、财政、产业产值状况；国土规划、区域规划、相关专业考察报告及其规划等。

企事业单位——主要农林牧副渔业和教科文卫军与工矿企事业单位的现状、发展资料及风景区管理现状等。

（4）设施与基础工程条件，包括：

交通运输——风景区及其可依托的城镇的对外交通运输和内部交通运输现状、规划及发展资料等。

旅游设施——风景区及其可依托的城镇旅行、游览、饮食、住宿、购物、娱乐、保健等设施的现状及发展资料等。

基础工程——水电气热、环保、环卫、防灾等基础工程的现状及发展资料等。

（5）土地与其他资料，包括：

土地利用——规划区内各类用地分布状况，历史上土地利用重大变更资料，土地资源分析评价资料等。

建筑工程——各类主要建筑物、构筑物、园景、场馆场地等项目的分布状况，用地面积、建筑面积、体量、质量、特点等资料等。

环境资料——环境监测成果，三废排放的数量和危害情况；垃圾、灾变和其他影响环境的有害因素的分布及危害情况；地方病及其他有害公民健康的环境资料等。

2. 风景资源评价

风景资源是指能引起审美与欣赏活动，可以作为风景游览对象和风景开发利用的事物与因素的总称，是构成风景环境的基本要素，是风景名胜区产生环境效益、社会效益、经济效益的物质基础。风景资源评价应包括：景源调查；景源筛选与分类；景源评分与分级；评价结论四部分。

风景资源的调查是一项重要而艰苦的任务，目前常用的方法是规划人员亲临现场，并投入相当的精力及时间进行全面细致的调查工作，然后将这些第一手资料进行整理，以备以后的规划设计用。只有掌握了尽可能详尽完整的第一手资料，才能很好地完成风景名胜区的规划工作（图8-4）。然而由于种种原因，这种现场踏勘的方式往往具有一定的局限性，因此现在一些发达国家和地区已开始借助 GIS（地理信息系统）来完成风景旅游资源调查的工作。这不仅节省时间和精力，而且使风景旅游资源的调查更加科学可靠。

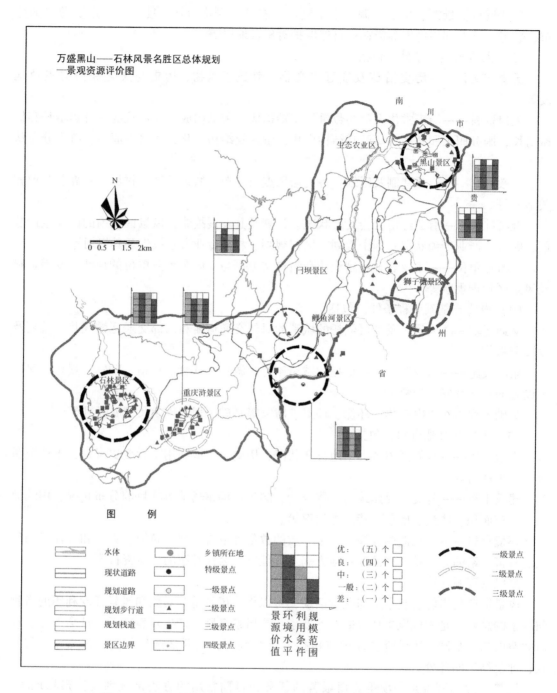

图 8-4　调查风景资源的分布是风景名胜区风景资源评价的基础工作

（项目成员：黄春涛　李旭　何波）

　　风景资源的调查工作完成以后，应对风景旅游资源的调查的内容进行筛选及分类。风景资源调查内容的分类，应符合我国"风景名胜区规划规范"相关规定的要求（表 8-3）。

| 大　类 | 中　类 | 小　类 |
|---|---|---|
| 一、自然景源 | 1. 天景 | （1）日月星光；（2）虹霞蜃景；（3）风雨阴晴；（4）气候景象；（5）自然声象；（6）云雾景观；（7）冰雪霜露；（8）其他天景 |
|  | 2. 地景 | （1）大尺度山地；（2）山景；（3）奇峰（4）峡谷（5）洞府；（6）石林石景；（7）沙景沙漠；（8）火山熔岩；（9）蚀余景观；（10）洲岛屿礁；（11）海岸景观；（12）海底地形；（13）地质珍迹；（14）其他地景 |
|  | 3. 水景 | （1）泉井；（2）溪流；（3）江河；（4）湖泊；（5）潭地；（6）瀑布跌水；（7）沼泽滩涂；（8）海湾海域；（9）冰雪冰川；（10）其他水景 |
|  | 4. 生景 | （1）森林；（2）草地草原；（3）古树名木；（4）珍稀生物；（5）植物生态类群；（6）动物栖息地；（7）物候季相景观；（8）其他生物景观 |
| 二、人文景源 | 1. 园景 | （1）历史名园；（2）现代公园；（3）植物园；（4）动物园；（5）庭宅花园；（6）专类游园；（7）陵园墓园；（8）其他园景 |
|  | 2. 建筑 | （1）风景建筑；（2）民居宗祠；（3）文娱建筑；（4）商业服务建筑；（5）宫殿衙署；（6）宗教建筑；（7）纪念建筑；（8）工交建筑；（9）工程构筑物；（10）其他建筑 |
|  | 3. 胜迹 | （1）遗址遗迹；（2）摩崖题刻；（3）石窟；（4）雕塑；（5）纪念地；（6）科技工程；（7）游娱文体场地；（8）其他胜迹 |
|  | 4. 风物 | （1）节假庆典；（2）民族民俗；（3）宗教礼仪；（4）神话传说；（5）民间文艺；（6）地方人物；（7）地方物产；（8）其他风物 |

在风景资源的评价中应以景源现状分布图为基础，根据规划范围大小和景源规模、内容、结构及其游赏方式等特征，划分出若干层次的评价单元，并作出等级评价。这些层次包括：在省域、市域的风景区体系规划中，分为风景区、景区和景点。在风景区的总体、分区、详细规划中，分为景区、景点和景物。就我国目前的情况看，对于风景资源的评价多采用地理学式分类描述与风景园林诗情画意式的文学描述相结合的方式，和列出细化后的风景资源评价标准列表进行现场打分的方式。由于第一种评价结果主观性强，往往含糊不清；第二种方法是现在比较常用的一种方法。采用第二种方法时，对其评价指标有统一的规定，在选择指标时是应对所选评价指标进行权重分析（表8-4）。另外，在不同层次的评价中应选用不同的评价层指标，即对风景区或部分较大景区进行评价时，宜选用综合评价层指标；对景点或景群进行评价时，宜选用项目评价层指标；对景物进行评价时，宜在因子评价层指标中选择。

**风景资源评价指标层次表**　　　　　　　　　　　　　表 8-4

| 综合评价层 | 赋值 | 项目评价层 | 权重 | 因子评价层 | 权重 |
|---|---|---|---|---|---|
| 1. 景源价值 | 70~80 | （1）欣赏价值 |  | （1）景感度；（2）奇特度；（3）完整度 |  |
|  |  | （2）科学价值 |  | （1）科技值；（2）科普值；（3）科教值 |  |
|  |  | （3）历史价值 |  | （1）年代值；（2）知名度；（3）人文值 |  |
|  |  | （4）保健价值 |  | （1）生理值；（2）心理值；（3）应用值 |  |
|  |  | （5）游憩价值 |  | （1）功利值；（2）舒适度；（3）承受力 |  |

| 综合评价层 | 赋值 | 项目评价层 | 权重 | 因子评价层 | 权重 |
|---|---|---|---|---|---|
| 2. 环境水平 | 20~10 | (1) 生态特征 | | (1) 种类值；(2) 结构值；(3) 功能值 | |
| | | (2) 环境质量 | | (1) 要素值；(2) 等级值；(3) 灾变率 | |
| | | (3) 设施状况 | | (1) 水电能源；(2) 工程管网；(3) 环保设施 | |
| | | (4) 监护管理 | | (1) 监测机能；(2) 法规配套；(3) 机构设置 | |
| 3. 利用条件 | 5 | (1) 交通通讯 | | (1) 便捷性；(2) 可靠性能；(3) 效能 | |
| | | (2) 食宿接待 | | (1) 能力；(2) 标准；(3) 规模 | |
| | | (3) 客源市场 | | (1) 分布；(2) 结构；(3) 消费 | |
| | | (4) 运营管理 | | (1) 职能体系；(2) 经济结构；(3) 居民社会 | |
| 4. 规模范围 | 5 | (1) 面积 | | | |
| | | (2) 体量 | | | |
| | | (3) 空间 | | | |
| | | (4) 容量 | | | |

随着对风景评价体系研究的深入及研究手段的发展，有关专家提出了一种新的理论方法，即价值选取、系统化分析、景致美预测和风景遥感的理论方法。通过这一理论方法我们可以真正从风景的角度，在国土景域范围内，不受现场踏勘的限制，把可能蕴藏风景的景域进行一番系统化、高密度、快速、准确地逐格扫描。其评价成果不仅可能为有关部门提供常规的风景地图，还可以以计算机磁盘数据格式与风景名胜区其他资源信息系统方便地联系。在将来的风景名胜区规划中，这一方法不失为一种有效的风景资源评价方法。

对风景资源作出评价后，应根据景源评价单元的特征，及其不同层次的评价指标分值和吸引力范围，评出风景资源等级。按规定应分出特级、一级、二级、三级、四级等五个级别。其中特级景源应具有珍贵、独特、世界遗产价值和意义，有世界奇迹般的吸引力；一级景源应具有名贵、罕见、国家重点保护价值和国家代表性作用，在国内外著名和有国际吸引力；二级景源应具有重要、特殊、省级重点保护价值和地方代表性作用，在省内外闻名和有省际吸引力；三级景源应具有一定价值和游线辅助作用，有市县级保护价值和相关地区的吸引力；四级景源应具有一般价值和构景作用，有本风景区或当地的吸引力。

风景资源评价结论应由景源等级统计表、评价分析、特征概括等三部分组成。评价分析应表明主要评价指标的特征或结果分析；特征概括应表明风景资源的级别数量、类型特征及其综合特征。

3. 风景区规划范围

风景名胜区的范围划定应依据以下原则：确保景源特征及其生态环境的完整性；历史文化与社会的连续性；地域单元的相对独立性；保护、利用、管理的必要性与可行性。同时还应注意范围的划定须有明确的地形标志物为依托，即既能在地形图上标出，又能在现场立桩标界。另外，为保持风景名胜区景观特色，维护风景名胜区自然环境和生态平衡，防止污染和控制建设活动，在风景名胜区外围应划定一定范围的保护地带。

4. 风景区结构、布局模式和分区

在规划风景区结构模式时，应依据规划目标和规划对象的性能、作用及其构成规律来进行组织，同时应遵循以下原则：规划内容和项目配置应符合当地的环境承载能力、经济发展状况和社会道德规范，并能促进风景区的自我生存和有序发展；能有效调节控制点、线、面等结构要素的配置关系；能解决各枢纽或生长点、走廊或通道、片区或网格之间的本质联系和约束条件。对于含有一个乡或镇以上的风景区，或其人口密度超过 100 人/km² 时，应进行风景区的职能结构分析与规划。职能结构的组成应该兼顾外来游人、服务职工和当地居民三者的需求与利益。其中的风景游览欣赏职能应有独特的吸引力和承受力；旅游接待服务职能应有相应的效能和发展动力；居民社会管理职能应有可靠的约束力和时代活力。各职能结构应自成系统，并有机组成风景区的综合职能结构网络。

风景区的整体布局构思应能恰当地处理局部、整体、外围三个层次的关系，解决规划对象的特征、作用、空间关系的有机结合问题，调控布局形态对风景区有序发展的影响，为各组成要素、各组成部分能共同发挥作用，创造满意条件，同时构思新颖，能体现地方和自身特色。

风景区规划中的分区可因侧重点及需要的不同而出现不同的情况，当需调节控制功能特征时，应进行功能分区；当需组织景观和游赏特征时，应进行景区划分（图 8-5）；当需确定保护培育特征时，应进行保护区划分；而在大型或复杂的风景区中，可以几种方法协调并用（图 8-6）。无论哪一种分区都应注意同一区内的规划对象的特性及其存在环境应基本一致；同一区内的规划原则、措施及其成效特点应基本一致；另外规划分区应尽量保持原有的自然、人文、线状等单元界限的完整性。

由于各风景区有不同的具体情况，因此，其景区划分、保护区划分都有极大的差异。然而，由于风景区具有相似的功能特征，因此其功能分区有一定的共通性，以下将较详细地介绍。

风景区的功能分区是指按不同的功能结构性质划分出不同的用地（图 8-7），一般情况下，可将风景名胜区的用地分为三类。即第一类——直接为旅游者服务的用地，包括游憩用地、旅游接待用地、旅游商业服务用地、休疗养用地等；第二类——旅游媒介物的用地，包括交通设施用地、旅游基础设施用地等；第三类——间接为旅游服务的用地，包括旅游管理用地、居住用地、旅游加工业用地、旅游农副业用地等。

根据不同的功能及用地类型，一般可将风景名胜区划分为以下几个功能分区：

（1）游览区

游览区是风景名胜区的重要组成部分，具有风景点比较集中、游人停留时间长等特点。游览区又可由不同景观主题的各景区组成，这些不同主题的景区可能包括：以眺望为主——如各山岳风景名胜区的制高点周围的区域；以文化古迹为主——一般风景名胜区集中的寺庙、宇观等建筑或其他有历史价值的文化古迹等；以水景为主——风景名胜区中的水域或水体，如池水、瀑布、涌泉、水潭、水涧、湖泊等以水为主题的景区；以山景洞穴为主——以突出的山峰、山洞为游览观赏主题的区域；以植物为主——以富有观赏特点的植物群落为主题的区域；以稀有自然现象为主——指以各种奇特稀有的气象、地质等现象所形成的景观为主的区域等。在进行景区划分时应突出各主题的特点，并根据这些主题组织相应的游览线路、方式及项目等。

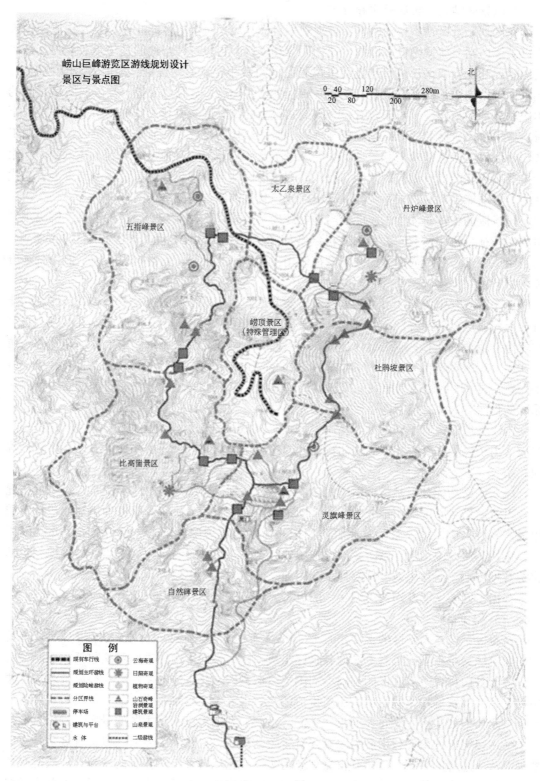

图 8-5　风景名胜区规划中的景区划分

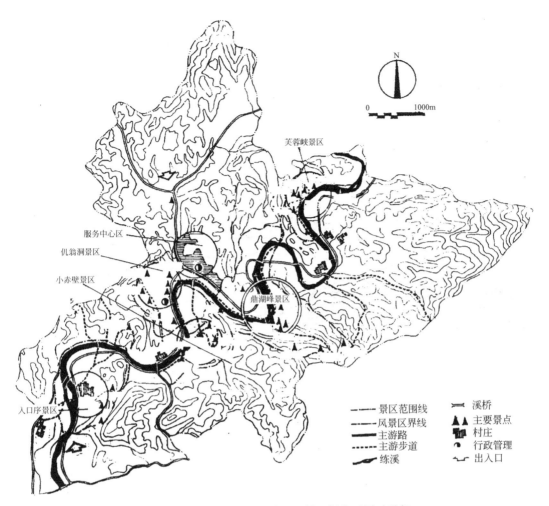

图 8-6 风景区中的功能分区和景区划分可同时进行

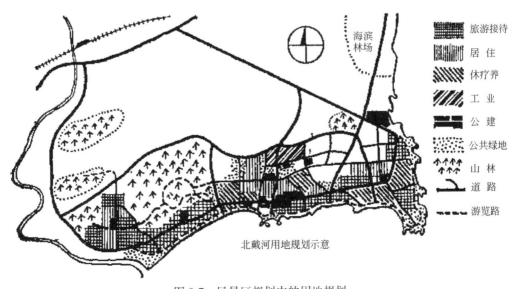

北戴河用地规划示意

图 8-7 风景区规划中的用地规划

（2）旅游接待区

旅游接待区是直接为旅游服务的功能区，地位十分重要，区内应包括餐饮、住宅、野营场地等为游客服务的设施。旅游接待区的位置应选在方便游客使用的地方，然而由于该区中有大量的建筑及设施，而且会产生较大量的生活垃圾及污水等，因此切忌将该区布置于主要的风景游览区域（图8-8）。

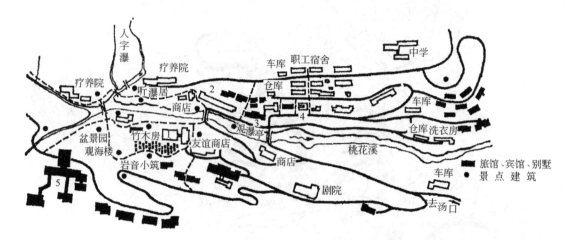

图 8-8　风景区规划中的接待区规划（黄山温泉接待区）
1—旅游接待处；2—温泉浴室、游泳池；3—黄山宾馆；4—医院、门诊部；5—温泉宾馆

（3）休疗养区

许多风景名胜区除满足旅游的需求外，还由于有优美的风景、舒适的气候、洁净的空气以及一些特有的条件（如海滨、矿泉等），特别适于休疗养要求。因此在可能的情况下，可在风景名胜区中设置休养和疗养区。这些休养和疗养区一般应与游人有所隔离，避免相互干扰。

（4）商业服务中心

除分散的服务点外，可根据风景名胜区的规模设置一个或数个商业服务中心。商业服务中心的设施较为集中而完善，可为旅游者和当地居民服务。在布置商业服务中心时，其选址、规模、空间、形式、建筑风格等均应注意与风景名胜区的协调关系。

（5）文化娱乐中心

对于游客数量多，游览日程较长，并兼有度假、休养功能的较大型的风景名胜区，均需设以文化娱乐活动为主的文娱设施。这种设施的规模及项目也应符合风景名胜区保护及发展的要求。

（6）居民区及行政管理区

居民区是指直接或间接为旅游者及休养和疗养人员服务的职工及家属集中居住的地区；行政管理区是风景名胜区的行政管理机构集中的地段。这两个区可结合置于一处，其选址原则是接近工作服务单位，避开游览区。

（7）加工工业区

为风景名胜区旅游服务的主副食品加工业，旅游产品工业等，均为无害工业。因此，可选址在居民区中或附近，有的加工工业区还可对游人开放，形成一项旅游项目。

332

（8）园艺场、副食品供应基地及农林地区

园艺场、副食品供应基地可为旅游者及休疗养人员提供各种新鲜食品，如蔬菜、水果、奶制品等。农林地区是指从事农业、林业的地区，通常与旅游活动不发生直接关系，但有些风景名胜区可利用农林地区组织生态农业观光等旅游项目。这一区域往往占地较大，因此对风景名胜区的景观、环境保护等都有一定影响。

5. 风景区容量与旅游规模

风景区容量的计算是风景区规划的一项重要工作。所谓风景区容量是指在保护风景区内自然生态环境、景观资源环境免遭破坏或素质下降，确保游客游览安全、舒适的前提下，风景区这一特定环境所能容纳游客的最大量。由于各风景区及景区的构成情况不同，因此环境容量的计算方法也有所不同，一般来说，风景区环境容量的计算采用三种方法：即单位可游面积指标法、单位长度计算法和卡口容量法。

（1）单位可游面积指标法

所谓单位可游面积指标法是指把风景区中各游览设施的年容量总和，作为全风景区的年总环境容量，其计算法为：

$$瞬时容量（人）= \frac{风景游览设施面积（m^2）}{单位面积指标（m^2/人）}$$

$$日容量（人）= 瞬时容量 \times 周转率$$

$$年容量（人/年）= 全年可游天数 \times 日容量$$

$$其中：单位面积指标（m^2/人）= \frac{风景游览设施面积（m^2/人）}{合理容量（人）}$$

$$周转率 = \frac{每日可游时间（h）}{游人平均延续时间（h）}$$

（2）单位长度计算法

单位长度计算法常用于不便计算风景游览设施面积的山岳型风景区，它与每个游人所占中心景区的步行游览路线上的景点数量、游人在景点的停留时间、游人的行走速度、游人从住宿点到中心景区往返的步行路线长度、人流单位时间通过量等有关。其计算方法为：

$$瞬时容量（人）= \frac{全景区的步行线路长度（m）}{单位长度指标（m/人）}$$

$$日容量（人）= 瞬时容量 \times 周转率$$

$$年容量（人/年）= 全年可游天数 \times 日容量$$

$$其中：单位长度指标 = \frac{中心景区游览线长度+往返步道长度（m）}{日总游人量（人/日）}$$

（3）卡口容量法

卡口容量法是指用风景区中游人必到的重点景区（如武夷山风景区的九曲溪）的游人量作为全景区的环境容量的方法。其计算方法根据不同情况而定。

风景区人口规模预测是一项极为关键的工作，人口规模的大小将影响到风景区规划中水、电、气、旅馆床位、商业服务等基础设施的规划，同时也是风景区总体布局的依据之一。

风景区人口构成包括：流动人口、常住人口和其他人口。流动人口包括旅游人口和休养、疗养人口；常住人口包括服务人口和职工家属及城镇非劳动人口；其他人口是指从事与风景旅游无关工作的人口。

流动人口通常有三个表示量，即：全年人次、高峰日人次及总床位数。而总床位数是决定旅游床位及旅游设施规模的主要数据，所以计算旅游规模，主要是计算总床位数。床位数计算一般有三种方法：

第一种床位数计算公式如下：

$$C \cdot K = R \div \frac{T}{n}$$

式中：

| 公式代号 | 单 位 | 旅 游 | 休养、疗养 | 旅游现状举例 |
|---|---|---|---|---|
| $C$ | 床 | 住宿游人床位需要数 | 休养、疗养员床位数 | |
| $R$ | 人次 | 全年住宿旅游总人次 | 全年休养、疗养员总人次 | |
| $T$ | 日 | 全年可游览天数<br>（全年可利用天数） | 全年可休养、疗养天数 | 庐山为八个月（240天）<br>峨眉山为七个月（210天） |
| $n$ | 日 | 游人平均住宿天数 | 每批休养、疗养员平均住宿天数 | 庐山为三天，峨眉山为四天 |
| $K$ | % | 床位数利用率 | 床位平均利用率 | 庐山为80%<br>峨眉山为70%~75% |

可以按照上式，分别计算出各级的床位数，然后得到总床位数。

如：$C_{外1}$，$C_{外2}$，$C_{内1}$，$C_{内2}$，$C_{宾}$，$C_{简}$，$C_{休}$，$C_{疗}$等。

第二种床数计算公式如下：

$$C = R_0 + Y \times N$$

式中：$R_0$——现状高峰日留宿游人数；

$Y$——每年平均增长数，根据历年增长率统计而估计出来的数字；

$N$——规划年数。

此公式可用在缺乏必要数据的情况下，根据现状作粗略的推算，以解决初步规划时匡算用。

第三种床位计算公式如下：

$$C = (\bar{X} + \sigma) \bar{N}$$

式中：$C$——估计的总床位数（同理需考虑床位数利用率$K$）；

$\bar{X}$——各月游人量的平均值；

$\sigma$——各月游人量的均方差；

$\bar{N}$——平均住宿天数。

其中：

$$\bar{x} = \frac{x_1 + x_2 + \cdots\cdots + x_n \text{（各月每天游人平均数）}}{n \text{（全年可游览天数）}}$$

$$\sigma = \sqrt{\frac{\sum (\bar{X} - X_i)^2}{n}}$$

$$= \sqrt{\frac{(\bar{X} - X_1)^2 + (\bar{X} - X_2)^2 + \cdots + (\bar{X} - X_n)^2}{n}}$$

$$X_1 = \overline{X}_1 - \sigma_1, \ X_2 = \overline{X}_2 + \sigma_2, \ \cdots\cdots X_n = \overline{X}_n + \sigma_n$$

当 $\sigma$ 接近 0 时，上式就成为：

$$C = \overline{X} \ \overline{N}$$

上式如考虑床位利用率因素，则成：

$$W = \frac{(\overline{X} + \sigma) \ \overline{N}}{K} \ （适用于全年各月各天游人量分布不均匀情况）$$

式中：$W$——估计总床位数；

$\quad\quad \overline{X}$——全年游人量日平均数；

$\quad\quad \overline{N}$——游人平均住宿天数；

$\quad\quad \sigma$——各月份中每日游人不均匀分布的均方差；

$\quad\quad K$——床位利用率。

其中：

$$\overline{X} = \frac{X_1 + X_2 + \cdots + X_n}{n}$$

$$\sigma = \sqrt{\frac{(\overline{X} - X_1)^2 + (\overline{X} - X_2)^2 + \cdots (\overline{X} - X_n)^2}{n}}$$

式中：$n$——风景区在全年中有一定游人的月份数（即可游月数）

$X_1$、$X_2$……、$X_n$ 各月份"理想"日游人数

以上是各月中游人数较接近时，可取平均值方法。但如果各月内各日游人数悬殊时，就应取：平均值加上各天游人不均匀分布的均方差方法，即：

$$\left.\begin{array}{l} X_1 = \overline{X}_1 + \sigma_1 \\ X_2 = \overline{X}_2 + \sigma_2 \\ \cdots\cdots \\ X_n = \overline{X}_n + \sigma_n \end{array}\right\}$$ 代入（*1），再将 $X_1$、$X_2$……、$X_n$ 和 $X$ 代入（*2），当全年各月各天游

当全年各月各天游人量分布较均匀的情况下（即 $\sigma \to 0$ 时），可用下式：

$$W = \frac{\overline{X} \ \overline{N}}{K}$$

常住人口的计算则首先根据常住人口中直接服务人口与流动人口对应比例关系求出直接服务人口，再根据劳动平衡法，可求出风景区常住人口规模计算中，各种人口比例如下：直接服务人口占 40%；间接服务人口占 20%；家属及非劳动人口为 40%。计算常住人口规模，可借用城市规划中的"劳动平衡法"，因此：

$$常住人口 = \frac{直接服务人口绝对数}{1 - （间接服务人口比例+非劳动人口比例）}$$

$$风景区总人口 = 流动人口 + 常住人口 + 其他人口$$

按 20 世纪 90 年代初的标准，风景区人口构成比例分别为：流动人口占 50%，直接服务人口 7%，间接服务人口 10%，家属及非劳动人口占 33%。随着旅游业的发展及风景区管理服务水平的提高，这一比例将有所变化。其中流动人口比例将增加，服务人口比例将下降。

（二）专项规划部分

1. 保护培育规划

保护培育规划是风景区专项规划中的重要内容。保护培育规划应包括查清保育资源、明确保育的具体对象、划定保育范围、确定保育原则和措施等基本内容。保护培育规划应依据本风景区的具体情况和保护对象的级别而择优实行分类保护或分级保护，或两种方法并用的方式。

所谓分类保护即将风景区内的保护对象分为五类保护区：生态保护区、自然景观保护区、史迹保护区、风景恢复区、风景游览区和发展控制区等六类，其中：

1）生态保护区的划分与保护规定

（1）对风景区内有科学研究价值或其他保存价值的生物种群及其环境，应划出一定的范围与空间作为生态保护区。

（2）在生态保护区内，可以配置必要的研究和安全防护性设施，应禁止游人进入，不得搞任何建筑设施，严禁机动交通及其设施进入。

2）自然景观保护区的划分与保护规定

（1）对需要严格限制开发行为的特殊天然景源和景观，应划出一定的范围与空间作为自然景观保护区。

（2）在自然景观保护区内，可以配置必要的步行游览和安全防护设施，宜控制游人进入，不得安排与其无关的人为设施，严禁机动交通及其设施进入。

3）史迹保护区的划分与保护规定

（1）在风景区内各级文物和有价值的历代史迹遗址的周围，应划出一定的范围与空间作为史迹保护区。

（2）在史迹保护区内，可以安置必要的步行游览和安全防护设施，宜控制游人进入，不得安排旅宿床位，严禁增设与其无关的人为设施，严禁机动交通及其设施进入，严禁任何不利于保护的因素进入。

4）风景恢复区的划分与保护规定

（1）对风景区内需要重点恢复、培育、抚育、涵养、保持的对象与地区，例如森林与植被、水源与水土、浅海及水域生物、珍稀濒危生物、岩溶发育条件等，宜划出一定的范围与空间作为风景恢复区。

（2）在风景恢复区内，可以采用必要技术措施与设施，并限制游人和居民活动；不得安排与其无关的项目与设施对其不利的活动。

5）风景游览区的划分与保护规定

（1）对风景区的景物、景点、景群、景区等各级风景结构单元和风景游赏对象集中地，可以划出一定的范围与空间作为风景游览区。

（2）在风景游览区内，可以进行适度的资源利用行为，适宜安排各种游览欣赏项目；应分级限制机动交通及旅游设施的配置，并分级限制居民活动进入。

6）发展控制区的划分与保护规定

（1）在风景区范围内，对上述五类保护区以外的用地与水面及其他各项用地，均应划为发展控制区。

（2）在发展控制区内，可以准许原有土地利用方式与形态，可以安排同风景区性质与容量相一致的各项旅游设施及基地，可以安排有序的生产、经营管理等设施，应分别控制各项设施的规模与内容。

风景保护的分级应包括特级保护区、一级保护区、二级保护区和三级保护区等内容，并应符合以下规定：

1）特级保护区的划分与保护规定

（1）风景区内的自然保护核心区，以及其他不应进入游人的区域应划为特级保护区。

（2）特级保护区应以自然地形地物为分界线，其外围应有较好的缓冲条件，在区内不得搞任何建筑设施。

2）一级保护区的划分与保护规定

（1）在一级景点和景物周围应划出一定范围与空间作为一级保护区，宜以一级景点的视域范围作为主要划分依据。

（2）一级保护区内可以安置必需的步行游赏道路和相关设施，严禁建设与风景无关的设施，不得安排旅宿床位，机动交通工具不得进入此区。

3）二级保护区的划分与保护规定

（1）在景区范围内，以及景区范围之外的非一级景点和景物周围应划为二级保护区。

（2）二级保护区内可以安排少量旅宿设施，但必须限制与风景游赏无关的建设，应限制机动交通工具进入本区。

4）三级保护区的划分与保护规定

（1）在风景区范围内，对以上各级保护区之外的地区应划为三级保护区。

（2）在三级保护区内，应有序控制各项建设与设施，并应与风景环境相协调。

在作风景区保护培育规划时，应注意协调处理保护培育、开发利用、经营管理的有机关系，应加强引导性规划措施，确保风景区的永续利用。

2. 风景游赏规划

风景游览欣赏规划应包括景观特征分析与景象展示构思；游赏项目组织；风景单元组织；游线组织与游程安排；游人容量调控；风景游赏系统结构分析等基本内容。

景观特征分析和景象展示构思，应遵循景观多样化和突出自然美的原则，对景物和景观的种类、数量、特点、空间关系、意趣展示及其观览欣赏方式等进行具体分析和安排；并对欣赏点选择及其视点、视角、视距、视线、视域和层次进行分析和安排。

游赏项目组织应包括项目筛选、游赏方式、时间和空间安排、场地和游人活动等内容。在游赏项目组织中应遵循以下原则：

（1）在与景观特色协调、与规划目标一致的基础上，组织新、奇、特、优的游赏项目；

（2）权衡风景资源与环境的承受力，保护风景资源永续利用；

（3）符合当地用地条件、经济状况及设施水平；

（4）尊重当地文化习俗、生活方式和道德规范。

游赏项目内容应根据风景区的具体情况进行安排，可供选择的项目如表8-5：

| 游赏项目类别表 | 表 8-5 |

| 游赏类别 | 游 赏 项 目 |
|---|---|
| 1. 野外游憩 | （1）消闲散步；（2）郊游野游；（3）垂钓；（4）登山攀岩石；（5）骑驭 |
| 2. 审美欣赏 | （1）览胜；（2）摄影；（3）写生；（4）寻幽；（5）访古；（6）寄情；（7）鉴赏；（8）品评；（9）写作；（10）创作 |
| 3. 科技教育 | （1）考察；（2）探胜探险；（3）观测研究；（4）科普；（5）教育；（6）采集；（7）寻根回归；（8）文博展览；（9）纪念；（10）宣传 |
| 4. 娱乐体育 | （1）游戏娱乐；（2）健身；（3）演艺；（4）体育；（5）水上水下运动；（6）冰雪活动；（7）沙草场活动；（8）其他体智技能运动 |
| 5. 休养保健 | （1）避暑避寒；（2）野营露营；（3）休养；（4）疗养；（5）温泉浴；（6）海水浴；（7）泥沙浴；（8）日光浴；（9）空气浴；（10）森林浴 |
| 6. 其他 | （1）民俗节庆；（2）社交聚会；（3）宗教礼仪；（4）购物商贸；（5）劳作体验 |

风景单元组织应把游览欣赏对象组织成景物、景点、景群、园苑、景区等不同类型的结构单元。景点组织应包括景点的构成内容、特征、范围、容量；景点的主次、配景和游赏序列组织；景点的设施配备；景点规划一览表等。景区组织应包括景区的构成内容、特征、范围、容量；景区的结构布局、主景、景观多样化组织；景区的游赏活动和游线组织；景区的设施和交通组织要点等。

游线组织应依据景观特征、游赏方式、游人结构、游人体力与游兴规律等因素，精心组织主要游线和多种专项游线，并应包括下列内容：

（1）游线的级别、类型、长度、容量和序列结构；

（2）不同游线的特点差异和多种游线间的关系；

（3）游线与游路及交通的关系。

风景区的游线组织按不同的风景区类型可分为三种：一种是以绕环式为主，如黄山、峨眉山等（图 8-9），游人不走回头路，可随游随住；一种是以树枝式为主，如崂山、庐山等（图 8-10），有固定的生活服务区，游客可自由选择需要游览的景点，游览后回到住宿点，再选择另外的景点游览；第三种是上边两种方式的结合，如张家界、丽江老君山等（图 8-11）；这种线路布置兼具以上两种游览方式的优点，在可能的情况下，应尽可能地选择第三种游线组织方式。

风景区内的交通形式主要有车行、步行、电缆车、索道、汽艇、直升机等。各种交通形式的线路选择应根据地质条件、植被条件、景观因素、各交通工具的安全要求等具体情况进行，选择合理的线路，应尽可能减少对风景区形成干扰和破坏。

游程安排应由游赏内容、游览时间、游览距离限定。游程的确定宜符合下列规定：

（1）一日游——不需住宿，当日往返；

（2）二日游——住宿一夜；

（3）多日游——住宿二夜以上。

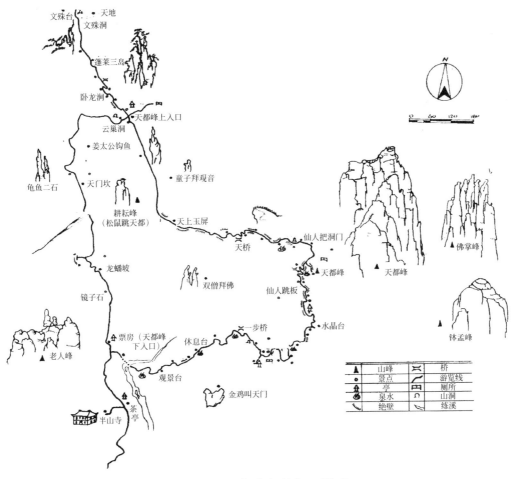

图 8-9　黄山天都道线路图（环游型）

其他专项规划还包括典型景观规划、游览设施规划、基础工程规划、居民社会调控规划、经济发展引导规划、土地利用协调规划、分期发展规划等。

这些专项规划所包括的内容分别为：

典型景观规划应包括典型景观的特征与作用分析；规划原则与目标；规划内容、项目、设施与组织；典型景观与风景区整体的关系等内容。

游览设施规划应包括游人与游览设施现状分析；客源分析预测与游人发展规模的选择；游览设施配备与直接服务人口估算；旅游基地组织与相关基础工程；游览设施系统及其环境分析等。

基础工程规划应包括交通道路、邮电通讯、给水排水和供电能源等内容。根据实际需要，还可进行防洪、防火、抗灾、环保、环卫等工程规划。

居民社会调控规划应包括现状、特征与趋势分析；人口发展规模与分布；经营管理与社会组织；居民点性质、职能、动因特征和分布；用地方向与规划布局；产业和劳力发展规划等内容。

经济发展引导规划应包括经济现状调查与分析；经济发展的引导方向；经济结构及其调整；空间布局及其控制；促进经济合理发展的措施等内容。

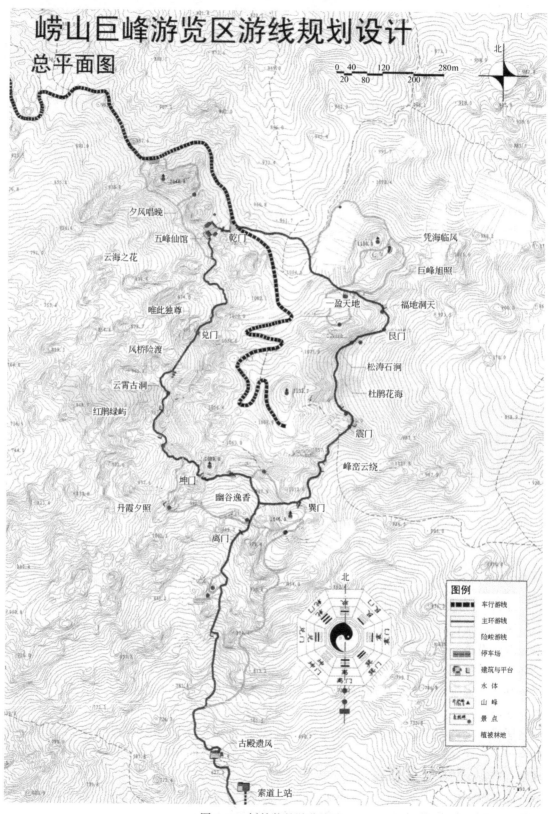

# 崂山巨峰游览区游线规划设计
## 总平面图

0 40 120 280m
20 80 200

北

夕凤唱晚

五峰仙馆　乾门

云海之花

凭海临风

巨峰旭照

唯此独尊

一盈天地

福地洞天

兑门　艮门

风桥险渡

松涛石涧

云霄古洞

杜鹃花海

红鹃绿屿

震门

峰峦云绕

坤门

幽谷逸香

丹霞夕照

巽门

离门

北

古殿遗风

索道上站

图例

车行游线
主环游线
险峻游线
停车场
建筑与平台
水　体
山　峰
景　点
植被林地

图 8-10　树枝状的游览线路

340

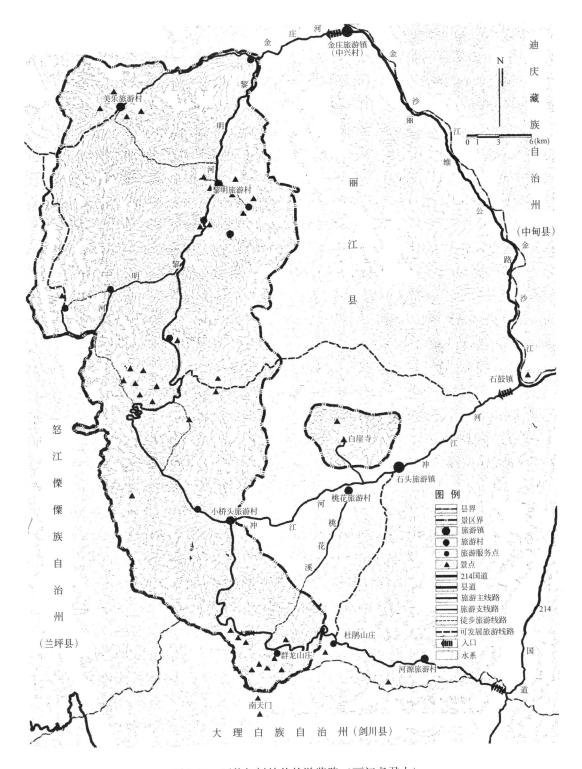

图 8-11 环状加树枝状的游览路（丽江老君山）

土地利用协调规划应包括土地资源分析评估；土地利用现状分析及其平衡表；土地利用规划及其平衡表等内容。

分期规划的时间安排一般为近期规划——5年以内。远期规划——5~20年。远景规划——大于20年。近期发展规划应提出发展目标、重点、主要内容，并应提出具体建设项目、规模、布局、投资估算和实施措施等。远期发展规划的目标应使风景区内各项规划内容初具规模；并应提出发展期内的发展重点、主要内容、发展水平、投资匡算、健全发展的步骤与措施。

## 第四节　风景名胜区规划成果

风景区规划的成果应包括风景区规划文本、规划图纸、规划说明书、基础资料汇编等部分。

规划文本是风景区规划成果的条文化表述，应简明扼要，以法规条文的方式直接叙述规划主要内容的规定性要求。规划文本经相应的人民政府审查批准后，作为法规权威，应严肃实施和执行。

规划图纸应包括彩图及蓝图两种，图纸均应在清晰的地形图上绘制，以清楚地反映原有地形特点。规划图纸应清晰准确，图文相符，图例一致，并应在图纸的明显处标明图名、图例、风玫瑰、规划期限、规划日期、规划单位及其资质图签编号等内容。规划设计的主要图纸应符合表8-6的规定。

风景区总体规划图纸规定　　　　表8-6

| 图纸资料名 | 比例尺 | | | | 综合型 | 复合型 | 单一型 | 图纸特征 | 有些图纸可与下列编号的图纸合并 |
|---|---|---|---|---|---|---|---|---|---|
| | 风景区面积（km²） | | | | | | | | |
| | 20以下 | 20~100 | 100~500 | 500以上 | | | | | |
| 1. 现状（包括综合现状图） | 1:5000 | 1:10000 | 1:25000 | 1:50000 | ▲ | ▲ | ▲ | 标准地形图上制图 | |
| 2. 景源评价与现状分析 | 1:5000 | 1:10000 | 1:25000 | 1:50000 | ▲ | △ | △ | 标准地形图上制图 | 1 |
| 3. 规划设计总图 | 1:5000 | 1:10000 | 1:25000 | 1:50000 | ▲ | ▲ | ▲ | 标准地形图上制图 | |
| 4. 地理位置或区域分析 | 1:25000 | 1:50000 | 1:100000 | 1:200000 | ▲ | △ | △ | 可以简化制图 | |
| 5. 风景游赏规划 | 1:5000 | 1:10000 | 1:25000 | 1:50000 | ▲ | ▲ | ▲ | 标准地形图上制图 | |
| 6. 旅游设施配套规划 | 1:5000 | 1:10000 | 1:25000 | 1:50000 | ▲ | ▲ | △ | 标准地形图上制图 | 3 |
| 7. 居民社会调控规划 | 1:5000 | 1:10000 | 1:25000 | 1:5000 | ▲ | △ | △ | 标准地形图上制图 | 3 |
| 8. 风景保护培育规划 | 1:10000 | 1:25000 | 1:50000 | 1:100000 | ▲ | △ | △ | 可以简化制图 | 3或5 |
| 9. 道路交通规划 | 1:10000 | 1:25000 | 1:50000 | 1:100000 | ▲ | △ | △ | 可以简化制图 | 3或6 |

| 图纸资料名 | 比例尺 | | | | 综合型 | 复合型 | 单一型 | 图纸特征 | 有些图纸可与下列编号的图纸合并 |
|---|---|---|---|---|---|---|---|---|---|
| | 风景区面积（km²） | | | | | | | | |
| | 20 以下 | 20~100 | 100~500 | 500 以上 | | | | | |
| 10. 基础工程规划 | 1:10000 | 1:25000 | 1:50000 | 1:100000 | ▲ | △ | △ | 可以简化制图 | 3 或 6 |
| 11. 土地利用协调规划 | 1:10000 | 1:25000 | 1:50000 | 1:100000 | ▲ | ▲ | ▲ | 标准地形图上制图 | 3 或 7 |
| 12. 近期发展规划 | 1:10000 | 1:25000 | 1:50000 | 1:100000 | ▲ | △ | △ | 标准地形图上制图 | 3 |

说明：▲应单独出图；可作图纸△。

以上图纸的具体内容如下：

（一）区位关系图（地理位置或区域分析）

反映该风景名胜区与周围主要城市及其他风景名胜区的位置、距离以及相互之间的关系等。

（二）综合现状图

反映风景名胜区内各类用地（风景游赏用地、游览设施用地、农场、果园、林场、水域等）的分布，各级工矿企业、大中型事业单位的分布，景点、文物古迹分布，对内对外交通，林木植被等现状。

（三）景源评价与现状分析图

反映风景资源的分布、分类、评价、分级情况。综合现状的分析有：坡度分析、坡向分析、土地利用分析、视线分析、生态敏感度分析等。景点评价与现状分析图可根据具体情况综合或分别进行，可形成一张或数张分析图。

（四）规划设计总体图

主要应表达风景名胜区的范围界线、各景区的范围界线及名称、各功能分区的范围界线及名称、各景点的位置及名称、主要交通及游览线路、主要服务接待设施的位置及名称等。

（五）风景游赏规划图

风景游览欣赏规划图应包括景观特征分析与景象展示构思，游赏项目组织，风景单元组织，游线组织与游程安排，游人容量调控，风景游赏系统结构分析等基本内容。

（六）旅游设施配套规划图

旅游设施配套规划图应包括风景名胜区各级服务接待设施站（点）的位置、范围及名称，各级服务接待设施包括的项目及服务点的床位安排等内容。

（七）居民社会调控规划图

居民社会调控规划图应包括风景区内乡、镇的人口发展规模与分布；经营管理与社会组织；居民点性质、职能、动因特征和分布；用地方向与规划布局；产业和劳力发展规划等内容。

（八）风景保护培育规划图

对于分类保护的风景区应反映生态保护区、自然景观保护区、史迹保护区、风景恢复区、风景游览区和发展控制区等各类保护区的范围、界线、保护措施等。对于分级保护的风景区应反映特级保护区、一级保护区、二级保护区和三级保护区等四个不同级别保护区的范围、界线、保护措施等。

（九）道路交通规划图

主要表达内外交通的联系、风景名胜区各级道路的线路走向及主要道路里程；不同交通工具的线路、各停车站、场及道路附属设施的位置及名称；各级道路的断面示意等内容。

（十）基础工程规划图

风景区基础工程规划图应包括交通道路、邮电通讯、给水排水和供电能源等内容。根据实际需要，还可进行防洪、防火、抗灾、环保、环卫等工程规划。

（十一）地利用协调规划图

地利用协调规划图应反映风景游赏用地、游览设施用地、居民社会用地、交通与工程用地、林地、园地、草地、水域、滞留用地等各类用地的位置、方位、界线等内容。

（十二）近期发展规划图

近期发展规划图应反映近五年内的具体建设项目、规模、布局等。

以上各图为我国风景区规划规范要求的内容，在实际的规划中图量的多少可根据风景区的职能结构类型的不同而选择。

在一般情况下，风景区规划的规划说明书和基础资料可合并一册，统称为附件。规划说明书应分析现状，论证规划意图和目标，解释和说明规划内容。

# 第五节　风景名胜区规划实例

## 奉节县天坑地缝风景名胜区总体规划

### 一、现状概况

奉节县天坑地缝风景名胜区主要由天坑、地缝、龙桥河、高山草场等系列风景名胜组成。天坑地缝风景名胜区位于重庆奉节县长江南岸距县城70km处，北靠长江三峡，与瞿塘峡紧密相连，与大宁河小三峡隔江相望。南临恩施土家族、苗族自治州，与张家界相依。西达奉节县南岸重镇吐祥，东接巫山大庙龙骨坡古人类文化遗址（图8-12）。辖区面积455.7km²。天坑地缝风景名胜区是巫山山脉和七曜山山脉的一部分，大地构造处于新华夏武陵山——雪峰山褶皱带西缘之川鄂湘黔隆起带的延伸部分。风景区地貌为浅中切割的台原型峰丛洼地地貌。风景区最高点为长安乡大块田山顶，海拔2084.2m，最低点在九盘河九里电站出口处，海拔236.4m。

风景区地处中亚热带暖湿东南季风气候区，山体立体气候明显，多年平均气温7.8～16.1℃。年降水量为1952～1130mm，年均日照832～1424小时，相对湿度为69%。风景区内有九盘河、撒谷溪、龙桥河等，区内地下水资源十分丰富，在溶洞中形成地下河、深潭等，还有众多极富天然情趣和神秘感的喀斯特泉，多出露在河流源头。风景区内植物种类繁多，有244科，1285种，构成风景区的林木建群种多为光皮桦、马尾松、华山松等，植物类型分布垂直地带差异明显。景区内有莲香树、水杉、银杏、胡桃、杜仲等名木古树，此外还有党参、天麻、杜仲等多种名贵药材。

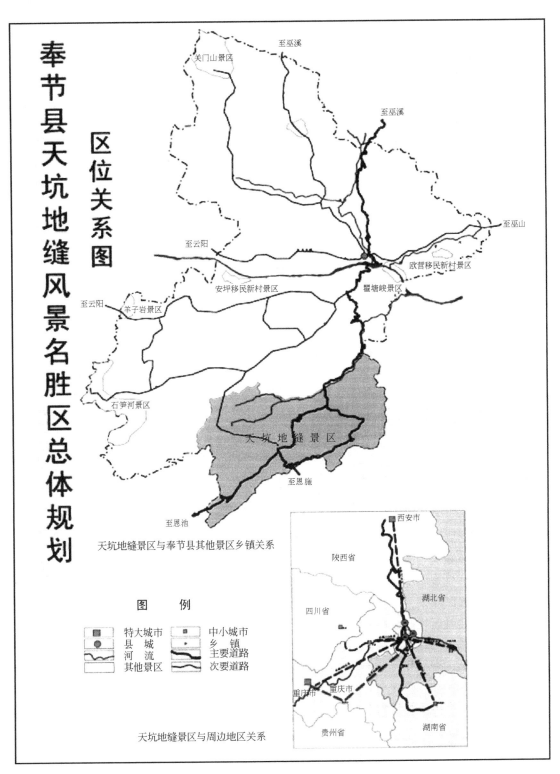

图 8-12  区位关系图

景区内共有常住人口 5.1 万人，其中非农业人口 0.1 万人。风景区历年来游人数在 36000~78000 人次/年之间。1996 年风景区所辖地域工农业总产值 12104.5 万元，其中农业总产值 8876.9 万元。

景区内省道横贯东西，县道纵贯南北，构成景区内十字路网骨架。此外，北有长江水道，南有湖北恩施机场。风景区内的兴隆镇与长安乡、荆竹乡等均有公路相通，对内对外交通较为便利。景区内现已开放景点大部分通公路，多数景点有简易步行道相通。兴隆镇、荆竹乡、庙湾乡等均有旅馆、商店等接待服务设施。风景区管理工作暂时由风景区内各级政府代为行使。

1997 年对天坑地缝风景区进行的大气检测显示空气质量达到国家空气质量一级标准。对九盘河水质检测显示，地面水质量较好，大部分达到一类标准。对天坑地缝景区声环境技术检测显示，生态环境质量很高。

现状存在的主要问题

（1）道路、水电等基础设施条件差，旅游服务设施档次低，亟待改善。

（2）局部植被及部分景点破坏严重，生态环境和景观资源亟须保护。

（3）管理上尚无专门机构负责。

## 二、风景资源评价

（一）景观资源评价

天坑地缝风景名胜区自然景观资源丰富，景观类型众多，具有山、水、林、泉、峡、石、洞、瀑、草场、漏斗等多种类型景观，奇异独特，甚至独一无二，游览观光价值较高，是全国乃至全世界范围内较为独特、罕见的风景名胜区。

（二）景点及景区级别评价（图 8-13）

1. 景点评价

规划选用完整程度、综合印象、奇特程度、可及度、容量大小、经济性、知名度等七个因子对该风景名胜区景点进行评价，共评出：

一级景点：26 个，二级景点：17 个，三级景点：25 个（各景点名称略）。

2. 景区评价

根据风景名胜区自然景观、人文景观的景点比例大小分类，天坑地缝风景名胜区各景区都为以自然景观为主的景区。因此，景区评价采用以下六个评价要素作标准：自然地貌景观、自然植被景观、历史文物古迹、生态环境质量、旅游交通条件、旅游服务设施。由此共评出一级景区 4 个，二级景区 5 个；三级景区若干。

## 三、风景名胜区性质

天坑地缝风景名胜区是以天坑、地缝等奇异独特的地质景观为主要特色，集山、水、峡、石、洞、泉、瀑、林、草场、漏斗为一体的可供游览观光、度假休养以及科考探险的特异地貌型风景名胜区。

## 四、规划指导思想和规划原则

（一）指导思想

认真保护、适度开发、综合发展，达到社会效益、环境效益和经济效益同步发挥的效果。

（二）规划原则

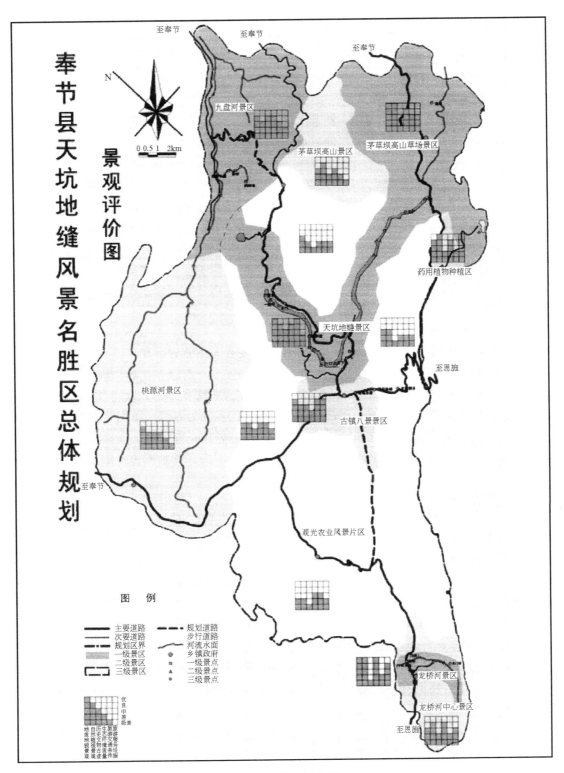

图 8-13 景观评价图

在加强自然生态、环境保护及现有景观资源保护的基础上，进一步发掘当地的自然景观和人文遗产，突出风景名胜区岩溶漏斗、地缝式峡谷、高山草场、多层溶洞，奇泉飞瀑等景观资源特色，增强对游客的吸引力。同时对风景名胜区内村镇布局及产业结构做适当调整，使之与风景区建设相适应。

**五、规划期限、目标**

（一）规划期限

近期：至 2003 年（三峡大坝一期蓄水）。

远期：到 2010 年（三峡大坝二期蓄水）。

（二）规划目标

近期：保护好各种景观资源，扩大森林面积，治理环境污染，完善景区及景点间的道路网络，提高风景区外围及内部道路质量，改善区内给水、排水、邮电通讯等基础设施条件及旅馆、餐厅等旅游服务设施条件，扩大接待能力，建立游人及景区安全保护系统。

远期：完善区内市政系统、交通系统、接待服务系统、后勤供给系统、文化娱乐系统、游人及安全保护系统的建设，建立完整的生态环境保护系统，发掘展示新的景观，开发新的旅游项目如狩猎、探险等，扩大接待能力，提高服务和管理水平，使之成为国家级重点风景名胜区。

**六、规划范围**

风景区东南方以龙桥乡、含瑞乡、兴隆镇、长安乡与湖北省的交界线为界；西南方以龙桥乡、含瑞乡与湖北省的交界线为界；东北方以长安乡、石罐乡交界，荆门乡与九里乡交界线为界；西北方以荆门乡、兴隆镇与冯坪乡交界，庙湾乡境内九盘河西侧沿线 1.5km 边界线，庙兴路南侧沿线 500m 边界线，含瑞乡与庙湾乡界为界线。面积为 455.7km²。

风景名胜区外围保护范围指风景区周边九盘河沿线 2km 范围内，九盘河上游 3km 范围内，龙桥河上游 3km 范围内，茅草坝外周边 2km 范围内，其余周边外围 1km 范围内用地。外围保护范围约 110km²。

**七、总体布局**

天坑地缝风景名胜区内各景点成组团散布在全区范围内，但又相对集中，且邻近现有自然镇、场。规划依据自然景观资源特色，将整个风景区划分为五大风景片区，即九盘河风景片区，天坑地缝风景片区，茅草坝风景片区，观光农业风景片区，龙桥河风景片区，每个风景片区都以区内的一个自然场镇为依托。规划用道路将各片区连接形成双环式规划结构形式，大致以各场镇为节点。双环指兴隆镇—长安乡—荆竹乡—兴隆镇；兴隆镇—龙桥乡—庙湾乡—兴隆镇。兴隆镇是两环共有的结点和联系点。

根据保护风景区环境及开展观光、度假、休养等活动的需要，依照认真保护、适度开发、综合发展的原则，结合地理环境和资源分布，将风景区用地划分为六大功能区，即景区、服务接待区、休养和疗养区、农副业区、林区、居民生活生产（非农业生产）区（图 8-14）。

（一）景区

五大风景片区分为十五个景区，包含 65 个景点，乡镇建设、区景划分以有利于保护生态环境，保证景观资源的完整性，游览线路的连续性，分期开发的可能性，适当照顾现状而划定（表 8-7）。

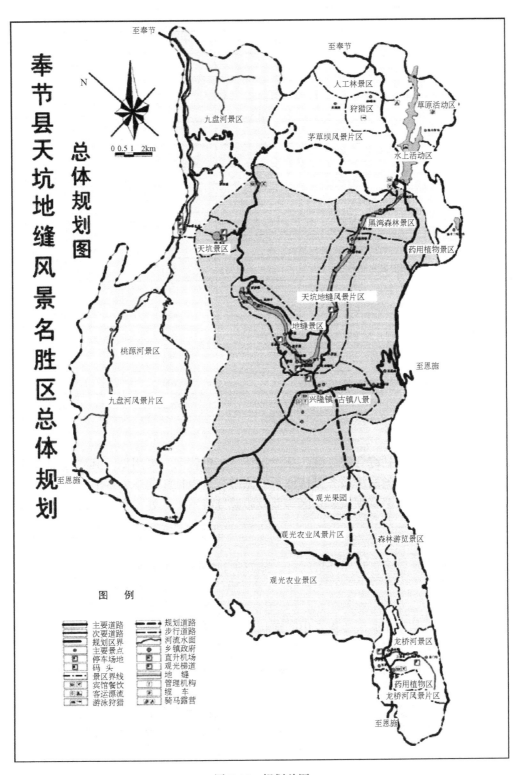

图 8-14　规划总图

| 分　片 | 景区名称（15个） | 景点数目（个） | 景区面积（公顷） | 景区内游览区面积（hm²） |
|---|---|---|---|---|
| 九盘河风景片区 | 九盘河景区 | 9 | 1850 | 400 |
| | 桃源河景区 | 7 | 4530 | 1200 |
| 天坑地缝风景片区 | 天坑景区 | | 500 | 100 |
| | 地缝景区 | 16 | 1300 | 50 |
| | 黑湾森林景区 | 9 | 1000 | 30 |
| | 古镇八景景区 | 6 | 2000 | 20 |
| | 药用植物景区 | | 380 | 90 |
| 茅草坝风景片区 | 草地活动区 | 2 | 500 | 250 |
| | 人工林景区 | 2 | 430 | 220 |
| | 狩猎区 | 3 | 350 | 150 |
| | 水上活动区 | | 820 | 100 |
| 风光农业风景片区 | 森林游览景区 | | 1960 | 220 |
| | 观光果园景区 | 1 | 450 | 110 |
| | 观光农业景区 | | 600 | 100 |
| 龙桥河风景片区 | 龙桥河景区 | 10 | 780 | 100 |
| | 药用植物种植区 | | 200 | 50 |
| 合　计 | | 65 | 17650 | 3190 |

（二）服务接待区

规划服务接待区包括综合服务区、旅游接待站、野营区三类用地。其中综合服务区—旅游接待站形成风景区的两级服务接待体系。旅游基地为长江北岸的奉节县城；在九盘河片区、天坑地缝片区、茅草坝风景片区等共设旅游接待站十八处；在即将修建的茅草坝水库北岸设置野营区。

（三）休养和疗养区

规划在可建用地较多、自然环境较好、旅游项目档次较高的茅草坝片区修建休养和疗养区。

（四）农副业区

规划将未划入其他功能区改作它用的现状农副业区作为规划农副业区。对区内厂矿企业进行清理，视情况分别实行限制、改造、转向、迁建、关闭；对环境及景观破坏大的企业要坚决取缔，严格控制风景内厂矿企业的新建。

（五）村镇建设用地

对兴隆镇、龙桥乡、荆竹乡、长安乡场镇进行详细规划设计、建设，将居民生活生产用地相对集中布置。充分利用土地，现有场镇规模不再扩大。对区内厂矿企业进行清理，视情况分别实行限制、改造、转向、迁建、关闭，对环境及景观破坏大的企业要坚决取缔。茅草坝、龙桥河片区可耕地较少，考虑农民部分安排在综合服务区内开展第三产业，部分进行花卉林木生产，蔬菜生产，养殖业生产，畜牧业生产。风景区范围内居民基本就地安排，部分继续从事农副业生产，部分开展农舍旅游，旅游品加工等，部分集中起来开展绿化森林防护等；景区内的居民应迁至邻近场镇。严格控制风景区内厂矿企业的新建；区内各镇、乡的产业结构应进行调整，第一产业以种植、养殖业为主，种花果、蔬菜、养兔、鱼、牛等；第二产业以无污染、耗水、耗电量少的手工工艺品和旅游产品加工为主；大力发展第三产业。

（六）林区

规划将未纳入其他功能区的现状林区，宜于退耕还林区及未利用土地作为规划林区。

## 八、环境容量与旅游规模

天坑地缝风景名胜区各景区内游览区有团状、带状之分，环境容量分别采用面积容量法和线容量法计算。按各景区游览区的生态环境灵敏度、景点（景观）的密积度及游览方式的不同，分别加以控制、估算。

$$瞬时面容量 = \frac{景区内游览区面积（m^2）}{人均游览面积（m^2）} = （人次）$$

$$瞬时线容量 = \frac{景区内游览线路长（m）}{人均游览线路长（m）} = （人次）$$

$$日容量 = 瞬时容量 \times 日周转率$$

$$年容量 = 日容量 \times 年可游天数$$

（一）近期（2003年）

1. 瞬时容量

以天坑景区为例：天坑坑口底部至小寨电站游览线路（步道）长7500m，按每20m容纳1人计算。

瞬时线容量：7500/20＝375人次

天坑底部可供游览面积40000m²按每200m²容纳1人计算。

瞬时面容量：40000/200＝200人次

景区瞬时容量：375+200＝575人

2. 日容量

近期开发景区（包括龙桥河景区、地缝景区、天坑景区、九盘河景区，各景区的瞬时容量分别为250、250、575、775），日周转率均为2次。

风景区近期日容量：（250+250+575+775）×2＝3700人次

3. 年容量

近期开发景区，年可游天数均为200天。

风景区近期年容量：3700×200＝740000人次＝74万人次

（二）远期

远期共包括龙桥河药用植物种植区、地缝远期景区、桃源河景区等共八个景区，由以上的方法进行计算，瞬时容量分别为：250、1175、450、605、7200、450、550、500。日容量为：远期最大日容量：2.1万人次，远期最小日容量：1.6万人次。年容量为：336万人次。

（三）旅游规模与床位

1. 旅游规模

1996年天坑地缝风景名胜区年游览人数为7.8万人。考虑到此风景名胜区新近成立，知名度还未达到应有程度，风景区初步开发建设后，游人数在近期应有较快增长，近期到2003年按年均递增25%计算，远期至2010年按年均递增20%计算，则旅游规模如下：

近期（2003年）：$7.8 \times (1+0.25)^6 = 30$万人次

远期（2010年）：$30 \times (1+0.2)^7 = 100$万人次

2. 旅游床位

该风景名胜区现状情况为，游人主要来自风景区周围地区，包括奉节县、湖北恩施等，占总人数的97%，游程以二日为主，平均逗留时间20小时。规划以二日游及二日以上为主，占总人数的80%；一日游为辅，占总人数的20%。根据经验数据，旅游床位为年游人量（需住宿部分）的百分之一。

近期旅游床位：$300000 \times 80\% \times 1\% = 2400$床

远期旅游床位：$1000000 \times 80\% \times 1\% = 8000$床

（四）常住人口预测

天坑地缝风景区名胜区所辖区域共有人口5万人，其中非农业人口1.2千人；考虑到风景区远离城市，经济发展缓慢，所以近期至2003年综合增长率按5%计算。2003年总人口数为：$50850 \times (1+0.05)^6 \approx 5.3$万人。

远期至2010年，人口综合增长率将有所下降，人口综合增长率近2%计算。2010年总人口数为：$5.3 \times (1+0.02)^7 = 5.4 \approx$万人。

## 九、交通规划

（一）对外交通

对省道21-201线、奉恩东路进行改造，力争公路油化、硬化，努力提高和改善公路等级，规划为二级公路，以便于打通外部交通，能快速运送来自湖北、奉节、巫山等方向的游客及物资。在兴隆镇西北部修建直升飞机场，以作游览及急救之用。

（二）区内交通

道路交通：规划将主要景区、景点联结成网，便于游览。

步行交通：结合栈桥、栈道等形式修建游览步行道（图8-15）。

（三）站场设施

规划在金凤观云海处、梯儿岩、廉家坪等处修建15个停车场。规划在兴隆镇、荆竹乡、龙桥乡等处修建3个客运站。

## 十、基础设施 （图8-16）

（一）电力

至2010年，全区人均综合用电量按450～550度/年考虑，旅游用电按400W/床考虑，全区用电负荷为0.9～1.2万kW。规划在茅草坝建水库及其梯级发电站。在兴隆建35kV变电站，电力网应至风景区所有规划接待站及主要景区景点。区域内主要水力发电站并入县域电力网，提高供电可靠性。

（二）邮电

至2003年，区域市话普及率预测为1%，全区市话为600门；至2010年，市内电话普及率为2.5%，全区市话为1500门。规划在兴隆镇设置邮电分局一座；近期建移动通信G网一个，开通数字移动通信（GSM），载频（14+2信道）；有线电信线路应至每景区

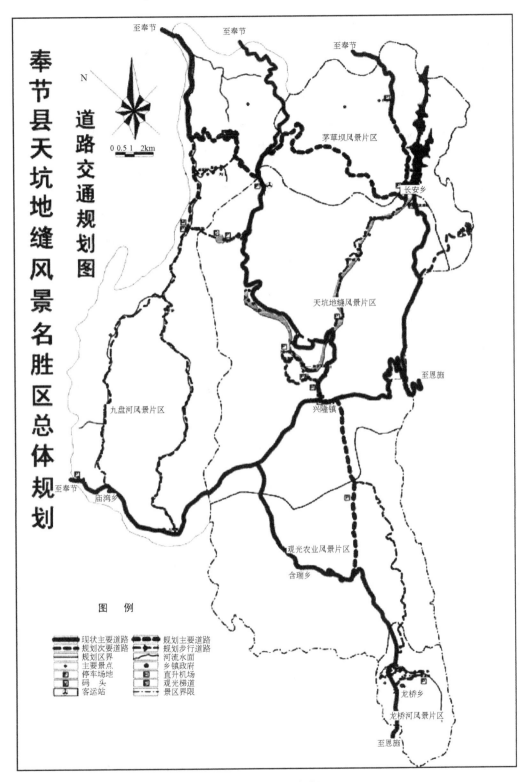

图 8-15　道路交通规划图

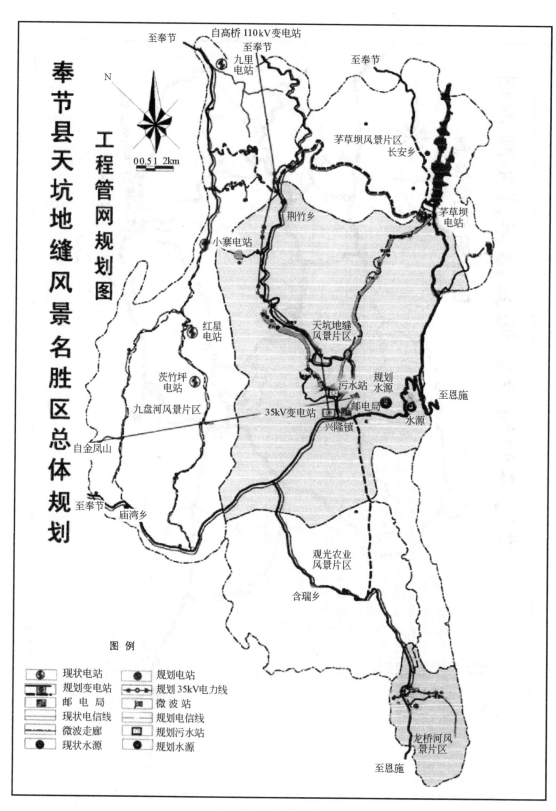

图 8-16 工程管网规划图

354

主要接待站及重要景点，增大接待基地、服务区及接待站的公用电话数量；逐步完善微波网络，所有景区、置点及主要旅游线路均应有通信网络覆盖。

（三）供水

至 2003 年，旅游接待基地兴隆镇综合用水量为 1000t/d，至 2010 年为 2000t/d。规划改造完善二硫厂至兴隆镇高位水池自流输水管道，以满足近期用水要求；同时完善镇区供水管。远期用水水源可用已废弃二硫厂洞穴出水，提升加压至兴隆镇。风景区其他景区景点及接待站用水均用天然溶洞水。

（四）排水

兴隆镇污水排放量按用水量的 85% 计算，至 2010 年，其污水量为 1700t/d。规划在兴隆的建设中，逐步实施雨水、污水分流制。在近期建设中，完善沼气化粪池的建设，杜绝污水直接排放。远期在兴隆镇设污水处理站一座，其规模为 1700t/d。

**十一、保护规划**（图 8-17）

（一）指导思想及规划原则

为保护景区景观与环境具有永久的生命力，达到风景资源和人文景观永续利用之目的，必须严格保护自然生态环境。根据体总规划对风景区内景点、景区按其价值进行分级分类保护，在保护的前提下，对其有步骤地进行开发，防止人为破坏和旅游污染，以求风景区的生态环境保持长期平衡。

（二）保护规划重点及目标

保护规划重点：天坑地缝风景名胜区应特别加强喀斯特地貌景观、水资源和森林的保护。

近期（1997~2003 年）目标：结合总规要求实行分级保护，重点加强景区内独特的喀斯特地貌——天坑、地缝，以及河流水体、悬棺的保护。同时加强景区内森林和一二级景点的保护，加强景区内退耕还林工作，改善风景区绿化植被环境。

远期（2003~2010 年）目标：建立风景区科学管理体制，全面采用现代化的科学技术手段（如先进的通信设备，先进的防火设施和先进的环保技术）保护风景区良好的环境。

（三）风景资源保护分级及规划控制要求

1. 天坑地缝风景区分三级保护

一级保护区：是极具观光、旅游价值的自然和人文景观景点，以及对生态环境影响很大的地区，包括天坑地缝景区、黑湾森林景区、桃源河景区、龙桥河景区。一级保护区用地内的自然景观及文物属绝对保护范围，只能修建直接用于游览、观赏、休息目的的设施。此类设施必须与自然生态环境相协调，并须经过严格审批方可设置。景区内原有自然村落除本规划中明确转化作它用的外，均应迁至邻近场镇；现存工矿企业应予以关闭或搬迁至保护区以外场镇。规划范围内的河流及湖泊均属一级保护区，应严格保护其水体，防止水质污染和河道淤积。水源上游严禁修建对水体有污染的工厂，居民生活污水也要求进行净化处理，达标后排放。

二级保护区：是观光、游览价值一般，环境灵敏度较低的自然及人文景观点所在区域，及一级保护区的外围区域。其包括茅草坝片区除水体外的景区，休养和疗养区，观光农业片区的森林游览景区，庙兴路沿途森林带，天坑地缝片区的药用植物种植区、龙桥

355

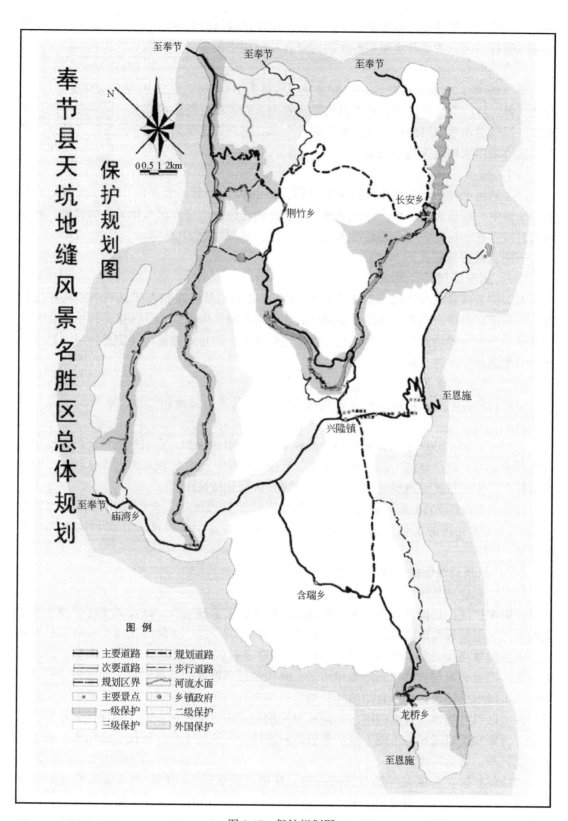

图 8-17　保护规划图

河、迷宫河、桃源河等一级保护区的外围区域。二级保护区内原有自然村落除本规划中明确转化作它用的外，均应迁至邻近场镇；现存工矿企业应予以关闭或搬迁至保护区以外场镇。二级保护区内有污染的厂矿必须治理污染，关闭或迁出风景区。

三级保护区：天坑地缝风景区内其余区域都属三级保护区，包括游览观光价值较低的景区和风景区内的居民点、工矿企业、综合服务区、农作物区等。必须严格治理区内现有工业污染，并禁止污染工业项目的兴建。三级保护区内的绿化覆盖率必须在30%以上。

2. 外围保护区

该保护区即环境协调保护区，指风景区周边界线以外九盘河沿线2km范围内，九盘河上游沿线3km范围内，龙桥河上游沿线3km范围内，其余地段1km范围内的广大区域。该保护区内主要是树林、农田，应禁止布置有废气、废水、粉尘污染的工业，严格控制采煤、打井，以保护风景名胜区的生态环境，利于风景区生态的稳定。

（四）景观保护

景观保护措施有：在各景点的最佳观景范围内禁止修建有损于景观的构筑物，不宜种植郁闭度过高而遮挡视线的树木。对于变幻峰、巨象探泉等自然景点，要严格保护其一草、一石，防止因自然及人为破坏致使其景色不复存在。风景区内新建项目，其风格上应以乡土建筑为主，色彩宜淡雅，体量应小巧，造型宜简洁。主要游览线路两旁及各景区中的工矿区应予搬迁，并加强植树造林美化工作，以保持良好的景观。

**十二、绿化规划**（图 8-18）

（一）规划目标

大力提高风景名胜区的森林覆盖率，从调节气候、保持水土、防止冲刷、涵养水源、净化空气、强化生物多样性保护等方面改善风景区的生态环境，起到美化景区的作用。

（二）规划要点

在景区内逐步退耕还林，在荒山荒坡植树造林，将林业发展作为景区内乡镇经济发展的重要组成部分。改变目前人工林树种单一的局面，大力开展以常绿阔叶林为主的多层次混交林绿化，逐渐增加风景林、经济林，其中特别要增加观赏林。在主要游览线路两旁、景点周围大力营造观赏林、并形成自己的特色；在景区交通线路两旁建立以经济林、观赏林为主的绿化带。大力营建兴隆镇东南角、龙桥乡中部的药用植物基地，在含瑞乡的小山坝营建大规模果园。风景区内的村镇建设应园林化，农宅做到四周绿化。加强对珍贵植物的保护，采取专人负责，专项管理等保护措施；林区内增设必要的森林消防通道，兴隆镇设立集中的消防站。

**十三、服务接待规划**（图 8-19）

该风景名胜区采用综合服务区—旅游接待站二级结构形式。综合服务区是为了满足风景名胜区旅游交通、物资供应、生活服务、信息交流、文化娱乐、行政管理等需要而设置的主要接待服务场所，是旅游食宿购物，娱乐和交通转换的中心。规划在兴隆镇、荆竹乡、长安乡、龙桥乡等场镇共设立4处综合服务区。旅游接待站分布在各大风景片区内，可基本满足游人食宿及旅游度假的需要。规划在椅子村、小寨电站、石笋、龙门桥、过河口、南天门等处建18处接待站。

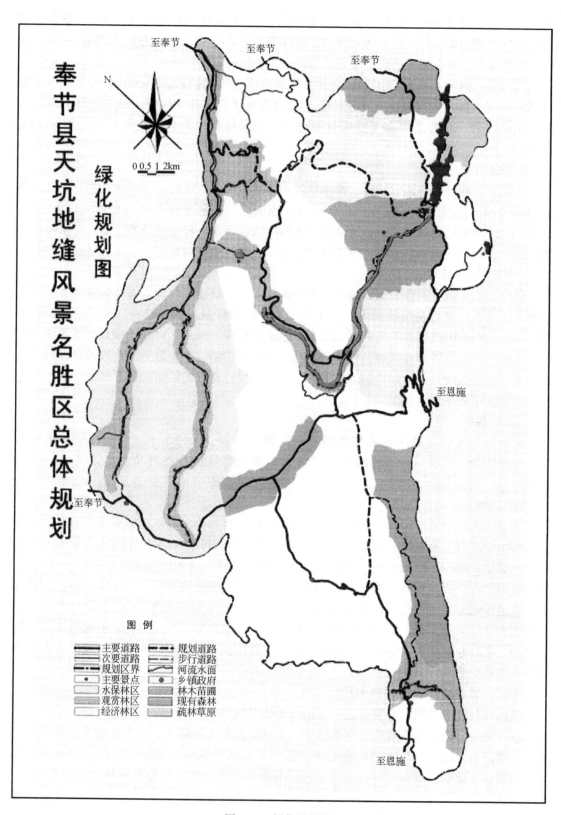

图 8-18　绿化规划图

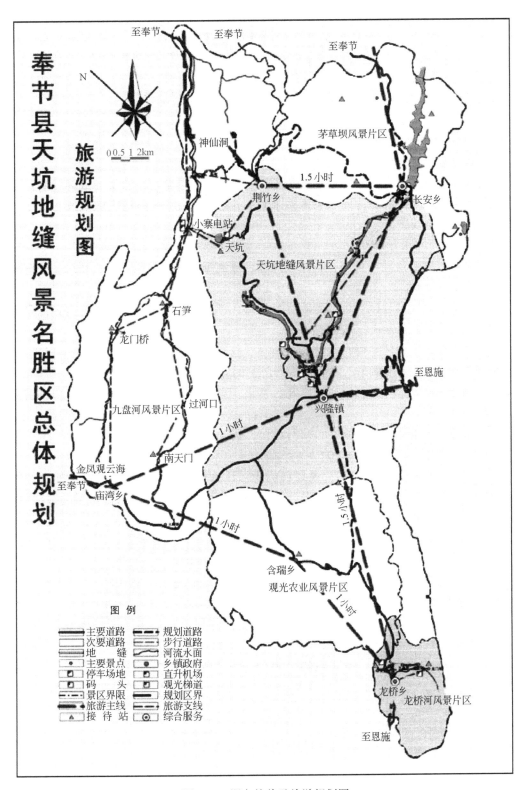

图 8-19　服务接待及旅游规划图

根据旅游规模预测，风景名胜区近期需固定床位 2400 张，临时床位则考虑用农舍旅店加床的方式进行补充，规划在 4 个综合服务区布置床位 1350 张，在旅游接待站布置1050 张。远期固定床位 8000 张，规划在 4 个综合服务区布置床位 5000 张，旅游接待站布置 3000 张，临时床位主要是旺季时在综合服务区内解决。综合服务区及接待站内，服务人口与旅游床位之比取 1∶4，服务人口近期 600 人，远期 2000 人。

## 十四、旅游游览规划

### （一）游线安排

一日游旅游线路：环线及单程。

二至三日游旅游线路：天坑地缝风景名胜区内内容精彩丰富，有实力成为独立的旅游度假型风景名胜区（游客专为此风景区而来），二至三日旅游线路适应此发展目标，远期将成为主要的旅游线路。

### （二）旅游内容和方式

（1）九盘河风景片区：可布置游览、探险、漂流等内容；采用划船、步行、乘车游览的方式，需 5~7 小时。

（2）天坑地缝风景片区：可布置观光、探险、朝拜（观音会）、赏花等内容；采用乘车、乘船、步行游览的方式，需 4~7 小时。

（3）茅草坝风景片区：可布置狩猎、骑马、打高尔夫球、进行水上运动、观光游览、避暑休养等内容；可采用乘车、乘船、步行游览的方式，需 2~7 小时。

（4）观光农业风景片区：可布置赏花、赏果、尝果等内容；可采用乘车、步行游览的方式，需 4~7 小时。

（5）龙桥河风景片区：可乘车、步行游览，需 4~5 小时。

## 十五、近期建设规划（图 8-20）

近期建设规划期限至 2003 年，规划目标为：认真保护好各种景观资源，处理好保护与开发的关系，坚持适度开发和综合发展的原则。在风景区内要形成较完善的道路网络，努力提高给水、排水、供电、通讯等基础设施的配套水平。建立和健全风景名胜区管理机构，认真做好风景区的管理工作和风景资源的保护工作；调整好风景区内一二三产业的结构和布局。

近期投资 8850 万元，详见近期建设项目及投资估算一览表（表 8-8）。

## 十六、管理规划

为了有利于风景名胜区的保护、建设和管理，有利于风景名胜区总体规划的实施，天坑地缝风景名胜区应有相应的统一管理机构。规划建议成立风景名胜区管理委员会统管整个风景区有关事宜，下设兴隆镇、荆竹乡、长安乡、含瑞乡、龙桥乡风景区管理处。


规划单位：重庆规划设计研究院。
主要规划人员：蒲蔚然、郭大忠、古霞、万友林、陈欣斗。

图 8-20　近期规划

## 近期建设项目及投资估算一览表

表 8-8

| 序号 | 类别 | 项目 | 投资估算（万元） | 备注 |
|---|---|---|---|---|
| 1 | 交通设施 | 兴隆至龙桥乡道路新建 9.375km，改建 7.5km | 1500 | 三级路面 |
| | | 兴隆至石观音道路 1.3km | 104 | |
| | | 扩建荆竹乡至天坑道路 1.3km | 50 | |
| | | 扩建小寨电站至高桥道路 6km | 456 | |
| | | 龙桥河游览步行道 5km | 40 | |
| | | 天坑坑口至坑底游览步行道扩宽及安全护栏 5km | 50 | |
| | | 地缝石观音至巨象探泉步行道 5km | 40 | |
| | | 天坑引水隧道改建游览步行道 1.8km | 100 | |
| | | 小寨电站漂流码头 1 处 | 10 | |
| | | 小寨电站至天坑顶部缆车一部 | 300 | |
| | | 天坑、地缝、龙桥河、小寨电站停车场 6 处 | 250 | |
| | | 兴隆、龙桥、荆竹客运站 3 处 | 200 | |
| | | 奉节至兴隆 101km 道路截变取直及硬化 | (7650) | 专项投资不计入 |
| | 小计 | | 3100 | |
| 2 | 市政公用设施 | 数字移动通信站 | （　） | 专项投资不计入 |
| | | 茅草坝水库及梯级电站 | | |
| | | 重要接待站及主要景点设置公用电话 | 50 | |
| | 小计 | | 50 | |
| 3 | 旅游服务设施建设 | 新建旅馆及配套设施（2400 床） | 4800 | 中档为主 |
| | | 服务站及游憩点 | 400 | |
| | | 文化娱乐配套设施 | 200 | |
| | 小计 | | 5400 | |
| 4 | 其他 | 地质勘察、测绘及编制详细规划 | 200 | |
| | | 保护、监控、管理设施建设 | 100 | |
| | 小计 | | 300 | |
| | 合计 | | 8850 | |

# 附　　录

## 附录一　中华人民共和国行业标准《城市绿地分类标准》 CJJ/T 85—2002

### 1　总　　则

1.0.1　为统一全国城市绿地（以下简称为"绿地"）分类，科学地编制、审批、实施城市绿地系统（以下简称"绿地系统"）规划，规范绿地的保护、建设和管理，改善城市生态环境，促进城市的可持续性发展，制定本标准。

1.0.2　本标准适用于绿地的规划、设计、建设、管理和统计等工作。

1.0.3　绿地分类除执行本标准外，尚应符合国家现行有关强制性标准的规定。

### 2　城市绿地分类

2.0.1　绿地应按主要功能进行分类，并与城市用地分类相对应。

2.0.2　绿地分类应采用大类、中类、小类三个层次。

2.0.3　绿地类别应采用英文字母与阿拉伯数字混合型代码表示。

2.0.4　绿地具体分类应符合表 2.0.4 的规定。

绿　地　分　类　　　　　　　　　　　　　　　表 2.0.4

| 类别代码 | | | 类别名称 | 内　容　与　范　围 | 备　　注 |
|---|---|---|---|---|---|
| 大类 | 中类 | 小类 | | | |
| $G_1$ | | | 公园绿地 | 向公众开放，以游憩为主要功能，兼具生态、美化、防灾等作用的绿地 | |
| | $G_{11}$ | | 综合公园 | 内容丰富，有相应设施，适合于公众开展各类户外活动的规模较大的绿地 | |
| | | $G_{111}$ | 全市性公园 | 为全市居民服务，活动内容丰富、设施完善的绿地 | |
| | | $G_{112}$ | 区域性公园 | 为市区一定区域的居民服务，具有较丰富的活动内容和设施完善的绿地 | |

| 类别代码 | | | 类别名称 | 内 容 与 范 围 | 备 注 |
|---|---|---|---|---|---|
| 大类 | 中类 | 小类 | | | |
| G₁ | G₁₂ | | 社区公园 | 为一定居住用地范围内的居民服务，具有一定活动内容和设施的集中绿地 | 不包括居住组团绿地 |
| | | G₁₂₁ | 居住公园 | 服务于一个居住区的居民，具有一定活动内容和设施，为居住区配套建设的集中绿地 | 服务半径：0.5～1.0km |
| | | G₁₂₂ | 小区游园 | 为一个居住小区的居民服务、配套建设的集中绿地 | 服务半径：0.3～0.5km |
| | G₁₃ | | 专类公园 | 具有特定内容或形式，有一定游憩设施的绿地 | |
| | | G₁₃₁ | 儿童公园 | 单独设置，为少年儿童提供游戏及开展科普、文体活动，有安全、完善设施的绿地 | |
| | | G₁₃₂ | 动物园 | 在人工饲养条件下，移地保护野生动物，供观赏、普及科学知识，进行科学研究和动物繁育，并具有良好设施的绿地 | |
| | | G₁₃₃ | 植物园 | 进行植物科学研究和引种驯化，并供观赏、游憩及开展科普活动的绿地 | |
| | | G₁₃₄ | 历史名园 | 历史悠久，知名度高，体现传统造园艺术并被审定为文物保护单位的园林 | |
| | | G₁₃₅ | 风景名胜公园 | 位于城市建设用地范围内，以文物古迹、风景名胜点（区）为主形成的具有城市公园功能的绿地 | |
| | | G₁₃₆ | 游乐游园 | 具有大型游乐设施，单独设置，生态环境较好的绿地 | 绿化占地比例应大于等于65% |
| | | G₁₃₇ | 其他专类公园 | 除以上各种专类公园外具有特定主题内容的绿地。包括雕塑园、盆景园、体育公园、纪念性公园等 | 绿化占地比例应大于等于65% |
| | G₁₄ | | 带状公园 | 沿城市道路、城墙、水滨等，有一定游憩设施的狭长形绿地 | |
| | G₁₅ | | 街旁绿地 | 位于城市道路用地之处，相对独立的绿地，包括街道广场绿地、小型沿街绿化用地等 | 绿化占地比例应大于等于65% |
| G₂ | | | 生产绿地 | 为城市绿化提供苗木、花草、种子的苗圃、花圃、草圃等圃地 | |

| 类别代码 | | | 类别名称 | 内 容 与 范 围 | 备 注 |
|---|---|---|---|---|---|
| 大类 | 中类 | 小类 | | | |
| $G_3$ | | | 防护绿地 | 城市中具有卫生、隔离和安全防护功能的绿地。包括卫生隔离带、道路防护绿地、城市高压走廊绿带、防风林、城市组团隔离带等 | |
| $G_4$ | | | 附属绿地 | 城市建设用地中绿地之外各类用地中的附属绿化用地。包括居住用地、公共设施用地、工业用地、仓储用地、对外交通用地、道路广场用地、市政设施用地和特殊用地中的绿地 | |
| | $G_{41}$ | | 居住绿地 | 城市居住用地内社区公园以外的绿地，包括组团绿地、宅旁绿地、配套公建绿地、小区道路绿地等 | |
| | $G_{42}$ | | 公共设施绿地 | 公共设施用地内的绿地 | |
| | $G_{43}$ | | 工业绿地 | 工业用地内的绿地 | |
| | $G_{44}$ | | 仓储绿地 | 仓储用地内的绿地 | |
| | $G_{45}$ | | 对外交通绿地 | 对外交通用地的绿地 | |
| | $G_{46}$ | | 道路绿地 | 道路广场用地的绿地，包括行道树绿带、分车绿带、交通岛绿地、交通广场和停车场绿地等 | |
| | $G_{47}$ | | 市政设施绿地 | 市政公用设施用地内的绿地 | |
| | $G_{48}$ | | 特殊绿地 | 特殊用地内的绿地 | |
| $G_5$ | | | 其他绿地 | 对城市生态环境质量、居民休闲生活、城市景观和生物多样性保护有直接影响的绿地。包括风景名胜区、水源保护区、郊野公园、森林公园、自然保护区、风景林地、城市绿化隔离带、野生动植物园、湿地、垃圾填埋场恢复绿地等 | |

# 3 城市绿地的计算方法原则与方法

3.0.1 计算城市现状绿地和规划绿地的指标时，应分别采用相应的城市人口数据和城市用地数据；规划年限、城市建设用地面积、规划人口应与城市总体规划一致，统一进行汇总计算。

3.0.2 绿地应以绿化用地的平面投影面积为准，每块绿地面积只应计算一次。

3.0.3 绿地计算的所用图纸比例、计算单位和统一数字精确度均应与城市规划相应阶段的要求一致。

3.0.4 绿地的主要统计指标应按下列公式计算。

$$A_{glm} = A_{gl}/N_p \qquad (3.0.4\text{-}1)$$

式中 $A_{glm}$——人均公园绿地面积（m²/人）；

$A_{g1}$——公园绿地面积（$m^2$）；

$N_p$——城市人口数量（人）。

$$A_{gm} = (A_{g1}+A_{g2}+A_{g3}+A_{g4})/N_p \qquad (3.0.4\text{-}2)$$

式中　$A_{gm}$——人均绿地面积（$m^2$/人）；

$A_{g1}$——公园绿地面积（$m^2$）；

$A_{g2}$——生产绿地面积（$m^2$）；

$A_{g3}$——防护绿地面积（$m^2$）；

$A_{g3}$——附属绿地面积（$m^2$）；

$N_p$——城市人口数量（人）。

$$\lambda_g = \left[ (A_{g1}+A_{g2}+A_{g3}+A_{g4})/A_c \right] \times 100\% \qquad (3.0.4\text{-}3)$$

式中　$\lambda_g$——绿地率（%）；

$A_{g1}$——公园绿地面积（$m^2$）；

$A_{g2}$——生产绿地面积（$m^2$）；

$A_{g3}$——防护绿地面积（$m^2$）；

$A_{g4}$——附属绿地面积（$m^2$）；

$A_c$——城市的用地面积（$m^2$）。

3.0.5　绿地的数据统计应按表3.0.5的格式汇总。

城市绿地统计表　　　　　表3.0.5

| 序号 | 类别代码 | 类别名称 | 绿地面积（$hm^2$） | | 绿地率（%）（绿地占城市建设用地比例） | | 人均绿地面积（$m^2$/人） | | 绿地占城市总体规划用地比例（%） | |
|---|---|---|---|---|---|---|---|---|---|---|
| | | | 现状 | 规划 | 现状 | 规划 | 现状 | 规划 | 现状 | 规划 |
| 1 | $G_1$ | 公园绿地 | | | | | | | | |
| 2 | $G_2$ | 生产绿地 | | | | | | | | |
| 3 | $G_3$ | 防护绿地 | | | | | | | | |
| | 小　计 | | | | | | | | | |
| 4 | $G_4$ | 附属绿地 | | | | | | | | |
| | 中　计 | | | | | | | | | |
| 5 | $G_5$ | 其他绿地 | | | | | | | | |
| | 合　计 | | | | | | | | | |

备注：____年现状城市建设用地____$hm^2$，现状人口____万人；

　　　____年规划城市建设用地____$hm^2$，规划人口____万人；

　　　____年城市总体规划用地____$hm^2$。

3.0.6　城市绿化覆盖率应作为绿地建设的考核指标。

## 附录二 城市绿地系统规划编制纲要（试行）

为贯彻落实《城市绿化条例》（国务院［1992］100 号令）和《国务院关于加强城市绿化建设的通知》（国发［2001］20 号），加强我国《城市绿地系统规划》编制的制度化和规范化，确保规划质量，充分发挥城市绿地系统的生态环境效益、社会经济效益和景观文化功能，特制定本《纲要》。

《城市绿地系统规划》是《城市总体规划》的专业规划，是对《城市总体规划》的深化和细化。《城市绿地系统规划》由城市规划行政主管部门和城市园林行政主管部门共同负责编制，并纳入《城市总体规划》。

《城市绿地系统规划》的主要任务，是在深入调查研究的基础上，根据《城市总体规划》中的城市性质、发展目标、用地布局等规定，科学制定各类城市绿地的发展指标，合理安排城市各类园林绿地建设和市域大环境绿化的空间布局，达到保护和改善城市生态环境、优化城市人居环境、促进城市可持续发展的目的。

《城市绿地系统规划》成果应包括：规划文本、规划说明书、规划图则和规划基础资料四个部分。其中，依法批准的规划文本与规划图则具有同等法律效力。

本《纲要》由建设部负责解释，自发布之日起生效。全国各地城市在《城市绿地系统规划》的编制和评审工作中，均应遵循本《纲要》。在实践中，各地城市可本着"与时俱进"的原则积极探索，发现新问题及时上报，以便进一步充实完善本《纲要》的内容。

**规划文本**

一、总则

包括规划范围、规划依据、规划指导思想与原则、规划期限与规模等

二、规划目标与指标

三、市域绿地系统规划

四、城市绿地系统规划结构、布局与分区

五、城市绿地分类规划

简述各类绿地的规划原则、规划要点和规划指标

六、树种规划

规划绿化植物数量与技术经济指标

七、生物多样性保护与建设规划

包括规划目标与指标、保护措施与对策

八、古树名木保护

古树名木数量、树种和生长状况

九、分期建设规划

分近、中、远三期规划，重点阐明近期建设项目、投资与效益估算

十、规划实施措施

包括法规性、行政性、技术性、经济性和政策性等措施

十一、附录

**规划说明书**

第一章　概况及现状分析

一、概况。包括自然条件、社会条件、环境状况和城市基本概况等。

二、绿地现状与分析。包括各类绿地现状统计分析，城市绿地发展优势与动力，存在的主要问题与制约因素等。

第二章　规划总则

一、规划编制的意义。

二、规划的依据、期限、范围与规模。

三、规划的指导思想与原则。

第三章　规划目标

一、规划目标。

二、规划指标。

第四章　市域绿地系统规划

阐明市域绿地系统规划结构与布局和分类发展规划，构筑以中心城区为核心，覆盖整个市域，城乡一体化的绿地系统。

第五章　城市绿地系统规划结构、布局与分区

一、规划结构。

二、规划布局。

三、规划分区。

第六章　城市绿地分类规划

一、城市绿地分类（按国标《城市绿地分类标准》CJJ/T85—2002执行）。

二、公园绿地（G1）规划。

三、生产绿地（G2）规划。

四、防护绿地（G3）规划。

五、附属绿地（G4）规划。

六、其他绿地（G5）规划。

分述各类绿地的规划原则、规划内容（要点）和规划指标并确定相应的基调树种、骨干树种和一般树种的种类。

第七章　树种规划

一、树种规划的基本原则。

二、确定城市所处的植物地理位置。包括植被气候区域与地带、地带性植被类型、群种、地带性土壤与非地带性土壤类型。

三、技术经济指标。确定裸子植物与被子植物比例、常绿树种与落叶树种比例、乔木与灌木比例、木本植物与草本植物比例、乡土树种与外来树种比例（并进行生态安全性分析）、速生与中生和慢生树种比例，确定绿化植物名录（科、属、种及种以下单位）。

四、基调树种、骨干树种和一般树种的选定。

五、市花、市树的选择与建议。

第八章　生物（重点是植物）多样性保护与建设规划

一、总体现状分析。

二、生物多样性的保护与建设的目标与指标。

三、生物多样性保护的层次与规划（含物种、基因、生态系统、景观多样性规划）。

四、生物多样性保护的措施与生态管理对策。

五、珍稀濒危植物的保护与对策。

第九章　古树名木保护

第十章　分期建设规划

城市绿地系统规划分期建设可分为近、中、远三期。在安排各期规划目标和重点项目时，应依城市绿地自身发展规律与特点而定。

近期规划应提出规划目标与重点，具体建设项目、规模和投资估算；中、远期建设规划的主要内容应包括建设项目；规划和投资匡算等。

第十一章　实施措施

分别按法规性、行政性、技术性、经济性和政策性等措施进行论述。

第十二章　附录、附件


**基础资料汇编**

第一章　城市概况

第一节　自然条件

地理位置、地质地貌、气候；土壤；水文、植被与主要动、植物状况

第二节　经济及社会条件

经济、社会发展水平、城市发展目标、人口状况、各类用地状况

第三节　环境保护资料

城市主要污染源、重污染分布区、污染治理情况与其他环保资料

第四节　城市历史与文化资料

第二章　城市绿化现状

第一节　绿地及相关用地资料

一、现有各类绿地的位置、面积及其景观结构

二、各类人文景观的位置、面积及可利用程度

三、主要水系的位置、面积、流量、深度、水质及利用程度

第二节　技术经济指标

一、绿化指标

1. 人均公园绿地面积；建成区绿化覆盖率；建成区绿地率；人均绿地面积；公园绿地的服务半径

2. 公园绿地、风景林地的日常和节假日的客流量

二、生产绿地的面积、苗木总量、种类、规格、苗木自给率

三、古树名木的数量、位置、名称、树龄、生长情况等

第三节　园林植物、动物资料

一、现有园林植物名录、动物名录

二、主要植物常见病虫害情况

第三章　管理资料

第一节　管理机构

一、机构名称、性质、归口

二、编制设置

三、规章制度建设

第二节　人员状况

一、职工总人数（万人职工比）

二、专业人员配备、工人技术等级情况

第三节　园林科研

第四节　资金与设备

第五节　城市绿地养护与管理情况

**规划图则**

一、城市区位关系图

二、现状图

包括城市综合现状图、建成区现状图和各类绿地现状图以及古树名木和文物古迹分布图等。

三、城市绿地现状分析图

四、规划总图

五、市域大环境绿化规划图

六、绿地分类规划图

包括公园绿地、生产绿地、防护绿地、附属绿地和其他绿地规划图等。

七、近期绿地建设规划图

注：图纸比例与城市总体规划图基本一致，一般采用1：5000~1：25000；城市区位关系图宜缩小（1：10000—1：50000）；绿地分类规划图可放大（1：2000~1：10000）；并标明风玫瑰

绿地分类现状和规划图如生产绿地、防护绿地和其他绿地等可适当合并表达。

# 附录三　重庆市绿地系统规划 2014—2020 文本

## 前　言

2007 年批复的《重庆市主城区绿地系统规划 2007—2020》对重庆市的城市绿地建设发挥了重要作用。经过近七年的建设，主城区的城市环境和景观面貌取得了很大改善，初步形成了山水格局特征突出的城市园林绿化景观。然而，通过绿规评估也发现了绿地系统存在公园体系不健全、绿地指标体系不完善、绿地生态效应不足、区域绿地管理模式待改善以及相关技术管理标准体系不完善等现状问题。

为深入落实党中央关于推进生态文明建设、两型社会构建和国家新型城镇化建设的战略部署，2013 年 9 月，重庆市委、市政府作出了"科学划分功能区域、加快建设五大功能区"的重大战略决策，为统筹区域和城乡的协调发展提出了更高的要求。重庆市城乡总体规划面对新的政策导向和发展要求进行了相应的调整。

为了衔接和深化落实最新的重庆市城乡总体规划，实现重庆市在新形势下的城市规划发展目标，推进落实重庆市"美丽山水城市"建设，满足城市园林绿地建设与管理需求，绿地系统规划急需进行相应的调整。依据有关法律法规、技术标准、规范性文件和相关规划等，特编制《重庆市主城区绿地系统规划 2014—2020》。

本次规划的内容涵盖市域绿地系统规划和主城区绿地系统规划两个层面。规划重点为主城区绿地系统规划。其中主要深化内容如下：

一是大园林格局的构建，规划范围拓展到市域层面，规划强调城乡并重。

二是差异化发展策略，形成五大功能区下的差异化分区发展策略。

三是加强了主城区区域绿地的管理研究。

四是增强了主城区山水特色绿地规划。

五是合理制定了主城区的绿地指标体系。

六是强化了主城区的城市绿线管控措施。

## 目　录

# 第一章　总　　则

**第一条**　指导思想

全面落实科学发展观、城乡统筹、生态文明、两型社会的建设要求；加快推进重庆市"美丽山水城市"建设；突出战略性和超前性，构筑适应山地城市未来发展要求的绿地网络；科学制定绿地发展指标，优化城市人居环境，追求城市与自然生态环境的共存共荣；依法建绿治绿护绿，确保绿化成果。

**第二条**　规划原则

（一）生态优先原则

高度重视生态环境保护和可持续发展，从区域的角度出发，坚持生态优先，保护城市生物多样性，维护城市生态系统的平衡。通过科学合理的绿地布局和绿地建设改善城市生态环境。

（二）协调发展原则

统筹考虑城市发展过程中生态效益、经济效益和社会效益，协调好城区与郊区、开发与保护、规划与实施之间的关系，促进城市绿地与城市建设的协调发展。

（三）以人为本原则

坚持以人为本，加强城市绿地系统的连通性、可达性，充分满足市民对绿地多样性的使用需求，强化增加老百姓身边的绿地，变奢侈品为日用品。

（四）地方特色原则

结合城市格局充分挖掘和利用主城区的自然山水资源与历史文化资源，突出"生态之美"、彰显"文化之美"、塑造"形态之美"。把重庆建设成为具有强烈地方特色的美丽山水城市。

（五）可操作性原则

结合重庆实际，因地制宜，采用多样化的绿地类型和绿化方式。通过绿线管控，保证规划的科学性与可操作性。

**第三条 规划依据**

1. 《中华人民共和国城乡规划法》（2008 年）

2. 《中华人民共和国森林法》（2009 年修订）

3. 《中华人民共和国自然保护区条例》（1994）

4. 《城市绿化条例》（1992 年）

5. 《风景名胜区条例》（2006 年）

6. 《城市绿线管理办法》（2002 年）

7. 《森林公园管理办法》（1993）

8. 《国家级森林公园管理办法》（2011）

9. 《城市绿地分类标准》CJJT85—2002

10. 《城市园林绿化评价标准》GB/T50563—2010

11. 《城市绿地系统规划编制纲要》（建城〔2002〕240 号）

12. 《城市用地分类与规划建设用地标准》GB50137—2011

13. 《城市绿化规划建设指标的规定》（建城〔1993〕784 号）

14. 国务院关于加强城市绿化建设的通知（2001）

15. 国务院关于加强城市基础设施建设的意见（国发〔2013〕36 号）

16. 《重庆市城市园林绿化条例》（2014 年修订）

17. 《重庆市"四山"地区开发建设管制规定》（2007 年）

18. 《重庆市风景名胜区管理条例》（2008 年）

19. 《重庆市公园管理条例》（2005 年修正）

20. 《重庆市人民政府关于加强城市绿化建设的通知》（渝府发〔2001〕38 号）

21. 《重庆市城乡总体规划（2007-2020)》（2014 年深化）

22. 《重庆市主城区城市绿地系统规划（2007-2020)》

23. 《海绵城市建设技术指南》——低影响开发雨水系统构建（2014）

24. 《重庆主城区美丽山水城市规划（山系、水系、绿系)》（2014 年）

**第四条 规划范围**

本次规划范围分为市域和主城区两个层次。

市域范围为重庆市行政辖区范围，总面积为 8.24 万平方千米。

主城区（包括都市功能核心区和都市功能拓展区，即通常所称主城区）范围包括渝中区、大渡口区、江北区、南岸区、沙坪坝区、九龙坡区、北碚区、渝北区、巴南区九个行政区，总面积为 5473 平方千米。其中城市建设用地面积 1159.15 平方千米，小城镇建设用地 30 平方千米。

**第五条 规划期限**

本次规划与《重庆市城乡总体规划（2007—2020)》（2014 年深化）的规划期限保持一致。规划期限具体分为：

规划期：2014～2020 年

远景：展望到 2050 年

# 第二章 规划目标与指标体系

**第六条 规划目标**

衔接和深化落实最新的重庆市城乡总体规划，统筹考虑市域和主城的绿地系统规划，全面优化城市绿地结构布局与指标体系，充分发挥城市绿地的生态景观功能和社会使用功能，满足市民游憩活动需求和城市生态环境需求，实现国家生态园林城市的发展目标。并突出"山城、江城、绿城"的地域特色，把重庆市建设成为山水交融、错落有致、富有立体感的美丽山水城市。

**第七条 指标体系**

（一）至 2020 年，主城区绿地率达 38.79%、绿化覆盖率达 42.50%、人均公园绿地达 13.73 平方米（含城市生态公园）。积极创建国家生态园林城市，提升绿地建设质量。

主城区绿地系统规划指标一览表

| 主城区绿地规划指标 | | | 备注 | 国家生态园林城市标准 |
|---|---|---|---|---|
| 主城区建成区面积（km²） | 现状 | 规划（2020年） | | |
| | 684.26 | 1159.16 | | |
| 人口（万人） | 669.46 | 1170 | | |
| G1 公园绿地（hm²） | 3042.83 | 11197.67 | | |
| G2 防护绿地（hm²） | 4628.87 | 7538.97 | | |
| G3 广场绿地（hm²） | 38.56 | 251.74 | | |
| G4 附属绿地（hm²） | 9656.08 | 23142.4 | | |
| G5 区域绿地（hm²） | 2468.4 | 5541.21 | | |
| G5/G1 城市生态公园（hm²） | 1429.57 | 4616.57 | | |
| 人均公园绿地（m²/人） | 4.61 | 9.79 | 城市建设用内公园 | |
| | 6.74 | 13.73 | 含4616.57万平方米城市生态公园 | ≥10.00 |
| 绿地率（%） | 29.14 | 38.78 | | ≥35 |
| 绿化覆盖率（%） | 35.44 | 42.50 | | ≥40 |

注：表格中的区域绿地是指纳入指标计算的部分。按照《城市园林绿化评价标准》GB/T50563—2010 规定：绿地率计算时"对纳入统计的'区域绿地'面积，规定不应超过建设用地内各类城市绿地总面积的 20%；且纳入统计的'区域绿地'应与城市建设用地相毗邻"。

规划部分与城市建设用地毗邻的区域绿地为城市生态公园（4616.57 万平方米），计入人均公园指标。其中 4583.19 万平方米城市生态公园计入绿地率指标。

**主城区各行政区绿地规划指标一览表**

| 区域 | 规划建设用地面积（km²） | 规划城市人口（万人） | 人均公园绿地面积（含广场） | | 绿地率（%） |
| --- | --- | --- | --- | --- | --- |
| | | | 建设用地内（m²/人） | 含城市生态公（m²/人） | |
| 渝北区 | 328.30 | 295 | 8.93 | 16.21 | 35.95 |
| 江北区 | 111.09 | 120 | 11.03 | 12.68 | 41.89 |
| 渝中区 | 17.16 | 55 | 4.61 | 5.08 | 33.04 |
| 九龙坡区 | 155.6 | 155 | 8.83 | 12.06 | 38.43 |
| 大渡口区 | 50.36 | 60 | 8.64 | 13.57 | 42.26 |
| 巴南区 | 96.69 | 110 | 9.04 | 12.03 | 41.89 |
| 南岸区 | 111 | 140 | 10.64 | 13.88 | 41.64 |
| 沙坪坝区 | 155.22 | 135 | 9.85 | 12.66 | 37.91 |
| 北碚区 | 133.73 | 100 | 15.36 | 18.26 | 39.55 |
| 合计 | 1159.15 | 1170 | 9.79 | 13.73 | 38.78 |

（二）至2020年，主城区范围内的小城镇要以"生态城镇""美丽乡村"为目标，高标准建设城镇绿化，增强城镇的宜居性和吸引力。

在镇区规划范围以内，建设用地以外，主要以生态农田、滨水绿化、林地为主，营造外围连续且不规则的绿色生态背景，将外围的自然田园风光和新鲜空气引入镇区。在建设用地范围内，均衡布局块状绿地，包括公园绿地、防护绿地等，形成遍布镇区的绿地斑块系统。

**主城区小城镇绿地指标发展目标指引**

| | 绿地率（%） | 绿化覆盖率（%） | 人均公园绿地（m²） |
| --- | --- | --- | --- |
| 小城镇 | >35 | >39 | >8 |

（三）至2020年，城市发展新区、渝东北生态涵养发展区和渝东南生态保护发展区的所有区县必须达到国家园林县城的标准。已经达到国家园林县城标准的城市应积极的要求创建重庆市生态园林城市（区）。条件较好的城市建议在重庆市生态园林城市（区）标准的基础上根据区县实际条件适当提高各项指标，并优化绿地建设质量。渝东北生态涵养发展区和渝东南生态保护发展区的区县应强调"面上保护、点上开发"的总体要求。积极引入、利用城镇周边的山体绿化景观资源。

针对各区提出最低限指标控制要求，详见下表：

**城市发展新区、渝东北生态涵养发展区和渝东南生态保护发展区的绿地指标发展目标指引**

| 功能区 | 绿地率（%）（最低限指标） | 绿化覆盖率（%）（最低限指标） | 人均公园绿地（m²）（最低限指标） |
| --- | --- | --- | --- |
| 城市发展新区 | >36 | >41 | >10 |
| 渝东北生态涵养发展区 | >33 | >38 | >9 |
| 渝东南生态保护发展区 | >33 | >38 | >9 |

# 第三章　市域绿地系统规划

## 第一节　分区发展要求

**第八条**　主城区

都市功能核心区应以优化提升公园质量，塑造良好景观形象为重点，以山地城市的公园绿化景观风貌为发展特色，充分发挥"绿廊"的休闲绿道功能，保护生态环境，结合公园布局，使城市从显山露水到融山融水，进一步加强自然山水与城市的融合关系。充分利用和保护好鹅岭、枇杷山、平顶山、南山等绿色生态屏障及长江、嘉陵江等水域生态廊道，打造两江四岸滨水景观，展现魅力山水城市独特风貌。

都市功能拓展区应以构建主城区的生态绿化屏障为重点，维护和强化主城区整体山水格局的连续性和完整性，加强东西廊道建设，依靠"绿廊"的生态隔离功能来维持重庆主城区"多中心、组团式"的城市空间结构，保护"两江、四山"的宏观自然山水生态格局，统筹兼顾小山小水。加强对区域绿地（如森林公园、风景名胜区、自然保护区、郊野公园等）的保护性利用，充分发掘绿地系统的复合价值，形成生态保护、农林生产、旅游休闲、景观塑造、水环境保护、安全防护、文化延续、科研教育等多目标发展指向。最终构建美丽山水城市绿色风貌展示区。

**第九条**　城市发展新区

区域层面应坚持城乡统筹先行，充分利用山脉、河流、农田形成的自然分割和生态屏障条件，建设都市后花园、城乡林业统筹发展示范区和园林苗木种植基地等绿色经济走廊。以璧山苗圃为基地，形成从璧山到荣昌沿成渝线的园林苗木种植业产业经济带，成为辐射中、西部地区乃至全国的园林苗木种植基地。并努力建设"组团式、网络化、人与自然和谐共生"的大产业集聚区和现代山水田园城市集群。

城市绿化建设应着力塑造"青山环城、绿水绕城、园在城中、城在园中、园城交融"的城市绿化空间布局特色。建立植被结构优化的低山丘陵园林绿化生态系统，防止水土流失。构建现代山水田园城市绿色网络新区。

**第十条**　渝东北生态涵养发展区

区域层面应加强生态环境保护，凸显秦巴山区和三峡库区水源生态涵养的重要性，实行"面上保护、点上开发"的整体发展战略。贯彻落实国家天然林资源保护工程政策措施，全面停止天然林采伐和重点生态保护区森林的商业性采伐，开展生态公益林建设。高度重视区域内长江消落带绿化建设。着力涵养保护好三峡库区的青山绿水，构建"三峡库区绿色生态屏障"。

城市绿化建设应结合片区生态涵养功能，在城市园林绿化建设中加强绿化建设，提升植绿化盖率及其生态涵养能力，突出体现城市园林绿化在区域生态涵养保护中的贡献。最终构建三峡库区水源涵养绿色屏障区。

**第十一条**　渝东南生态保护发展区

区域层面应加强生态环境保护，提供生态产品，让生态变成现实的生产力。加速"绿色崛起"。实行"面上保护，点上开发"的整体发展战略。以生态保护和修复为基础，实行长治、长防、退耕还林、生态建设工程和加大天然林保护力度，必须确保50%以上的森林覆盖率。优化森林绿地系统中常绿阔叶林的乔、灌、草植被体系，使林地构成和植被结构向多样化、复杂化演替，构筑"武陵山区绿色生态屏障"。

城市绿化建设应坚持城市发展与生态保护并重的原则，结合乌江流域及武陵山区良好的生态环境特点，在树种选择、植物配置等方面做好城市生态环境建设，实现其在生物多样性保护方面的功能需求。最终构建武陵山区生态保育绿化修复区。

## 第二节　公园发展要求

**第十二条　公园配置原则**

都市功能核心区、都市功能拓展区和城市发展新区必须配置结构完善分布合理的综合公园、社区公园、专类公园、带状公园和游园，完善公园体系。渝东北生态涵养发展区和渝东南生态保护发展区应按需配置各类公园绿地，并积极结合各片区资源条件，合理设置动物园、植物园、盆景园等特色专类公园。

公园配置应结合山地城市的地形特征和各区县特色，更多考虑其公园绿地的时间可达性、空间服务半径、公园规模三个服务指标来综合权衡，有针对性的增加区县公园数量和面积，保证公园服务在居住用地全覆盖。

**公园配置原则指引**

| 服务指标 | 综合公园 | | 社区公园 | |
|---|---|---|---|---|
| | 全市性公园 | 区域性公园 | 居住区公园 | 小区游园 |
| 时间可达性（min） | 车行10至20 | 车行5至10 | 步行8至15 | 步行5至8 |
| 空间服务半径（m） | 3000至5000 | 1500至2000 | 500至1000 | 300至500 |
| 公园规模（ha） | 10至100 | 10左右 | 5至10 | 0.5左右 |

**第十三条　公园建设指引**

（一）充分体现各功能区本身的自然山水特色、地域特色和城市特征等差别，研究适合本地特色的公园绿地建设导则、植物配置导则、公园基础设施导则和景观风貌导则等。

（二）结合大园林格局的规划理念，积极利用城区周边山体资源，按城市公园建设投入使用，缓解山区县城土地资源不足的困境。在县城周边山体公园内应修建休闲设施和健康步道，与县城城市绿地紧密联系，使城市的公园广场系统与周边山体公园融为一体。

（三）在现有用地资源紧缺的情况下，鼓励山地城市多样化的立体绿化方式，塑造山地特色的绿化景观，美化城市环境。

（四）注重小型公园绿地的建设力度，不强调大公园的建设。针对狭长形的带形城市，应加强带形发展轴上中小型公园、居住区公园、小区游园的建设力度，满足居民的基本游憩需求。

（五）被自然山体及河流分割的组团形城市，应加强滨江公园和山地公园的建设力度，各个组团内的公园配置应满足本片区居民的使用需求。

（六）渝东北生态涵养发展区的区县应积极利用消落带岸线，打造绿化景观，布置游憩设施，满足一定的公园使用功能，缓解城市公园绿地的不足，优化城市环境。

**第十四条　动物园发展规划**

（一）都市功能核心区

重庆市动物园规划成为重点动物园，园区积极开展动物科学研究工作，使其成为集青少年科普教育，生物多样性教研实习及环境保护为一体的教育核心基地，全国科普教育基地和全国十佳动物园。规划可结合现状进行提档升级。

（二）城市发展新区

规划在城市发展新区建设一个动物园，辐射该片区，建设成综合性主题园区。

（三）渝东北生态涵养发展区

在万州区规划一个动物园，可以在现有公园的基础上，适当改造、完善、升级，形成服务于渝东北地区的特色动物园。

（四）渝东南生态保护发展区

远期在武陵山区，规划一个市级野生动物园，进行就地保护，形成科研、科普基地。服务渝东南区域，保护武陵山区的生物多样性。

整个市域范围内，有条件的公园，可在公园内设置独立的动物展示区，作为科普教育场所。

**第十五条　植物园发展规划**

（一）都市功能拓展区

保留扩建南山植物园。规划为迁地保护本地植物、推广利用植物品种、普及植物科学知识，并供群众游憩的植物园。

保留现状缙云山植物园。规划为保护、繁殖、研究本地特有、珍稀、濒危植物，广泛收集国内外亚热带木本植物资源，普及植物科学知识的植物园。

（二）城市发展新区、渝东北生态涵养发展区及渝东南生态保护发展区

在各片区的区域性中心城市各建设一个综合性植物园，其他区县根据其自身特色可发展专类植物园。鼓励在现有植物园的基础上适当扩展规模，加快配套设施建设。远期考虑在秦巴山区和武陵山区规划设置若干个植物园，以点做面，系统性的展现秦巴山区和武陵山区不同海拔、不同区域的植被景观，保护生物多样性，建立动植物基因库。

整个市域范围内，有条件的公园、学校，可设置植物展示区，作为科普教育场所。

**第十六条　其他专类园规划**

规划在都市功能拓展的渝北丛岩寺村附近规划一个面积200万平方米的主题园林展园，城市发展新区预留一个规模不小于200万平方米的主题博览园。

规划在渝东北生态涵养发展区及渝东南生态保护发展区各预留一个规模不小于150万平方米的主题博览园。

各区县可根据地方资源特色，规划具有地域特色的主题园，规划设计及建设应体现城市内涵和地方文化特色。

# 第四章 主城区绿地系统规划

## 第一节 绿地系统结构

**第十七条** 主城区绿地结构

主城区绿地结构与布局为：两带四楔，绿廊交织，点斑镶嵌，绿满山城。

（一）两带四楔

沿长江、嘉陵江两岸，结合地形和周边用地功能按需布置公园绿地、防护绿地及湿地等，加强滨水绿化与环境配套设施建设，组成城市滨水开敞空间系统，构筑主城区的两条大型滨江绿带。

保护南北向平行贯穿主城区的缙云山、中梁山、铜锣山、明月山等大型山体森林屏障，形成贯穿主城区的四条楔形绿地。加强对龙王洞山，桃子荡山，东温泉山等山系及槽谷地区基本农田的绿化保护。

（二）绿廊交织

将主城区的重要支流水系滨水绿带、城中山体绿化、重要快速干道防护绿化、大型公园绿地、城市组团隔离带、城市级慢行系统绿道等规划形成多条绿色廊道，相互交织形成主城区的绿色网络。

（三）点斑镶嵌

按照"综合公园—社区公园"的两级公园服务体系，适度增加、均衡布局各类城市公园，形成点斑镶嵌的布局形态，保障公园绿地的可达性和服务全覆盖。

（四）绿满山城

通过城市中各类公园的均衡布置，使城市与公园绿化相互融合，达到抬头望绿、出门赏绿、移步入园的园林绿化效果，并结合重庆山地公园景观特色，最终达到"绿满山城"的美好愿景。

## 第二节 各类绿地规划

**第十八条** 公园绿地规划

（一）规划指标

至2020年，主城区绿地率达38.78%、绿化覆盖率达42.50%、人均公园绿地达13.73平方米（含城市生态公园）。

（二）布局要求

1. 因地制宜、均衡布局。

2. 科学划分公园等级，完善公园游憩使用功能与景观生态功能。

3. 合理规划服务半径，满足500米服务半径或5分钟步行距离布局各类公园绿地。

4. 公园内的公共服务设施可与周边用地共享，达到高效集约。

5. 公园规划可与周边附属绿地、防护绿地、区域绿地统筹布局。

（三）总体建设指引

1. 公园用地的选址宜在地质灾害低易发区，应有三分之一以上的陆地坡度在 25° 以下，并且坡度小于 8% 的陆地不得少于公园用地总面积的五分之一。

2. 综合公园的用地范围应与城市道路红线重合，沿城市主、次干道设置主要出入口，且主要出入口的位置与城市交通、游人走向和流量相协调，按需设置游人集散广场。

3. 严禁在公园内建设任何与公园性质无关的设施，公园临城市道路两侧不宜布置建构筑物，严禁以房代墙（栏）、以房为界。

4. 严格按照《公园设计规范》（CJJ48—1992）、《重庆市公园管理条例》（2000）等相关规范要求建设各类公园。

5. 加强公园外围空间控制，公园外围用地绿地率确定按特殊区域绿地率控制相关要求执行。

6. 注重公园文化景观的建设，提升城市景观形象和文化内涵，倡导巴渝文明的传承。

7. 旧城区重点解决公园绿地少、小、差，分布不均和指标过低的突出矛盾，新区需按国家园林城市标准的上限进行配套绿地建设。

8. 新建公园绿地的地下空间在确保植物正常生长和公园游园功能正常发挥的基础上，鼓励面积大于 0.5 万平方米的公园绿地部分地下空间建设为城市公共停车场，绿化种植的地下空间顶板上标高应当低于地块周边道路地坪最低点标高 1.0 米以下。地下空间顶板上覆土厚度应当不低于 1.5 米。

（四）综合公园规划

1. 规划指标

规划 111 个综合公园，总用地面积为 2927.450 万平方米，详见下表。

主城区规划综合公园分区一览表

| 区域 | 综合性公园 | |
| --- | --- | --- |
| | 面积（hm²） | 数量（个） |
| 渝北区 | 636.79 | 20 |
| 江北区 | 377.9 | 12 |
| 渝中区 | 130.65 | 10 |
| 九龙坡区 | 357.74 | 14 |
| 大渡口区 | 187.78 | 8 |
| 巴南区 | 131.73 | 9 |
| 南岸区 | 532.17 | 15 |
| 沙坪坝区 | 248.78 | 10 |
| 北碚区 | 323.91 | 13 |
| 合计 | 2927.45 | 111 |

2. 建设指引

（1）新建综合公园周边建构筑物的体量、高度、风格和色彩等应协调一致，相关项目的审批应征求园林绿化行政主管部门的意见。

（2）鼓励相邻地块的附属绿地毗邻公园布置，提高公园的环境质量。

（3）充分利用现状及自然地形，塑造山地特色的公园景观。

（4）综合考虑不同市民的年龄、活动爱好等差异，合理布置功能分区。

（5）结合公园的开敞空间、疏散通道，衔接城市道路，满足综合公园的防灾减灾要求。

（6）各行政区应确立重点公园，体现各自特色和风格，形成区域内的特色综合公园和标志性景观区域。

（五）社区公园规划

1. 规划指标

规划社区公园547个，总用地面积3496.20万平方米。详见下表。

主城区规划社区公园分区一览表

| 区域 | 社区公园 | |
| --- | --- | --- |
| | 面积（hm²） | 数量（个） |
| 渝北区 | 907.06 | 89 |
| 江北区 | 397.87 | 52 |
| 渝中区 | 14.74 | 8 |
| 九龙坡区 | 592.11 | 151 |
| 大渡口区 | 166.13 | 36 |
| 巴南区 | 310.02 | 48 |
| 南岸区 | 357.16 | 57 |
| 沙坪坝区 | 327.24 | 49 |
| 北碚区 | 423.87 | 57 |
| 合计 | 3496.20 | 547 |

2. 建设指引

（1）在居住区内配套建设居住区公园、小区游园等社区公园。功能布局应满足居住区居民日常游憩活动的需求，配套设施应综合考虑老年人、儿童和青年人等不同年龄段的活动特点。

（2）每个居住区设置一个用地规模不小于1.5万平方米的居住区公园，每个居住小区设置一个用地规模不小于0.5万平方米的小区游园，确保市民出门500米范围内有一处社区公园。

（六）专类公园规划

1. 规划指标

规划专类公园116个，总用地面积2730.87万平方米。详见下表。

主城区规划专类公园分区一览表

| 区域 | 专类公园 | |
| --- | --- | --- |
| | 面积（hm²） | 数量（个） |
| 渝北区 | 657.79 | 19 |
| 江北区 | 300.51 | 12 |

| 区域 | 专类公园 | |
|------|---------|------|
| | 面积（hm²） | 数量（个） |
| 渝中区 | 31.24 | 9 |
| 九龙坡区 | 247.3 | 10 |
| 大渡口区 | 117.91 | 10 |
| 巴南区 | 282.46 | 18 |
| 南岸区 | 305.79 | 13 |
| 沙坪坝区 | 370.6 | 12 |
| 北碚区 | 417.27 | 13 |
| 合计 | 2730.87 | 116 |

2. 建设指引

（1）不同的专类公园应体现其特定的功能和景观需求，以独特的内容和形式塑造特色。

（2）在现有专类公园类型的基础上，根据需要建设各类新功能、新内容的其他专类公园，满足居民的多样化需求。

（3）积极建设主城区内的湿地公园，促进生态环境保护、动植物保护、科研科普，推动重庆市建设美丽山水城市。

（4）都市拓展区内可布置博览园，带动周边社会经济，促进区域生态文明建设。

（七）游园规划

1. 规划指标

规划游园 1223 个，总面积用地 2043.15 万平方米。详见下表。

**主城区规划游园分区一览表**

| 区域 | 游园 | |
|------|------|------|
| | 面积（hm²） | 数量（个） |
| 渝北区 | 393.92 | 275 |
| 江北区 | 221.12 | 103 |
| 渝中区 | 68.01 | 155 |
| 九龙坡区 | 125.35 | 167 |
| 大渡口区 | 29.36 | 39 |
| 巴南区 | 248.32 | 87 |
| 南岸区 | 263.08 | 140 |
| 沙坪坝区 | 343.41 | 111 |
| 北碚区 | 350.58 | 146 |
| 合计 | 2043.15 | 1223 |

2. 建设指引

（1）绿化占总用地的比例应不小于65%。

（2）与城市道路联系紧密，可达性好、可入性强。

（3）结合现状，充分利用城市道路之外相对独立成片的绿地，整合城市道路周边绿地。

（4）满足城市景观要求，与道路附属绿地共同形成绿色景观通道，小品和游憩设施应体现艺术特色。

（八）城市生态公园规划

1. 用地界定

（1）用地性质为区域绿地，紧邻城市建设用地，或被建设用地包围。

（2）用地内具有山体、水系、林地、草地、湿地等自然资源。

（3）具备公园绿地的服务设施，能满足市民游览观光、休闲活动的需求。

2. 规划指标

规划115个城市生态公园，总用地面积4616.57万平方米。详见下表。

**主城区规划城市生态公园分区一览表**

| 区域 | 城市生态公园 | |
| --- | --- | --- |
| | 面积（hm²） | 数量（个） |
| 渝北区 | 2146.07 | 43 |
| 江北区 | 197.84 | 6 |
| 渝中区 | 26.03 | 6 |
| 九龙坡区 | 499.76 | 7 |
| 大渡口区 | 296.04 | 3 |
| 巴南区 | 328.68 | 12 |
| 南岸区 | 453.65 | 10 |
| 沙坪坝区 | 378.69 | 14 |
| 北碚区 | 289.81 | 14 |
| 合计 | 4616.57 | 115 |

3. 建设指引

（1）严格控制建设强度，严禁毁坏现状林地进行植被改造。

（2）植被应选择稳定、健康的植物群落乡土品种。

（3）城市生态公园为E类兼容G类用地，应该按照公园绿地来进行管理，其用地性质调整应符合公园绿地调整的相关要求。其管理服务设施用地应计入城市建设用地指标，在项目实施时，其用地指标应在所在行政区范围内等量置换平衡。

（4）按城市公园建设程序报批后实施。

（九）绿化广场用地规划

1. 规划指标

规划256个绿化广场用地，总用地面积251.74万平方米。详见下表。

**主城区规划广场用地分区一览表**

| 区域 | 广场用地 | |
| --- | --- | --- |
| | 面积（hm²） | 数量（个） |
| 渝北区 | 38.9 | 40 |
| 江北区 | 26.78 | 26 |
| 渝中区 | 9.02 | 6 |
| 九龙坡区 | 46.88 | 37 |
| 大渡口区 | 16.95 | 12 |
| 巴南区 | 21.65 | 42 |
| 南岸区 | 31.45 | 32 |
| 沙坪坝区 | 39.96 | 35 |
| 北碚区 | 20.15 | 26 |
| 合计 | 251.74 | 256 |

2. 建设指引

（1）绿地率不小于 35%，绿化覆盖率不小于 60%。

（2）强调以公众为主体，满足居民休闲、健身、集会、纪念的需要。

（3）树种宜栽植适量的高大乔木，地面铺装宜多植草皮或软硬质结合。

**第十九条** 防护绿地规划

（一）规划指标

规划至 2020 年，主城区的防护绿地达到 7568.97 万平方米。其中生态防护绿地 2216.59 万平方米，高压走廊防护绿地 1176.26 万平方米，交通线路防护绿地 3088.64 万平方米，卫生隔离防护绿地 1087.48 万平方米。

**主城区规划防护绿地一览表**

| 区域 | 绿地面积（hm²） |
| --- | --- |
| 渝北区 | 1473.94 |
| 江北区 | 1144.54 |
| 渝中区 | 32.50 |
| 九龙坡区 | 1035.51 |
| 南岸区 | 730.72 |
| 巴南区 | 396.41 |
| 大渡口区 | 718.06 |
| 北碚区 | 801.73 |
| 沙坪坝区 | 1235.56 |
| 总计 | 7568.97 |

（二）生态防护绿地规划

1. 山体防护绿地

严格保护"四山"（缙云山、中梁山、铜锣山、明月山）及两条外围山脉（桃子荡山和东温泉山）等山体。依据《重庆市四山地区开发建设管制规定》，对禁建区、重点控建区、一般控建区进行严格管控。提高四山森林植被质量，建立森林生态屏障，将四山管制区范围内坡度在 25°以上的一般农田调整为林地；严格限制林地转为建设用地和其他农用地，严格保护公益林地，加大对临时占用林地和灾毁林地的修复力度；开展石漠化土地治理，采取造林、封育等措施增加森林植被。至 2020 年四山森林覆盖率达到 65%。对四山范围内生态遭受严重破坏的地区进行生态修复。对废弃矿场等地区通过生态复绿、景观再造等方式进行再利用，对崩塌、滑坡、泥石流破坏的地区进行恢复。

根据山体山脊线、陡坎线、地形、与周边用地的关系，划定主城区内城中山体的保护线范围，保护线内杜绝乱挖乱建、侵害山体的行为，保护植被林木。强化和明确山体轮廓线，在山头、山脊、山谷、山坡建防护林。

严格控制在山体防护绿地上开展各类建设活动，与生态环境保护要求相协调。强化对自然山体和森林生态系统的原生态保护及生物多样性保护，实施天然林保护和退耕还林工程，控制和治理水土流失。

2. 滨水防护绿地

主城区的滨水防护绿地主要包括长江、嘉陵江滨水绿地、一级支流滨水绿地、二、三级支流滨水绿地、水库湖泊及湿地滨水绿地等。应按照《重庆主城区美丽山水城市规划（山系、水系、绿系）》中的"三线一路"的原则管控水系及其岸线利用。"三线路"即河道（水体）保护线、绿化缓冲带控制线、外围协调区范围线和介于绿化缓冲带和外围协调区之间的公共道路。河道保护线按相应河段的防洪标准水位或防洪护岸工程划定，绿化缓冲带根据不同的河道保护线后退不同宽度，原则上应为防护绿地，除护岸工程及必要的市政设施以外，禁止修建任何建、构筑物。

划定江、河、湖泊、水源地保护范围。在长江、嘉陵江 175 米水位以上的滨江控制区内建设公园，在 175 米水位以下的消落带内按照湿地建设的模式种植消落带植物。协调水源地上游的排污问题，切实治理好上游地区进入水体的水污染，同时江河湖泊应进行岸线统筹规划，对城市生活岸线、桥位岸线、宜港岸线等资源进行保护和控制，确保关系国计民生重大项目的岸线需要。通过沿江水岸线合理开发，形成独特的滨水城市特色。

将长江、嘉陵江及其支流和湿地与城区内的水体、绿地、绿岛串联起来，形成网络型、深入城市内部的水系生态格局，发挥调节气候和微环境的作用。

（三）高压走廊防护绿地规划

高压输电线走廊下安全隔离绿化带的宽度，应按照国家规定的行业标准建设，详见下表。

市区 35~500kV 高压架空电力线路规划走廊宽度

| 线路电压等级（kV） | 高压线走廊宽度（m） |
| --- | --- |
| 500 | 60~75 |
| 330 | 35~45 |
| 220 | 30~40 |
| 66、110 | 15~25 |
| 35 | 15~20 |

（四）交通线路防护绿地规划

1. 高速公路防护绿地

在绕城高速公路两侧城市建设用地区域各控制 50 米防护绿带，在非城市建设用地区域规划 300-500 米的绿化开敞空间，结合农业结构，进行绿色产业综合开发，有条件的地方应建成防护林带。内环高速公路及连接重庆与周边城市的十三条高速公路的两侧均规划绿化防护林带，控制宽度不小于 50 米。特殊困难地段不应小于 26 米。

2. 快速路防护绿地

主城区城市快速路两侧绿化防护带宽度各不小于 20 米。

3. 其他道路防护绿地

主干路两侧绿化防护带宽度宜为 10—20 米，次干路和支路两侧绿化防护带宽度宜为 5—10 米。

4. 铁路防护绿地

在保证安全的前提下，铁路两侧设置 20-50 米防护绿带。其中高速铁路两侧绿化防护带宽度各不小于 50 米，干线铁路两侧绿化防护带宽度各不小于 30 米，支线及专用铁路两侧绿化防护带宽度各不小于 20 米。种植的乔木与铁路外轨距离不得小于 8 米，灌木与铁路外轨距离不得小于 6 米。

（五）卫生隔离防护绿地规划

在工业区与居住、公建用地相连地带、危险品仓库及变电站周围按相关规定设隔离防护绿地。居住区与一类工业区之间规划控制 20 米宽的卫生隔离绿地，二类工业区、三类工业区控制不少于 50 米宽的卫生隔离绿地，可结合街头绿地、单位附属绿地等设置游憩设施，满足工业区周围的居民、工人休息娱乐需求。

在变电站周围设置 50 米宽的防护隔离绿地，垃圾处理厂影响区 500 米范围内设置防护隔离绿地。

卫生隔离防护绿地的植被主要以小乔木和花灌木为主，不宜设游憩小道，禁止游人进入使用。

（六）其他防护绿地规划

按照城市对卫生、隔离、安全的要求而设置，绿地的宽度及种植方式应满足国家相关规定要求。

**第二十条　附属绿地规划**

（一）规划指标

对商业和工业用地的附属绿地指标进行了调整。（详见附表1）

（二）单位附属绿地规划

单位附属绿地应与其单位性质和城市景观相协调，符合环境美化、生产和卫生防护要求，展现相应景观特点，宜设集中绿地。

公共设施绿地应结合公建特点，塑造特色景观。道路两旁的公共设施绿地应与道路景观和城市景观相协调。市政设施绿地应以卫生防护功能为主，根据市政设施类型选择绿化方式。工业绿地需注重防治污染并体现各企业形象。工厂内的集中生活区须开辟小游园。仓储绿地需满足方便装卸和安全防火要求，风格宜简洁、美观。

（三）居住绿地规划

规划新建一类居住用地的绿地率不低于35%，二类居住区的绿地率不低于30%；严格控制老城区居住用地的绿地率，改造后绿地率应达到25%以上。

（1）居住绿地应划为永久性绿地，各类型的居住绿地应按居住区规划的有关规定进行配套建设。少用架空绿地，鼓励实地绿化。

（2）居住绿地应满足美化居住环境、卫生防护、通风采光、与周围建筑协调等要求，尽量以绿地为标志区分外形相似的住宅。

（3）居住区绿化以植物造景为主，充分运用立体绿化、屋顶绿化等多种形式，体现山地城市特色。忌堆砌硬质景观，提倡拟自然化的植物配置模式，提高单位绿地的生态效益。

（4）居住绿地的道路绿化景观在其绿化基调上应比城区道路绿化景观更活泼与丰富多彩。

（四）道路绿地规划

红线宽度大于12米的道路必须进行道路绿化。规划道路绿化普及率近期达到90%，远期100%，道路绿化达标率大于80%。林荫路推广率近期大于60%，远期大于80%。

1. 道路绿地分类

（1）景观路

本次规划将红线宽度大于40米，道路绿地率大于20%的城市主干道规划为景观路（如金开大道、通江大道等）。

（2）林荫路

规划将道路红线12米以上城市道路确定为林荫路。绿化覆盖率不低于90%。

（3）绿化路

除景观路、林荫路以外的道路规划为绿化路，规划两侧至少各种植一排胸径大于10厘米的行道树，有条件的地方可种植两排行道树，放置移动花箱。规划浓荫覆盖、宁静清新，一路一景，加强道路识别性。

2. 道路附属绿地规划

（1）道路绿地宜与相邻道路红线外侧的绿地相结合。毗邻商业建筑的路段，路侧绿带可与行道树绿带合并。

（2）根据道路红线宽度设置不同的绿化宽度。种植乔木的分车带宽度不得小于1.5米，主要干道的分车带绿化宽度不小于2.5米，行道树绿带宽度不得小于1.5米。

（3）主干路每侧至少有2-3排行道树，次干路、支路每侧至少有1-2排行道树。相邻城市快速路、主次干路，行道树种不应雷同。次干道中间分车绿带和交通岛绿地不得布置成开放式绿地。

（4）无条件种植行道树的路段，应设置花坛、花钵、花柱等绿化小品设施。

（5）同一条道路的绿化风格要统一，不同路段的绿化形式可有所变化。

（6）地面停车场绿化均应铺设植草砖或采取林荫广场形式。居住区内停车场应鼓励向地下或空中发展。

第二十一条　区域绿地规划

（一）区域绿地分类

区域绿地主要包括城市外围生态绿地、郊野公园、森林公园、风景名胜区、自然保护区、组团隔离带、湿地资源保护区、生态农业区等。

（二）区域绿地分类规划

1. 城市外围生态绿地

利用风景林地、重要山体、重要湿地、水源涵养林地和城市近郊山体及背景山体，形成的城市外围生态绿地和城市背景林地。

以主城区中梁山、明月山、缙云山脉、铜锣山脉生态绿地形成的环城绿带，构成城市外围整体森林大环境。

2. 郊野公园

规划在重要山体、风景林地、重要湿地、水源涵养地、生态恢复地等生态特征明显、景观生态功能突出的地区设立 10 个郊野公园，总面积约 204 平方千米。

（1）在现有铁山坪风景林、圣灯山风景林、云篆山风景林、樵坪山风景林、华岩风景林、岚峰风景林、中梁山风景林基础上，通过景观改造和培育，建立郊野游憩公园。

（2）规划依托重要山体、林地等生态资源，新建大成湖郊野公园、寨山坪郊野公园、大溪河郊野公园、龙凤溪郊野公园、云篆山郊野公园、云台山郊野公园、南湖郊野公园、环山郊野公园、新桥水库郊野公园。

（3）将主城区内现已关闭、停产的采石场、石灰窑、水泥厂、采煤场、垃圾填埋场等受损弃置地规划为生态恢复地。生态恢复地在符合有关要求的基础上，应设立为郊野公园。

（4）郊野公园以生态保护为主，提供休闲、康乐设施为辅，突出保护生物多样性和生态资源。减少人为开发建设，控制机动车辆进入，确保郊野公园的自然生态。

3. 森林公园

（1）保留国家级森林公园 4 个：歌乐山国家森林公园、南山森林公园、桥口坝森林公园、观音峡森林公园；市级森林公园 12 个：大渡口森林公园、鸿恩寺森林公园、尖刀山森林公园、白塔坪森林公园、东温泉森林公园、凉风垭森林公园、铁山坪森林公园、华蓥山森林公园、玉峰山森林公园、南天门森林公园、静观森林公园、南泉森林公园。

（2）对现有森林公园应充分利用原有设施，补充新增游憩娱乐及基础设施，改善环境，创造特色，提高品质。

（3）保护好森林实现资源可持续利用，其建设规模必须与游客规模相适应，适度开发。

（4）建立统一的管理机构，加强对森林公园统一管理，按规划开发建设。

4. 风景名胜区

（1）保留缙云山国家级风景名胜区，渝北统景风景名胜区、张关-白岩风景名胜区、南山-南泉风景名胜区、歌乐山风景名胜区、东温泉风景名胜区 5 个市级风景名胜区。

（2）加强对现有风景名胜区的培育保护，在符合条件的情况下提高其等级。根据资源条件，适时补充增加相应等级的风景名胜区。

（3）严格保护风景名胜区用地范围，保护自然与文化遗产，保护原有景观特征的地方特色，维护生物多样性和生态良性循环，防止污染和其他公害，充实科教审美特征，加强地被和植物景观培育，防止人工化、城市化与商业化。在保护的前提下，促使风景名胜区资源得到永续利用。

5. 自然保护区

规划保留现有的缙云山自然保护区、华蓥山自然保护区、安澜自然保护区等市级以上自然保护区；开展资源调查，确定新的自然保护区；对现有的市、区级自然保护区进行资源评价，确定其保护级别，强化保护力度。

6. 湿地资源保护区

（1）主城区湿地资源广泛分布在大江大河（长江、嘉陵江）、水库、渠塘等周边区域。

（2）规划将珊瑚坝等江中沙洲和一、二级支流部分河段湿地及其周围水源涵养林，条件较完善的区域设立为游憩公园。

（3）在大型湖泊如新桥水库、胜天水库、下涧口水库、观音洞水库、迎龙湖水库等水源保护地及动植物栖息地周围控制 50-100 米绿带，保护城市滨水区域野生、半野生生境，避免人类活动对湿地的破坏。

（4）全面治理和恢复利用现已退化的湿地，推进城市水体护坡驳岸的生态化建设和修复。

（5）湿地生态保护和生态恢复结合社会经济发展，湿地生态保护区的外围地带，在禁止工业企业、大型房地产开发项目进入的前提下，可利用湿地的特殊功能，采用多种经营及产销结合的土地利用模式，开发合理的生态休闲和旅游，实现湿地资源有效保护并增加经济效益。

（6）建立湿地资源可持续利用示范系统，完善科学规范的湿地保护与管理体系，加强湿地资源监测、宣教培训、科学研究、管理体系等方面的建设，控制湿地资源流失及其生物多样性的降低，全面提高湿地保护、管理和合理利用水平，实现湿地资源的可持续利用。

7. 生态农业区

在东西部谷底及城郊保留农业区，积极发展生态农业、都市农业，改善自然环境，维护生态平衡。

8. 生产绿地

城市生产绿地的面积按不小于建成区面积的 2% 来控制。

（1）保留现有生产绿地。

（2）在非建设用地内的农林地内建设生产绿地。建设苗木特色基地，实现苗圃育苗经济的现代化，为整个园林绿化及生态环境建设提供生产、技术、信息、销售等技术活动，扩大农民就业渠道，促进城乡统筹。

（3）重点建设静观、铁山坪、南山、二圣等花卉苗木产业基地。

（4）结合乡村旅游，建设集休闲观光、苗木生产、展示、商务服务为一体的生产绿地。

## 第三节　主城区山水特色绿化规划

**第二十二条　主城区绿色廊道规划**

（一）绿色廊道分类

主城区绿色廊道主要分为以下五类：

1. 山林休闲型

以自然山体为主，串联起各风景名胜区、森林公园、郊野公园等大型景观斑块的生态山林绿色廊道。

2. 滨水游憩型

以自然水系为主，将水体斑块、滨水湿地、滨江公园、滨江广场及娱乐中心、两岸林带、汇水区等联系在一起的生态水体绿色廊道。

3. 绿带连隔型

以联系山水、隔离居住组团等功能为主的绿色景观廊道。

4. 生态防护型

以高压燃气管道、高压电线等高压走廊和重要交通廊道为主体的生物通道、生态安全绿色廊道。

5. 道路娱乐型

以交通网络为主，联系城市内外各景观斑块及社区组团等的人工道路防护绿色廊道。

(二) 绿色廊道总体规划

主城区重庆市主城区绿色廊道构建成"四山、双脊"、"两江、四十河、千溪"、"六组十三带"、"两环十三射、多分支"、"六横七纵，多廊成网"的山、水、林、路、园，相互交织的绿色网络布局。

1. 四山、双脊——山林休闲型廊道

"四山"指沿着缙云山、中梁山、铜锣山和明月山四大山体建设的南北走向的大型山林绿地廊道。控制范围以《重庆市四山地区开发建设管制规定》确定的生态保护红线及生态要素管控边界为准，并落实其生态环境保育举措。

"双脊"指城区内部的中央枇杷山-鹅岭-佛图关-平顶山和北部龙王洞山-鹿山-火凤山-照母山-石子山两条城市山脊线、陡坎线。

2. 两江、四十河、千溪——滨水游憩型廊道

"两江"指沿长江和嘉陵江滨江地带建设的主要滨水游憩型廊道。

"四十河"指沿着主城区 40 条一级支流建设的次级滨水绿色廊道。

"千溪"指沿着主城区范围内其他一级支流和全部二、三级支流、溪流、冲沟、水库湖泊及湿地等建设的滨水绿色廊道。

3. 六组十三带——绿带连隔型廊道

"六组十三带"是指连接自然山水、隔离组团的六组十三条绿带。控制宽度不宜小于 100 米。

4. 两环十三射、多分支——生态防护型廊道

"两环"是指以内环高速和绕城高速为骨架形成 2 个环状绿色廊道网。

"十三射"是指以内环高速或绕城高速为起点，连接重庆与周边城市的十三条高速公路（包括渝武高速、渝邻高速、渝宜高速、渝遂高速、成渝高速、渝湘高速、渝黔高速、渝泸高速等）建成的绿化防护廊道。

"多分支"一方面指沿着主城区内的高速铁路、干线铁路、支线及专用铁路建设的绿化防护廊道。另一方面指主城区内的各级高压燃气管道和高压电力线等生态防护型廊道。

5.六横、七纵，多廊成网——道路娱乐型廊道

"六横七纵"指沿着城市快速路所建立起来的13条绿色廊道。

"多廊成网"指沿着城市主干路、次干路和支路建立的多条绿色廊道。

（三）绿色廊道建设要点

1.强化法定性和实操性

在总规层面，主要明确生态廊道的控制范围、类型、功能和结构。重点提出划定绿地绿线、水系蓝线、历史文化紫线、环卫设施黄线的原则性要求，利用总规的法定性和强制性加强对生态廊道的管制。

2.绿色廊道分类控制

将绿色廊道空间划分为核心保护区和缓冲区两类，明确分类指导的控制细则和管制措施，保障绿色廊道不被分割和破碎化。

3.制定特色化的规划建设标准

结合重庆的实际情况，合理制定具有重庆特色的绿色廊道规划建设标准。

4.积极出台相关配套政策和实施保障措施

加强城市边缘地区的生态环境建设。

充分利用政策资源，加快绿色廊道内的土地流转。

保证公益性生态建设与保护资金的财政支付，加强社会资本的引入，多渠道扩大生态建设的资金来源。

**第二十三条** 主城区城中山体保护与利用规划

（一）四山保护与利用规划

四山地区的保护应严格按照《重庆市四山地区开发建设管制规定》的相关要求执行。

增强四山的休闲游憩和旅游接待能力，对一般控建区进行功能置换，结合农民集中居住区布局适量旅游服务设施和养老休闲设施，对现有农家乐规范提质。

增加四山的可达性。在四山地区现有10处登山入口基础上，新增9处登山入口。在四山以及环樵坪山地区规划5组贯穿南北、串联主要自然、人文资源和活动节点的游憩绿道，供市民骑行、游览。并将游憩绿道与城市组团中心相联系，构筑网络状慢行系统。

（二）城中山体保护与利用规划

1.重要城中山体保护名录与范围

优先保护原生态山体，对与城市关系密切的山体择其重点加以保护。选取具有一定高度和较大规模，对城市形态控制具有重要影响、得到市民广泛认同的40座城中山体（含陡崖），建立重要城中山体保护名录，包括樵坪山、云篆山、寨山坪、云台山、凤凰山、环山、金鳌山、鹿山、照母山、龙岗山、高坪、鸿恩寺、火风山、芝麻坪、半山、鹅岭-佛图关、蔡家岗、平顶山、石子山、白居寺、申家坪、双山、枇杷山、磨盘山、牛头山、吕家岭、丰文山、观音山、白云山、刘家岗、塔山、王家大山、石柱塆、科普中心、卧龙山、长令岭、北碚公园以及重钢崖线、礼嘉崖线、两路崖线3条崖线，划定城中山体的保护线和协调线。其中樵坪山、云篆山、寨山坪、云台山为一级城中山体，其余为二级城中山体。保护线总面积约137平方千米。

2.重要城中山体的保护与利用规划

根据山体山脊线、陡坎线、地形、周边用地的关系等对主城区的城中山体划定宽度不

宜小于200米的保护线范围。保护线内分为禁建区与重点控制区。禁建区内为公园绿地或承担公园绿地功能的生态绿地，严禁建设非公益用途的建筑物、构筑物。重点控制区内的开发建设用地，原则上控制为绿地，相应减少的建设规模尽可能在其土地权属范围内就地调剂或采取用地置换和容积率平衡转移的形式予以调整。

协调线按距离一级城中山体周边200-500米，距离二级城中山体周边100-200米，并结合城市道路划定。协调线范围内重点控制开发强度、建筑高度、色彩和开敞空间，临城中山体的第一排建筑，其高度不得超过山体相对高度的2/3。

3.鹅岭—平顶山中央山脊线保护与利用规划

禁止开发建设行为对山脊植被与自然地形造成破坏，禁止深开挖、高切坡等破坏山体的建设行为。

重点保护临沙滨路一侧山脊线及陡崖景观，自北滨路城市眺望点眺望，建筑轮廓线不得超过山脊线高度的三分之二。

保护枇杷山、鹅岭、平顶山山顶眺望点，确保新建建筑不对主要视线走廊（平顶山—鸿恩寺、鹅岭—鸿恩寺、鹅岭—枇杷山）和视域控制范围形成遮挡。

4.龙王洞山—石子山北部中央山脊线保护与利用规划

石子山-照母山段：重点保护照母山山体景观，控制开发强度和建筑高度，使之与山脊轮廓线相协调，控制垂直于山体的视线走廊。

翠云段：重点保护面向中央公园的崖线，崖线下新建建筑高度不得超过崖线相对高度的三分之二，在崖线上控制眺望点和俯瞰中央公园的视线走廊。

鹿山段：参照鹿山城中山体保护规划相关要求执行。

5.一般城中山体的保护与利用规划

一般城中山体、自然陡坡和崖壁原则上应作为绿地或非建设用地予以保留，开发建设应尊重其自然地形地貌，保护植被，不得开山采石、大填大挖。对规划为开发建设用地的丘陵，开发建设也应结合地形，随坡就势，体现山地特色。

6.视线通廊控制与眺望点规划应按照《重庆主城区美丽山水城市规划（山系、水系、绿系）》中的相关条文执行。重点控制20条城市视线通廊，32处俯瞰城市最具代表性区域的登高眺望点和45处城市内部眺望点。

**第二十四条** 主城区滨水绿地规划

（一）长江、嘉陵江滨水绿地规划

1.主城区内长江、嘉陵江的河道保护线按两江防洪标准水位或防洪岸线工程划定。河道保护线以下的消落带区域为禁建区，在该区域内禁止建设任何永久性构建筑物。有条件的地段可设置少量景观游憩设施，按照湿地建设的模式种植水生植物，并恢复培育其水位落差的河漫滩植被，根据实际情况在草丛、灌丛后建立生态林带。

2.河道保护线以上的区域划定绿化缓冲带控制线。规划城镇建设用地及城镇发展备选区域的绿化缓冲带控制宽度为后退相应河道保护线不少于50米；非城镇建设用地区域的绿化缓冲带控制宽度为后退相应河道保护线不少于100米。绿化缓冲带原则上应为绿地，除护岸工程及必要的市政设施和景观游憩设施以外，禁止修建任何永久性的建、构筑物。

3.绿化缓冲带内的绿地内鼓励建设滨水公园，滨水公园应与景观、休闲、游憩设施建设相结合，完善休息设施，人行步道系统，加强绿化质量及小品设施的建设。

4. 沿江交通及防洪工程建设要注重艺术性，以人性化的人工生态河岸为主，使工程与绿化景观有机结合，减少纯人工化的工程处理手法。滨江路规划建设不得破坏两江生态环境，避免出现挖填方式的堡坎式路基，应将工程与景观绿化相结合，使江岸与水体自然连接，保持江岸湿地生态系统的完整性。

5. 控制滨水两岸的开发建设，优化两江岸线的城市功能，控制要求按《两江四岸滨江地区城市设计》中的相关规定与指引执行。

6. 强化滨水绿地景观轴线与景观节点的塑造。开辟视线通廊或步行联系通道，强化重要的视觉转折点和终结点，结合文化资源、自然资源及两江特质景观塑造各具特色的滨水绿地景观。

7. 在滨水绿地的植物多样性保护建设中，应多运用乡土植物、消落带植物及耐湿性植物等。

（二）一级支流滨水绿地规划

1. 一级支流为主城区内流域面积 10 平方千米以上的 40 条支流，包括：璧北河、梁滩河、后河、竹溪河、柏水溪、跳蹬河、大溪河、一品河、花溪河、苦溪河、鱼溪河、五布河、双河、鱼藏河、御临河、朝阳溪、双溪河、三溪口、龙滩子、井口南溪、双碑詹家溪、盘溪河、童家溪、清水溪、曾家河沟、九曲河、张家溪、三岔河、马河溪、西彭黄家湾、黄溪河、兰草溪、沙溪、望江、茅溪、伏牛溪、溉澜溪、桃花溪、葛老溪。

2. 一级支流河道保护线以下的区域按照长江、嘉陵江的河道保护线以下的区域建设。

3. 河道保护线以上的区域划定绿化缓冲带控制线。在规划城镇建设用地及城镇发展备选区域内的河段，绿化缓冲带按后退相应河道保护线不少于 30 米控制线。在非城镇建设用地区域内的河段，绿化缓冲带按后退相应河道保护线不少于 100 米控制。绿化缓冲带原则上应为绿地，有条件的地方可按带状公园建设。除护岸工程及必要的市政设施和景观游憩设施以外，不应修建永久性的建、构筑物。

4. 河流整治中，严禁封盖河道，严禁硬化河底，保持其透水性，以保护水生生物的生境。

5. 外围协调区宜形成由外围自水面逐步退台降低的空间形态。滨水开敞空间的控制，应按照《重庆市城市规划管理技术规定》第六十八条规定执行。滨水第一排建筑高度应根据建筑类型及用地容积率进行控制，重要河流的外围协调区的建筑布局、建筑风貌、建筑高度、天际轮廓线等，应当专题论证。

（三）二、三级支流滨水绿地规划

1. 除长江、嘉陵江以及 40 条一级支流以外的河流为二、三级支流。

2. 尽可能保持二、三级支流的自然状态，不得随意渠化、封盖、大填大挖。

3. 二级支流按河道保护线相应的防洪标准水位划定，重要的三级支流按自然地形沟槽边缘线划定。

4. 绿化缓冲带控制线按后退相应河道保护线外侧不少于 10 米控制；保留具有明显地形特征和较强集雨功能的重要沟壑。绿化缓冲带内的建设管理要求参照一级支流的相关规定执行。

5. 二级支流外围协调区范围线按绿化缓冲带控制线外侧 20 米划定；三级支流（沟壑）

外围可不设置协调区。外围协调区的滨水第一排建筑高度不宜超过 40 米。滨水开敞空间的控制，应按照《重庆市城市规划管理技术规定》第六十八条之规定执行。

（四）水库、湖泊及湿地景观的绿地规划

1. 尽可能保留城市内水库、湖泊及湿地景观的集中水面。按水库、湖泊的洪水期正常水位线划定水位保护线。

2. 绿化缓冲带控制线为水体保护线陆域纵深不少于 30 米。属于饮用水源的水库应按饮用水源保护规定划定绿化缓冲带，原则上不设置公共道路。建设管理要求参照一级支流的相关规定执行。

3. 外围协调区范围线参照一级支流外围协调区相关要求划定并管控。

4. 保护水库、湖泊及湿地景观的生态环境，防止水源污染，有条件的地方应将水面与河流、溪流串联起来统筹建设，形成一条条绿带串明珠的滨水绿色景观走廊。

除现状彩云湖湿地公园、九曲河湿地公园外，利用两江部分滩涂地、一级支流的滞洪区，新增 13 处湿地公园，包括沐仙湖湿地公园、御临河湿地公园、朝阳溪湿地公园、珊瑚坝湿地公园、北滨路消落带湿地公园、大溪河湿地公园、万寿桥湿地公园、西永滨河湿地公园、水井溪湿地公园、跳蹬河湿地公园、苦溪河湿地公园、花溪河湿地公园和龙滩子湿地公园。

（五）沿江滩涂、消落带的绿地规划

1. 加快湿地系统的培育，使滩涂及消落带的生态功能更为丰富。在充分试验研究的基础上，在特定的植物带进行植被培育恢复建设，实现充分利用滩涂、消落带资源，改善滩涂、消落带生态环境状况，促进经济社会可持续发展。

2. 搞好沿江地区的环境治理，减轻滩涂湿地的压力。严格控制嘉陵江两岸的污染排放。

3. 加强河道管理范围内建设项目的管理力度，严格规范采砂许可证的审批、发放，规范采砂活动。

**第二十五条** 主城区立体绿化规划

（一）立体绿化分类规划

立体绿化划分为建筑外部空间绿化（含墙面绿化、屋顶绿化、挑台绿化、廊柱绿化），立交绿化，围栏、棚架绿化，护坡绿化四大类。

（二）立体绿化规划要求

1. 墙面绿化方面，推广建筑外墙面、堡坎立面、挡土墙等临街面和面积较大的垂直墙面的绿化美化措施。

2. 屋顶绿化方面，积极推广对各类房屋屋顶、架空层、天台等平台的绿化整治，建成区范围内新开工楼房（12 层以下、40 米高度以下的中高层和多层、低层非坡屋顶建筑）应按有关要求实施屋顶绿化，采用地栽、盆栽、桶栽、种植池栽及立体种植等种植方式进行屋顶绿化景观的打造。

3. 挑台绿化方面，在保证安全的前提下，鼓励阳台、窗台、露台等各种小型台式空间绿化。

4. 柱廊绿化方面，在保障交通的前提下，推广对城市中的灯柱、廊柱、桥墩等有一定人工养护条件的柱形物进行绿化。

5. 立交绿化方面，积极拓展对城市中立交桥桥体立面的绿化。鼓励采用攀缘植物、设置种植池、采用悬挂和摆放等形式进行绿化。

6.围栏、棚架绿化方面，道路护栏、建筑物围栏可使用观叶、观花攀缘植物间植绿化，也可利用悬挂花卉种植槽、花球装饰点缀。鼓励选用生长旺盛、枝叶繁茂、开花观果的攀缘植物对棚架、花架、绿廊、荫棚等一些大型廊架进行绿化。

7.护坡绿化方面，对于坡度较缓的土质边坡，选用乡土树种，采取乔灌草复合群落模式进行绿化，以提高植物群落层次。对于坡度较陡的岩质边坡，选用垂吊植物或攀缘植物进行绿化，以提高植物覆盖率，加强绿化遮盖及护坡的效果。对于部分工程类混合边坡，采取工程水泥或方格网护坡等方式，结合采取的工程方式选择三维植被网护坡、生态带绿化护坡、方格网植草护坡或垂直绿化植物护坡等方式进行绿化，达到多样化的生态绿化效果。河道护坡应因地制宜，结合亲水平台、园林景观建设，形成优美的滨水景观。

## 第四节　绿地防灾避险规划

**第二十六条　防灾避险绿地分类**

城市防灾避险绿地分为：防灾公园、临时避险绿地、紧急避险绿地、隔离缓冲绿带和绿色疏散通道。防灾避险绿地选址要求：

（一）避开地震活动断层、岩溶塌陷区、地震次生灾害源、洪涝、山体滑坡、泥石流等自然灾害易发生地段。

（二）选择地势较为平坦空旷且地势略高，易于排水，适宜搭建帐篷的地段。

（三）选择有毒气体储放地、易燃易爆物或核放射物储放地、高压输变电线路等设施对人身安全可能产生影响的范围之外。距易燃易爆工厂仓库、供气厂、储气站等重大火灾或爆炸危险源的距离应不小于 1000 米。

（四）选择在高层建筑物、高耸构筑物的垮塌范围距离之外。

（五）历史名园、动物园不适用于防灾避险。

**第二十七条　防灾避险绿地规划布局**

（一）防灾避险绿地应遵循"综合防灾、统筹规划，均衡布局，安全优先，通达性，平灾结合"五大原则，依据城市的灾害类型与防灾重点合理布局。

（二）防灾避险绿地在规划布局时，应满足下列要求：

| 序号 | 类别 | | 布局要求 |
| --- | --- | --- | --- |
| 1 | 防灾公园 | 数量 | 1 座/20~25 万人 |
| | | 规模 | 大于等于 5ha |
| | | 服务半径 | 小于等于 5000m |
| 2 | 临时避险绿地 | 规模 | 大于等于 2ha |
| | | 服务半径 | 小于等于 1500m |
| 3 | 紧急避险绿地 | 规模 | 大于等于 0.1ha |
| | | 服务半径 | 300~500m |

（三）配套设施按大城市防灾避险要求进行设施指标配置，构建防灾公园——临时避险绿地——紧急避险绿地三级防灾避险体系。

（四）规划15个防灾公园，50处临时避险绿地，71处紧急避险绿地。（详见附表2、3、4）

## 第五节　城市绿线管控规划

**第二十八条　划定范围**

包括主城区重庆市主城区范围内的所有的现状绿地和规划绿地。

**第二十九条　划定内容**

（一）对现状的各类绿地划定绿线，明确用地管控边界，核定用地面积。明确公园绿地的绿地率。

（二）对规划的各类绿地划定地块管控边界，确定用地面积，控制绿地率指标。其中，附属绿地实行与用地性质相对应的绿地率控制。

（三）开展绿线划定的绿地应与其他已批准的相关规划保持一致。

**第三十条　绿线管理**

（一）绿线划定需经专家委员会评审，依法公示，报人大常委审议和市人民政府审批，向社会公布，接受公众监督。

（二）经批准的"绿线"为法定控制线，其范围内的用地边界不得随意调整，不得改作他用，不得违反法律法规、强制性标准以及批准的规划进行开发建设。严格按照规划的性质和指标开展绿地建设。

（三）擅自改变城市绿线内土地用途、占用或者破坏城市绿地的，由城市规划、园林绿化行政主管部门，按照《城乡规划法》、《城市绿化条例》的有关规定处罚。

（四）因建设或者其他特殊情况，需要临时占用城市绿线内用地的，必须依法办理相关审批手续调整绿线，调整的绿线必须保证绿地总量不变。

（五）园林、建委、国土、市政、交通等各行政主管部门和各区人民政府按照有关法律、法规和规章，在各自职责范围内，协同实施绿线管理规定，共同做好绿线监督管理工作。

（六）对主城区范围内的林地、滩涂地等区域绿地划定生态红线，建立生态补偿制度，守住城市周边绿色资源。

（七）制定完善的审查和监督机制，保障规划绿线得以落实。

# 第五章　树　种　规　划

**第三十一条　规划目标**

充分利用重庆市丰富的植物资源，保护和利用好乡土树种、古树名木和优良的外来树种，营造具有浓郁地方特色的园林植物景观，丰富城市树种种类，使城市规划区范围内的植物物种多样性不断提高，各功能区城市绿化树种总数逐步达到400-600种，其中乡土树种达到200-300种，将各功能区建成集树种特色化、结构合理化、功能高效化于一体的国家生态园林城市。

**第三十二条　树种比例**

根据各功能区的自然条件、原生植物资源及植被现状，结合园林绿化树种的实际情况，建议各功能区树种比例按照常绿/落叶 1：3、乔木/灌木 1：5、速生/慢生 2：3、针叶/阔叶 1：6、乡土/外来 5：1 执行。在实际应用过程中，可根据本区域的情况作适当调整。

第三十三条　树种选择

（一）都市功能核心区

1. 基调树种：黄葛树、小叶榕、银杏、香樟。

2. 骨干树种：

（1）乔木类：雪松、荷花玉兰、深山含笑、乐昌含笑、天竺桂、秋枫、悬铃木、落羽杉、水杉、二乔玉兰、白兰。

（2）灌木类：山茶、含笑、皋月杜鹃、白花杜鹃、红花檵木、紫薇、木槿、蜡梅、红叶石楠、南天竹、安坪十大功劳、栀子、火棘、皱皮木瓜、紫荆、紫叶李、海桐、小蜡、蚊母树。

（3）藤蔓类：常绿油麻藤、地锦、紫藤、使君子、香花鸡血藤。

3. 行道树：黄葛树、小叶榕、银杏、荷花玉兰、重阳木、悬铃木。

4. 特色树种：黄葛树、山茶。

5. 一般树种：200-300 种。（见《重庆市园林树种规划名录》）。

（二）都市功能拓展区

1. 基调树种：黄葛树、银杏、香樟、桂花、蓝花楹。

2. 骨干树种：

（1）乔木类：北碚榕、九丁树、榕树、银木、雅安琼楠、楠木、细叶楠、鱼木、秋枫、杜英、复羽叶栾树、无患子、麻楝、黄连木、朴树、皂荚、日本晚樱、玉兰、二乔玉兰、望春玉兰。

（2）灌木类：山茶、茶梅、蜡梅、海桐、红花檵木、皋月杜鹃、白花杜鹃、雀舌黄杨、黄杨、冬青卫矛、南天竹、十大功劳属、鸡爪槭、红枫、栀子、六月雪、紫薇、叶子花、七姊妹、夹竹桃、木芙蓉、野迎春、日本珊瑚树。

（3）藤蔓类：常绿油麻藤、地锦、紫藤、忍冬（金银花）。

3. 行道树：蓝花楹、北碚榕、九丁树、复羽叶栾树、二乔玉兰。

4. 特色树种：北碚榕、九丁树、鱼木、麻楝、蓝花楹。

5. 一般树种：400-600 种。（见《重庆市园林树种规划名录》）。

（三）城市发展新区

1. 基调树种：香樟、南川木菠萝、天竺桂、复羽叶栾树、无患子。

2. 骨干树种：

（1）乔木类：福建柏、银杏、银木、桂花、细叶楠、紫楠、荷花玉兰、檫木、灯台树、南川柳、刺楸、二乔玉兰、武当木兰。

（2）灌木类：山茶、蜡梅、海桐、檵木、红花檵木、白花杜鹃、扶芳藤、黄杨、冬青卫矛、鸡爪槭、红枫、栀子、六月雪、紫薇、叶子花、七姊妹、夹竹桃、小蜡、香叶树、钝叶枍、细齿叶枍。

（3）藤蔓类：五叶地锦、常绿油麻藤、薜荔、紫藤。

3. 特色树种：福建柏、南川木菠萝、紫楠、檫木、无患子。

4. 行道树：南川木菠萝、天竺桂、无患子、檫木、灯台树。

5. 一般树种：400～500种。（见《重庆市园林树种规划名录》）。

（四）渝东北生态涵养发展区

1. 基调树种：猴樟、楠木、黑壳楠、合欢、檫木。

2. 骨干树种：

（1）乔木类：圆柏、雪松、巴东木莲、石楠、红豆树、香樟、女贞、桂花、银杏、枫香树、灯台树、秤锤树、黄连木、乌桕、麻椰树、复羽叶栾树、楝树。

（2）灌木类：毛黄栌、糯米条、中华蚊母树、南天竹、豪猪刺、十大功劳、火棘、大叶醉鱼草、金丝梅、金丝桃、含笑、海桐、木槿、蜡梅、石榴、杜鹃。

（3）藤蔓类：厚萼凌霄、淡红忍冬、常绿油麻藤。

3. 行道树：猴樟、楠木、黑壳楠、合欢、红豆树。

4. 特色树种：巴东木莲、红豆树、黑壳楠、黄连木。

5. 一般树种：400～500种。（见《重庆市园林树种规划名录》）。

（五）渝东南生态保护发展区

1. 基调树种：紫楠、杜英、杨梅、香果树、灰楸。

2. 骨干树种：

（1）乔木类：阔叶樟、红豆树、桂花、尖叶四照花、楠木、枫香树、鹅掌楸、水青树、连香树、灯台树、黄连木、复羽叶栾树、合欢、槐树、蓝果树、元宝枫。

（2）灌木类：阿里山十大功劳、南天竹、皱皮木瓜、平枝栒子、火棘、红叶石楠、粉花绣线菊、紫荆、美丽胡枝子、卫矛。

（3）藤蔓类：灰毡毛忍冬、淡红忍冬、木香花。

3. 行道树：香果树、灰楸、连香树、鹅掌楸、槐树、黄连木。

4. 特色树种：香果树、灰楸。

一般树种：400～500种。（见《重庆市园林树种规划名录》）。

第三十四条　植物群落配置建议

| 序号 | 群落类型 | 推荐群落搭配建议 | 适合绿地类型 |
|---|---|---|---|
| 1 | 乔灌草复层群落 | 复羽叶栾树+杜英—红枫+紫荆—杜鹃+红叶石楠+南天竹—红花酢浆草+沿阶草 | 公共绿地、居住区绿地 |
| 2 | | 白兰花+皂角—二乔玉兰+水晶蒲桃+红枫—结香+南天竹+腊梅+红千层—蝴蝶花+肾蕨+结缕草 | |
| 3 | | 乐昌含笑+榔榆—紫叶李+夹竹桃—南天竹+六月雪+红叶石楠—葱兰 | |
| 4 | | 黄葛树+复羽叶栾树+小叶榕—海桐+凤尾兰—杜鹃+小叶女贞+马蹄金 | |
| 5 | | 朴树+桢楠+广玉兰+黄葛树+桂花—山茶+杜鹃+金叶女贞 | |
| 6 | | 小叶榕+秋枫+桂花+羊蹄甲—夏鹃+海桐+小蜡+假连翘+大叶栀子+南天竹+山茶—春羽+紫藤+九重葛+海芋 | |
| 7 | | 香樟+广玉兰—垂丝海棠+紫叶李—腊梅+棕竹—花叶冷水花 | |

398

| 序号 | 群落类型 | 推荐群落搭配建议 | 适合绿地类型 |
|---|---|---|---|
| 8 | 乔灌草复层群落 | 香樟+木荷—枫香—刺槐+青冈—蕨类 | 城郊风景绿地 |
| 9 | | 复羽叶栾树+刺槐+皂角—白栎—毛桐—禾草+ | |
| 10 | | 马尾松—木荷+杉木+青冈—蕨类 | |
| 11 | | 刺槐+构树—桑树+胡颓子+刺槐—艾蒿+燕麦草+黄鹌菜+繁缕+野菊花 | 防护绿地 |
| 12 | | 女贞+香樟—夹竹桃+天竺桂—地被 | |
| 13 | | 刺桐+构树+秋枫—山茶+海桐+构树幼苗—求米草+皱叶狗尾草+麦冬 | 河道绿地 |
| 14 | | 枫杨+黄葛树+梧桐—垂花悬铃花+构树—地瓜藤—麦冬+葎草+芒 | |
| 15 | | 水杉/池杉—水晶葡萄—花叶芦竹+鸢尾+梭鱼草+芦苇+美人蕉 | |
| 16 | | 加拿大杨+垂柳—紫穗槐+紫薇+红枫—小蜡+云南黄素馨 | |
| 17 | 乔木疏林群落 | 黄葛树—狗牙根 | 公共绿地、居住区、道路绿地等 |
| 18 | | 蓝花楹—细叶结缕草 | |
| 19 | | 银杏—蝴蝶花等 | |
| 20 | 灌木群落 | 紫叶李+腊梅+龙柏—肾蕨+花叶冷水花 | 居住区、公园等 |
| 21 | | 凤尾竹—沿阶草 | |
| 22 | 藤本群落 | 紫藤、叶子花、凌霄、藤本月季、爬山虎、常春藤、香花芽豆藤等 | 各类绿地中的边坡、陡坎、高架桥、廊架等立体绿化 |
| 23 | 草本群落 | 时令草花花镜 | 各类绿地 |
| 24 | | 多年生草花花镜 | |
| 25 | | 细叶结缕草、草地早熟禾、高羊茅、狗牙根等混合草坪或单纯草坪 | |
| 26 | | 狐尾藻—荷花+睡莲—菖蒲+再力花+水葱+灯芯草等水生植物群落 | 滨水绿地 |

# 第六章 生物多样性保护和发展规划

**第三十五条** "四山"保护规划

（一）规划范围

南北向平行贯穿主城区的缙云山、中梁山、铜锣山、明月山地区，管制区面积共约2376.15平方千米，森林面积约1178平方千米。

（二）保护措施

划定"四山"绿线，禁止城市建设，保护山体环境；设立自然保护区，加强"四山"生态环境建设。

**第三十六条　河流水系保护规划**

（一）规划范围

建设区范围内长江、嘉陵江及相应的一级、二级支流，包括流域面积达 100 平方千米以上的御临河、梁滩河、黑水滩河、后河、一品河、五布河、桃花溪、花溪河、盘溪河、清水溪、花溪、一品河以及迎龙湖、龙景湖、双龙湖等大型水体。

（二）保护措施

保护长江、嘉陵江原有生境，严禁开发占用沿岸天然林湿地；在满足行洪的基础上，河道两侧控制 50 米以上的绿化带；在 175 米以下消落带区域选择耐水淹植物进行生态修复；175 米以上高程区域选择湿生植物构建河岸绿化带。

**第三十七条　野生动植物物种保护规划**

（一）就地保护

1. 主城区内各级森林公园是珍稀动植物保护的重点区域，主要有：歌乐山国家森林公园、玉峰山森林公园、铁山坪森林公园、白塔坪市级森林公园等。

2. 主城区内各级自然保护区是珍稀动植物保护的关键区域。

（二）迁地保护

1. 以重庆南山植物园、花卉园、鹅岭公园等为依托，建立重庆市植物多样性迁地保护基地。

2. 制定植物多样性保护规划，加强野生植物种类的开发、利用和保护。

3. 建立重庆珍稀濒危野生动物迁地保护基地，加强珍稀濒危野生动物资源保存与迁地保护的研究。

4. 完善动物繁育研究基地，制定野生动物种群发展计划，扩大和改善动物生存空间及环境质量。

**第三十八条　生物多样性保护与生态管理措施**

（一）完善保护政策和法规、加大执法力度。

（二）处理好环境保护和资源利用的关系，避免对生物多样性破坏。

（三）发展自然保护区，建立生物多样性管护网。

（四）进行退化生态系统的恢复与重建。

（五）加大生物多样性保护方面的科研投入及宣传教育。

# 第七章　古树名木保护规划

**第三十九条　保护范围**

重庆现有的古树名木分属 36 科，48 属，50 种，有 1019 株，其中，一级保护树 13 科，14 属，14 种，102 株，生长良好的 80 株，一般的 19 株，差的 3 株；二级保护树 26 科，33 属，37 种，917 株，生长良好的 660 株，一般的 196 株，差的 61 株。

各区养护管理技术措施到位，古树名木保护率达 98.8%。

本规划将树龄在五十年以上一百年以下的树木划定为第三级保护树种，作为古树后续资源进行保护。

**第四十条　保护策略**

（一）严格执行建设部颁发的《城市古树名木管理办法》（建城〔2000〕192号），制定科学、可行、易操作的养护措施，做到古树名木动态监测，适时进行复壮保护。

（二）建立科学合理的古树名木管理体系，完善古树名木保护管理责任制，使保护管理工作落到实处。

（三）加强规划管理，在城市建设项目审批中，明确古树名木保护措施许可、工程避让及古树后续资源迁移等内容，从规划上予以保护控制。

（四）抓好全市古树名木和古树后续资源的补查工作，进一步摸清资源家底，完善档案信息管理系统，并实现古树名木的计算机信息化管理。

（五）加强古树名木保护的宣传力度，使各级政府和部门都积极主动地参与到古树名木保护工作中来，提高社会各界保护古树名木的意识。

# 第八章　重点建设规划

**第四十一条**　重点公园绿地建设规划

（一）建设目标

重点建设15个城市生态公园（详见附表5），5个湿地公园（详见附表8），7条重要慢行廊道及9个综合公园（详见附表6）、7个特色专类公园（详见附表7）、120个社区公园和200个街头绿地。

（二）建设重点

1. 建成长石尾滨江公园、奥山公园、宏帆坡顶郊野公园及滨江景观林郊野公园绿地；

2. 建设新增御临河湿地公园、沐仙湖湿地公园；

3. 改造提升九曲河湿地公园、龙滩子湿地公园和花溪河湿地公园；

4. 建设形成山林休闲型廊道、文化体验型廊道、城市娱乐慢行廊道、滨江游憩慢行廊道四条慢行廊道；

5. 改造提升现状登山步道、滨江步道以及重要商业步行街慢行廊道；

6. 加快公园应急避险场所设施建设。

**第四十二条**　重点生产绿地建设规划

（一）建设目标

城区生产绿地面积不低于城市建成区面积的2%；城市各项绿化美化工程所用苗木自给率达到80%以上。

（二）建设重点

1. 将生产绿地基本转移至渝西片区、静观、铁山坪、南山、二圣等片区；

2. 将生产绿地结合林地、农地建设，同时结合农村土地流转政策、乡村旅游进行开发经营，增加农村就业机会和农民收入。

**第四十三条**　重点防护绿地建设规划

（一）建设目标

控制预留建设区各类防护绿地，逐步形成城市外围的生态保护圈和城市内部的生态隔离带，城市防护绿地实施率不低于80%。

（二）建设重点

1.完善防护绿地建设，改善防护绿地结构；

2.补充修复旧城区缺失的部分滨水防护绿地、高压走廊防护绿地、污水处理厂防护绿地；

3.建成绕城高速防护绿地、新建工业区卫生防护绿地、高压走廊防护绿地；

4.在工业用地与居住用地之间设置宽度不低于30米的卫生防护林。

**第四十四条　重点附属绿地建设规划**

（一）建设目标

城市街道绿化按道路长度普及率、达标率分别在100%和80%以上；市区干道绿化带面积不少于道路用地面积的25%。

新建居住区绿地率大于30%，旧城居住区绿地率不低于25%，全市园林式居住区达到60%以上。

（二）建设重点

1.加强城市道路绿化，提高林荫路比例，改善城市主要出入口的环境绿化，树立城市形象；

2.加强附属绿地普查核实，对不达标的单位进行督促改进，使其附属绿地建设达到规划要求。

**第四十五条　重点区域绿地规划**

（一）建设目标

通过加强四山生态带与两江七河消落带绿化，提升城市景观，维护生态环境。

（二）建设重点

1.城市山体生态带保护建设

重点完善主城区山体保护建设，修复缙云山、中梁山、铜锣山、明月山、桃子荡山采石场遗留弃置地，控制重点、一般控建区内现状建设用地，减少重点控建区内人口数量，清理一般控建区范围内部分污染严重的厂矿企业，降低四山范围内山林的生态压力。

2.消落带绿地保护建设

对两江七河沿线滩涂及未纳入湿地公园建设的消落带进行绿化，所用植物应选择耐水湿的乡土树种和禾本科植物；结合湿地公园建设消落带绿化，保护两江七河水域生态廊道。

# 第九章　规划实施措施

**第四十六条　政策措施**

本规划由重庆市人民政府统一组织实施，各级政府和政府各部门必须统一思想，充分认识到绿地系统规划的重要性，维护规划的严肃性、权威性，切实保障绿地系统规划对城市生态环境、绿地建设的指导和调控作用。

建立以绿地系统总体规划为核心的空间规划体系，完善市域城市发展新区、渝东北生态涵养发展区、渝东南生态保护发展区各区县的绿地系统规划，以本规划为指导，保证与本规划的衔接。加快主城区周边城镇绿地系统规划，加强绿地系统规划对城市建设的指导作用。

**第四十七条　法规措施**

一、强化规划法定性

绿地系统规划是指导全市绿地系统发展的重要纲领，是全市城乡绿地建设和管理的基础依据。各行政区的绿地系统规划要以本规划为指导，认真执行规划的各项控制要求，结合自身经济社会和城市绿地建设特点，有序推进城乡绿化事业的发展。

二、加强规划衔接

加强部门协作，建立城乡规划、发展改革、国土资源、建设管理、环境保护等部门的联动机制，加强绿地系统规划与其他各项专项规划的相互衔接。

三、健全法制保障

建立健全绿化法治建设，推进科学立法、严格执法、强化司法、加强普法，将绿化建设进一步纳入法治化轨道。决不能以牺牲绿色青山为代价换取所谓"金山银山"。要在现有法律法规基础上，结合重庆市园林绿化建设的具体情况，进一步完善、落实有关的规章制度。以法律手段对绿化用地实行用途管制，做到"以法护绿、以法兴绿"。

四、加强市域绿地系统规划实施

1. 明确各类绿地控制范围，加强城市绿线的法律地位。

2. 绿地系统规划的编制与调整，应以城市总体规划为主要依据。

3. 绿地系统规划由园林绿化行政主管部门会同城乡规划行政主管部门组织编制与实施。

4. 园林绿化行政主管部门应严格验收建设项目的绿化指标要求。

5. 各区县绿化建设除满足绿地率、绿化覆盖率和人均公园绿地面积三大指标外，应严格养护标准、细化管护、专业机构设置、专业人员配备、管护经费保障、后勤配套设施等考核标准，确保城市绿化建设整体质量水平的提高。

五、推进城市立体绿化建设

1. 鼓励已完工及在建建筑物屋顶进行绿化改造和垂直绿化。将屋顶绿化率、垂直绿化面积纳入市、区级园林式社区和园林式单位评选的考核指标体系。

2. 各区县园林主管部门负责组织实施本区域的城市空间立体绿化工作，并制定工作方案和实施步骤。

3. 各城区应抓好立体绿化建设重点示范工程，建成一批以屋顶绿化、墙体绿化、绿墙绿化为特色的立体绿化示范街道和示范小区。

4. 促进专业技术升级，学习吸收先进设计、建设理念，在强化生态功能的基础上，丰富立体绿化的休闲和服务功能，提高工程建设标准和品质。

5. 按照"谁使用、谁建设、谁管理"的原则，落实立体绿化养护专项资金。

6. 加强宣传，强化群众监督、检查。

**第四十八条　技术措施**

（一）贯彻国务院文件精神，建立绿线管制制度。

（二）完善风景园林技术标准体系。

（三）推进园林绿化信息化管理。

（四）规范管理、加强执法，增加管理的科技含量。

（五）加强职业教育，注意人才引进，进行专业管理。

（六）加强养护管理，倡导节约型园林理念。

**第四十九条　经济保障**

根据绿地建设的实际需要，建立如政府投资、其他渠道筹措资金、全民参与保障等多样性的投融资体制与方式。

**第五十条　公共监督**

（一）设立界桩和监督电话。本规划批准后，由市政府统一设立山系、水系、绿系的相关界线标识，便于市民监督实施。

（二）专家和市民参与。建立涉山、涉水、涉绿重大建设项目的专家论证、社会公示和市民听证制度，加强规划和实施过程中相关决策的科学性。

（三）建立空间管理数据库。利用先进技术手段，构建集现状、规划及建设信息为一体的数据平台，对规划实施情况进行动态跟踪和定期评价

# 第十章　附　　则

**第五十一条　规划成果**

本规划成果由规划文本、图纸及附件（含说明书、基础资料汇编、相关专题研究报告）组成。规划一经批准，规划文本和图纸具有同等法律效力。

**第五十二条　实施主体和适用范围**

本规划由重庆市人民政府批准并组织实施。凡在本规划范围内进行与城市园林绿化有关的规划设计、建设和管理活动，均应执行本规划。

**第五十三条　与其他规划的协调**

在与其他规划的协调过程中，需保证本规划绿地指标、公园服务半径的规划要求不能调整。

各类用地规划绿地指标一览表　　　　　　　　　　　　　　　　　附表1

| 序号 | 用地类别 | | 用地代号 | 绿地率要求 | |
|---|---|---|---|---|---|
| | | | | 渝中区绿地率 | 其他区绿地率 |
| 1 | 居住用地 | | R | ≥30.00% | ≥30.00% |
| 2 | 公共管理与公共服务设施用地 | | A | | |
| | 其中 | 行政办公用地 | A1 | ≥35.00% | ≥35.00% |
| | | 文化设施用地 | A2 | ≥35.00% | ≥35.00% |
| | | 教育科研用地 | A3 | ≥35.00% | ≥35.00% |
| | | 体育用地 | A4 | ≥30.00% | ≥35.00% |
| | | 医疗卫生用地 | A5 | ≥35.00% | ≥35.00% |
| | | 社会福利用地 | A6 | ≥35.00% | ≥35.00% |
| | | 文物古迹用地 | A7 | ≥35.00% | ≥35.00% |
| | | 宗教用地 | A9 | ≥35.00% | ≥35.00% |

| 序号 | 用地类别 | | | 用地代号 | 绿地率要求 | |
|---|---|---|---|---|---|---|
| | | | | | 渝中区绿地率 | 其他区绿地率 |
| 3 | 商业服务业用地 | | | B | | |
| | 其中 | | 商业用地 | B1 | ≥15.00% | ≥15.00% |
| | | | 商务用地 | B2 | ≥15.00% | ≥25.00% |
| | | | 娱乐康体用地 | B3 | ≥20.00% | ≥25.00% |
| | | | 公用设施营业网点用地 | B4 | ≥20.00% | ≥20.00% |
| | | | 其他服务设施用地 | B9 | ≥20.00% | ≥20.00% |
| 4 | 工业用地 | | | M | 0 | ≥15.00% |
| 5 | 物流仓储用地 | | | W | 0 | ≥15.00% |
| 6 | 道路与交通设施用地 | | | S | 分类分级控制 | 分类分级控制 |
| | 其中：城市道路用地 | | | S1 | | |
| 7 | 公用设施用地 | | | U | ≥20.00% | ≥20.00% |

### 防灾公园规划一览表

附表 2

| 序号 | 公园名称 | 公园性质 | 用地面积（hm²） | 区域 |
|---|---|---|---|---|
| 1 | 龙头寺公园 | 综合公园 | 43.35 | 渝北区 |
| 2 | 百林公园 | 综合公园 | 13.52 | 渝北区 |
| 3 | 花卉园 | 综合公园 | 14.16 | 渝北区 |
| 4 | 园博园 | 城市生态公园 | 188.99 | 渝北区 |
| 5 | 重庆市中央公园 | 城市生态公园 | 112.33 | 渝北区 |
| 6 | 珊瑚公园 | 综合公园 | 8.78 | 渝中区 |
| 7 | 沙坪公园 | 综合公园 | 18.07 | 沙坪坝区 |
| 8 | 奥体公园 | 社区公园 | 2.65 | 九龙坡区 |
| 9 | 江南体育公园 | 专类公园 | 2.46 | 南岸区 |
| 10 | 茶园主题公园 | 综合公园 | 41.8 | 南岸区 |
| 11 | 花溪工业园区公园 | 综合公园 | 20.12 | 巴南区 |
| 12 | 鱼洞公园 | 综合公园 | 13.08 | 巴南区 |
| 13 | 大渡口公园 | 综合公园 | 8.09 | 大渡口区 |
| 14 | 大学城中央公园 | 综合公园 | 22.11 | 沙坪坝区 |
| 15 | 缙云广场 | 广场 | 2.98 | 北碚区 |

### 规划临时避险绿地一览表

附表 3

| 序号 | 公园名称 | 公园性质 | 用地面积（hm²） | 区域 |
|---|---|---|---|---|
| 1 | 天宫殿公园 | 综合公园 | 36.03 | 渝北区 |
| 2 | 大龙山公园 | 综合公园 | 5.88 | 渝北区 |
| 3 | 颐和公园 | 综合公园 | 24.88 | 渝北区 |
| 4 | 张家沟绿地 | 城市生态公园 | 124.55 | 渝北区 |

| 序号 | 公园名称 | 公园性质 | 用地面积（hm²） | 区域 |
|------|----------|----------|------------------|------|
| 5 | 白云公园 | 综合公园 | 18.50 | 渝北区 |
| 6 | 黄桷坪公园 | 专类公园 | 10.64 | 渝北区 |
| 7 | 碧津公园 | 综合公园 | 7.58 | 渝北区 |
| 8 | 桃源公园 | 综合公园 | 33.98 | 渝北区 |
| 9 | 中航两江体育公园 | 专类公园 | 291.21 | 渝北区 |
| 10 | 生基社区公园 | 社区公园 | 17.39 | 渝北区 |
| 11 | 石坪中心公园 | 综合公园 | 71.87 | 渝北区 |
| 12 | 竹林公园 | 社区公园 | 16.02 | 渝北区 |
| 13 | 石门公园 | 综合公园 | 5.77 | 江北区 |
| 14 | 嘉陵公园 | 综合公园 | 7.78 | 江北区 |
| 15 | 江北嘴中央公园 | 综合公园 | 28.63 | 江北区 |
| 16 | 逸兴公园 | 综合公园 | 22.67 | 江北区 |
| 17 | 卧龙公园 | 专类公园 | 30.41 | 江北区 |
| 18 | 新意境社区公园 | 社区公园 | 11.53 | 江北区 |
| 19 | 人民公园 | 综合公园 | 3.72 | 渝中区 |
| 20 | 人民广场 | 广场 | 4.59 | 渝中区 |
| 21 | 红岩革命纪念馆（红岩公园） | 专类公园 | 15.03 | 渝中区 |
| 22 | 渝高公园 | 综合公园 | 4.11 | 九龙坡区 |
| 23 | 美茵运动公园 | 专类公园 | 10.27 | 九龙坡区 |
| 24 | 彩云湖国家湿地公园 | 专类公园 | 93.51 | 九龙坡区 |
| 25 | 思畅园 | 社区公园 | 3.46 | 九龙坡区 |
| 26 | 玉龙公园 | 社区公园 | 4.30 | 九龙坡区 |
| 27 | 华岩寺公园 | 综合公园 | 32.40 | 九龙坡区 |
| 28 | 金研公园 | 综合公园 | 18.71 | 九龙坡区 |
| 29 | 白果广场 | 广场 | 5.14 | 九龙坡区 |
| 30 | 西彭广场 | 广场 | 1.64 | 九龙坡区 |
| 31 | 爱情公园 | 专类公园 | 17.84 | 大渡口区 |
| 32 | 石林立交绿点 | 社区公园 | 24.62 | 大渡口区 |
| 33 | 美心湿地公园 | 专类公园 | 5.72 | 南岸区 |
| 34 | 南山水主题公园 | 专类公园 | 4.77 | 南岸区 |
| 35 | 融侨公园 | 综合公园 | 14.66 | 南岸区 |
| 36 | 俊逸公园 | 社区公园 | 13.42 | 南岸区 |
| 37 | 黄家湾公园 | 带状公园 | 58.23 | 南岸区 |
| 38 | 恒大城社区公园 | 社区公园 | 6.12 | 巴南区 |
| 39 | 融汇公园二期 | 社区公园 | 9.36 | 巴南区 |
| 40 | 巴南文化公园 | 综合公园 | 17.16 | 巴南区 |

| 序号 | 公园名称 | 公园性质 | 用地面积（hm²） | 区域 |
|---|---|---|---|---|
| 41 | 龙洲湾广场 | 广场 | 20.68 | 巴南区 |
| 42 | 巴南人民广场 | 广场 | 1.36 | 巴南区 |
| 43 | 木鱼石公园 | 综合公园 | 62.35 | 沙坪坝区 |
| 44 | 宫房寺广场 | 广场 | 10.06 | 沙坪坝区 |
| 45 | 川外小游园 | 社区公园 | 2.61 | 沙坪坝区 |
| 46 | 平顶山公园 | 综合公园 | 57.18 | 沙坪坝区 |
| 47 | 狮子山公园 | 综合公园 | 18.69 | 沙坪坝区 |
| 48 | 北碚公园 | 综合公园 | 7.07 | 北碚区 |
| 49 | 农荣公园 | 综合公园 | 33.54 | 北碚区 |
| 50 | 观音岩公园 | 综合公园 | 25.89 | 北碚区 |
| 51 | 同兴中央公园 | 综合公园 | 27.12 | 北碚区 |

**规划紧急避险绿地一览表**　　　　　　　　　　　　附表4

| 序号 | 公园名称 | 公园性质 | 用地面积（hm²） | 区域 |
|---|---|---|---|---|
| 1 | 空港广场 | 广场 | 3.98 | 渝北区 |
| 2 | 新春广场 | 广场 | 2.48 | 渝北区 |
| 3 | 云竹公园 | 城市生态公园 | 11.31 | 渝北区 |
| 4 | 翠云公园 | 综合公园 | 26.25 | 渝北区 |
| 5 | 金山公园 | 社区公园 | 2.21 | 渝北区 |
| 6 | 龙塘公园 | 综合公园 | 11.11 | 渝北区 |
| 7 | 动步公园 | 专类公园 | 7.47 | 渝北区 |
| 8 | 火车站前街头绿地 | 游园 | 2.90 | 渝北区 |
| 9 | 新溉大道广场 | 广场 | 0.77 | 渝北区 |
| 10 | 袁家坪公园 | 社区公园 | 23.44 | 渝北区 |
| 11 | 江与城街头游园 | 游园 | 1.35 | 渝北区 |
| 12 | 大竹林广场 | 广场 | 2.49 | 渝北区 |
| 13 | 王家城广场 | 广场 | 2.02 | 江北区 |
| 14 | 长安大街街头绿地 | 游园 | 4.00 | 江北区 |
| 15 | 老鸦山社区公园 | 社区公园 | 32.44 | 江北区 |
| 16 | 李子林社区公园 | 社区公园 | 8.99 | 江北区 |
| 17 | 塔子山公园 | 专类公园 | 19.28 | 江北区 |
| 18 | 嘉景园绿地 | 游园 | 0.55 | 江北区 |
| 19 | 逸然园 | 社区公园 | 3.23 | 江北区 |
| 20 | 鸿恩寺森林公园 | 综合公园 | 63.66 | 江北区 |
| 21 | 保利香雪社区游园 | 社区公园 | 6.97 | 江北区 |
| 22 | 重庆石子山公园 | 综合公园 | 69.11 | 江北区 |

| 序号 | 公园名称 | 公园性质 | 用地面积（hm²） | 区域 |
|------|----------|----------|----------------|------|
| 23 | 渝中公园 | 综合公园 | 4.81 | 渝中区 |
| 24 | 朝天门广场 | 广场 | 4.00 | 渝中区 |
| 25 | 鹅岭-浮图关公园 | 综合公园 | 49.56 | 渝中区 |
| 26 | 磨盘山游园 | 社区公园 | 5.59 | 九龙坡区 |
| 27 | 天鹅堡社区公园 | 社区公园 | 2.08 | 九龙坡区 |
| 28 | 龙凤寺公园 | 游园 | 4.65 | 九龙坡区 |
| 29 | 居然之家广场 | 广场 | 4.88 | 九龙坡区 |
| 30 | 白市驿城市公园 | 综合公园 | 18.20 | 九龙坡区 |
| 31 | 走马镇公园 | 综合公园 | 21.18 | 九龙坡区 |
| 32 | 陶家中心公园 | 综合公园 | 48.96 | 九龙坡区 |
| 33 | 常青藤城市公园 | 社区公园 | 5.17 | 九龙坡区 |
| 34 | 真武宫小游园 | 游园 | 5.01 | 九龙坡区 |
| 35 | 西铝公园 | 专类公园 | 25.18 | 九龙坡区 |
| 36 | 诗情文化广场 | 广场 | 1.73 | 大渡口区 |
| 37 | 燕南公园 | 社区公园 | 0.79 | 大渡口区 |
| 38 | 双山公园广场 | 广场 | 0.85 | 大渡口区 |
| 39 | 思源公园 | 专类公园 | 8.93 | 大渡口区 |
| 40 | 桥口健身广场 | 广场 | 1.32 | 大渡口区 |
| 41 | 大院广场 | 广场 | 3.24 | 大渡口区 |
| 42 | 跳蹬工业园大道绿点 | 游园 | 1.51 | 大渡口区 |
| 43 | 蓝沁苑绿点 | 游园 | 1.45 | 大渡口区 |
| 44 | 国际社区公园 | 社区公园 | 19.66 | 南岸区 |
| 45 | 涂山湖公园 | 综合公园 | 25.64 | 南岸区 |
| 46 | 团山堡广场 | 广场 | 10.8 | 南岸区 |
| 47 | 希尔顿社区公园 | 社区公园 | 4.15 | 南岸区 |
| 48 | 融侨半岛公园 | 社区公园 | 6.63 | 巴南区 |
| 49 | 花溪隧道广场 | 广场 | 4.43 | 巴南区 |
| 50 | 麒龙广场 | 广场 | 1.26 | 巴南区 |
| 51 | 日月山庄社区公园 | 社区公园 | 4.39 | 巴南区 |
| 52 | 宗申动力城社区公园 | 社区公园 | 2.82 | 巴南区 |
| 53 | 南温泉广场 | 广场 | 0.68 | 巴南区 |
| 54 | 巴南市民广场 | 广场 | 0.17 | 巴南区 |
| 55 | 鱼洞老街公园 | 综合公园 | 2.38 | 巴南区 |
| 56 | 含笑公园 | 综合公园 | 10.57 | 巴南区 |
| 57 | 大成湖公园 | 综合公园 | 24.88 | 沙坪坝区 |
| 58 | 寨山坪公园 | 城市生态公园 | 107.65 | 沙坪坝区 |

| 序号 | 公园名称 | 公园性质 | 用地面积（hm²） | 区域 |
|---|---|---|---|---|
| 59 | 回龙坝公园 | 综合公园 | 52.92 | 沙坪坝区 |
| 60 | 井口社区公园 | 社区公园 | 5.77 | 沙坪坝区 |
| 61 | 元祖公园 | 社区公园 | 7.52 | 沙坪坝区 |
| 62 | 俊峰香格里拉社区公园 | 社区公园 | 4.01 | 沙坪坝区 |
| 63 | 保农公社广场 | 广场 | 4.89 | 沙坪坝区 |
| 64 | 北温泉公园 | 综合公园 | 8.10 | 北碚区 |
| 65 | 城市文化休闲公园 | 综合公园 | 1.84 | 北碚区 |
| 66 | 高家湾公园 | 综合公园 | 18.22 | 北碚区 |
| 67 | 要坝广场 | 广场 | 0.38 | 北碚区 |
| 68 | 云汉大道广场 | 广场 | 2.80 | 北碚区 |
| 69 | 三溪口社区公园 | 社区公园 | 12.65 | 北碚区 |
| 70 | 石龙公园 | 综合公园 | 56.42 | 北碚区 |
| 71 | 罗家岩社区公园 | 社区公园 | 37.10 | 北碚区 |

**主城区重点建设城市生态公园规划一览表**　　　　　　　　附表5

| 编号 | 公园名称 | 面积（hm²） | 位置 | 区域 | 备注 |
|---|---|---|---|---|---|
| 1 | 奥山公园 | 49.75 | 奥山小区旁 | 渝北区 | 新建 |
| 2 | 宏帆坡顶生态公园 | 16.86 | 金通大道与天山大道交点 | 渝北区 | 新建 |
| 3 | 滨江景观林 | 325.67 | 嘉陵江一侧 | 渝北区 | 新建 |
| 4 | 水观音生态公园 | 32.17 | 水观音水库 | 渝北区 | 新建 |
| 5 | 锦绣山生态园 | 13.74 | 黄桷坪立交附近 | 渝北区 | 新建 |
| 6 | 何家岩生态公园 | 53.76 | 何家岩 | 渝北区 | 新建 |
| 7 | 礼嘉生态公园 | 56.73 | 礼嘉 | 渝北区 | 新建 |
| 8 | 红树林生态公园 | 20.08 | 红树林小区旁 | 渝北区 | 新建 |
| 9 | 高峰寺生态公园 | 48.9 | 高峰寺 | 渝北区 | 新建 |
| 10 | 长石尾滨江公园 | 48.42 | 长石尾 | 江北区 | 新建 |
| 11 | 石板滩生态公园 | 83.21 | 石板滩滨江带 | 江北区 | 新建 |
| 12 | 彭家岩生态公园 | 43.89 | 彭家岩 | 北碚区 | 新建 |
| 13 | 嘉悦生态公园 | 28.28 | 嘉悦大桥以南 | 北碚区 | 新建 |
| 14 | 龙门桥生态公园 | 13.16 | 龙门桥 | 北碚区 | 新建 |
| 15 | 印华生态公园 | 23.68 | 印华村 | 北碚区 | 新建 |

**主城区重点建设综合公园规划一览表**　　　　　　　　附表6

| 序号 | 公园名称 | 面积（hm²） | 位置 | 区域 | 备注 |
|---|---|---|---|---|---|
| 1 | 逸兴公园 | 22.67 | 逸兴路僧宫寺附近 | 江北区 | 新建 |
| 2 | 龙塘公园 | 11.11 | 北部新区礼嘉镇龙塘水库 | 渝北区 | 新建 |
| 3 | 白云公园 | 18.50 | 北部新区礼嘉镇白云水库 | 渝北区 | 新建 |

| 序号 | 公园名称 | 面积（hm²） | 位置 | 区域 | 备注 |
|---|---|---|---|---|---|
| 4 | 石坪中心公园 | 71.87 | 石坪镇余家坝 | 渝北区 | 新建 |
| 5 | 生基社区公园 | 17.39 | 龙兴镇两江大道东侧 | 渝北区 | 新建 |
| 6 | 中航两江体育公园 | 291.21 | 西山村 | 渝北区 | 新建 |
| 7 | 木鱼石公园 | 62.35 | 万宝村 | 沙坪坝 | 新建 |
| 8 | 同兴中央公园 | 27.12 | 福宁寺 | 北碚区 | 扩容提升 |
| 9 | 石龙公园 | 56.42 | 石龙 | 北碚区 | 新建 |

**重点建设专类公园规划一览表**　　　　　　　　　附表 7

| 编号 | 公园名称 | 面积（hm²） | 位置 | 区域 | 备注 |
|---|---|---|---|---|---|
| 1 | 塔子山公园 | 19.28 | 塔子山 | 江北区 | 新建 |
| 2 | 椅子湾公园 | 16.30 | 港城西路以西 | 江北区 | 新建 |
| 3 | 巴渝文化公园 | 54.99 | 江北区陈家湾 | 江北区 | 新建 |
| 4 | 灯塔公园 | 29.78 | 灯塔 | 北碚区 | 新建 |
| 5 | 蛮洞岩专类园 | 8.53 | 蛮洞岩 | 北碚区 | 新建 |
| 6 | 云竹公园 | 11.31 | 云竹路以北 | 渝北区 | 新建 |
| 7 | 桂花湾动步公园 | 4.92 | 桂花湾 | 渝北区 | 新建 |
| 8 | 极地海洋公园 | 20.6 | 龙洲湾 | 巴南区 | 新建 |

**主城区近期规划建设湿地公园规划一览表**　　　　　　　　　附表 8

| 编号 | 公园名称 | 面积（hm²） | 位置 | 区域 | 备注 |
|---|---|---|---|---|---|
| 1 | 御临河湿地公园 | 295.61 | 御临河 | 渝北区 | 新建 |
| 2 | 九曲河湿地公园 | 111.38 | 金山大道与南海高速附近 | 渝北区 | 改建 |
| 3 | 龙滩子湿地公园 | 100.70 | 龙凤溪 | 北碚区 | 扩容提升 |
| 4 | 沐仙湖湿地公园 | 11.13 | 空港新城南馨大道 | 渝北区 | 新建 |
| 5 | 花溪河湿地公园 | 21.01 | 巴南花溪河 | 巴南区 | 扩容提升 |
| 6 | 迎龙湖湿地公园 | 233 | 南岸区迎龙镇 | 南岸区 | 扩容提升 |

# 重庆市绿地系统规划（2004—2020）文本绿地分类注解

　　由于 2012 年起执行的《城市用地分类与规划建设用地标准（GB50137—2011）》与《城市绿地分类标准》CJJ/T 85—2002 中绿地分类有冲突，因此，新的城市绿地分类标准即将出台，而《重庆市中心城区绿地系统规划 2014—2020》为了和新版的城市规划衔接，在城市绿地的分类标准上，选用了即将出台的城市绿地分类新标准，即城市绿地分为：公园绿地、防护绿地、附属绿地、广场绿地和区域绿地。另：由于重庆的特殊情况，部分属于区域绿地用地性质的生态公园计入了城市公园的量。

# 主要参考文献

[1] 同济大学，重庆建筑工程学院，武汉城建学院合编.城市园林绿地规划 [M].北京：中国建筑工业出版社，1982

[2] 贾建中.城市绿地规划设计 [M].北京：中国林业出版社，2000

[3] 李敏.现代城市绿地系统 [M].北京：中国建筑工业出版社，2002

[4] 李敏.城市绿地系统与人居环境 [M].北京：中国建筑工业出版社，1999

[5] 柳尚华.中国风景园林当代五十年（1949-1999）[M].北京：中国建筑工业出版社，1999

[6] 封云.公园绿地规划设计 [M].北京：中国林业出版社，1996

[7] 同济大学建筑系.园林教研室编.公园规划与建筑图集 [M].北京：中国建筑工业出版社，1986

[8] 李敏.广州公园建筑 [M].北京：中国建筑工业出版社，2001

[9] 中国城市规划协会.中国建筑工业出版社合编.城市广场Ⅰ、Ⅱ [M].北京：中国建筑工业出版社，2000

[10] [美] 诺曼K·布思，曹礼昆，曹德鲲著.风景园林设计要素 [M].北京：中国林业出版社，1989

[11] 张国强，贾建中.风景园林设计——中国风景园林规划设计作品集萃 [M].北京：中国建筑工业出版社，2005

[12] 余树勋.植物园规划与设计 [M].天津：天津大学出版社，2000

[13] 刘少宗.中国优秀园林设计集一～四 [M].天津：天津大学出版社，1997-1999

[14] [美] 纳尔逊·哈默编著，杨海燕译.室内园林 [M].北京：中国轻工业出版社，2001

[15] 罗哲文.中国古园林 [M].北京：中国建筑工业出版社，1999

[16] 北京市园林局编.北京园林 [M].北京：中国建筑工业出版社，1996

[17] 台湾建筑报导杂志社编.世界景观设计大全 [M].台北：台湾建筑报导杂志社，2000

[18] 中国公园协会.建设部城市建设司主编.中国园林城市 [M].北京：中国建筑工业出版社，1999

[19] 刘庆渝.中国·重庆 [M].重庆：重庆出版社，2001

[20] 董明，何舜之.美丽家园——大型住宅小区环境景观设计 [M].贵州：百通集团贵州科技出版社，2001

[21] 白德懋.居住区规划与环境设计 [M].北京：中国建筑工业出版社，1993

[22] 邓述平，王仲谷.居住区规划设计资料集 [M].北京：中国建筑工业出版社，1996

[23] 王浩等.城市道路绿地景观设计 [M].南京：东南大学出版社，1996

[24] 丁文魁.风景名胜研究 [M].上海：同济大学，1988

[25] [丹麦] 杨·盖尔著，何人可译.交往与空间 [M].北京：中国建筑工业出版社，1992

[26] 优秀景观建筑精选 [M].上海：同济大学出版社，1999

[27] 中国城市规划学会主编.中国当代城市设计精品集 [M].北京：中国建筑工业出版社，2000

[28] 蒲蔚然，刘骏.重庆渝中区现代园林花圃详细规划 [J].中国园林，2002，18（2）：9-11

[29] 刘骏，蒲蔚然.对新编《城市绿地分类标准》的几点意见 [J].中国园林，2003，19（2）：70-71

[30] Cottomwinslow M. International Landscape design [J]. PBC. International INC，1991

[31] F. Frankel, J. Johnson. Modern. Landscape Architecture：redefining the garden. Abcfville PressPurlishers，1991

[32] 重庆中建科置业有限公司.重庆龙湖花园环境建设 [J].建筑学报.2001，（7），56-57

[33] 蒲蔚然，刘骏.探索促进社区关系的居住小区模式 [J].城市规划汇刊，1997，（04）：54-58

[34] 吴人韦.国外城市绿地的发展历程 [J].城市规划，1998，（6）：39-43

[35] 《中国园林》.1997.1-2003.5 各期

［36］ CJJ/T85—2002，J185—2002，中华人民共和国建设部.中华人民共和国行业标准.城市绿地分类标准

［37］ CJJ75—97.中华人民共和国建设部.中华人民共和国行业标准.城市道路绿化规划与设计规范

［38］ GB50298—1999.中华人民共和国建设部.中华人民共和国行业标准.风景名胜区规划规范

［39］ GB50298—1999.中华人民共和国建设部.中华人民共和国行业标准.公园设计规划

［40］ Julius Gy. Fabos, Introduction and overiew: the greenway movement, uses and potentials of greenways ［J］. Landscape and Urban Planning, 1995: 1–13.

［41］ 李开然.绿色基础设施：概念，理论及实践［J］.中国园林，2009，10：88–90.

［42］ 付喜娥，吴人韦.绿色基础设施评价（GIA）方法介述——以美国马里兰州为例［J］.中国园林，2009，09：41–45.

［43］ 金云峰，周聪惠.绿道规划理论实践及其在我国城市规划整合中的对策研究.现代城市研究［J］，2012，（3）：4–12

［44］ 刘滨谊，张德顺，刘晖，戴睿.城市绿色基础设施的研究与实践［J］.中国园林，2013，（3）：6–10

［45］ US EPA. Low Impact Development （LID）: A Literature Review ［R］. Washington, DC: United States Environmental Protection Agency, 2000: 1–3.

［46］ Mark A Benedict, Edward T McMahon. Green Infrastructure: smart conservation for the 21st Century. The Conservation Fund. Sprawl Watch Clearinghouse. 2001.

［47］ Mark A Benedict, Will Allen, Ed T McMahon. Advancing Strategic Conservation in the Commonwealth of Virginia. The Conservation Fund, Virginia Green Infrastructure Scoping Study Report. 2004.

［48］ 张园，于冰沁，车生泉.绿色基础设施和低冲击开发的比较及融合［J］.中国园林，2014，03：49–53.

［49］ 车伍，吕放放，李俊奇，李海燕，王建龙.发达国家典型雨洪管理体系及启示［J］.中国给水排水，2009，20：12–17.

［50］ 刘张璐，赵兰勇，朱秀芹.中国生物多样性及其保护规划发展研究现状［J］.中国园林，2010，26（1）：81–83

［51］ 李敏，城市绿地系统规划［M］.北京：中国建筑工业出版社，2008

［52］ 刘颂，刘滨谊，温泉平.城市绿地系统规划［M］.北京：中国建筑工业出版社，2010

［53］ 李铮生，城市园林绿地规划与设计［M］.北京：中国建筑工业出版社，2006

［54］ 刘骏等.居住小区环境景观设计［M］.重庆：重庆大学出版社，2014

［55］ 黄晓鸾.居住区环境设计［M］.北京：中国建筑工业出版社，1994

［56］ 杨明森主编.中国环境年鉴［Z］.北京：中国环境年鉴社，2014

［57］ GB50137—2011，中华人民共和国住房和城乡建设部.中华人民共和国行业标准.城市用地分类与规划建设用地标准

［58］ 中华人民共和国住房和城乡建设部.海绵城市建设技术指南—低影响开发雨水系统构建（试行）.2014.10